商业景观研究·集论

主 编◎张建华 瞿 宙
副主编◎郗金标 李雅娜 王新华

上海交通大学
SHANGHAI JIAO TONG UNIVERSITY PRESS
出版社

内容提要

随着经济的繁荣发展，商业景观不仅仅表现商业发展的成果，更是成为城市的窗口和商业转型发展的标识。大数据及休闲时代的来临、线上购物及线下体验商业模式的发展等都对新型商业景观模式创造了前所未有的机遇和挑战。本书收录了 2013—2014 年期间我院师生有关这方面的论文，分成两大部分：① 对策部分。包括总论、景观构成对策、商业空间生态对策和商业空间文化对策。② 调研报告等。

图书在版编目 (CIP) 数据

商业景观研究·集论 / 张建华，瞿宙主编 . 一上海：
上海交通大学出版社，2014（2023重印）
ISBN 978-7-313-12277-3

Ⅰ.①商… Ⅱ.①张… ②瞿… Ⅲ.①商业区－景观
设计　Ⅳ.①TU984.13

中国版本图书馆 CIP 数据核字（2014）第 252098 号

商业景观研究·集论

主　　编：张建华　瞿　宙			
出版发行：上海交通大学出版社		地　　址：上海市番禺路951号
邮政编码：200030		电　　话：021-64071208
印　　制：上海万卷印刷股份有限公司		
开　　本：890mm×1240mm　1/16		经　　销：全国新华书店
字　　数：617千字		印　　张：23
版　　次：2014年11月第1版		印　　次：2023年1月第2次印刷
书　　号：ISBN 978-7-313-12277-3		
定　　价：88.00元		

商业景观研究·集论
编写名单

主 编

张建华　瞿　宙

副主编

郗金标　李雅娜　王新华

参 编
（按姓氏拼音排序）

黄诗茹　宋肖霏　滕　玥

王红兵　张华威　朱永莉

参研人员
（按姓氏拼音排序）

曹炎炎　陈　晨　陈文妃　陈　越　池翔翔　戴嘉旻　葛文婷　顾　群

胡　蘋　胡芷嫣　蒋欢欢　李翠翠　刘雪雷　吕　凯　马　瑶　彭丽辉

瞿智萱　孙卢辑　唐　瑶　汪敏慧　王倩倩　肖　婷　谢碧云　须文韬

徐园娇　颜雯雯　杨叶勤　杨智敏　张逸飞　张莹莹　张智翔　郑惠珊

序

Preface

21世纪是城市的世纪。如何建设和谐优美的城市景观环境，获得更好的生活质量是在城市发展中必须重视的问题。商业作为现代城市发展的一个重要标志，其经营规模化、空间景观化、功能多元化和环境生态化等是顺应社会发展潮流的必然趋势。商业空间景观化的道路，无疑是一条不断学习、不断探索之路，也是一条不断创新、不断完善之路。

商业空间的景观化需要设计。而设计是一种哲学，是一种思想体系。设计分布在生活的各个领域，涉及人们一切有目的的活动，也反映了人们"自觉意志"和"才智技能"的结合。设计就是寻求解决问题的方法、途径和过程，是在明确目标和目的的指引下的有意识的创造。设计根本上是对人与人、人与物、物与物之间关系的一种求解，设计最终反映了时代背景下的生活方式。

创新商业空间景观归根结底，有几个方面：第一，强调文化是商业发展的动力，强调文化是商业空间景观的组成部分；第二，重视文化的多元性；第三，重视生态环境意识和时代技术的结合；第四，重视消费者的多元化需求和景观设计所提供的无形资产；第五，提供学习型、体验互动型、生态型的商业环境，促进消费者的购买欲；第六，创造一种愉悦的商业空间环境，强调商业自我的价值体系和国际化，提升整个商业的文化品位。

商业空间的景观化设计追求和而不同，是一种多元化、多样化的和谐，应以"含道应物、千想妙得、澄怀味象、应物会心"作为设计原则。"含道应物"就是"怀藏正道，顺应事物"，就要反映商业的本质，顺应商业的变革。"千想妙得"就是通过联想和想象创造一种神奇的形象。其实，这是一种思想的综合，也是一种各类学科的综合。"澄怀味象"是去体会事物的本质，用心观察和设计。"应物会心"是指用心和用理来表现商业空间，既要眼高也要手高。

商业空间的景观化需要引起高度关注。因为高端消费的外流、外地消费的回流、本地消费的横流、网购消费的截流和多元消费的分流，已实实在在地给传统商业敲响了警钟。关注商业空间的景观化，关系到城市发展规划和功能配置，关系到商业结构布局和商业产业发展，关系到商业景观设计理论体系的建立和完善。商业空间的景观化现状与国家的经济发展不协调、与国际接轨不相适应和与学科发展不平衡的问题亟须一批有识之士参与探讨、参与研究、参与寻找解决问题的方法。鉴于这样的要求，为了向同行展示上海商学院旅游与食品学院近几年的成果，传播和探索商业空间景观化的发展、成长和思路，编辑出版了《商业景观研究·集论》和《商业景观研究·散论》这套专辑。专辑汇集了2009年以来我院师生在商业景观研究方面的各类调研报告和相关论文，从环境艺术的角度到生态的角度，力求以新的声音、新的观点、新的主张和新的思想，突破传统制约和时代局限。建立起一个商业空间景观化的学术讨论平台。

希望本套专辑的出版，对中国商业产业的有序发展和商业经营企业的经营管理水平以及商业景观学科的发展，能起到一些有益的借鉴作用。

张建华

2014年8月

目 录
Contents

上篇　对策研究

商业景观模式创新的机理分析

——大数据时代下的思考框架

张建华　侯彬洁

（上海商学院旅游与食品学院，上海201400）

摘要： 本文在分析商业景观5大要素及传统商业景观"3E"模式的研究基础上，结合大数据时代背景特征，构建了一个商业景观模式创新机理的二维分析框架，认为商业景观模式创新应包括景观类型分析、功能价值创新、推广营销设计三大模块。基于该判断，采用多案例研究方法，分析了3种创新型商业景观模式的构成要素。研究表明，创新经营模式是商业景观营造的触发动因，景观主题性、体验性、数据性是衍生传统再深化、传统再创造、传统再变革模式的内在机理，创新、数据因素是形成新型综合商业景观模式的重要纽带。

关键词： 商业景观；模式；大数据时代；理论框架

"大数据"（big data）一词最早由全球知名资讯公司麦肯锡提出，麦肯锡称："数据，已经渗透到当今每一个行业和业务职能领域，成为重要的生产因素。""大数据"在物理学、生物学、环境生态学等领域及军事、金融、通信等行业已有时日，近年来更是凭借互联网和信息行业的发展引起社会关注。截至2012年，"大数据"已登上过《纽约时报》《华尔街日报》的专栏封面，成为美国白宫官网上的热议新闻，现身国内互联网主题讲座沙龙，甚至被国金证券、国泰君安等企业写入投资推荐报告。

被誉为"大数据商业应用第一人"的维克托·迈尔·舍恩伯格在《大数据时代》一书中指出大数据带来的信息风暴正在变革人们的生活、工作和思维，大数据开启了一次重大的时代转型，包括思维、商业、管理3大领域变革。庞大的数据资源使各行业开始了量化进程，大数据催生的数据服务意识与能力逐渐从最初的商业科技延伸到社会各个领域，如医疗、教育、经济、人文等。在大数据时代背景下，企业的决策不再局限于以往传统的经验和直觉，而应利用大数据时代4V特征在原有数据基础上进行创新变革与分析。

1　商业景观模式简介

基础设施的巨大飞跃，数据储存技术、网络技术的迅猛发展，为大数据时代的到来提供了物质基础。在互联网服务和云计算技术的大背景下，数据思维的变革颠覆了传统商业格局，比起线下购物，人们更愿意花较少的时间在线上从众多货物中选取自己最为满意的商品，便捷、快速、时尚等字眼冲击着商业现有的经营模式。与之联系的商业景观模式也遭到了前所未有的压迫,商业景观如何迎合大数据时代并站稳脚跟、迎来春天,是当前商业企业亟待解决的重大课题。

1.1 商业景观元素类型

1）建筑要素

商业除商品、顾客外还需一个可供活动发生的商业空间场所,即商业建筑。建筑要素是商业景观中不可或缺的因素,直接制约着与之配套的景观设计。人们进入商业空间,第一印象便是建筑本身,建筑的风格、形式、体量、色彩与质感、功能的选择必须在符合大众审美标准的前提下结合地域气候、商业文化等因素进行合理设计与安排。一个好的商业建筑可从芸芸商家中脱颖而出,直接带动顾客消费欲望,激发顾客购物兴趣,甚至可作为该座城市的地标性建筑,起到映衬辅助作用。如新加坡PARKROYAL酒店凭借创新的花园酒店概念及多样化节能设计,获得BCA绿色建筑白金奖与太阳能先锋奖两大殊荣。PARKROYAL酒店是本土建筑与现代建筑风格的结合体,以无限创造力及深刻洞察力对建筑轮廓形式与体量加以设计分析,使入住顾客感受当地独特文化气息。在1.5万平方米的高楼内,餐饮、住宿、会议、娱乐功能一应俱全。配以繁茂植被与天然素材营造大自然的和谐感,呼应"花园酒店"主题(见图1)。

图1　新加坡PARKROYAL酒店

2）设施要素

商业建筑奠定商业空间基础,设施小品营造商业空间氛围。按顾客使用功能区分,设施要素大致可分为服务设施、安全设施、装饰设施3类。其中,服务设施指标示物、指示牌、休憩座椅、铺装要素等使用类设施;安全设施除安全标识外主要指照明要素;装饰设施指雕塑、小品等展示类设施。在商业空间中的设施要素须做到以下几点:① 统一中变化,变化中统一:将服务设施与装饰设施统一设计已成为普遍现象,将两者和谐统一的同时为区分同一商业空间内不同商业分区,需借助设施的变化来鲜明主题,烘托气氛。如材质统一,色彩变化;色彩统一,材质变化;形式统一,材质与色彩变化;材质与色彩统一,形式变化等;② 相互依存,互为一体:将设施要素与商业景观其他要素相结合,如以休憩座椅为例,座椅位置、形式、尺寸、色彩、材质可与周边种植池或树池、水景、雕塑小品等元素合并考虑,共成一景;③ 科技与艺术、功能与情感的结合:设施的功能性与艺术性两者缺一不可。如以照明要素为例,照明景观延长夜生活时间,并对美化生活环境、熏陶审美情操、体验商业化夜晚风貌有促进作用,但必须在满足最基本照明功能原则的基础上具有艺术美感,给人感官享受。又如意大利Toledo地铁站景观设计,设计师在确保方便、舒适、安全的前提下,在地铁站内部的墙面和地面全新覆盖了一层深浅不一的蓝色马赛克。通过铺装颜色、质感、光影的搭配塑造一片梦幻般的蓝色星空,壮观璀璨恍如《少年派》中的奇妙海面,为生活点缀浪漫情愫,唤醒人们对梦想的渴望。作为承载交通重要元素的铺装要素在此案例中既满足交通功能需求,又展示景观设计中的文化感、历史感与特色感(见图2)。

3）地域要素

地域是自然要素与人文要素作用形成的综合体。其中,自然要素主要指气候条件、地理变化等外在因素。具体讲,气候条件包括气温、降水、光照、温差等,地理变化包括地形、地势、海拔等。自然要素是商业景观设计中最具局限性的要素,它会影响商业建筑设计(如成本造价、材料选用、结构形式

图2 意大利Toledo地铁站景观　　　　　　　图3 宁波博物馆

等）与景观元素设计（如水景、植物要素等）；人文要素指一个地域长期积淀的文化、承载的地区记忆。将商业景观设计融入人文地域要素，不仅是对过去文化历史的继承和发扬，更是对自身的一种宣传、档次的一种提升。如"新乡土主义"建筑风格的宁波博物馆主打宁波民俗文化，最能代表博物馆理念的不是其中藏有的8万余件河姆渡文化藏品而是博物馆建筑本身。设计师以宁波盛产的毛竹为模板浇筑清水混凝土，灰色的斜墙墙面清晰可见毛竹纹理，此为一；外立面砖瓦就地取材，材料来自回收的宁波旧城改造，旧物新用筑造宁波历史悠久的瓦爿墙，此为二。博物馆建筑造型酷似一艘上岸大船，整座建筑的造型、工艺、细节都与"敬乡重土，面向大海"的地方文化严丝合缝（见图3）。

4）植物要素

植物是生命的主要形态之一，大致划分为乔木、灌木、藤本、花卉、草坪、蕨类6大类型。商业景观缺乏植物要素，景观便失去了生命。植物光合作用的生理特征从生态角度改善空间环境，软质景观更柔化建筑物外轮廓的硬朗，使空间活泼，通过合理设计种植植物可起到划分空间、组织交通等标示引导作用。当今商业化社会，本着在有限空间将生态补偿最大化的初衷，植物要素设计正逐渐从二维平面传统绿化模式（如花钵、花坛、盆栽等）向三维立体新型绿化模式（如墙面绿化、屋顶绿化、垂直绿化等）转变。如巴塞罗那Replay服装店景观设计，繁茂葱郁的绿色植被为整个空间营造独特的视觉效果，深色木质地板搭配金属质感的墙面与衣架，浓厚的自然原味与牛仔服粗犷自由的特质相吻合。利用采光差异，在墙壁顶端种植如薰衣草、迷迭香等喜阳地中海植物，在低矮区域种植如吊兰、八角金盘等喜阴植物，余下墙面的中部区域种植少量植物。生态墙面绿化营造自然简洁的商铺环境，凸显商品本身特色，提高商业效益（见图4）。

图4 巴塞罗那Replay服装店景观

5）水体要素

水是自然界中最灵动的物质，自然景观中的水体按动静区分，包含河、湖、海、池塘和溪流、山川、瀑布等。商业景观中的水体要素，由于空间限制，其体量、表现形式、展示效果往往受人为因素控制。商业景观中的水景设计有跌落、喷涌、平静、流动4种形式。水景除欣赏装饰功能（如水幕墙、喷泉、水池等）外，另有参与体验、吸引引导作用，前者以汀步、戏水池、旱喷为代表满足人们亲水天性，后者利用水体活动产生的声音、倒影等特征达到引人入境的目的。如迪拜购物中心人造瀑布景观，设计师大胆创新将室外自然瀑布景观引入室内，扩大一般水幕墙体量，将弧形的瀑布墙从景观背景一跃成为商

图5　迪拜购物中心人造瀑布景观

业中庭主景。玻璃钢制成好似正在跳水的运动员雕塑，银灰色跳水造型与墙面瀑布色彩浑然一体，构成由上至下的动感效果。具有设计语言的动态水流方向与静态雕塑融为一体，形成一组人为的壮观景象，为现代商业景观的中庭空间设计带来新构思、新发展（见图5）。

1.2　传统商业景观"3E"模式

1）生态效益模式（Ecological）

商业空间硬质景观，如商业建筑本身、商业小品设施为商业活动提供场所与功能服务。与之相对比的商业软质景观，如商业植物要素、水体要素则是改善城市人群生活质量、激发自然向往的主要动力。现代商业空间的设计理念对商业环境提出了更高要求，不仅只局限于将生态环境理念引入商业的初级阶段，更需要将景观生态效应放大化、极致化。商业室内室外空间整体以"商"为主、以"景"为辅，应确保遵循生态原则，注重生态平衡，符合降温、减噪、净化空气、改善商业环境小气候等生态要求。

2）情感心理模式（Emotional）

现代商业空间利用建筑、设施、地域、植物、水体5大商业景观要素体现商家对消费者群体的人文关怀。如以服务设施铺装为例，以前消费者往往只通过指示牌进行指示与被指示，如今人性化的铺装将区位划分，具有方向感和方位感的平面设计使得标示更为准确、更便于理解。另外，基于使用人群方便、舒适、安全角度考虑，商业空间内承载交通的地面材质尽可能避免选择光滑铺装以免行人摔倒，需在合适位置提供方便残疾人或老年人使用的残疾人盲道或无障碍通道。商家可根据消费者生理需求、心理情感等方面，对商业景观的尺度、材质、色彩、数量等进行针对性地设计。只有人性化的商业景观设计才能吸引更多消费者来此休憩消费，才可能将潜在消费群体真正转变为实际消费群体。

3）经济带动模式（Economic）

现代商业地产设计师和开发商们愈发认识到商业景观设计应承担城市公共空间的职责，以吸引更多消费者前往消费。琳琅满目的商铺、品种齐全的商品在商业空间内多如牛毛，生态化、人文化、个性化的商业景观设计无疑成为吸引消费者，促进消费的一剂良方；一家成功的企业必定拥有自己独特的企业文化，迪尔和肯尼迪将企业文化概述为企业环境、价值观、英雄人物、文化仪式、文化网络5个要素。其中，企业环境一栏就包括外部环境，即好的商业景观可通过增强商业空间的凝聚力塑造出企业的自我品牌；商业作为经济领域的分支，结合地域文化、具有创新意识的商业景观对商业空间的最终作用功能为使该商业空间成为当地社会活动中心，全面推动社会经济发展。综上观点，商业景观经济带动模式可归纳为吸引顾客消费（浅层目的）→塑造自我品牌（深层目的）→带动社会经济（最终目的）3大层次。

4）传统商业景观模式分析

基于上述结论，将传统商业景观模式作进一步分析，具体如下（见图6）：

（1）商业景观元素类型相互作用，因果联系构成商业景观体系。建筑作为购物消费场所为商业空间奠定基础，与之相配套的设施要素必须在建筑大环境下对风格、体量、形式、功能各方面进行考虑（建筑要素→设施要素）；服务、安全、装饰设施要素往往与商业其他景观统一设计，以求达到和谐的商业空间氛围（设施要素→植物要素+水体要素）；自然要素，如气候、风向、土壤、湿度等对建

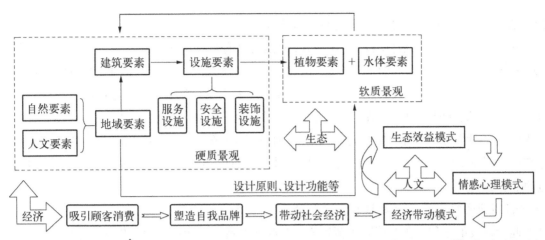

图6 传统商业景观模式分析图

筑结构设计、植物选材组合、水景形式搭配起到直接作用,人文要素,如风俗习惯、历史宗教、文化教育等则起到间接作用(地域要素→建筑要素、地域要素→植物要素+水体要素);合理出彩的植物、水体景观设计能较好诠释建筑设计初衷,并服务于商业空间景观环境营造(植物要素+水体要素→建筑要素)。

(2)商业景观体系衍生传统商业景观"3E"模式。硬质景观(建筑、设施、地域要素)结合软质景观(植物、水体要素),满足功能需求同时注重生态理念,形成生态效益模式;5大景观元素类型应以人为本,从大环境设计原则到小景观设计功能应结合消费者生理、心理2大需求体现商家人文关怀,形成情感心理模式;商业景观最终目的为带动商业消费,促进经济发展,深入浅出、层层递进形成经济带动模式。

(3)"3E"模式从生态、人文、经济角度构成闭环作用链。生态效益是人文关怀的一种体现,推动情感心理模式;对情感心理的关注可吸引潜在消费群体,增加实际消费几率,带动商业经济发展;经济发展加快城市节奏,消费者更加向往绿色商业空间,商业景观需重视、强调生态环境表达手法,即"生态效益模式→情感心理模式→经济带动模式→生态效益模式"闭环作用链。

1.3 创新商业景观模式启示

尽管传统商业景观模式在过去已形成相对稳定状态,但随着时代推进、技术发展,不难发现:① 传统商业景观模式与现有经营模式存在隔阂,两者暂无较大联系;② 传统商业景观模式已到达瓶颈期,可能面临淘汰危机;③ 传统商业景观模式未意识到时代改变,缺乏时代特征。针对以上现象,需解决如下问题:大数据时代商业为何需要景观化? 商业景观模式为何需要发展创新? 新模式的时代烙印究竟是什么?

1)商业景观化是迎合商业运营模式的有效手段

在大数据时代背景下,20世纪八九十年代出生的人正逐渐成为消费主流,该群体熟悉互联网使用操作系统,更易接受电子商务经营模式,即线上(互联网)购买,线下(实体店)体验。大数据正改变商业领域,引起商业变革。其4V特征,即规模化(Volume)、类型化(Variety)、价值化(Value)、时效化(Velocity),将商业变得透明可视化、个性定制化、效率高效化、完善统一化,消费者基于上述优势更倾向于线上消费,商家因此失去大量客源。商业景观强调体验、感受、人文、生态等线下服务理念,将很大程度上弥补网络缺乏因素,从而提升商家吸引力,推动运营模式发展。

2）商业景观模式创新是缩短旧模式与新时代差异的唯一出路

互联网最有价值之处不是自身产生新概念,而是对已有数据的再开发。与互联网相结合的更便利、更关联、更全面的网络数据商业系统正冲击传统商业模式。用马云的话讲,对新生事物千万不要:第一,看不见;第二,看不起;第三,看不懂;第四,来不及。换言之,商业景观模式应意识到以下几点:第一,大数据时代已经来临,新变革、新思维将颠覆传统商业景观体系;第二,传统商业景观模式无法与时代背景相结合,需加深商业景观创新意识;第三,明白传统商业景观模式与大数据时代存在哪些差距,有针对性地对商业景观进行创新;第四,在经济迅猛发展背景下,应及时、有效地创造商业新景观。

3）创新商业景观模式是大数据时代特征的主要体现

（1）迎合科技革命和产业变革时代新趋势。互联网的特质重构传统商业供应链系统,将企业文化产业与业务组织逐渐向数字化模式转变。大数据时代的三大趋势（即泛互联网化、垂直一体化整合、数据成为资产）强调数据思维,重视数据全面性。故商业景观模式创新需在商业变革潮流下侧重思维变革。

（2）满足"极致化"、"长尾化"要求。商业产业链、利益链的重新调整对商业模式提出变革要求。消费者从生理到心理,从复杂到简易,从感官到文化的消费转变理念对"极致体验"提出更高要求;"长尾效应"与传统二八定律相对,指在保留带来80%销量的20%品种外,更应关注80%部分的品种,因为这部分可积少成多,积累成足够大、甚至超过前者的市场份额。对众多冷销商业市场进行景观创新,可产生与主流相匹敌的市场能力。

（3）适应"个性化推荐达成完美匹配"。在互联网虚拟世界,人人都是设计师,人人都是生产者,人人都可以决定产业的未来。未来商业景观具有个性化、定制化特征,消费者可以创造景观,此为一;数据是消费者的情感转化,未来商家可根据数据判定消费者情绪、喜好等,从而为特定消费者定制相对应的个性景观达成完美匹配,此为二。

（4）增强商业空间"活性"、"颗粒度"、"情绪"、"时空延伸"和"维度多元"。大数据时代商家利用数据对5大维度进行分析判断从而制定商业景观模式。即利用数据统计消费者消费次数（"活性"）、记录消费流程环节（"颗粒度"）、判断消费者情感（"情绪"）从而在最合适的时间及时提供消费信息（"时空延伸"）、完成多维度数据处理（"维度多元"）。

2 商业景观模式创新机理的理论框架

基于传统商业景观模式分析与创新商业景观模式启示,结合大数据时代特征,以商业模式（用户模式、产品模式、推广模式、收入模式）为蓝本,构造商业景观模式创新机理的理论框架,从而解决如下问题:商家企业提供何种景观？商业景观以何种方式吸引消费群体？商家企业以何种手段推广经营？

2.1 景观类型分析是商业景观模式创新的前提条件

1）用户定位

用户定位是商业景观模式创新的逻辑起点,对应商业模式中的用户模式（即确定用户群体）为商业景观提供数据。用户定位可从消费行为、属性分析、心理评估三方面考虑。首先,消费行为包括消费额度、消费频率,可分为中低端消费群、高端消费群或中低频消费群、高频消费群;其次,属性分析包括外在属性、内在属性,前者指用户的地域分布、组织归属等不易明晰层面,后者指用户性别、年龄、爱好、收入、性格、价值取向等可分析层面;最后,心理评估包括主观心理、消费心理,前者指与商业景观直接相关的心理类型,如猎奇心理、怀旧心理、追求自然心理等,后者指间接相关类型,如从众、求异、攀比、求实、偏好等。

2）主题风格

主题风格是商业景观模式创新的属性定位,对应商业模式中的产品模式(即奠定设计基调)为商业景观确立方向。主题风格可分为季节节日类、文化综艺类2类。按春夏秋冬四季划分,商业景观大致以春节、情人节、中秋节、圣诞节为主要节日主题;按文化综艺划分,商业景观大致从历史、民俗、影视、漫画等方面营造现代简约、复古、欧式、中式、田园等设计风格。针对商业室内空间、灰空间、室外空间可分别按照主题确定风格,设计空间内部景观、中庭吊挂景观及空间外部景观。

3）元素选择

元素选择是商业景观模式创新的具体表现,是产品模式第二环节,旨在实际塑造商业景观。在完成用户定位及主题风格基础上,对建筑、设施、地域、植物、水体五大商业景观要素的体量、色彩、质感、造型、材质等从功能、文化、心理各方面加以考虑形成商业景观初步体系。如在西方文化影响下,商家企业确定情人节主题,商业景观用户定位为情侣群体,功能为营造浪漫温馨氛围,则商业景观元素具体表现为红粉暖色调灯光(色彩)、爱心、蝴蝶结小品(造型)、玫瑰插花盆景(植物)等(见图7)。

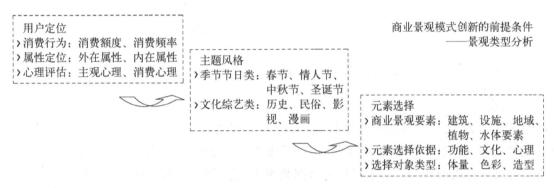

图7　"景观类型分析"二维框架图

2.2　功能价值创新是商业景观模式创新的基本任务

1）组织艺术

根据用户定位、主题风格确定景观元素单体,仅完成商业景观模式传统步骤,将元素单体以全新角度诠释组织,是形成完整商业景观结构体系的创新实践。商业景观各要素搭配成景的传统组合模式(如植物+建筑、植物+照明+小品、植物+树体+设施等)是元素的价值实现,符合满足功能使用、增加艺术审美的基本需求。另外,将各元素择优合并、融为一体是元素价值实现的再创造,即将多种学科跨界交叉、融合创造新景观。从建筑学、工程学、人文学、生态学、景观学等学科领域入手,旨在推动综合化景观向个性化发展,如仿生建筑、树形灯等奇异化景观。

2）技术运用

对于商业景观元素价值体现问题,仅对元素单体进行造型、体量、色彩等外在因素的创新,而缺乏内部对应技术的支持往往会造成纸上谈兵的尴尬局面。只有人为理念与工程技术同步结合才能真正实现元素创新化。技术运用大致分为生态环保节能型、信息技术科技型两种。前者包括废物利用、能源开发、低碳理念等,如巴黎"防烟雾"大厦,建筑原料均为可回收可降解材料,并采用太阳能发电和光合作用净化空气;后者包括计算机技术、通信技术、传感技术等,如由韩国艺术家Choe U-Ram制作的金属花雕塑,利用电脑对机械装置进行控制,产生花瓣、花蕊收缩闭合动感视觉效果,赋予装饰新语言。

3）感观体验

商业景观作为商业空间不可或缺的部分,如同产品本身对消费者产生感官方面的吸引。消费者从色彩、声音、质感、气味、味道五方面分别感受视、听、触、嗅、味五感,达到浅层感官体验,如灯具的光效色调、水体的流动碰撞、铺装的质感变化、植物的自然芳香、果实的味觉暗示等;商业景观氛围营造与商家文化品牌,均促使消费者从感性认识升华到理性认知,商家企业借助商业景观获得消费者认可,树立口碑,达到深层文化沟通,如中秋节主题设计中的"圆月"小品呼应中国民族传统文化,迎合游子团圆心理,表达商家对消费者的理解与关怀(见图8)。

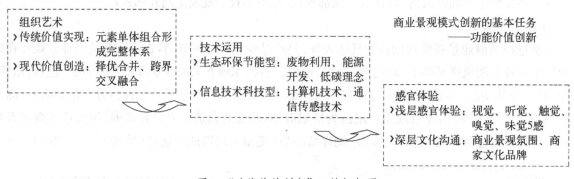

图8 "功能价值创新"二维框架图

2.3 推广营销设计是商业景观模式创新的主要动力

1）营销策略

大数据时代下,通过借鉴商业推广模式、对应4P营销策略、结合时代特征等一系列分析可知商业景观模式与经营模式的联系契合点为"一个思维,一种模式"。其中,"一个思维"指数据思维。根据大数据时代4V特征(简单概括为数据数量大、类型多、处理速度快、时效要求高,但价值密度低)做到:① 重视数据全面性;② 弱化数据精确性;③ 侧重数据相关性。大数据时代最大的思维转变为放弃对因果关系的苛求,多关注"是什么",而不是"为什么"。如消费者在网购书籍时,电商网站会一并推荐该消费者同时喜欢的其他书籍,大数据通过数据整合统计、全面分析关联,从而建议采取行动。同理可得,商业景观可通过数据统计学分析发现"关联物",创造消费者心仪景观,迎合消费心理;"一种模式"指O2O模式(Online To Offline)。将线下商务机会与线上互联网相结合,即商家线下服务利用线上前台揽客,消费者利用线上数据筛选线下服务。O2O模式通过对传统行业信息聚合与分发方式的表层重构简化了中间推广渠道,将线上消费者直接带到实体店中,让互联网成为线下交易的前台。如消费者来到陌生地方,无法选择消费场所时可通过大众点评等APP搜索功能推荐周边商业空间,通过商业景观环境图片、顾客评价的预先查看作出消费决定。

2）竞争意识

经济迅猛发展,对于商业领域,产品同质化已无可避免。同理,商业景观在景观设计大类中从元素选择、组合技术、营销手段上互相模仿,也逐渐发生趋同现象。同质化竞争的出路为具备竞争意识,创新商业景观模式。景观竞争意识包括自我价值体现、团体合作共赢,前者创造"极致化"、"长尾化"的个性商业景观,后者创造"品牌化"、"连锁化"的大众商业景观。其中,"极致化"指在合适的时间、合适的地点、以合适的方式将合适的信息提供给合适的人群,即将商业景观做到最佳意境,达到最高程度;"长尾化"指仅迎合小部分消费群体喜好创造的冷门景观,如猎奇景观、民族景观等个性化商业景观,同样可积少成多、化整为零占据市场份额;"品牌化"指结合商家实质价值、企业文化,打造能代表企业本身形象的商业景观;"连锁化"指将独立商业景观组合成整体景观,利用协同效应原理,取得规模效益,形成较强市场竞争能力。

　　3)数据互动

　　利用互联网,消费者可获取商家发表的数据,同时商家也可收集消费者推送的数据(商家⇔消费者),因此消费者与商家两者之间存在数据互动关系。第一,配合互联网大数据,将进行个性化整合推送。依赖云技术、大数据、互联网的成熟,对透明化数据分析判定消费者性格、心情、喜好,进入精准投放模式,使景观模式兼具一对一精准个性化同时能形成通用大众化规模;第二,数据建立的问责机制促进商业景观竞争优化。商业景观的评价会直接通过互联网显示给消费者,对商业景观的优胜劣汰督促商家创造更完美、更人性、更恰当的景观模式;第三,网络数据为商家提供5大维度,挖掘潜在消费群体。020模式线上交易的特点是推广手段可查询,交易记录可跟踪,营销效果可监测。商家利用数据的显示信息定位消费者,判断商业景观模式实行成效。如评价类数据可发现商业景观不足或改进之处、情感类数据可洞察商业景观对消费者的心理暗示作用、消费记录数据可归纳消费流量与商业景观的联系等(见图9)。

图9　"推广营销设计"二维框架图

3　商业景观模式的创新实践及其机理分析

3.1　朝阳大悦城"几米地下铁"景观主题型商业景观模式创新

　　在经营思路强调锐意创新、主题定位趋向年轻时尚化、核心消费群体为高知人群的大背景下,朝阳大悦城迎合消费群体对文化现象关注心理、抓住地铁6号线开通事件契机,选取几米具有穿透力的《地下铁》作品,在为期近3个月的商业展中将主题风格定义为"开往春天的地下铁——几米异想之旅",旨在打造一个新兴中产与年轻家庭的品质时尚生活中心。该主题展于2012年11月24日至2013年2月17日举行,涵盖圣诞节、新年、春节、情人节等节假日,借助几米《地下铁》《拥抱》《向左走,向右走》《月亮忘记了》等知名漫画人物形象,再现绘本故事情节同时开展相关主题活动,呈现一场融公益、艺术、娱乐、商业为一体的精彩视觉盛宴(见图10)。

　　根据朝阳大悦城商业景观模式创新实践可知,景观类型分析模块以主题风格环节为主,用户定位及元素选择为辅,功能价值创新及推广营销设计模块围绕主题风格进行设计,具体因果回路体系如表1所示。

图10　朝阳大悦城入口商业景观

表1　朝阳大悦城商业景观模式创新体系表

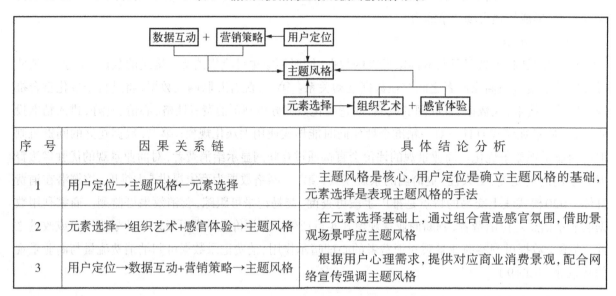

序　号	因　果　关　系　链	具　体　结　论　分　析
1	用户定位→主题风格←元素选择	主题风格是核心,用户定位是确立主题风格的基础,元素选择是表现主题风格的手法
2	元素选择→组织艺术+感官体验→主题风格	在元素选择基础上,通过组合营造感官氛围,借助景观场景呼应主题风格
3	用户定位→数据互动+营销策略→主题风格	根据用户心理需求,提供对应商业消费景观,配合网络宣传强调主题风格

　　朝阳大悦城聚焦25~35岁年轻消费群体,其核心用户为从事媒体、公关、文娱等行业的高知人群,该类人群关注文化现象,缺乏心灵慰藉,故选用极具传播力的"几米"为景观主题以开展商家拉近消费者距离的心灵对话。北京地铁6号线青年路站不同出口对应几米不同作品,元素选择以装饰类设施要素为主,借助设施小品还原几米绘本人物,如《向左右,向右走》男女主人公雕塑小品、《地下铁》被遗弃的玩具兵小品、《拥抱》孩子和动物相拥小品等丰富商业空间(因果关系链1);动漫人物雕塑+蓝天样式铺装、地下铁背景墙+彩色墙体包柱等景观元素搭配在呈现几米作品故事情节基础上加以组合创新,形成全新故事链,营造温馨商业氛围。通过元素组合创造景观节点形成视觉感官冲击,围绕主题风格定位,利用还原的人物小品、充满童真的鲜艳色彩完成一次大众流行文化与商场购物体验相结合的景观设计尝试(因果关系链2);开展"每个拥抱都是地球天使的礼物"公益活动,结合几米《拥抱》作品将主题深刻化。利用微博、微信等社交网络平台发动多轮互动,传播公益理念、塑造商家企业良好形象同时拓宽销售渠道(因果关系链3)。

　　总结而言,可得出如下结论:① 商业景观模式创新包括景观类型分析、功能价值创新、推广营销设计3大模块,包含的构成要素有用户定位、主题风格、元素选择、组织艺术、感官体验、营销策略、数据互动7类。② 功能价值创新模块局限于传统组合与视觉感官,推广营销设计模块未全面利用大数据特征宣传,仅在景观类型分析模块将主题全面落实于用户群体心理、需求要素分析及景观元素选择,故将朝阳大悦城划归为景观主题型商业景观。③ 景观类型分析模块中用户定位引出主题风格,从而决定元素选择完成传统商业景观模式。迎合大数据时代背景特征,利用用户定位、元素选择、功能及营销模块将主题精准化、强调化、具体化,侧重景观主题性,进一步形成传统再深化模式。

3.2　新加坡樟宜机场"雨之舞"功能技术型商业景观模式创新

　　由Art+Com AG媒体设计公司创作的"雨之舞"(Kinetic Rain)动态雕塑在新加坡樟宜机场正式启动,每日清晨6时至午夜,以15分钟重复一次的频率在机场为游客上演一场优美科幻的金色雨滴舞蹈。作为全世界设于国际机场内最大的一项动态雕塑,"雨之舞"由机场第一航厦内第7柜台和第10柜台两个相邻区域组成,共75 m²,每个区域有608滴"雨滴"小品,在7.3 m高空中伴随音乐律动形成与飞舞主题相关的16种不同场景，如飞机、风筝、热气球、龙头等造型。动态的3D形状流畅自如地在空中舞蹈、变化，营造个性化景观、创造沉思时刻，与忙碌的旅行气氛形成对比（图11）。

图11 新加坡樟宜机场"雨之舞"动态雕塑景观

根据新加坡樟宜机场商业景观模式创新实践可知，功能价值创新模块在景观类型分析构成的传统商业景观模式下可从理念、技术2方面着手在组织艺术、技术运用环节下达到感官体验的最终目的，通过推广营销策略提升景观知名度，强调感官体验性。具体回路体系如表2所示。

表2　新加坡樟宜机场商业景观模式创新体系表

序　号	因 果 关 系 链	具 体 结 论 分 析
1	用户定位→主题风格→元素选择⇒传统商业景观模式	针对用户定位确定主题风格，选择适合的5大商业景观要素，完成传统商业景观模式
2	传统商业景观模式+组织艺术+技术运用→感官体验	组织艺术侧重思维理念、技术运用侧重实施方式，构成感官体验实现途径
3	传统商业景观模式+营销策略→感官体验	景观配合营销宣传策略，吸引消费群体前往，达到感官体验目的

新加坡樟宜机场是新加坡内重要国际机场，也是亚洲主要航空枢纽，其商业景观用户群体主要为出国游客及乘务工作人员，为彰显机场国际化特征，以新加坡热带城市背景下的热带雨景观为设计雏形，利用1 216滴闪闪发亮的镀铜铝制雨滴造型小品确立科技与艺术完美结合的"雨之舞"主题（因果关系链1）；感官体验涵盖感官冲击、文化感受、娱乐体验3方面，其中感官冲击包括特殊个性化视觉景观、五感融合化综合景观、学科穿叉化组合景观等，文化感受包括商家企业品牌文化、商业空间地域文化等，娱乐体验包括趣味性、艺术性、体验性景观等。为达到感官体验目的，须对传统商业景观模式中的景观元素加以创新，可从组织艺术、技术运用两方面着手。将"雨滴"矩阵排列组合通过钢丝从天花板上悬垂，搭配艺术编舞与IT技术控制，上演时长15分钟动态表演秀，创造科技与艺术跨界融合双景观是感官冲击与娱乐体验的融合。利用计算机技术、通信技术与编程技术将奇异化地域性热带雨视觉景观模块化、动态化、精准化、艺术化、立体化是感官冲击与文化感受的融合。基于高能性、高实时性、拓扑结构、灵活性等特点，利用EtherCAT技术完美解决1 216根伺服轴实时同步运动要求。紧凑型伺服驱动MKT技术满足"雨滴"在顺序运动中动力学、精确度和速度方面的高要求，达到以1.5 m/s的速度和1.4 m/s^{2}的加速度运动、平滑没有震动的完美效果，将动态雕塑的精细互动暗喻机场工作人员高素质服务理念，体现机场国际氛围与商业文化是文化感受与娱乐体验的融合（因果关系链2）；商家在景观基础上精心制作一则视频短片在优酷、56等各大媒体网站播放，达到宣传目的，激发线下体验欲望

（因果关系链3）。

总结而言，可得出如下结论：① 商业景观模式创新包括景观类型分析、功能价值创新、推广营销设计3大模块，包含的构成要素有：用户定位、主题风格、元素选择、组织艺术、技术运用、感官体验、营销策略7类。② 景观类型分析、推广营销设计模块采用传统分析方式，缺乏新意，而在功能技术创新模块做到跨界融合、组织推新、技术体验，故将新加坡樟宜机场划归为功能技术型商业景观。③ 由景观类型分析模块得出传统商业景观模式，利用组织艺术与技术运用将传统模式再创造，实现感官冲击、文化感受、娱乐体验的感官体验目的，通过推广营销设计模块带动线下体验趋势，侧重景观体验性，进一步形成传统再创造模式。

3.3 宜家家居商业营销数据型商业景观模式创新

图12　宜家家居商场环境模拟商业景观

宜家（IKEA）是瑞典家居卖场，一贯以"为大众创造更美好的日常生活，提供种类繁多、美观实用、老百姓买得起的家居用品"为经营理念，在全世界38个国家和地区拥有大型门市。宜家以其促销方式、低价策略、购物环境与创新产品为亮点形成具有自我代表性、企业文化性的商业景观模式与经营销售模式。宜家内商品作为销售物同时更是营造商业景观氛围的元素，本着"以人为本"的销售理念，强调用户体验性与人文关怀性，在中国市场逐渐形成一种独有的品牌文化（见图12）。

根据宜家家居商业景观模式创新实践可知，大数据背景下的数据思维可创造"品牌化"的极致景观，O2O经营模式侧重线下体验环节，利用数据带动"商家⇔消费者"沟通互动，将企业文化从用户群体出发逐步落实到景观、功能模块各环节，服务于商家营销策略。具体回路体系如表3所示。

表3　宜家家居商业景观模式创新体系表

感官体验 ← 组织艺术 ← 元素选择 ← 主题风格 ← 用户定位

营销策略 → 竞争意识 → 数据互动

序　号	因　果　关　系　链	具　体　结　论　分　析
1	营销策略→竞争意识→数据互动	大数据时代背景下，通过培养3种能力逐步形成思维、商业、管理变革
2	竞争意识+感官体验→数据互动+组织艺术→营销策略	感官体验化大众景观与组织艺术化个性景观迎合营销策略要求
3	用户定位→主题风格→元素选择→营销策略	从消费者出发，确立合适风格，并营造对应商业景观，完善数据思维
4	用户定位→主题风格→元素选择→组织艺术+感官体验→营销策略	传统商业景观模式的再创造促进O2O模式顺利发展

大数据时代下的经营模式对应思维、商业、管理3大变革须分别培养3种能力,即数据整合能力、数据挖掘能力、数据实行能力。通过数据整合能力,产生数据思维及O2O模式的营销策略变革。通过数据挖掘能力,对数据进行分析与开发,决定商业景观打造方向,即个性极致化景观或品牌大众化景观的选择。通过数据实行能力,将虚拟数据作为商家企业与消费者之间的互动媒介完成商业景观实际操作(因果关系链1);宜家商场设计有统一标准规范,地板箭头指引消费者按最佳顺序逛完整个商业空间,展示区按客厅、饭厅、工作室、卧室、厨房、儿童用品、餐厅顺序排列(该顺序按消费者行为习惯制定)有利于展示整体装饰效果。人性化景观布局产生极致化感受体验,呼应"生活,从家开始"的企业文化。产品罗列采用环境模拟展现,放弃传统同一类型标价格局,通过现场家居环境协调实现广泛的功能与风格定位,精准个性化同时形成大众规模化商业景观,满足各品位消费群体需求(因果关系链2);在欧美发达国家,宜家以其物美价廉、款式新、服务好等特点受到中低收入家庭的欢迎,而在中国市场,针对低价家具竞争接近饱和的社会现象将消费群体定为大城市中相对富裕的白领阶层,"简约、自然、清新、设计精良"的主题风格迎合该类消费群体推崇品牌化、异国化、自由选购化消费心理,准确的市场定位与出色的产品质量稳固宜家消费群体(因果关系链3);宜家将低价策略贯穿于产品"设计选材→生产管理→销售提货"整个流程,不单与设计团队、厂商物流密切合作,更将消费者视为合作伙伴降低销售提货环节成本。消费者通过精心设计的产品目录光顾商场自行挑选家具并在仓库中自主提货,平板包装的货品既方便购物运输又节省提货、组装、运输部分的费用,迎合商家低价销售理念。消费者可根据详细的安装说明书在家将家具自行组装,在组合拼装家具过程中感受动手体验带来的DIY乐趣。在大数据背景下,强调O2O模式"线下体验"环节是宜家经营体系成功的精髓所在(因果关系链4)。

总结而言,可得出如下结论:① 商业景观模式创新包括景观类型分析、功能价值创新、推广营销设计3大模块,包含的构成要素有用户定位、主题风格、元素选择、组织艺术、感官体验、营销策略、竞争意识、数据互动8类。② 景观类型分析模块针对商家"为大多数人创造更加美好的日常生活"目标将景观元素模块化、平板化,结合组织艺术与感官体验,贯彻数据分析思维与O2O线下体验模式的营销策略,具备"极致化"、"品牌化"竞争意识,完成"个性化推荐达成完美匹配"互动,故将宜家家居商场划归为营销数据型商业景观。③ 景观类型分析模块构成的传统商业景观模式可增加数据思维直接推动营销,结合功能价值创新模块强调品牌性的体验O2O模式间接带动商业,侧重景观数据性,进一步形成传统再变革模式。

4 商业景观模式创新机理的研究总结

针对以上3个典型案例进行分析,得出如下结论:① 9种商业景观构成要素组成3大商业景观创新模块;② 创新模块侧重核心环节,构成要素为景观体系服务;③ 构成要素体块聚焦核心主体,衍生商业景观传统模式。具体如表4所示。

表4 商业景观模式创新实践对比表

	朝阳大悦城	新加坡樟宜机场	宜家家居
创新类型	景观主题型	功能技术型	营销数据型
构成要素	用户定位、主题风格、元素选择、组织艺术、感官体验、营销策略、数据互动	用户定位、主题风格、元素选择、组织艺术、技术运用、感官体验、营销策略	用户定位、主题风格、元素选择、组织艺术、感官体验、营销策略、竞争意识、数据互动

	朝阳大悦城	新加坡樟宜机场	宜家家居
侧重环节及其表现	景观主题性，主题是用户定位与景观元素媒介，功能、营销2大模块各环节为主题服务	景观体验性，对传统商业景观模式进行技术、功能再创新，达到视觉、文化、娱乐体验	景观数据性，数据思维带动商业变革，O2O模式引发竞争、营销管理变革
衍生商业景观模式	传统再深化模式	传统再创造模式	传统再变革模式

4.1　主要结论及研究启示

在解析5大商业景观要素与"3E"模式构成传统商业景观体系的基础上，根据大数据时代变革必要性，初步总结商业景观模式价值创新系统分析框架，提出9大构成要素及3大商业景观模块，并采用创新实践多案例研究方法对商业景观模式创新的机理进行深入探讨，得出以下结论与启示。

1）大数据时代引发商业经营模式变革，经营模式触发商业景观创新

大数据带来的信息风暴将涉及各个行业领域，快速简易搜集的大规模数据、低投资多利润的销售渠道促使零售业、批发业等线下实体店纷纷开办线上电子商务虚拟店，这一现象是新时代特征对传统商家企业经营模式的思想冲击。在新时代下，创造新思维、新经营模式是传统商业应对时代变革的最终产物。建筑、设施、地域、植物、水体5大商业景观要素构成的"3E"传统模式显然无法满足大众消费者购物需求，不能紧跟时代变更、无法体现大数据特征的商业景观终将被现实淘汰。另外，传统商业经营模式与景观模式缺乏契合点也是导致商业景观失败的原因。故在大数据背景下，针对迎合时代特征的创新经营模式创造对应的、与之有联系的商业景观是带动商业经济的必经途径。

2）商业景观创新模块可单个衍生深化，也可相互作用共成体系

从生态、人文、经济角度考虑的"3E"传统模式所构成的商业景观体系在一定程度上已达到饱和状态，无法再深化创新，且很难与大数据相结合。利用构成要素将传统商业景观模式划归为"景观类型分析"、"功能价值创新"、"推广营销设计"3大模块，从主题、体验、数据3个环节着手深化、创造、变革传统商业景观体系，即在传统商业景观模式基础上单个衍生深化，3大模块演变手段逐层递增，可两两组合、互相穿插，即模块互相作用共成体系。如采用科学技术、全新组合理念，具有感官体验性的景观元素能将主题风格更全面更优化演绎。符合用户定位的鲜明主题性景观能将商业景观系统化陈列，形成感官冲击同时带动文化感受与娱乐体验，为感官体验环节服务（景观类型分析↔功能价值创新）。又如感官体验为主的功能性景观是商家企业推广"线上消费、线下体验"O2O模式的前提条件，重视数据全面性、弱化数据精确性、侧重数据相关性的数据思维为感官体验环节提供更准确更有针对性的方向定位（功能价值创新↔推广营销设计）。

（1）景观类型分析：用户定位←主题风格→元素选择，侧重主题性，形成传统再深化模式。

（2）功能价值创新：组织艺术+技术运用→感官体验，侧重体验性，形成传统再创造模式。

（3）推广营销设计：营销策略→竞争意识→数据互动，侧重数据性，形成传统再变革模式。

3）衍生商业景观3大模式结合创新、数据因素组合形成综合模式

由模块衍生的传统再深化、传统再创造、传统再变革的3大模式其连接纽带为"创新"、"数据"2大因素。在大数据引发思维、商业、管理领域变革趋势下，保留传统精华、聚焦创新理念、体现数据特征才能创造与当今时代经营模式相匹配的商业景观。本着"生态效益模式→情感心理模式→经济带动模式→生态效益模式"景观体系的设计初衷，利用组织艺术、技术运用的创新手法将传统再深化模式中元素选择奇异化体现，利用精准用户定位、创新主题风格将传统再创造模式中感官体验极致化强

调（综合模式1）；创新组织艺术、技术运用的个性化景观满足"极致化"、"长尾化"竞争意识中自我价值体现要求、符合"个性化推荐达成完美匹配"的数据互动，重构传统行业供应链的O2O模式、具备时代特征的数据思维拓宽感官体验适用范围及受用人群（综合模式2）；商家企业利用数据提供的5大维度挖掘潜在消费群体，确定用户定位，制定对应主题风格景观。主题化模式强调商业视觉景观外更注重企业文化表达，具备"品牌化"、"连锁化"竞争合作意识，数据化感官体验优化营销策略O2O线下模式（综合模式3）。

（1）综合模式1 = 传统再深化模式 +（创新）+ 传统再创造模式。

（2）综合模式2 = 传统再创造模式 +（数据）+ 传统再变革模式。

（3）综合模式3 = 传统再深化模式 +（创新）+ 传统再创造模式 +（数据）+ 传统再变革模式。

4）综合模式协同其他因素完善经营模式，形成商业景观体系闭环作用链

商业景观模式创新必然与外部环境、时代变革、其他企业商业景观模式等因素保持互动。商业景观模式创新不单涉及商业景观5大要素及3大商业景观模式的内部创新，更强调景观模式与经营模式的外部契合，即更好地服务于随大数据时代调控的经营模式是景观模式的创新本质。其他因素，如新型技术、全新理念等可强化"创新"因素，时代特征、经营理念等可变革"数据"因素。又如本企业商业景观模式利用外部资源协调与其他商家竞争合作机会等。只有以创新经营模式为起始点，与时代同步、与技术理念同步的商业景观模式才能真正适应大数据环境要求，从而创造最新最适宜的综合景观模式，形成商业景观体系闭环作用链。

基于上述结论，将商业景观模式创新的机理作出进一步总结，如图13所示。

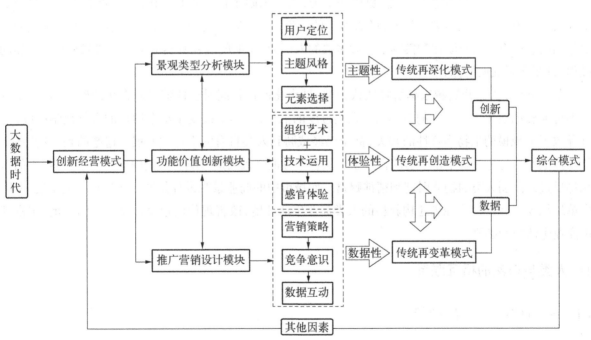

—— 表示作用关系链；◄—► 表示相互作用关系链；⇨ 表示模式递推因果元素及其关系；⊥ 表示综合模式作用因素联系

图13　商业景观模式创新机理的系统理论框架

4.2　研究总结

"大数据时代→商业经营模式→综合商业景观模式→创新经营模式"的商业景观体系闭环作用链是基于3种商业景观模块创新实践分析的最终理论。将景观模式主题化、景观元素创新化、功能价值体验化、推广思维时代化、营销设计数据化是商业景观综合模式的创新节点。本文仅对商业景观模式

创新提出初步机理分析，其挖掘深度、适用广度、时间长度仍有待考证与加强。未来的研究可在本文分析框架基础上，采用深入细致的纵向单案例研究方法分析创新机理可实施性，从而获得更具一般性的结论。

从"零"到"零"
——打破城市商业景观设计中的线性思维

张建华　杨梦雨

（上海商学院旅游与食品学院，上海201400）

摘要：全球一体化推动了经济的紧密联系，文化、城市建设、设计理念也开始趋同。城市商业景观设计中场地感的缺失成了商业景观设计中最主要的问题，人们童年记忆中的场景慢慢消失，场地不再有其独特性和地域性。针对这一现象，本文从分析人类与自然的相互联系入手，通过解析自然世界与人类价值观的形成、自然世界与个体成长及商业空间中的自然等，提出了从"零"到"零"的设计理念。

关键词：从"零"到"零"；商业空间；景观设计

人类与自然界紧密联系在一起，更确切地说，人类依附于自然界而存在，这一点对于人类自身的幸福安宁和发展都至关重要。然而，随着城市的产生，现代人对自然环境在人类身心方面所起到的重要作用的感悟早就已经淡化和模糊了。大多数的人认为，文明的进程其实就是一个驾驭和改造自然的过程，这是衡量文明的标志。

最近几年，人们开始越来越清晰地认识到，城市化的进程同时也伴随着对自然的破坏，带来了许多不可逆转的后果。在过去的50年里，人类过度的消耗，基本上改变了整个地球的大气化学组成，并且导致了大规模的生物多样性的丧失，甚至已经威胁到人类自身的生存和发展。遗憾的是，这些还不足以让他们清楚地了解丰富多彩的自然系统从各个方面都极大地影响着人们的生活质量，自然界的退化将反过来削弱人类的物质财富和精神财富。而城市中的商业景观设计是城市化进程中的重要一环，变革思维模式和设计途径来建构新型的人类商业生活环境，改善现代商业设计所产生的不足，丰富都市商业生活极为必要。

1 人类与自然的相互联系

1.1 源于自然的"血缘"纽带

人们所知道的人类身心健康与自然系统中之间的联系其实是支离破碎的、不成体系的。城市让这样的联系变得不明显也不直接，让人们很难理解两者之间相辅相成的密切联系。比起自然对人的重要性，对于各种破坏环境的恶果和人类是怎样破坏自然环境的研究更为广泛，但是并没有涉及如何改善人与自然关系的恶性循环。既然人类是自然循环系统中一个影响力巨大的环节，就应该用系统的方式和积极的态度去改善人与自然的关系。

中国园林界的权威周维全这样定义园林："为了补偿人们与大自然环境相对隔离而人为创设的'第二自然'"。人在城市当中规划和设计商业景观的目的仅仅是为了经济利益，忽视了作为城市景观的一部分的商业景观所应该具有的与自然保持间接联系、对自然还原和写意、进而满足消费者美好生活愿景的功能。如果让一个生活在城市中的人勾勒一副日常生活中的自然,画面中出现的一定会是阳台上的特色植物、居住区里的草坪、邻近的小河、自家后花园的竹林,或者是商业场所附近的城市绿地、商场中的盆栽植物、飞禽走兽、家养宠物等。虽然在这个画面中出现的片段就是对自然零碎的断断续续的意象,不过只要是加强对自然的这种印象,哪怕是间接的、象征性的,只要这种相互联系的自然体验反复出现,就能影响人类的身心健康。

美国景观设计先驱、纽约中央公园的设计者奥姆斯特德曾经这样评价城市中人与自然的联系:"在充斥着人工痕迹的大都市里,人们的目光不会太多地去注意周围冷冰冰的世界……最先是对人们的身心毫无益处,久而久之则是对整个身体机能的破坏……而引人入胜的景致是治疗伤愁的最好帮手。"公园、花园和生态化的商业空间是自然的象征和缩影,当人们逃离喧嚣在树下小坐片刻,就开始了与自然接触和回归的过程。对自然美的欣赏是人类直觉趋向的一种最普遍的现象。这种与自然之间的"血缘"纽带可以引起许多相应的效应,大量的调查和实验已经证明,都市人身处公园、广场和生态化商业空间中可以不同程度地使身心受益,有助于减轻压力,注意力会更集中,增强面对逆境的承受能力,对新事物的创造能力等。色彩斑斓的花朵、连续的树林切割而成的天际线、各种形态的水体,都会随着时间的推移,提高人们的精神财富,丰富人们的精神生活。

1.2　自然世界与人类价值观

人对自然有一种生物本能的亲和力,热爱自然、珍视自然的倾向是与生俱来的,这样的本能到了现代社会,被外化成了人们日常生活中的价值观,一种针对自身与环境之间关联的价值观,它涉及个人的物质上、身体上、精神上、智力上和道德上的丰富和完整,具体体现在4个方面:实用价值、自然价值、象征价值和人性价值。

1)实用价值

实用价值主要是指人类可以从自然界获得身体上和物质上的益处,但"实用"这个词其实只是一个狭隘的象征性名词。实用价值反映了自然界作为农业、商业、工业、医疗以及其他日常用品上的自然资源的来源,与此同时,从开发自然世界的实用价值中所使用的手艺和技能也可以产生情感和智力上的益处。原始社会时期,人们需要直接从自然获取物质实体,他们很清楚地知道自然界是他们获得食物和安全的重要资源。然而到了今天,大多数生活在城市里的人却认为,区别现代生活的标准就是要脱离远古时代对自然的依赖,这样的观点是非常片面的。毫无疑问,现代人类生存和进步的力量依然是来自自然世界,所有的科学研究、生物工程、药物、建筑材料、生活用品,都越来越依赖于对自然世界的探索。

一个健康的自然生态系统给予人类积极的反馈,对于人类的可持续发展依然有着不可替代的作用。 水能、太阳能、风能,没有一个不是大自然的恩赐。人类在进化过程中,通过征服自然改变了自身的生活形态,同时也可以获得身体机能和情感发育。人类有计划地把自然界作为实用价值的源泉,因为这些与自然实体直接交流的行为会带来自我的满足感、掌控力以及一种经过锻炼自身能力而形成生存能力后的独立感。

2)自然价值

人类通过把自己沉浸在各种自然环境中来获得各种精神上的回报,最能带来直接刺激的就是植物、野生动物和自然景色。对于自然世界的深层次体验,可以使参与者获得更多刺激和感悟,每一种陌生的生物都让人不由自主地想象,不断激发人的好奇心和对事物的认识,因为大自然的变幻是无穷尽的。

当然，如果能与野生环境全方位接触的话，对体验者的影响无疑是更为深刻的。例如，沉浸在相对没有被干扰的自然环境中时，参与者特别是处于青春期的年轻人，当他们和周围的人一起体验大自然的挑战和冒险时，期间的经历会对他们有着更多的意义。在这样持续体验自然的过程中——或是在森林中漫步，或是在小溪中钓鱼，或是到一片沙漠中野营——都可以使得处于成长阶段的年轻人的身体、心智和精神得以成熟和健全，他们需要培养专注力，学习如何与周围的人合作来度过困境，提高自己面对陌生环境的应变能力等，这些都是保证个体性格完整的方面，甚至能改变他们的一生。

与自然亲密接触的机会越多，人们就越是感觉到拥有活力并且能平衡自身，长期处于闹市当中是很容易造成个体人格扭曲的。一块森林中的石头如果搬到了乏味、单调的商业空间里，它同样会富有生气；一盆本来在野外不起眼的植物如果移植到了商业空间，也充满了故事。使单调的商业空间具有了许多不同的感觉，甚至连空气也会变得真实起来。

3）象征价值

人类发展的历史长河中，语言的形成有赖于对于自然景色的描绘，想象、比喻和其他象征方式都是为了表达来自自然刺激的感受，以此来帮助人们对于自然事物的分类。人们通过将自然抽象和压缩，帮助交换信息和对事物的理解。在描述自然风景和叙述冒险经历的过程中，个体的心智趋于成熟，文化也逐渐形成，而在想象和回忆自然的过程中提高了彼此的交流水平。生活中的语言同样来自这些象征性的自然，人们将自然形象转化为商业语言、方言、演讲和争辩语言等。

象征价值与自然价值在某些程度上具有相似性，它们都能为生活带来更生动的交流，能为人们的探索提供帮助。这就是为什么人们愿意在有优美的景色或者是水源附近、周围开满鲜花和树木的地方建造住宅、办公楼和商业中心，即使要付出额外的费用也在所不惜。

4）人性价值

人与自然的情感联系始于驯化野生动物和种植粮食，当人类感受到来自动物的忠诚以及物质回馈时就会产生一种感激之情，觉得自己是被需要的。社会当中的合作和参与能力也形成于自然当中，关心他人以及受到关爱都可以增强自信和自尊，这与驯化动物和自食其力的感情是一样的。当人们陷入沮丧时，他们都会去寻求自然的力量，有时候对自然存有的恐惧感激发出敬畏和尊重，这种比自身强大数倍的力量能完全治愈一个小小的沮丧。

人性价值以道德观念的方式体现出来，正确认识人性、自身道德、精神信仰，都会激励人们去保护自然。当人们意识到与自然界是一个最基本的联系时，将不会再产生强烈的占有欲，而是更多地自省与缓和，不去刻意破坏和伤害周围的自然环境，改善人与自然关系的重要环节就在于此。

2 自然环境对群体与个体的影响

2.1 商业空间中的自然

商业空间环境不同于公园或其他公共场所，它会被不同的消费者重复使用，是消费者室外活动最频繁的场所。因此，商业空间环境的景观设计直接影响环境质量以及人们的感受。

位于美国加利福尼亚州的著名乡村之家社区，是一个以减轻建设对自然环境带来不良影响为目的而营建的商居区，旨在为居民提供更多与自然相处的机会。尽管社区里的建筑密度很高，但是却保留了令人惊叹的开放空间，其中约有四分之一的场地用来作菜园、公共娱乐场所或者是绿化带。房屋与房屋之间的由通风步道和自行车道隔开，道路两旁种满了乔木、灌木和鲜花，社区位于地面之上的灌溉渠道也取代了下水道、排水沟和地下管线，用以控制暴雨的排泄，这些渠道的走向完全按照自然地形来设计,没有人为地去改变本来的地貌。社区中的可持续设计也包括紧凑的建筑布局以节约用地、大量的保温材料和太阳能热水器的使用可以最大限度地储存热能、良好的建筑朝向和植物遮阴系统都经过了精心设计,采用这样的可持续设计之后,乡村之家社区的能耗大约只有常规设计的三分之一或者二分之一。大量的开放空间、步行道、车行道以及遍布的自然消息和灌溉渠道都增加了人与自然接触的机会,建筑以组团的形式出现,一般以商户为基本单位,每一家隔着绿化带相望。农田区由果树林、蔬菜园、葡萄园等组成,这为居民或消费者提供了一个参与生产景观互动的机会以及户外环境乐观交流的机会。这是一种对象征性自然的体验,与最初人类进化工程中进行的生产性实践如出一辙,与自然的和谐相处给社区居民带来了极大的身心健康。

另外一项研究表明,如果两个商务区的建筑以及布局完全相同,而唯一不同的是有无花草树木,一些消费者被随机地分派到两个商务区中活动,对于景观也没有管理措施。那么活动在有树木的商务区中消费者的身心健康明显要好一些,他们面对压力时表现出来的承受力更强,解决冲突的能力以及认知能力也会更好。研究者指出:"身处绿色环境中,人们的注意力整体上要高得多,消费者处理关键事物的效率也高得多,商家和客户关系更为融洽,对陌生人也友善得多,令人难以置信的是仅仅几棵树和一些草坪就能受益匪浅。

一个健全的自然环境才能够形成人类较高的价值评价和综合能力,而反过来,这样合理的土地利用方式和景观植入方式又会带来各种社会的、心理的以及经济的益处,一旦进入了良性循环,就会激励消费者对他们的活动环境有更高的评价,同时也会激发他们更多地消费。

2.2 自然世界与个体成长

个体的成长过程中,童年时期的经历会对他今后的人生产生决定性的影响。处于发育阶段的儿童,情感、智力和评价能力等方面都需要完善。这个时期人刚刚脱离母体,走出庇护,开始接触自然,各种重要的能力和特征也是在这一时期发育形成的。商业空间的自然化构建使儿童与自然世界的接触更为方便、随意,儿童时期与自然"世界"的亲密接触对认知、情感和判断3方面发展十分必要。

1)自然与儿童的认知

对周围事物的认知是形成儿童基本的辨别能力以及初步的观察能力的基础,自然对于儿童的这一能力培养极其有帮助,因为自然可以为孩子们提供大量辨别周围事物的基本信息以及整合这些信息的机会。自然是人类语言形成和发展的关键,它会出现在儿童的神话故事当中,而幼儿也主要依靠描绘自然图片来形成他们的语言能力、数学能力和分类能力。自然界鼓励儿童不断地去探索、去看、去听,儿童需要不断地对生活中无处不在的食物进行命名和分类,如植物、鸟类、花草及这些生物生活的园林景观环境等。达到认知目的的同时,儿童的语言也得到了发展,反过来,由于童年记忆中充斥着对美好自然的向往,也会使得他们在成年之后有更多的爱心与责任心,因为一个正常人是不会去破坏自己儿时美好回忆中的那些环境的。

大自然对于处于认知阶段的儿童来说就是一个天堂,他们可以从中找到很多乐趣,那样的吸引是全方位、多样化的,在他们眼里自然界的任何一个方面都是不可取代的。对于事物的理解能力的形成则更是通过对自然事物的观察和体验,然后对此进行信息处理所形成的,认知事物的现象与本质以及两者之间的联系都可以通过解释一些自然现象来完成。比如,孩子们通过多次的实践会知道在一定的温度下就会下雨、知道树木需要生长在泥土里而不是柏油马路上、牛羊喜欢成群结队而狼喜欢独自行动等。不管是通过直接体验还是间接刺激,例如电视、书籍这些媒介,自然界都可以给儿童提供其他任何东西都没有的持续性的、永不重复的机会,来培养思考习惯和解决问题的能力。了解自然界的循环规律,动植物的繁衍、生存和死亡,观察其中的正常事件和离奇事件,可以帮助他们从简单的认知到概念化意识和预见性意识这样复杂的行为,这样逐渐成熟的过程可以加强心灵的力量,帮助他们一步一个脚印地健康成长。

2）自然与儿童的情感

情感发展的最初两个阶段是儿童对信息、想法和状况的接收和回应能力,它们促成了儿童智力的成熟,这个过程当中,除了一些关键性的人,例如父母、兄弟姐妹、老师、朋友等,当然也少不了来自自然界的因素。与小动物亲密接触是一个最好的途径,因为动物与人类有着共同点,而且也是活生生的有趣的生物,儿童可以在与小动物接触的过程中认清自己的存在与独特性,发展出一些基本的情感,例如喜欢、不喜欢、厌恶、快乐、害怕、伤心等,对于大多数儿童来说,自然界可以不断地诱发他们的这些情感,还会形成其他基本的情感状态。心理学家迈尔斯解释了这一现象:"动物对儿童来说具有强烈的吸引力,因为他们对互动是极为积极反应的,为互动提供了许多动态的活力的机会。"在一项研究中,96.5%以上的成年人认为,当他们还在孩提时,接触自然活动对他们而言是必不可少的,饱含了太多的情感。一旦早期的情感得以形成——对美的欣赏,对新事物的期待,同情、怜悯以及爱慕之情——就会持续下去,长期发挥作用。对于儿童正确情感的诱导,重要的不是为他们铺就一条道路,而只需要把他们置身于一切似乎是未经雕琢的事物面前。

现代生活中一个隐藏的干扰就是迅速发展的工业和科技减少了儿童对于自然的直接体验,取而代之的是各种虚幻小说和电影电视节目,今天的儿童面对的已经不是一个非人工的自然世界,没有机会亲自到溪边去抓鱼,感受水流没过脚踝的清凉,也触摸不到水里的水草和石头。在电视节目中或许可以看到很多相隔甚远的生物,但是这永远替代不了直接地、真实地接触带来的那种强烈的情感回应。在大自然面前,即使是一个成年人也会被震撼,更别说一个价值观还没有形成的孩子。

3）自然与儿童的判断力

判断力从某种程度上来说就是形成价值观的能力,反映了一种清晰的、持续的判断和价值取向,它是情感和认知的综合表现,健康的成长与儿童的自然价值观紧密相连。童年时期是儿童形成自我意识的关键时期,也是形成个人与自然界联系的关键时期,也是他们与同龄人一起探索的时期。附近的自然世界为他们提供了创造的空间,这个场所离家不远,他们可以建造自己的堡垒,有自己掌控的领地,神秘的自然界可以隐藏的地方就像一个虚拟的"家"。

儿童时期的创造力会产生巨大的满足感,有些时刻和片段也许只有几秒钟,但是会永远留在他们的记忆里。处于青春期的儿童在接触自然的同时,会将自然事物与儿时童话故事中的场景进行关联想象,从一些冒险的场景中,如冲突、需求、渴望、自由等来判断,从而形成他们的评价体系。慢慢地,孩子就会对自然界形成明显的、生态的、伦理的和自然主义的看法和观点,很多概念性的自然奥秘得以迅猛发展,这有助于成长中的青少年对他们自己与自然界的联系形成更为系统的伦理和道德的判断标准。

2.3 直接体验的重要性

现代社会面临的一个窘境就是当今的儿童已经没有足够的机会直接接触自然和感受自然,在他们的儿时回忆当中已经没有对真正原始自然的印象。有很多方面的原因造成了这样机会的减少,包括大范围的环境污染,公共开放空间的减少,生境的破碎化,生物多样性的丧失,人造硬质化表面的增加,乡土动植物群落被商业元素所替代等。再加上成年人工作地点的变动,社会不断变迁,大家庭逐渐瓦解以及固定社区的减少,原有的生境被破坏,城市化带来的恐惧也让家长不愿意让孩子们独自外出玩耍。

现代社会特别是城市更依赖于利用先进的技术来间接地、抽象地传达自然世界的信息，儿童也因此只能通过有组织的、严格监督下正式地参观一些地方，如动物园、博物馆、水族馆等来认识自然，或者通过科普节目来学习自然生物，对于眼前的常见的动植物却毫无兴趣。著名心理学家罗伯特用"体验灭绝"来描述当代儿童直接接触自然机会减少的趋势以及不得不同固定不变的自然界进行接触。随着城市的扩张，郊区也迅速成了城市的延伸，自然界的多样性、干扰和破坏，城市居民不再同自然直接接触，欣赏能力也在减退。"体验灭绝"让城市人不再了解他们赖以生存的土地和环境，也不再认为自己和它们有着亲密的联系。

直接体验对于每一个个体都有着重要的影响，特别是孩子，当他们面对来自自然界的不确定因素和体验失败的可能性时，他们需要寻求解决办法和预见能力。如果只是被动地参观植物园、看一些图片或者是坐在教室里听课是不能培养和形成这些情感和能力的。有计划、有组织地接触自然不会产生像在日常熟悉的环境中直接接触自然而形成的自发性、挑战性等特点，间接接触虽然也会有积极的影响，但是那只能作为一种补充。持续的、没有规律的直接接触自然可以为孩子们提供去发现、去创造和发展他们个性和判断力的机会，每个人面对困境时表现出来的不同反应都是因情况而定的。直接体验时来自感官上的刺激是印象深刻的，桂花的清香和玫瑰的浓香是不一样的，浅浅的池塘是可以玩耍的而湍急的瀑布是存在危险的，这些都是间接体验所感受不到的。

3 从"零"到"零"的设计理念

怎样为儿童和成年人提供更多积极接触自然的机会，并把自然当作每天生活中一部分的机会？怎样将现代建筑环境的不利影响降到最低？怎样在城市环境中设计出更多的自然景观来使人们的精神世界得到丰富？怎样通过直接体验自然使每一个城市人都能有健全的心智？怎样改变现在生产—使用—废弃的发展模式？怎样建立一个真正的自然循环系统？怎样做到真正的废物利用和自产自销再生产？怎样才能缓解自然环境和人类建成环境的矛盾？这一系列的问题都可以通过一个办法来解决，那就是通过设计方式的改变和规划好这个不断城市化的世界，通过思维模式的改变来带动生活态度的转变，是完全有可能实现的。

3.1 从"零"到"零"

爱因斯坦曾经说过："假如世人沿用那种给他们带来当今之困境的思维方式，他们将不可能从当前的危机当中得以解脱。"传统的设计和发展规律既不是必需的，也不是人类期望的，而且毫无疑问是不可持续的，现在需要做的就是对人们与自然环境联系的减弱进行深刻剖析，然后想办法改变现状，使支离破碎的联系再度紧密相连。

从"零"到"零"的理念源于著名建筑设计师威廉·麦克唐纳"从摇篮到摇篮"的理念，"从摇篮到摇篮"的设计是仿生学在设计上的实际应用的例子，它的本质内涵是把物质（包括自然的与人工的）看成是一个健康的、安全的新陈代谢系统的营养素。它强调工业必须保护并丰富自然生态系统以及生物的新陈代谢，与此同时，对于那些人工合成的物质，也要保证它们参与到一个安全的、高效的科技新陈代谢当中。简而言之，要创造一个"零废物"的社会经济体系。

从"零"到"零"的理念则更为广泛一些，它以原始自然作为零点，打破了商业景观乃至城市景观设计中固有的线性思维模式，而希望通过从零出发再回到零的环形思维模式来重新规划设计景观，最大限度地实现人与自然的和谐共处，在发展与环境保护两者之间取得一个良好的平衡。实现真正的从"零"到"零"面临着复杂的过程，涉及政治、经济、生态等各个方面。也许在将来的某个时候，社会需要把现在只是控制和缓解这些不利环境影响的阶段继续发展，直到找到一种解决途径，把潜在的危险转化为未来资源和生态生产力。

传统的思维模式是生产—使用—废弃，而废弃物没有得到恰当的处理，地球也越来越像一个巨型垃圾场，能源总有一天会用光，到那个时候人类应该怎么办呢？以后人类也许会消除废弃物这个概念，另外创造一个"闭合循环系统"。在这个系统当中，废弃物将在利用或者被安全地转化和被环境吸收。把废弃物视为一种能源，人类需要转变观点，认为再利用和再生产的产品，服务过一次之后还可以再提供作用，甚至在循环过程中产生了增值效应，那么这个闭合的循环系统就会完善，废物量也会达到最小。人类从"零"中来，回到"零"中去，不带来也不带走什么，需要做的只是维系自然界本来有的平衡，通过与自然的接触和体验重新连接被隔离的一环，改变一种思维模式，转换一种设计理念，就能为人类自身和自然界带来更多的效应。

从"零"到"零"的理念带来的是一系列彻底的转变和价值。其思维模式为不急功近利，从长计议做好每件事；权衡每一次行动给环境带来的或者将会带来的伤害；可以设计一种新的交通运输理念而不需要设计一辆新车；最大限度地善用可获得的资源，注意使用方式；养成积极的环形的思维方式，看到每一个环节彼此之间的联系……其工作模式是从源头上解决原料和能源的选择，避免浪费；减小地球符合的同时，通常也能减少开支；发展与改良同步，通过创新设计使原材料保留在它们的生物循环和工艺循环中……其生态价值是提高生态价值。在任何一个商业空间项目的开发规划中，注入这样一种全新的思维模式，从源头解决问题。不是减小对环境的伤害，而是消除这种伤害，甚至是在循环过程中创造出价值。其社会文化价值则让人们在与自然亲密接触的时候享受到过程中的快乐和惬意，回到最本真的自然，甚至回忆起儿时玩耍的片段，得到全身心的放松。最终其经济价值必然为减少成本，提高收益。

从"零"到"零"并不是一种表面上看起来的退化，实际上是一种回归，生活中这样的回归数不胜数，人类历经千年的发展最终回到了最初的生活状态，虽然社会形态与原始时期有了本质的不同，但是历史就是螺旋式上升的，很多历史时刻处在同一个剖面上，是轮回的、相似的（见图1）。

从"零"到"零"的理念可以分解为两个设计概念，即"低环境影响设计"和"可恢复性环境设计"，可以帮助重建一个更加协调、和谐的人与自然的相互关系，从源头上解决即将可能产生的问题，把商业景观乃至城市景观从产生到废弃看作一个完整的、环形的、循环的过程。

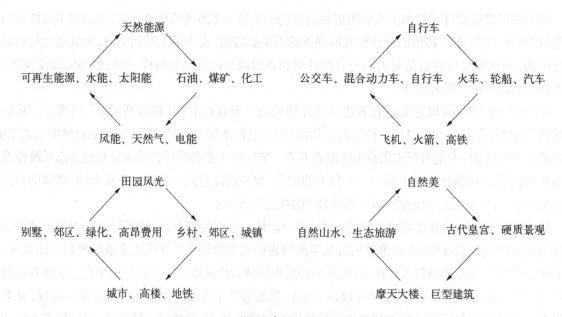

图1 人们对各种事物认识的循环过程

3.2　可恢复性环境设计

可恢复性环境设计理论最基本的目标是重新点燃和恢复人类与自然界已经妥协和削弱的联系。可恢复性环境设计的首要目标就是避免和减少城市建设以及景观营造过程中对自然系统和人类健康产生的不利影响，包括促进能源的有效利用、开发可再生能源、减少资源消耗、减少污染、避免生物多样性丧失等。人们不希望待在景观较差的地方，无论周围的设施多么完备，就算有循环材料和保温地板，因此，可恢复性设计力求将这些零碎的部件同自然界恢复联系。为什么不设计像树一样的建筑呢？树木就是自己产生食物和能量，而且不会带来不利于环境的废弃物，相反还可以形成优美的景观和丰富的物种多样性。构建一个植物城市，已经出现在了人类的发展蓝图中。植物城市是一种新型的城市发展模式与理念，这个由布鲁塞尔建筑师提出的惊人构想，为人类勾勒了一副百年之后的"完美城市"的蓝图，也是将立体绿化发展到极致的一种城市形态（见图2）。在植物城市中，所有的城市元素都被巨大的植物体块所覆盖和链接，它们模拟了植物的生长形态。在这些未来城市的模型里，建筑物将坐落期间，而建筑物本身是由能获得太阳能的生物纺织物组成。

图 2　城市将成为绿色的海洋

人类对生存环境的思考与幻想从来没有停止过，新材料无限拓展，风力、太阳能、雨水都成为当下炙手可热的打造城市新的生命循环系统的能源。植物城市犹如一个庞大的植物体系，由错综复杂的主干与分支组成，能量在这些"管道"中得以循环和充分利用，人们可以自由地穿梭，与大自然真正意义上融为一体。人们的生存空间与脉络开始更加紧密地联系起来，这是否与神秘的巴比伦空中花园有着异曲同工之妙呢！

从可再生或污染小的资源获取能源是可恢复性设计的发展目标。人类现在仍然主要依靠水力、电能和核能，但是，已经证实了它们在转化为能源的过程中会产生生态影响。使用更有效的景观照明以及加热、通风系统，将废弃热用来发电，这样可以减少能源的消耗和浪费。通过更为优化的建筑设计、城市景观设计、商业空间景观设计，并对其进行可持续的建造和运作，特别是照明、加热、通风和制冷等设备和装置的消耗。因为建筑中，大约有四分之一的能源消耗是来自照明和供电的，城市景观中的照明与供电也不例外。

一个有效的能源效力提高的方式是对城市当中的商业景观进行更为智能的设计，将景观建筑的立面朝向太阳，在使用某种材料和形式的基础上贮藏和释放热空气和冷空气，在硬质铺地中使用比热容大的材料（如砖和石头），然后结合一些新型的有机材料，同样可以使用景观中庭当中的设计手法来处理，达到节约能源的目的。

在照明和采光方面，完全可以利用对空间的巧妙布局来实现对环境的修复。位于江苏省苏州市的中国地方历史艺术性博物馆是著名美籍华人设计大师贝聿铭的作品。贝聿铭被称为后现代主义建筑大师，他对于建筑的设计注重于抽象的形式，他喜好的设计材料只包括石材、混凝土、玻璃和钢。他非常善于把古代传统的建筑艺术与现代最新技术相互结合，并且通过巧妙的设计将自然光线引入室内，多角度变化的光线令人惊叹，光线变成了他的工具，光和影在他的手里变得匪夷所思（见图3）。

灯网是一个绝妙的创意，它既是一个庞大的景观照明系统，又是一个单独的灯具。整个系统是由网状结构部分和灯具共同组成，目的是制造均匀、无眩光的夜间照明。而且光线被要求必须为直射，这样

图3　坡面屋顶让光线充分投射　　　　　　　　图4　灯网意向图

能产生少量的影子,灯具散落下的光就像是罐子里泼出来的粉,随机地落在下面的街道上(见图4)。每逢夜晚,这里便如布满繁星的夜空,开车路过的人们都忍不住要放慢速度静静观赏,离开之后又久久印在脑海中。这样的灯具系统兼具了景观效果、照明、城市道路设施、节约能源等多重功效,在满足功能的基础上,对环境几乎没有造成太大的干扰。

3.3　低环境影响设计

低环境影响设计的概念比较容易理解,它应该成为商业景观设计时最优先考虑也是最基本的事情,它是可恢复性环境设计的起始点。景观设计师应当学会的不只是城市商业景观最低的要求,还应当研究最大的可能性,不仅要学会如何经济地利用空间,还要学会如何浪费空间;不仅要学会如何使用空间,还要学会玩弄空间。决定哪里不能建造,是明智的规划设计关键之所在。

传统的景观设计当中,其资源利用、废弃物、能源消耗等方面都是无法实现可持续的,仅仅只是一个从生产到使用到废弃的线性的过程,这样不仅威胁到地球上的生物多样性,而且威胁到更长远的人类健康和安宁。景观建筑中玻璃幕墙的出现无疑就是一个最好的例子,足以说明大尺度的现代科技和社会发展模式对自然环境产生的影响,可是很多人依然不以为然。调查中发现,玻璃幕墙建筑对鸟类的生活有极为明显的破坏,估计每年因为无法辨别路线而撞向这些建筑导致死亡的鸟类至少有400万只,最多的时候则高达9.76亿只。玻璃幕墙高层建筑对鸟类存在着多方面的威胁,特别是在春天和秋天鸟类大规模迁徙的时候,候鸟们的生境就面临危险,特别在乌云密布的暴雨天气盛行时,因为这样的障碍物很难被发现,更是无法穿越的。不过这样的问题也是可以通过设计的转变来缓解的,位于美国新泽西州的一座高达244 m的玻璃办公大楼,设计师对其玻璃立面进行了极大的改进,其导光设计有了很大的调整。设计师在建筑发光面嵌入陶瓷玻璃材料,这样使得鸟儿可以更清楚地看清建筑的界面;同时更少地使用反射性的玻璃并且减少夜间照明;采用间断式而非连续的屋顶。

正确合理地选择景观建设场地可以缓解对某个重要的特定生态系统的破坏,比如湿地、关键的饲养基地和生产基地。开发未受干扰的自然环境几乎不可避免地导致环境的退化。因此,任何时候都应该优先考虑已经开发过的场地,恢复已经受污染破坏的"褐色地带",这要比开发"绿色地带"更能减小城市景观对环境的影响,同时还可以方便交通和节省能源,让城市重新焕发活力。

直接使用自然材料也是降低对环境影响的最好方法之一，人类对自然材料的极度喜爱和亲和力是与生俱来的，人工替代品无论模仿得多么惟妙惟肖，它依然不能带来更多的愉悦感。人工材料缺乏那种让人产生强烈感情和引起儿时回忆的力量。而且它们很难具备天然材料的精细之美和岁月感，如材料的纹理、石头的风化或者一生当中只能遇见一次的感官体验（如皮革的气味或者露水的润滑感等），更很难有好的模拟自然材料，因为真正的自然材料是复杂的、不可完全复制的、动态的，其自然形式一定是经过长久的自然环境的影响而形成的，它们在适应环境的过程中不断生存、应对和进化。

4 结语

从"零"到"零"是一个漫长的过程，这并不是某一个领域或者行业所能改变和推动的进步，需要整个社会的集体意志来完成。全球一体化除了推动经济紧密联系之外，文化、城市建设、设计理念也开始趋同。城市商业景观设计中场地感的缺失成了最主要的表现，几乎每个城市都可以看到千篇一律和毫无特征的要素充斥着大街小巷，人们童年记忆中的场景慢慢消失，场地不再有其独特性和地域性，让人产生没有根的感觉。

地球上80%的人工建筑差不多都是在最近100年当中拔地而起的，自然环境经历几亿年的发展变化，从没有像今天这样面对如此多棘手的问题。回归自然不等于退化也不等于摒弃发展的成果，而是需要通过设计的变革和思维模式的突破来使人与自然达到和谐，让人的身心健康得以保证。

变革经营模式降费逐利，构建商业景观适逢其时

柴晓彤

（上海商学院旅游与食品学院，上海201400）

城市化不但影响着人们的生活方式，也不断倡导着新的消费观念。消费者更加关注消费时间的支出及在有效时间内采购消费品种类的多与少，同时考虑消费价格的因素。符合消费者这种消费观的网络购物对传统经营模式的商家带来极大挑战。据中国电子商务研究中心发布《2012年度中国网络零售市场数据监测报告》显示，截至2012年12月中国网络零售市场交易规模达13 205亿元，同比增长64.7%，已占当年社会消费品零售总额的6.3%。而该比例数据在2011年仅为4.4%。电商正在改变零售业格局。

2012年零售行业总体增速有所放缓，社会消费品零售总额较上年下降2.8个百分点。百货、超市、专业店3大业态销售增速较上年均有下滑。传统百货面临自身的盈利水平与盈利能力大幅下降、运营成本费用加大以及网购抢占市场份额等压力。据统计，已公布业绩的单纯百货企业中，销售总额的增长幅度大部分都在10%以下，广百股份、百盛百货、成商集团等的净利润大幅下降，同比分别下降幅度达到了9.75%，25.60%，23.03%。

在社会消费品总零售额下降的情况下，重庆百货、家乐福中国、红旗连锁等企业2012年的销售额却保持10%以上的增幅，这也说明零售业的市场空间，在经营模式符合消费者需求的情况下，依然拥有活力。

因此，现阶段对我国商业经营模式结构进行调整，具有重大的理论和实践意义。

变革不仅与产品的设计能力、营销能力和技术能力等相关，同样与产品销售终端的商业空间景观

有关。良好的商业空间景观的打造,可以满足消费者从物质层面已上升为精神层面的需求;可以加快"四位一体"到"五位一体"的"生态文明"建设步伐;可以提高能源的利用率,降低废弃物的排放;可以实现自然景观与人文景观的和谐融合,形成具有艺术审美特色的场景。因此,商业经营模式需要景观体现,而景观的构建中按照现代社会的要求,需要生态环保;同时景观的低碳也降低了商业经营模式的成本,促进其可持续发展。

1 商业经营模式变革方向

从形态单一变革为多样化。传统的商业经营模式只满足了商业的基本需求,而现在的经营模式变革为多样化,在满足消费者基本购物需求的基础上,还增添了人文功能、景观功能、展示功能等。如餐饮业一直为人们所注重,近几年来,随着商业经营模式的变革,由满足酒足饭饱的传统餐厅出现了很多新的服务类型,如自助餐厅服务、汽车餐饮服务、小吃餐饮服务等。这些餐厅不再以往常单调的餐饮模式出现,而是具有各自的特色,包涵了内在的经营理念、经营方式、经营文化、独特的服务来满足不同的消费者。多样化餐厅的出现,让消费者可以很好地作出选择。

从宏观管理变革为精细化。过去的商业管理只是单纯的完成营业额指标,而忽略细节。而现在的商业管理,要完成营业额指标必须从小做起,每一个细小的环节都要把握。精细化是一种意识、一种观念、一种认真的态度、一种精益求精的文化。精细化管理是一个全面化的管理方式,把精细化管理的思想和作风贯彻到整个企业的所有管理活动中。随着市场的迅速发展,行业的竞争也与日俱增,要在激烈的市场竞争中求得生存发展,由传统的宏观管理变革为精细化管理是商家打开商场局面,扩展发展空间的重要环节之一。

从形态稳定变革为多变化。过去的商业经营模式较为稳定,而现在稳定的经营模式可能会引起消费者的视觉疲劳,损失客流,也缺乏对新一群消费者的吸引,为了使商场更好的发展,现在的商业经营模式需要经常变化。这种形态稳定到多变性的变革需要了解消费者的心理需求,观察商业整体的运作情况与邻近商家竞争的特点。通过改变可以吸引更多的消费者,促进消费能力,使商家更多地获益。

从产品导向化变革为便利化。过去的商业将卖商品作为唯一的目标,而现在的则是方便消费者,为消费者提供便利。传统商业经营模式以随工业革命而兴起的百货商场及稍后出现的杂货店、小百货等为代表。欧美的早期城市,是在市内交通尚不发达的情况下形成的。因此百货商场与专卖店杂货店的区位选择遵循接近性(accessibility)原则,即商业网点尽量接近顾客住地,以便顾客就近购物。

城市商业经营模式的发展是与城市化的进程息息相关的。二战后尤其是20世纪50年代以来,由于城市过于集中的问题与城市交通网络设施现代化的推动,欧美的城市发展相继进入了"郊区化"阶段。居民不再像往常一样统一的趋向于市中心,而是以住宅郊区化为先导,从而引发了市区各类智能部门郊区化的连锁反应。首先迁往郊区的就是商业部门,商业是为城市居民提供服务的,以往市区居民的外迁势必会影响到商业的营业。以富裕阶层为主要人口,导致了市区购买能力的下降。为此,市区尤其是CBD的一些商业企业不得不追随消费者而迁往郊区。虽然此时交通便利,家庭轿车已得到普及,驱车购物也成为可能,但由于现代生活节奏的加快与生活方式的改变,人们"一站式购物"的意愿越来越强烈。为此,出现了商品种类繁多的新型经营模式,如超级市场、购物中心等,这些商业部门占地面积广,往往建于地价便宜的城郊接合部。以这些商业部门中心为核心,一些便利店、专卖店等也聚集在其周围从而形成了郊区商业中心。

郊区购物中心不仅服务于郊区居民,而且也吸引了相当部分的市区居民,因为市区道路陈旧、交通不便,顾客驱车到市区边缘带的高速公路沿线的新商业中心购物反而省时方便。商业"郊区化"的发展降低了市区CBD与城市中心的商业功能与作用,例如美国芝加哥1950年市区商业企业职工占总数的

73%，郊区仅为27%，到1970年则各占一半，而1977年美国城市郊区商业零售额已超过了市区。国内有研究表明北京零售业出现"市中心商业区衰落，边缘商业中心崛起，社区商业中心蓬勃发展"的态势。

此类经营模式的变革，使商家不再盲目的销售商品，而是通过为消费者提供便利来促进商业的发展，由此可见经营模式转为便利化的重要性。

2 景观构建的必要性

遵循生态规律降低商业成本。经营模式多样化层面的变化对景观构建提出了横向要求，因为经营模式各种各样，所以所需要的建筑材料等的数量非常巨大且种类繁多，如果不生态，将会带来大量的污染，而低碳化可以大大降低成本。"虽由人作，宛自天开"的造园艺术最高标准，在现代商业运营模式中大行其道。

人们越来越注重绿色消费和低碳概念，新的经营模式中以生态餐厅的出现与发展最引人注目。起初，生态餐厅的出现是由温室增设简易餐饮开始的，逐步演变成为利用现有温室生产，结合景观设计风格和植物配置来塑造一个具有生态效应的环境。温室生态餐厅指的是利用生态学原理和方法，通过一系列环境控制手段，达到植物生长所需生态因素与人体最适度平衡发展，以温室为基础的模拟自然环境、节能、绿色、环保等多功能为一体的综合餐厅。这种餐厅在不影响观赏效果和顾客饮食的前提下，让建筑能源最小化，即建筑技术和建筑材料都能在一定程度上实现能源最小化。照明能源最小化，即生态餐厅的设计布局要充分考虑如何利用太阳的光源，选择利用率高的光源。烹饪能源的最小化，即选择节能高效的烹饪设备，如选用电磁炉、微波炉等其他新的且比传统高效的电子技术设备。应尽量使用取材方便的生物材料，这种生物材料燃烧价值高，降低污染环境的可能性，同时还可以作为可再生能源继续使用（见图1）。

图1 温室生态餐厅

生态餐厅是现代餐饮业发展的一个趋势，且是一个研究热点话题。这种新型餐饮模式的出现，给餐饮业注入了新的活力，并富有自己的特色。在遵循生态规律的基础上，对传统餐饮的经营模式进行了变革，充分考虑了景观要素，符合人们绿色消费、餐饮文化、追求自然的心理。

构建细节景观，创造企业价值。经营模式精细化层面对景观构建提出了纵向要求。在当前社会，企业的价值创造是通过一系列活动构成的，这些活动可分为基本活动和辅助活动两类，基本活动包括内部后勤、生产作业、外部后勤、市场和销售、服务等；而辅助活动则包括采购、技术开发、人力资源和企业基础设施等，这些互不相同但又互相关联的生产经营活动，构成了一个创造价值的动态过程，即价值链，每一个细节都会对整个价值链产生影响，因此在每个细节都要体现生态化以降低成本，而把握细节，进行景观构建，进而构建全局是生态化的前提。

如根据单一的成本效益原则，停车场通常都是灰色的，设计中不会包含任何美学的因素。这些停车场是商业景观中煞风景的部分，在新型的商业经营模式中，通常会将它们隐藏起来，或者干脆用浓密的植物将它们挡住。而位于柏林东部马赛大厦（以节能型著称）楼下的停车场，却很独特（见图2）。BüroKiefer的设计团队与MartinRein-Canon景观建筑设计事务所合作，打破了传统观念，将停车场的沥青路面涂成斑斓的游乐场，为当地的孩子创造了一个游乐空间。整个地面被漆成铁蓝色，作为背景色。设计中应用了各种路标，但是在这里它们有着不同的含义。场地中间有许多数字符号，鲜红或明黄的

图2 马赛大厦停车场

色彩点缀其间作为装饰，白色的较粗的边界线将它们分隔开。这个设计非常具有独创性：没有将这块场地停车场的性质进行否定和掩盖，而是完美地将它融入了城市的景观之中，以其特有的方式创造了一个新鲜而活力四射的空间。白天这里作为儿童游乐场使用，夜晚则作为停车场，将停车场和游乐场两种截然不同的功能结合在一起，创造了一个独一无二的空间，这个设计是恢复和修缮城市空间的顶峰之作。停车场作为游乐场的使用而吸引了大量的儿童，从而增加了人流量。曾经被人忽视的停车场，通过景观设计，带来了意想不到的商业效果。这种因注重细节的景观构建而影响整个价值链，正是当今商业经营模式精细化层面变革所需的。

注重景观可持续性，促进销售稳定增长。经营模式多变性层面对景观构建提出时间上的要求。商业景观需要经常改变，因此采用可持续的景观构建，可以降低成本，减少重新布置、装修时的人力资源、能源等，而且节省时间。

如位于五角场的百联又一城地下美食街于2012年进行了装修（见图3）。又一城美食街直接通往地铁十号线江湾体育场站3号口，交通便利，人流量较多。过去通往这里的消费者以两类人群为主，另一为由商场去往地铁的人群，另一为由地铁去往商场的人群。因此该美食街以零食铺和快餐小吃类餐饮业为主，如奶茶店，冰淇淋店，三明治店，关东煮店等。这些店铺为过路的消费者提供了快速且简洁的消费，定位性强。但随着到五角场的消费人群显著增加，过往美食街的人群也从以前的"地铁通道"转变为来这里的主要目的是消费。为满足广大消费者的需求，适应新的消费趋势，该美食街于2012年进行了装修。此次装修改变了以往单一的经营模式，既保留了固有的零食铺和快餐店，还增加了以经营国际知名食品品牌和特色美食为主的中高档进口食品超市。装修历时两个月，充分注重了景观的构建方法。不是大规模否定了以往的空间布局，而是根据需要，对布局进行了改变。美食街内场以进口食品超市为主，外场为各类知名茶点小吃。进口食品超市没有采用单一的围栏方法，而是开放布局，以食品货架为主要分隔物，出入口也用与周围相似的材质起到了自然的过渡。消费者在路过时会被琳琅满目的货物所吸引而进入超市，在不知不觉中带动了商场的消费。超市外围设置有售卖盆栽植物的店铺，在这样川流不息的美食街中，点缀了一缕生意盎然的气氛，很好地缓解了人们因应接不暇的物品而产生的视觉疲劳，也为拥挤的美食街净化了空气。以往的零食铺和快餐店的位置没有太大变化，只是在原有的基础上进行了装修，统一了整条美食街的风格。以暖光源和红砖材料为主，给消费者一种温馨之感。这样的布局既很好地改变了经营模式，也起到了消费者的分流作用。整条美食街虽风格统一，但因合理的布局与可持续的景观构建，内场与外场的分隔明确，还是易于让消费者明确消费方向的。

百联又一城美食街经此次装修，改变了传统的经营模式，并在装修时注重了景观的构建和可持续性的发展，从而使装修时间短，节省大量资源并将以健康的美食、卓越的品质、丰富的品种、周到的服

图3 装修后的百联又一城

务有效聚集五角场商圈及周边消费人气,促进了百联又一城更好地发展。

改善景观空间,降低联络成本。经营模式便利化层面对景观构建提出空间上的要求,因为要研究消费者,满足消费者便利的需求,因此要采用相关的景观构建方法来降低联络消费者的成本。

如屈臣氏(见图4),为让18~40岁的这群消费者更享受,在选择方面屈臣氏也颇为讲究。最繁华的类商圈往往是屈臣氏的首选。有大量客流的街道或是大商场,机场、车站或是白领集中的写字楼等地

图4　屈臣氏

方是考虑对象。上海来福士广场地下一层的屈臣氏就是成功的选址象征。除了选址,店内经营更有讲究,为了方便顾客,以女性为目标客户群的屈臣氏货架的高度从1.65 m降到1.40 m,并且主销产品在货架的陈列高度一般在1.30~1.50 m,同时货架设计得足够人性化。每家屈臣氏个人护理店均清楚地划分为不同的售货区,在商品的陈列方面,屈臣氏注重其内在的联系和逻辑性,按化妆品—护肤品—美容用品—护肤用品—时尚用品—药品—饰品化妆工具—女性日用品的分类顺序摆放。在人们视线易于达到的地方,会摆放畅销品、折扣品等消费者经常购买的商品,并会标明折扣力度与怎样购买才会更加实惠的方式等。这些货柜也与普通陈列品的货柜有所不同,主要以方格为主,区分于其他的带状排列,让顾客在店内不时有新发现,从而激发顾客的兴趣。商品分门别类,摆放整齐,这些方法都为消费者提供了便利,让人们在消费时即省时又省力。

屈臣氏改变以往产品导向的销售模式,变为更加注重为消费者提供便利的经营模式,屈臣氏注重了人群的定位,从而对商场的选址和空间的布局有所把握。货架高度的变换,产品的陈列空间格局等,都会影响商品的销售,而这种变化,既节省了材料费用,也促进了商品的销售,因此突出了便利化层面中景观构建的重要性。

3　景观构建的原则

研究发现,人们的生活已不再满足于过去"吃、住、行、游、购、娱"的基本要求,而是升华为"产、学、研、康、艺、情"的高品位生活。为了让新型商业经营模式更好地继续发展,有必要通过景观的构建来发挥商业空间的多功能性。

重视绿色消费理念,营造生态化的商业环境。绿色消费已悄然成为主流。毫无疑问,采用生态材料来构建景观会受到消费者更多的青睐。减少建设建造过程和构建生产过程中,甚至是建筑日常使用过程中的能源消耗;基于场地本身、地热技术、利用地下水基岩等能源来采暖降温;尽可能地在白天使用自然光,不使用人工照明以及注重商业建筑的使用期限等,将使商业环境更为生态、更加具有可持续性。

运用新型多样化的经营模式的商家,不仅具有自己的经营特色,而且注重了生态效益,尊重了人类和自然的环境,顺应了"可持续发展"的基本要求,更加培养了人群地方性、社会性的责任感,符合当今的商业潮流,也可以吸引更多的消费者。

注重场所设计细节,呼应"分解""整合"的理念。整个商业景观的构建要遵循"自顶而下"的原则,将复杂的大问题分解为相对简单的小问题,找出每个问题的关键、重点所在,然后精确地思维定性、定量地去描述问题,即将整个项目的低碳化指标逐层分解,逐步精细化处理。就是要在确定商业经营模式的基础上,注重每个设计细节,正如"勿以善小而不为,勿以恶小而为之"的道理一样,要考虑到每个细节的设计为商业所带来的影响。

在"分解"的同时,也要遵循"自底而上"的原则,在设计具有层次的商业空间中,先去解决问题的各个不同的小部分,然后把这些部分组合成为完整的空间,即分部设计每个部分的景观,逐层整合,最终形成景观整体的构建方案。

这两种设计原则相呼应,由"分解"到"整合"并"整合"到"分解",这样的景观构建方法符合变革的商业经营模式的精细化层面。

利用各种资源材料,变化商业空间的景观。为了达到更好的经营模式,商业空间的变化是必不可少的。在进行改造的同时要注重采用可持续、可再生的材料,尽可能保留以往的框架结构;统一整体风格,在区分功能布局时以利用本有的隔离物进行空间分隔为主,如货架栏、店铺广告等;在商业空间中的景观小品可利用店铺本持有的物品,如植物店铺中的植物,画材店铺中的壁画等,这些店铺可作为商业空间中的特色店铺出现,将其位置空间摆放在人群的视觉中心处,得以让消费者欣赏,这样的方法既可以使商家节省购置景观小品的费用,也可使新型的商业空间得以修饰。此种景观构建方法,可使商业空间每次改造时最大限度地利用已有的景观资源。可以帮助商家尽可能地节省资源,并在更短的时间内完成商业经营模式的改造,使得多变性的商业空间得以更快更好地呈现给消费者。

了解消费人群心理,构建便利消费的场景。新的商业经营模式注重为消费者提供便利,为了便利消费者,需要根据消费者的身体与心理的需求,给消费者提供便利的服务导向模式。

在构建此类型商业景观时,首先要对消费人群进行定位,以满足定位人群为主,对商业空间进行景观构建。便利销售,货架与产品的陈列是关键。通过了解消费人群,对货架的高度与空间位置进行改变。据调查,消费者人群以女性为主,则货架高度以 1.30~1.50 m 为佳,如化妆品销售店;面向大众的商业部门,则货架高度以 1.80~2.00 m 为佳,如超级市场。货架的陈列方法也是商品营销的关键,既然是为消费者提供便利化的商业营销模式,让消费者迅速找到自己所需购买的商品也很重要。这就要考虑货架的摆放位置与造型,促销品、畅销品等此类商品的货架应与普通货架作出区分,可摆放在人群过道处,或以具有特色的货架来陈列商品。

了解消费人群,采用景观构建的方法指引消费者如何便利地消费,同样是商业经营模式变革的重要层面。

4 总结

商业空间是城市景观空间中的一个重要系统,无论是景观空间的布局,还是构成元素中点线面的构成,都对商业景观空间的表现发挥了重要作用。将这些景观空间与商业经营模式的变革紧密地联系在一起,从消费者的角度出发来研究怎样构建更好的商业景观,系统地、整体地探讨如何构建新型经营模式的商业空间景观,运用艺术创作的手法,遵循生态原则,以此追求自然、社会、经济效益的最大化。

基于体验式服务的零售业景观化的对策研究

韩思仪　张建华

（上海商学院旅游与食品学院，201400）

摘要： 近年,电子商务不断威胁着传统零售业的发展,线下体验式服务越来越受到人们的关注。体验式服务是以"人"为核心,重在消费者的身体参与和情感交流。本文以上海的南京路步行街、淮海路商业街、徐家汇商业区为例,分析了上海零售业中体验式服务景观化的现状和存在的问题,并针对现存问题提出研究对策,同时为装饰景观体验、服务景观体验、产品景观体验的创新提出建议。

关键词: 体验;景观;零售业;上海

近年来,传统零售业正日益陷入窘境:据全球互联网信息服务提供商ComScore 2012年度研究报告显示,40%的调查者表示他们去实体店只是为了查看商品,购买则计划在网上进行。另据全国商业信息中心的统计,今年1月,全国50家重点大型零售企业零售额同比下降12%,沃尔玛、万得城等多家零售巨头关店,部分零售商靠地产和集团财力勉强过冬。正值此时,体验式服务被广泛认为是传统零售业的"救命稻草"。如果说传统零售业无法取代电子商务信息对称的优势,那么电子商务也无法完全做到让消费者充分参与体验的环节。因此,体验式服务对传统零售业来说有着不可取代的地位。

体验式服务就是满足用户的体验需求。"用户体验"最早被广泛认知是在20世纪90年代中期,由用户体验设计师唐纳德·诺曼(Donald Norman)所提出的,它的内涵及外延还在不断变化。参照ISO标准将用户体验定义为"人们对于针对使用或期望使用的产品、系统或者服务的认知印象和回应"。ISO定义的补充说明有如下解释:用户体验,即用户在使用一个产品或系统之前、使用期间和使用之后的全部感受,包括情感、信仰、喜好、认知印象、生理和心理反应、行为和成就等各个方面。基于此,深入研究零售业景观化理念,并作出相应的分析和提出对策具有积极意义。

1 体验式服务景观化的现状

随着电子商务带来的巨大冲击和人们的生活水平逐步提高,传统商业模式正在发生重构,零售店已经不再只是人们消费的唯一场所,购物也不再只是购买所需物品的一种简单活动。总的来说,人们通过购物不再只是满足生活需求,更多的是享受生活。体验式服务景观化正好满足了当下人们的种种心理与情感上的需求。它是以用户体验为核心、以产品为载体,形成具有自身特色的一个空间整体。

1.1 体验式服务景观化的分类

1)装饰景观体验

环境装饰奠定了景观的整体格调,也是企业通过感官刺激来吸引消费者的最直接、最快捷的方式。在传统零售店内,装饰可分为两大类:表面装饰和陈设装饰。表面装饰又分为灯光与色彩两类。灯光以照明为主要功能,包括整体照明、基础照明、装饰照明3类,其中,基础照明和装饰照明以白光和黄光为主,装饰照明的颜色和形式则根据景观的整体需求来创造。零售店的色彩运用比较丰富,但有统一的主色调,主要分为冷色调、中色调、暖色调3类,暖色调主要有红色、橙色、黄色,中色调主要有白色、灰色,冷色调主要有绿色、蓝色、紫色。而陈设装饰分为植物、水体、创意小品3种形式。植物为装饰景观增添了生机和活力,可分为草本和木本,草本植物中最常见的是室内观花植物,而木本植物以室内观叶植物居多。水体为装饰景观增添了灵动性,根据它的设计形式分为瀑布、跌水、静止和流淌4类。创意小品是装饰景观中创新的聚焦点,形势和搭配灵活多变,没有统一,其中以雕塑所占比例较高。

2)服务景观体验

服务是一种满足消费者需求的活动,在零售业中可分为人工服务和设施服务两类。人工服务是有导购员参与的感性服务环节,增进了消费者与企业之间的交流,同时,服务员的谈吐、举止、仪表方面的细微变化都会造成体验的巨大差异。人工服务包括了广播和对话两种形式。广播内容重在优惠促销,也包括了大商厦内寻人、呼叫的作用;对话的内容则较为宽泛,但最终目的在于品牌宣传。设施服务包括游乐设施、便民设施、安全设施3类。游乐设施以儿童游乐为主要目的,包括蹦蹦床、摇摇车、滑滑梯、糖果机等。便民设施以方便快捷为主要目的,包括空调、指示牌、取款机、缴费机、公共厕所、休憩桌椅等。安全设施以保障消费者人身安全为目的,包括灭火器、安全通道、自动喷洒、消防报警、安全监视等。

3)产品景观体验

产品景观体验是体验式服务的最终环节,它直接影响了顾客的消费欲望。产品是一个品牌的核心,也是企业与消费者交流的载体。一次真正的产品体验兼具身体和情感两方面。其中,身体体验包括了感官体验和操作体验两类。感官就是视觉、嗅觉、味觉、听觉、触觉,涉及产品的外形、包装、材质、气味;操作体验涉及产品的技术、功能、价值。而在零售业中,情感体验主要以广告的景观形式呈现,广告是企业与消费者情感沟通的重要媒介,主要分文字和图像两类。文字的内容涉及产品功能、品牌文化、企业的发展历史和追求目标;图像则有明星代言、自然风光、人文风光3类。

1.2 体验式服务景观化的现存问题

根据上述分析,通过实地走访了南京路步行街、淮海路商业街和徐家汇商业区的81家零售店:
① 南京路步行街以河南中路到西藏中路这一段为主,包含了上海的一些百年老品牌,走访了45家。
② 淮海路步行街由成都路到襄阳路这一段为主,包含了世界各大二线品牌,走访了31家。③ 徐家汇商业区是上海商业的综合性区域,以电脑、数码产品百货和大型购物中心为主,走访了5家。发现:

1)装饰景观匮乏,空间组织零散

从图1中可以看出,样本区零售业仅仅在满足消费者在购物过程中的基本需求,对于装饰性景观的设计十分保守,导致了装饰内容的匮乏、缺少新意。如:照明功能中,整体照明和局部照明分别达到100%和76.54%,但装饰照明却只有29.63%。在店面的整体色调上,以黑、白、灰中色调为主的占到了60.49%,而暖色调和冷色调为主的仅占到前者的一半比例。在陈设装饰中,情况也同样如此。54.33%的草本植物均为基本的绿化装饰,其中92.4%是以盆栽形势呈现。而水体和创意小品作为景观中的创意性较强的部分,所分布的比例也很低,分别仅占7.41%和25.93%,与基本的照明和绿化形成明显的反差。零售店之间生硬地复制、模仿,使装饰景观的形式流于大众化,无法吸引消费者的注意力,同时,还导致了审美疲劳。

另外,陈设装饰在用户体验过程中,不仅起到装饰作用,更是对不同功能的空间组织起到了有

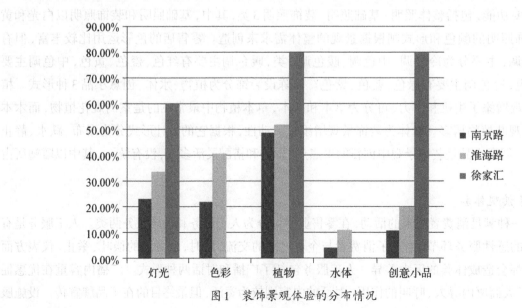

图1　装饰景观体验的分布情况

效的过度、连接和呼应,弱化两者之间的景观差异。但是,装饰景观的匮乏使空间组织零散,缺乏连贯性和关联性,会对消费者产生生理和心理上的负面影响,抑制消费行为。例如,水体和植物是装饰景观中垂直面设计的重要形式,水体以瀑布和跌水为主;植物的设计则随立体构架的改变而改变,形式更多样化。但在实际中,瀑布和跌水的形式仅占2.47%,而在植物装饰中,盆栽植物多以单个或组群或线条排放,立体的植物装饰景观仅占3.71%,在5家徐家汇购物中心中,仅一家设计了立体绿化。

2)服务景观传统,空间尺度不当

从图2中可以看出,现有样本区零售业的服务分布率十分广泛,但实际内容十分传统。比如,在人工服务方面,每家零售店都提供了服务员导购,但其着装、谈吐、举止等缺少标准和规范,不利于消费者的服务体验。此外,现存零售业中广播促销所占的比例不高,仅38.90%,基本存在于大型百货和购物中心,但是有两家专卖店面积不大,却在播放动感音乐的同时使用广播促销,音量很大,给人嘈杂的感觉,让人厌恶。在设施服务方面,74.91%的便民设施中,仅仅包含了公共厕所、休憩座椅、指示牌等非常基本的服务设施,个别大型购物中心提供取款机、缴费机。有些专卖店为了节省占地面积,甚至不提供公共厕所,也在一定程度上对消费者的购物造成不便。在24.37%的儿童游乐设施中,80%是摇摇车,剩余为滑滑梯和糖果机,外形都采取了动物或卡通人物的形象来吸引儿童的眼球,缺乏创新。不仅如此,设施服务的外形与整个景观格格不入。比如,100%的红色灭火箱是暴露在外,位置显眼,不加任何修饰。

由服务形式传统引发的另一个问题就是服务的空间尺度不当。空间尺度主要受两者影响,功能和人体。因为在传统零售业中,企业仅仅是满足消费者最基本的生理和安全需求,即提供功能化的设施,忽略了消费者在心理上的舒适度和服务景观化的作用,即人体与空间的关系。比如,在现存零售业中,传统的四脚、无靠背椅凳占据了60%的比例,而实际疲惫的时候,此类椅凳并不能让人感到全身心的放松。在以"体验"为宗旨的零售时代,服务是景观的一部分,传统的服务形式会破坏零售店中的景观格局与审美情趣,使消费者的体验质量大打折扣。

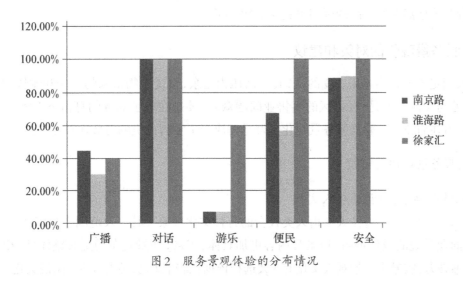

图2　服务景观体验的分布情况

3)产品展示单一,情感交流缺失

样本区零售店中不缺乏产品体验,但传统的体验方式对产品的展示十分片面、单一。在走访的81家零售店中,产品体验的分布率达到了97.53%,以100%的视觉体验和87.65%的触觉体验为主。另外,此次走访的零售店中,电子产品5家,食杂店11家,服饰店50家,化妆品店2家,百货和购物中心13家。除去百货和购物中心,剩下的68家零售店中,感官体验都是根据产品所体现的属性来对应实现的，比如服装店的产品体验就是试衣，食品店的体验就是品尝。从消费者心理来说，每一个产品对消费者而言都会有这样一些疑问：我为什么要买这个产品？它适合我吗？它要怎么用？它对我的生活有影响吗？从图3中可以看出，当下的这种有针对性的体验形式100%地展现了产品的功能、价值，对消费者客观上了解产品是有帮助的，但不能完全消除消费者在购买时的疑虑，犹豫之间往往会影响消费者的购买欲望，这也是零售业面临的一大难题。

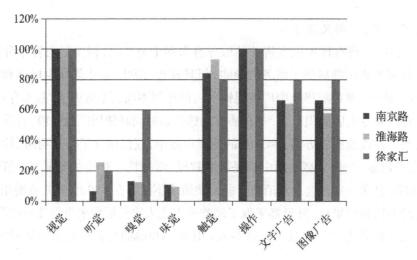

图3　产品景观体验的分布情况

此外，从情感体验方面看，广告的文字分布率达66.67%，图像则达64.2%，其中90.2%为明星代言，可见广告的运用非常广泛。但是，当下的零售业依然面临危机，消费者依然对实体店中物价飞涨的产品不买账，那是因为企业没能为消费者营造一种怦然心动或欲罢不能的景观体验。广告作为企业与消费者沟通的一种形式，只起到了"广而告之"的作用，忽略了与消费者在情感与认知层面上的共鸣。苏联教育家苏霍姆林斯基说过："成功的体验是一种巨大的情结力量。"其实，当情感体验充分到位时，消费者对价格甚至对产品的疑问也就位居次要了。

2　体验式服务景观化的对策和建议

如今，人们走入零售店希望感受的是，在生活压力之余，享受购物带来的放松和愉快，享受与好友或亲人的相处与交流。但是，样本区的零售业问题众多，要想在电子商务的打击下"突围"，重获大众的青睐，改革迫在眉睫。体验式服务景观化无疑是解决当下零售危机的有效途径之一。

2.1　体验式服务景观化的对策

1）提取特色要素，重视景观人文化

中国《辞海》中这样写道："人文指人类社会的各种文化现象"，其涉及范围十分广泛。景观人文化可以引导了商业景观的设计走向，使景观内容更加具体、丰富，使景观布局更有整体性、相关性，使景观体验更具感染力、震撼力。景观人文化有3大选择依据：品牌文化、流行文化、民俗文化。

（1）品牌文化就是把品牌人格化，它代表了品牌自身的价值观、世界观。比如，儿童品牌可以结合知名的卡通片、动画电影、童话故事等，提取其中的人物形象和故事情节作为特色要素，呈现出一个充满快乐、童趣甚至奇幻的人文景观；体育品牌可以与体育项目结合，以淮海路上的NIKE专卖店为例。作为全球知名的体育用品品牌，它的广告词"Just do it"深入人心，而其首创的气垫技术和缓震技术正印证了其不断开发、创新的精神。企业将这种精神与美国的NBA赛事结合，提

图 4　淮海路NIKE店内的篮球主题设计　　图 5　南京路上LILY的"时尚商务女装"景观设计

取篮球、记分牌、投篮等要素,营造了一个动感、时尚、科技的商业景观(见图4)。又如LILY专卖店,作为商务时装的创新典范,一直以清新优雅、简洁明快的风格吸引着众多的职业女性,其景观要素中包含自信的模特姿势、精致的墙壁雕刻、优雅的吊灯,为店面景观营造出一种自信、优雅、时尚的氛围(见图5)。

(2)流行文化以"流行"为核心,如电影《阿凡达》、歌曲《江南style》、网络话题"待我长发及腰"等都曾风靡一时,其最大优势在于能迅速吸引消费者的眼球,但缺点在于具有很强的时效性,因此,在景观的运用中最好以可随时替换的主题化小品形式出现,安置在最显眼的地方,这样能丰富消费者的视觉体验。比如根据电影《阿凡达》,可提取"悬浮的巨石"和"纳美人"两个要素,为消费者打造一个现实版的"潘多拉星球"。又如根据歌曲《江南style》,打造一个正在舞台上跳骑马舞的鸟叔卡通形象,营造出具有动感和趣味的景观小品。再如网络话题"待我长发及腰",最早出自古时一位妇女的信件之中,表达了盼望丈夫早日从沙场归来之情,企业可据此打造一个具有古风古韵的场景,附上一句含有"待我长发及腰"的广告词,定能深入人心。

(3)民俗文化包含了一个地方的民风习俗、节日节庆等,有很强的地域性。中国作为一个拥有56个民族的大国,可以从中挖掘出许多特色要素,给城市里的人不一样的景观体验。比如黎族的简裙、苗族的银饰、纳西族的纳西古乐、白族雕梅上的图案、云南十八怪和扎染图案等要素都可作为景观中的一部分;而节日节庆有白族的三月街、傣族的泼水节、傈僳族的刀杆节、彝族的火把节等,用节庆场景来营造商业景观氛围。又以凤凰古城为例,有苗族文化作为背景,店面景观充满了"苗韵"(见图6)。图7是一尊安置在店面门口的蚩尤铜像,相传蚩尤曾是旧时苗族的首

图 6　凤凰古城内"古韵"的景观设计　　图 7　凤凰古城内"蚩尤"形象的景观小品

领。这尊铜像给人强烈的视觉冲击,让每个路人都不禁驻足观看。

2)结合人体工学,强调服务人性化

人体工学是以人为研究主体和核心的关于人的科学,其涉及面很广,包含了生理学、心理学、环境心理学、人体测量学等。利用人体工学可以使服务设计空间布局尽量符合人体特征,适合人体的自然形态,减少消费者的疲劳程度,这点正好符合了当下人性化的服务需求,人体工学主要从两方面考虑:视觉尺度和人体尺度。

(1)视觉尺度指人类视野内,不同感知的范围尺度(见图8、图9)。人无须转动头部和双眼能看到的视野范围是左右约200°,上下约为120°。在视轴1°~1.5°范围内视力有较高的敏锐度,能看清对象细部;左右大约60°范围内可辨别颜色,往外30°范围内,是看清物体最有利的位置,再偏离该区域,这一区域内的物体看得就不大清楚了。据此,企业可将吸引消费者的景观小品安置在视野的左右60°范围内,将畅销品和新到货品安置在视野最清楚区域,将过季产品安置在左右眼视野界线外,再根据垂直视觉调整装饰与陈列的高度。又如,可在颜色辨别区(左右60°范围)内安置有撞色效果服务设施,以增强硬件的艺术效果。

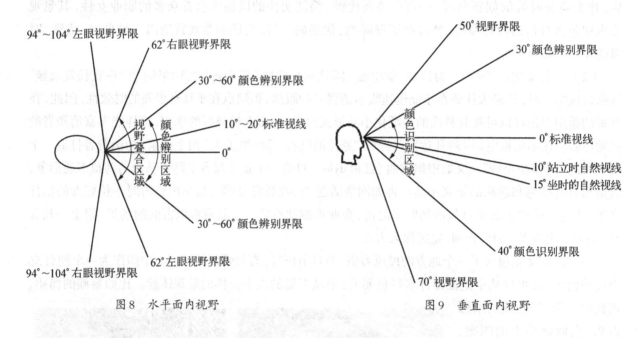

图8 水平面内视野   图9 垂直面内视野

(2)人体尺度是人体工程学最基本的内容,但由于性别、年龄、职业、种族、地区、生活经历、生活环境等因素的不同而造成人体尺寸没有统一的标准。因此,企业可根据预期的服务对象来提供符合一般人体尺度的设施与空间。如,人体坐高为6H/11,洗脸台高度为4H/9,一般休憩椅高度为2H/11,扶手高度为2H/13,柜类可存物件的最高层为7H/6等。以儿童玩具店为例,为了使儿童能轻易触碰到产品,玩具陈列的高度要比一般店面的低。假设儿童的身高在150 cm,则儿童站立时举手到达的最高位置(4H/3),即200 cm,那么玩具的陈列高度不可高于200 cm。在此基础上,企业可创造出功能与艺术相结合的服务景观。

3)增强互动交流,创造体验个性化

在大数据时代,数据化是核心,预测是关键,它使消费者的个性化需求得以最大限度地满足。企业可通过收集和处理方位数据、沟通数据来预测消费者的状态。其中,方位数据是将消费者的地理定位数据化,预测消费行为。沟通数据是将微博、人人、微信等网络社交场所上人们的留言、状态数据化,预测消费者的性格、喜好、情绪。企业掌握了这些信息后,可将外形、包装、材质、气味、产品摆放位置等细节作出相应的调整,使其符合消费者的个性化偏好、同时能给出意外之喜的体验。比如大悦城,通过商场内200个客流监控设备获取消费者行为数据,进而改变商铺之间的位置,达到提升销售额的目的。在此基础上,产品体验的互动交流方式可分为3类:整体体验、对比体验、多重体验。

（1）整体体验是从"发现到完成"的一个具有连续性的体验过程,它是由多个步骤组成的。以淮海路上sony店中的摄像机体验为例（见图10）,该区域内设有一个超长的壁式鱼缸,还有石块和水草的装饰,在灯光的照射下非常好看。消费者从发现值得拍摄的场景（壁式鱼缸）到使用产品完成拍摄（产品体验）的过程,正是一位摄影爱好者拍下美景的完整过程。又如,当消费者发现了一件心仪的衣服后,服务员要根据衣服的款式,搭配与之相应的裤子、鞋子、首饰等一整套装扮。

图10　淮海路上sony店内的产品体验区

（2）对比体验是将相同属性、不同细节的产品放在一起体验,通过体验两者的差异性,来帮助消费者选择更喜爱的产品。如两件同为170 cm身高的男士设计的大衣,长款大衣尺码偏大,适合体型较胖的男士穿,而短款大衣尺码偏小,适合体型瘦小的男士穿。无论消费者心仪哪一件,服务员都应劝导一起试穿,这样,通过大小上的差异体验,不合身的衣服会使合身的衣服显得更加合身。又如两种不同口味的瓜子,话梅瓜子的酸味和吊瓜子的香味形成对比体验,推动消费者选择更心仪的产品。

（3）多重体验就是体验产品的多重功能、多重价值,给消费者一种"物有所值"甚至是"物超所值"的体验感觉。这基于一定的技术创新,也在于企业对产品价值的再挖掘。这种体验方式尤其适用于电子产品。以手机为例,从过去只能打电话、发短信、到后来可以上网、看视频,到现在可以远程遥控等技术对人们的生活都带来了巨大的改变,丰富人们的生活。又以女士围巾为例,它可以围在脖子上,感觉温暖实在;可以做腰带,感觉风情万种;可以做手带,显得活泼可爱。

2.2　体验式服务景观化的创新建议

1）针对生态模式,创新装饰景观体验

科技的进步使人们的生活更加方便、舒适,但与此同时,也造成了对生态环境不可挽回的破坏。人类频繁的活动导致空气中二氧化碳含量升高,全球气候变暖,冰川融化,极地动物无法生存下去,甚至还威胁到了人类自身的健康和生命。此时,保护生态环境才逐渐引起人们的重视。基于此,零售业中装饰景观体验的生态模式主要从3方面考虑:① 资源再利用,即将废弃物进行二次回收利用,丰富装饰景观。比如,用易拉罐搭建趣味景观小品;用绳子把啤酒瓶穿成一排,装饰墙面;取下废弃衣物上的纽扣,拼成趣味图案,装饰墙角等。② 省电节能,即使店内的服务设施更加智能化,环保的同时又能减少企业的运营成本。比如,创造"触控照明",当消费者站在指定区域内时,重点照明会自动启动,当消费者离开该区域时,照明功能自动切换至基础照明。③ 增加"绿色面积",即提高植物的使用频率,从而改善室内空气质量。比如,利用植物营造氛围,具体说,用兰花奇特的花形营造出雅致的氛围,用火烛鲜艳的颜色营造出活泼的氛围等;改变空间组织,包括了分割、限定、引导、填补等作用,以弥补或掩盖空间的不足;丰富空间层次感,根据空间的三围尺度,选择相应高度的植物,增加空间上纵向与横向的视觉效果;创造立体绿化,具体讲就是垂直绿化,或是依附于立体框架的植物景观小品。

2）针对O2O模式，创新服务景观体验

在电子商务的冲击下，传统零售业开始向O2O（Online to offline）模式转型，即线上线下结合。O2O模式结合电子商务和零售业的各自优势，消费者既可以运用互联网，比较价格、查看评论、初定心仪产品，又可以去实体店亲身体验、鉴定质量，它为消费者带来一种全新的、双向的服务体验，为电子商务和零售业找到了互利共存的有效办法。线下零售渠道主要分以下3类：① 线上线下同价、同功能，体验加购物加物流，如苏宁电器，线下提供展示、体验以及购物提货，线上卖电器、日用品、图书等商品以及金融、商旅等各类服务；② 线上线下商品不同，线上为线下服务，线下以展示、体验为主，如银泰百货，运用网络跟踪消费者的消费行为，以提供线上或线下的营销或服务；③ 线上只营销，其他由线下完成，如大悦城为代表的新型购物中心。

3）针对娱乐模式，创新产品景观体验

随着现代人可支配的闲暇时间越来越多，人们对娱乐的需求也在逐渐增加，娱乐与产品体验相结合，既起到了产品推广的作用，又满足了消费者的娱乐需求，放松身心，是企业与消费者互利共赢的营销模式。娱乐方式有操作、体育、游戏等。比如，操作娱乐方式有DIY制作冰激凌等食品。体育娱乐模式以电视机为例，市场上高端的电视机可与Ipad相连，电视画面上能虚拟体育运动的场景，人通过在电视机前做出指定动作就起到运动的效果。企业可据此来体现电视机的画面质量、音响效果等。又如服饰类中，企业可运用投影技术，将服饰投影在消费者身上，消费者可根据自身的喜好和风格来自由搭配。这就像互联网上的服饰搭配游戏，不同之处在于，"模特"是消费者本身。

总之，体验式服务景观化是"以人为本"的创新理念，它将在一定程度上解决电子商务给零售业带来的危机，迎来零售业的另一个"春天"。

浅谈上海商业各类商品的功能性展示

曹炎炎　张建华

（上海商学院旅游与生态学院，201400）

摘要： 上海作为国际性大都市，同时也是中国经济文化交流中心之一。上海商业业态的多样性对各类商品的功能属性产生重要影响，因此针对各类商品的功能性展示就极为重要。本文通过对南京路步行街、淮海路商业街以及徐家汇商业街的服饰、化妆品牌、休闲店面和食品店的商品属性功能、人文功能、社交功能、生态功能、休闲功能等进行了调研分析，针对各类商品功能性展示的现状和问题，提出了明确商品属性功能、对商品进行细分；增加公共娱乐体验休闲场所、满足休闲社交功能和加强现代科技手法的运用、体现品牌特色等改善对策。

关键词： 商业；商品；功能性；上海

随着经济的快速发展，国际经济交流的频繁，各种商业业态都注入了许多新型元素。而每一次的注入都对商品功能属性产生重要影响，商业业态与商品功能性展示存在着较强的互动关系，从而促进着消费，带动着经济的快速发展。

随着商业空间结构的不断扩大和完善，现已存在多种商业业态形式：百货店、超级市场、大型综合超市、便利店、专业市场（主题商城）、专卖店、购物中心和仓储式商场等。而大卖场、百货、专卖店、食品店中的服饰、化妆品牌、休闲店面和食品店的商品属性功能、人文功能、社交功能、生态功能、休闲功能以及现代科技宣传方式等功能性展示尤为重要，这类商业空间功能性展示的科学合理化，对于改善现状、取得最大的经济效益无疑具有一定的意义。

1　商业各类商品功能性展示的意义

1）体现品牌文化

多样的商业形态，琳琅满目的商品，让人应接不暇，相同属性的商品，如何在同种类型商品中取得优势，就必须在其功能性展示上呈现不一样的特点。简单地摆放只能让消费者了解其商品的基本功能，是吃的、穿的还是用的，如果通过对商品的人文功能和生态功能加以展示，突出商品的特征，就能更好地展现出品牌的文化。

2）组织商业空间

同一商业空间中存在着不同的商业形态，如何更快、更有效地使得商业空间较为规整，就必须对其商品进行功能归类,例如服饰、运动、娱乐、餐饮等不同的商品属性就应该分门别类地放置在不同的商业空间中,形成多种商业空间,用指示牌加以辅助,引导消费者进行消费。

3)增加经济效益

通过对商品较为完整的功能性展示,从商品属性到人文功能、社交功能、生态功能以及现代科技功能的辅助,能够更加全面地展示出商品的特色,品牌的文化,从而消费者能够快速地阅览商品的各项功能,慢慢地品味品牌的文化,吸引消费者的眼球。

2 各类商品功能性展示的现状及问题

2.1 服饰类商品的功能性展示现状及问题

商业空间中,服饰商品作为商业空间元素的重要组成部分,其功能性展示能够体现整个空间的功能规划是否科学合理。经对南京路步行街、淮海路商业街以及徐家汇商业街的服饰商品调查发现,基本上每家服饰店都具备人文功能,例如将商品进行分类摆放、提供顾客试穿以及休息的座椅;但社交功能上或多或少有些不足,因为销售员人数较少,80%服饰店都是一个销售者面对多个消费者,因此会出现消费者不能与销售员得到很好的沟通,从而对商品理解较少;而在生态功能上,每家服饰店都有自己的品牌理念,所使用的原材料都是符合生态安全标准的,而且大多商店都会以植物来装饰其商品,显得自然生态;但在休闲功能上有所欠缺。不仅如此,服饰类商品最大区别之处就是现代展示手法的运用,只有较少部分的服饰店会采用电子屏幕的方式展现其商品,通过视频播放介绍其商品整体概念或是T台展示其商品的整体构造,使得其商品能够为消费者所熟知,当然大部分的商家还是选择海报或是图册提供消费者视觉上的感受,通过橱窗或是人体模型的穿戴也会使人想象自己穿在身上的感觉,所体现的是一种梦想性的展示。

根据调查数据发现,现服饰类商店商品繁杂,商品属性功能不明确。大卖场、百货商店和专卖店服饰类型众多,众多商家很少对服饰类型分类,服装、鞋、箱包等门店都交错在一起,没有明确的属性划分。服饰材质也没有进行细分,这样让消费者在选购时面对多样的服饰不知如何选择,而且销售人员较少,消费者无法较好地通过销售人员来了解商品的基本功能。除此之外,生态功能与休闲功能也没有得到很好地体现,顾客在选购时没有休闲感和清新感,而且现代电子科技展示的运用也较少。

2.2 化妆类商品的功能性展示现状及问题

对南京路步行街、淮海路商业街以及徐家汇商业街的服饰商品调查发现,基本上化妆类商品都会有现场试用环节,顾客可以直接体验其效果,而在社交功能方面,80%的化妆店面都是一对一的服务,销售者能够很好地根据顾客的需要从而选择合适的产品,消费者与消费者之间也有很好的沟通,他们关于产品的使用会有交流的心得;生态功能上,化妆品都打着植物萃取的旗号,但空间上植物的应用极少;在现代技术展示的运用上,基本上都会以橱柜的形式展示商品,当然也有海报以及电子屏幕来宣传其品牌的特色,能够帮助顾客更好地了解相关信息。

综合来看,化妆品门店的生态功能以及现代科技展示功能不明确。消费者购买化妆类商品时最注重的还是生态性,是否材料为纯天然原料,是否添加多种化学元素,商家并没有给出明确的展示,而且使用功效也没有很好地通过现代科技的手法展现给消费者,无法让顾客全面了解产品的原材料及使用功效。

2.3 休闲类商品的功能性展示现状及问题

休闲类店面大多为体验店,最主要的就是顾客可以直接体验其商品,了解商品的各项功能,其商品属性功能、人文功能以及休闲功能都能够很好地通过体验直接体现出来，而且顾客与顾客之间也可以交流体验心得，社交功能明显，从而更大化地对商品进行全方面的感受，当然，除了实物体验，海报和电子屏幕也是一种宣传展示方式，以便更好地了解商品。

虽然休闲类门店能够很好地让顾客体验商品，但是由于大部分产品都是电子设备，其辐射或是其他危害人体健康的元素并不能很好地得到避免，因此在生态功能上并没有较多体现。而且大卖场以及百货商场缺少对儿童开放的娱乐场所以及对青年开放的竞技场所，无法满足他们在忙碌的购物之后得到较好的放松等消费需求，在整个商业空间中休闲功能有所欠缺。

2.4　食品类商品的功能性展示现状及问题

对南京路步行街、淮海路商业街以及徐家汇商业街的服饰商品调查发现，几乎所有食品店在商品属性上都有糖果类、干果类以及糕点类，也有较少的食品店有海产类、熟食类以及烟酒类。而且在所有食品店里，80%的商店都会有部分试吃的商品，这样也可以为消费者提供味觉上的体验，而且一半以上食品店都会在橱柜内将商品以组合的方式搭配，这样既美观又能增加食品的趣味性。除此之外食品店在社交方面是比较活跃的，买卖双方的交流也比较频繁。

但是食品店的生态功能、休闲功能以及现代科技展示功能都没能很好地体现，产品的原材料没有能够展示给顾客，顾客在购买时也不能够有座椅进行交谈体验，而且食品店大多都是实物展示，没有很好地将食物与现代科技展示手法运用在一起来增加消费者对食物的购买欲。

综合以上，绝大多数商业业态都存在着这个问题，商品只是简单地摆放，通过橱窗、人体模型来展示商品，抑或是通过试吃、试穿来体验商品，但缺少对商品自身的开发研究，这就需要使用现代科技，空间设计及利用电子屏幕形式来展现商品的实质以及体现品牌的文化价值。

3　各类商品的功能性展示对策

3.1　明确商品属性功能，对商品进行细分

1）按使用功能划分区域

无论是服饰、化妆品还是休闲商品、食品，都需按照其使用功能进行划分归类，服饰商店应该将服装、鞋、箱包、手表等形态不同的商品划分成不同的区域，将相同属性的商品归类在一起，形成功能区，这样才能够提供顾客更好的选择。化妆品则可以按照使用效果进行划分，补水的、美白的、祛痘的等不同功效分类摆放，基础护肤、彩妆、香水等不同用途的产品也要进行分类划分不同的区域，以便顾客能够快速找到所需产品。休闲类商品也应按照数码、运动器材、游乐设施等不同的休闲工具分类整理，食品则按照属性分类摆放，酒水、水果、饼干、糖果等都可以分区放置，加以指示牌引导，以便消费者能够快速找到所需商品。

2）按照材质原料分类摆放

服饰类商店中，服装商品可按照布料细分，棉质的、尼龙的、绸缎的、雪纺的等不同面料的产品可以分类摆放，鞋品商店则可以按照皮质划分天然皮革和人造皮革，箱包也可按照帆布、牛皮、无纺布、PU等不同材料进行细分分类摆放，以供顾客选择。食品店则可以按照蔬菜、水果、肉类、海鲜、加工产品等不同原材料的产品分类摆放，这样可使商品属性更加明确。

3）按照消费人群进行流线安排

不同的消费群体对于产品有不同的需求，儿童服饰、老年服饰、职业服饰等具有针对性消费人群的服饰，安排特色流线，使其能够提供消费者选择的便利。化妆产品也是如此，年轻的消费群体大多

以美白、祛痘为主,而较为成熟的消费群体则以淡斑抗皱作为他们的首选,而且男士化妆用品也应单独划分,这样在陪女性选择化妆品时,男士也可以享受到购物的愉快。而娱乐休闲场所,理应提供消费者多重选择的机会,儿童设施、青年竞技场地、老年棋牌室等,安排不同的流线,提供消费者娱乐。

3.2   增加公共娱乐体验休闲场所,满足休闲社交功能

1)增加公共娱乐设施,体验购物的悠闲

都市的快节奏让人们忙碌不暇,在商业空间购物时顾客寻求的是一种轻松的消费环境,适当增加一些公共娱乐设施,可以放松他们紧张的神经,体会玩耍的愉悦。一些简单的娱乐活动能够让他们在消费后放松身心,而且娱乐设施大多是针对不同的消费群体而架设的,可以满足多层消费群体的要求,体会到购物的轻松和愉悦。例如位于南京路步行街新世界广场,其内有一家较为大型的娱乐场所——汤姆熊欢乐世界,内部娱乐设施多样,既有符合儿童娱乐的仪器,也有青年竞技的投篮机、跳舞机等设备,能够满足多层消费者的休闲。

2)增加交流沟通场所,增加社会交往

商业业态中舒适生态的沟通交流场所的设置也至关重要,在这里,消费者能够互相交流购物的愉悦和心得,也可以谈谈生活的趣事和感悟,使得他们能够抒发内心的想法,而且或许可以扩大社交圈,遇到志同道合的伙伴,不仅如此,面对众多的陌生人,如何能够与他们交谈也是一门艺术,同样也能够得到语言的提升,从而满足消费者的休闲功能和社交功能。

3.3   加强现代科技手法的运用,体现品牌特色

1)综合运用现代宣传媒介,突出产品特色

传统的消费模式、千篇一律的展示形式已无法满足消费者的需求,如何吸引顾客的眼球,就需要在宣传形式上需求突破。通过多种宣传媒介(广播、电视广告、MV等),突出产品的特色,能够让消费者更直接更快速地了解商品的属性和品牌所宣传的理念,从而达到宣传的效果,让顾客有欲望前来消费。如FANCL、CHANEL等化妆类品牌,不仅通过实物展示让顾客直接体验其商品,也通过海报以及电子屏幕的展示形式宣传其品牌理念及特色,能够让消费者更好地理解商品自身,放心购买。

2)开发软件技术,增加购物选择

顾客在消费时有时会因需求太多而陷入苦恼,多件商品摆放在眼前而无法抉择,都需一件件地去体验才能够明确其是否适合自己。开发电脑软件能够使得顾客利用电子技术进行多重选择又能减少不必要的消费时间。如可以开发一种电脑软件,将消费者的人体结构扫描进电脑,直接通过电脑软件选择商品穿戴,既快速又方便,而且可以选择不同服饰的搭配,直到找到最适合自己的商品再进行试用,如果这种电脑技术广泛运用,必定可以增加消费,提高消费质量。

3)加强软实力开发研究,体现品牌文化

商家的硬实力只是物化形式存在的要素,而要在众多同行中突出自己产品的特色,就要开发软实力,因此,通过品牌外延和承担社会责任的表现形式吸引外部的关注度和认可度,可提高公信度,而要做到这些,不仅需要现代科技手法的运用来宣传自己、强化自己,更要深入消费群体,进行市场调研,用数据来说服消费者信任自己的产品,从而扩大消费需求。

总之,随着商业业态的繁荣发展,琳琅满目的商品应接不暇,如何通过其功能性更好地展示商品的属性以及品牌的理念来促进消费,都是需要商家花心思想出对策来解决现存的问题,从而使得商业业态功能性展示更加科学合理,促进经济的发展,取得最大的经济效益。

城市综合体声景的评价与设计

——以上海月星环球港为例

严佳怡　滕　玥

（上海商学院旅游与食品学院，上海201400）

摘要：本文将声景的概念引入城市综合体景观的研究。首先，对城市综合体和声景的概念进行了界定，按功能分区对环球港的声景进行了分类，并阐述声景的构成要素以及各构成要素之间的相互关系。接着，对环球港进行了多次的现场踏勘与访问调查，了解了城市综合体声景的特征，并利用噪声计对城市综合体不同时段声景的声级进行了测定，根据测定结果对环球港声景现状进行了客观评价，发现大部分区域受到一定程度的噪声污染。然后采用语义差异量表法，对城市综合体声景进行主观评价。通过声景好感度的评价，评选出人们喜欢与不喜欢的声景。最后，根据城市综合体声景的现状以及对环球港声景的主客观评价，发现环球港声景还存在的一些问题，结合声景设计方法，针对这些问题提出了相应的改善建议。

本文通过对城市综合体声景的研究，希望能为城市综合体噪声的控制和景观设计注入新的切入点，使城市综合体景观设计可以以此改善人的声音景观环境。

关键词：声景；城市综合体；景观设计

1　绪论

1.1　选题背景及意义

景观的英文原词是landspace，从原词分析理解以景观生态学对景观的理解，景观是空间上不同生态系统的聚合，一个景观包括空间上彼此相邻、功能上相互有关系、发生上有一定特点的若干生态系统的聚合。一个空间作为若干生态系统的聚合，从空间系统来说以物、形、听、闻等系统为一个整体聚合，形成一个景观，为此从听的系统来分析评价，直观地可以说为声音，以园林景观来对比，各种园林、园艺、植被等为一个系统景观，而声音也一样，和谐的和不和谐的声音也是构成一个系统的元素之一，也是这个系统的资源之一，为整个声音系统支配，如：动听的音乐、和谐的鸟鸣声、喧哗声等，笼统来说都可以归为声音系统，也是空间单个系统之一，为此从景观的用词来说，我们将声音系统，在设计和评价的角度来说，称之为声音景观（soundspace），来与园林景观相融合，构建一个和谐幸福的空间环境。

从园林景观的设计来延伸，声音景观的设计在城市综合体中起着不可替代的作用，声音可以加深人们对景观的印象，丰富对景观的感受。

基于此，本文用声景的理念对城市综合体进行研究，以听觉要素为切入点，以期为噪声的控制和城市综合体景观的设计，注入新的切入点，来满足人们对景观环境越来越高的要求，并以此改善人们的声景环境。

1.2　国内外研究现状

国际上，声景观研究经历了一个缓慢发展的时期，直到1993年，召开了世界声景观研讨会，成立了世界声景观研究学会。国外的声景研究涉及城市公共开放空间、居住区、学校等的声景以及整个城市的声音环境问题。如日本进行的东京十四都市的声景源调查等,大力提倡城市声景意识;美国对公园自然声进行保护和维持,而对商业空间的研究还是少数,甚至是城市综合体进行系统的探讨。

李国棋是中国最早进行声景研究、并申请"Soundscape——声音景观的研究与应用"课题立项的人。1994年陈延训的《城市地下商场声环境调查评价》,对我国南北几个城市地下商业建筑声环境状况进行了分析评价,并提出城市地下商场声环境评价标准和处理建议,对现在的商业空间声景研究,有借鉴意义。2010年孟琪发表了《地下商业街的声景研究与预测》,介绍了如何让设计师和管理者有效地改善地下商业街的声环境。2010年唐征征、金虹、康健的《中法地下商业街声源环境比较研究》,对中法两国地下商业街的声环境状况和声源进行了分析和分类比较,并提出了改善建议。

我国声景研究虽然起步较晚,但已经引起了相关学者的重视,很多规划设计单位也在尝试着运用声景理念进行城市规划、噪声控制及景观设计,不过还有待进一步的研究。

1.3　研究内容及技术路线

1）研究内容

本文通过文献检索,对声景理论有了初步的了解。将城市综合体,以环球港为例的声景,按功能分区进行分类。利用噪声仪测定城市综合体不同时段声景的声级大小,分析比对不同时段的数据来进行客观评价。然后利用数据和问卷调查,对声景进行主观评价,选出受人喜爱和不喜爱的声景。并针对如今城市综合体声景存在的问题,提出建议。

2）技术路线

技术路线如图1所示。

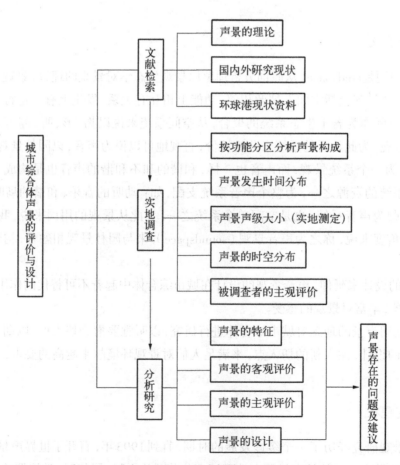

图1　技术路线

2　城市综合体声景的相关概念

2.1　城市综合体的相关概念

城市综合体是一个由高密度、高容积率、多功能、混合性为组成要素和基本特征的城市开发模式；它将商业、办公、居住、旅店、展览、餐饮、会议、文娱、交通等城市功能进行组合，建立起各部分间相互依存、相互连带的聚集效应，成为一个综合、高效率的建筑群体。

2.2　声景的相关概念

1）声景的概念

声景是声景观的简称，来源于景观（landspace）的类推，将声音的元素引入到了景观的概念之中，而我们常说的景观是视觉景观，而声音景就是听觉的景观，是声音的风景，即在自然和城乡环境中从审美角度和文化角度值得欣赏和记忆的声音。

2）声景的分类

按声源分类，城市综合体声景可以划分为：

自然声——包括鸟鸣声、虫鸣声、流水声、树叶声、风声、雨声等，其中自然声通常给人舒适，轻松、新奇、愉快或悲伤的感受。

人工声——包括广播声、背景音乐声、交通声、人工仿声、土建工程声等，其中广播、背景音乐通常常给人振奋、愉快、有活力的感受，而交通声则给人不快、紧张的感受。

活动声——包括儿童尖叫声、谈话声、举办活动声等，其中儿童尖叫声通常给人喧闹、振奋的感受，谈话声通常给人愉快、温暖、安全、散乱、嘈杂的感受，而举办活动声常给人有朝气、有活力、振奋的感受。

2.3　研究方法与仪器

2.3.1　研究方法

1）文献检索法

本文正是利用文献检索法，查阅了声景的相关文献资料，通过文献检索，清晰地了解并结合园林景观和声景设计在城市综合体的应用，结合此来对环球港声景设计的意义和理解，并进一步提高对声景以及城市声景设计的认识。

2）实地调研法

在对所要调研的城市综合体的声景按功能分区进行分类的基础上，利用现代科技设备与手段，对城市综合体的视觉景观环境、声景的构成、声源进行调查，同时依照城市综合体具体情况和所要调查的对象范围选定测点，使用噪声计在不同时段对每个测点的声级进行测量。

3）问卷调查法

通过初步调查，将城市综合体内可能听到的声景分为10种，提供给被调查者，让其选择在城市综合体内活动时所听到的声景内容，并作出声景好感度评价及各声景主观感受评价。调查共发放问卷200份。将问卷进行归纳、分析和总结，发现目前城市综合体声景存在一些问题，针对这些问题，进行详细分析，提出城市综合体声景的改善建议。

2.3.2　研究仪器

GM1358噪声计（BENETECH/标智）

3 城市综合体声景的特征

3.1 声景的要素

城市综合体声景中的声音并非孤立存在于景观之中的,与其周边的环境及顾客之间有着密切的关系。不同的环境和人,对声音的感受也会不尽相同。因此,声音、听者和空间环境是构成城市综合体声景的三要素,应从三者的特点及相互关系来考虑,为声景的评价、设计与建议提供理论依据。

1)声音

声音在声景中占据着重要地位,若缺少了声音,则不能称之为声景。声音可以成为某一种信号,某一种标志,来表达某一特定区域,并以此进行声景的区分。本文将城市综合体各功能分区的声音进行分类汇总,试着让声音成为各区声景识别的标志。

2)听者

听者对声景有着最直接的感受。听者不同的状态和社会背景对声景体验会有明显的影响。听者的社会背景包括性别、年龄、教育水平、文化背景以及居住地点,也包括在工作或生活中的听觉经验。据调查发现,平时工作与生活中,长期处于噪声中的人对声音更为敏感。喜欢玩摇滚乐、金属撞击声的年轻人,对交通声不反感,而有文化的中年人会时常抱怨交通声。

3)环境

环境因素不止局限于自然环境中的温度、湿度、光、风等给听者的感受,还应考虑听者所处的时代背景,社会意识,风俗习惯等人文环境,对声环境的评价会受到文化、社会、历史的影响;保护声音遗产最重要的是保护声音产生和传递的环境和生活形态,而不是单单地用录音机去记录下这些声音,保存在博物馆和档案馆中;然而,随着全球化和现代化的急速发展,留在人们美好记忆中的声音正在迅速地消失。

4)三要素的关系

由于声音、听者、环境三者相互作用、相互影响(见图2),从而形成了一个生态系统的有机体——声景观,声景不仅包含了作为物理现象的声,还包含了受众人群的听觉感受,以及传播声音的环境空间,可以作为一种社会文化事件来理解。因此,声音、听者和环境是设计与调和空间系统,形成良好声景的必要元素。

故而在声景观设计之前首先应有一个全面的现状调查,将听者对声音现状的要求、评价及体验感受进行全面了解,为更好的声景观的设计提供一个更好的思路和方向。

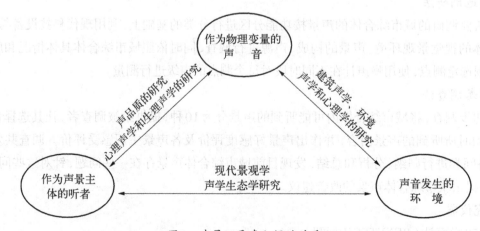

图2 声景三要素之间的关系

3.2　城市综合体声景的特征

3.2.1　声景的构成

1）购物区

城市综合区中购物区的主要声景有：喷泉声、谈话声、商场音乐声、举办活动声、广播声、儿童尖叫声等。其中商场音乐声作为背景声，可以烘托商场的气氛，起到了舒缓顾客情绪，使人放松购物的作用。

2）餐饮区

餐饮区主要由喷泉声、谈话声、叫卖声、商场音乐声、广播声、儿童尖叫声组成。餐饮区是城市综合体中人流量最大的一块区域，因此人的谈话声、儿童的打闹声、店员推销商品的叫卖声所占比重较大。除此之外，走道的中央还设置了喷泉，喷泉声吸引了不少人在此停驻，而且喷泉周围设有座椅，无论是排队等号，还是吃饱喝足，都可以在此休憩观赏。

3）娱乐活动区

娱乐活动区由喷泉声、谈话声、叫卖声、商场音乐声、举办活动声、广播声、儿童尖叫声构成，其中儿童尖叫声所占的比重较大，尤其是孩子们那天真烂漫的嬉戏声，让人感受到了童年的乐趣。而举办活动的声音一般只有在周末才能听到，活动内容十分丰富，有走秀、交响乐团表演，也有商品促销活动等。

4）展览区

展览区是城市综合体中最为僻静的一个区域，主要有谈话声、商场音乐声、举办活动声、广播声、儿童尖叫声。在这充满艺术气息的地方，人们的谈话声也不自觉地随着氛围而降低分贝，偶尔伴随着孩子们的欢笑声。展览区中有各种展览馆，如环球港博物馆、美术馆、海派旗袍艺术馆、连环画艺术长廊、涅瓦艺术等。听着优雅的商场音乐，翻过一页页似曾相识的图画文字，在画中寻找着儿时的记忆时光。

5）交通区

因为本文的调研对象——上海月星环球港与轻轨3,4号线及地铁13号线无缝对接，所以地铁出口直通商场地下二层。因此交通区由谈话声、商场音乐声、广播声、交通声、儿童叫喊声组成。其中谈话声在此区占较大比重。因为距离地铁有一定距离，所以交通声并没有使人感到嘈杂、不快，也没有影响城市综合体的氛围。

3.2.2　声景发生的时间分布

表1　上海月星环球港各区声景发生的时间分布

时间段	声景类别				
	购物区	餐饮区	娱乐活动区	展览区	交通区
12：00~14：00	谈话声	谈话声	谈话声	谈话声	谈话声
	广播声	广播声	广播声	广播声	广播声
	儿童叫喊声	儿童叫喊声	儿童叫喊声	儿童叫喊声	儿童叫喊声
	商场音乐声	商场音乐声	商场音乐声	商场音乐声	
	喷泉声		举办活动声		交通声
	叫卖声				

（续表）

时间段	声景类别				
	购物区	餐饮区	娱乐活动区	展览区	交通区
14：00~16：00	谈话声	谈话声	谈话声	谈话声	谈话声
	广播声	广播声	广播声	广播声	广播声
			儿童叫喊声		
	商场音乐声	商场音乐声	商场音乐声	商场音乐声	
			举办活动声		交通声
16：00~18：00	谈话声	谈话声	谈话声	谈话声	谈话声
	广播声	广播声	广播声	广播声	广播声
	儿童叫喊声	儿童叫喊声	儿童叫喊声	儿童叫喊声	儿童叫喊声
	商场音乐声	商场音乐声	商场音乐声	商场音乐声	
		喷泉声		举办活动声	交通声
		叫卖声			

　　通过对城市综合体——上海月星环球港声景发生的时间统计发现，声景的发生时间与顾客的生活节奏有一定的关系（见表1）。在中午和傍晚接近用餐时间，随着客流量的增加，声景最为丰富，人们的谈话声、儿童嬉戏声等逐渐响起来成为城市综合体声景的信号声；而在下午时分，随着人潮的逐渐散去，各区的声景有所减少。从表1可以看出，商场音乐和广播声在3个时间段都能听到，形成了城市综合体声景的背景声。

4　城市综合体声景的评价

4.1　城市综合体声景的客观评价

1）城市综合体声景的声级

声级是指与人们对声音强弱的主观感觉相一致的物理量，单位为分贝（dB）。

本次研究对上海月星环球港各功能分区进行了测试。

由图3得出，城市综合体同一区域在不同时间的声级不同，这和城市综合体顾客数量的日动态变化有很大关系。在同一时间段内各区的声级也有差别，这与各区域的功能性不同有关，如娱乐活动区与展览区，一动一静，因此两区在同一时刻的声级相差甚远，可见城市综合体的声景是随着时间、地点的变化而变化的。

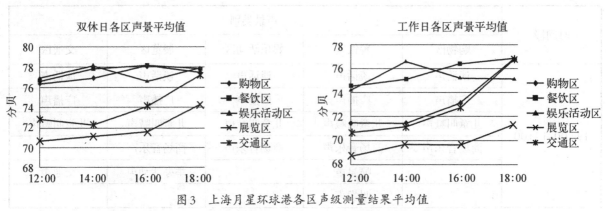

图3　上海月星环球港各区声级测量结果平均值

2）城市综合体声景声级的时空变化

从图4和图5可以看出：双休日各区声级明显比工作日高，这与顾客的人群和客流量大小有关，工作日顾客以就餐较多，客流量在午间和晚上最高；而双休日则侧重于购物娱乐，客流量全天都较高，主要人群是年轻人和孩子。两图中餐饮区和娱乐活动区的人群以30岁以下的年轻人以及10岁以下的孩子为主，所以平均声级最高。而展览区多为40岁以上的受良好教育的人群，所以平均声级最低。

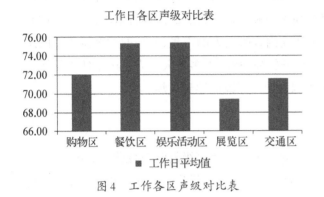

图4　工作各区声级对比表　　　　　　　图5　双休日各区声级对比表

3）城市综合体声景声级与国家相关标准的比较

参照《声环境质量标准》（GB 3096—2008）中的2类声环境功能区：指以商业金融、集市贸易为主要功能，或者居住、商业、工业混杂，需要维护住宅安静的区域；环境噪声等效声级昼间不能超过60 dB，夜间不能超过50 dB。由图3可以看出，大部分区域的声级不符合国家昼间环境声级的标准，受到不同程度的噪声干扰。但由于测量时受到一定的条件限制，数据可能不精确，因此展览区的声级，可能在某些时刻符合标准。

4.2　城市综合体声景的主观评价

1）主观评价的方法

语义差异量表法是由C.E.奥斯古德在1957年提出的一种心理测定方法，它通过言语尺度进行心理感受的测定，通过这种方法，可以获得被调查对象的感受，构造定量化数据。

语义差异量表是用意义相互对立的一对反义词作为一个单独量表的两极（如吵闹——安静、人工——自然、喜爱——厌烦等）形成的语义量表，量表上一般有5个或7个等级，让被调查者对某一事物或概念在所有量表上进行评定，赋予该事物或概念一个他认为合适的等级；通过被调查者的评定结果可以了解该事物或概念在各维度上所具有的意义和强度。

本次研究采用语义差异量表法来设计问卷，调查顾客对城市综合体的好感度。

非常喜欢5分，喜欢4分，一般3分，不喜欢1分，非常不喜欢1分。

| —————— | —————— | —————— | —————— | —————— |
| 5 | 4 | 3 | 2 | 1 |

2）主观评价问卷的设计

本文采用混合调查的形式，对上海月星环球港的顾客展开，并通过不同职业、性别、年龄等进行全面调查。（见附录1）

3）主观评价的结果

通过分批两次发放评价问卷各100份，共收回198份，有效122份，主要调查集中人群顾客有男性45人，占37%；女性77人，占63%；45岁以上24人，30~45岁40人，30岁以下58人；学生、职员、离退休人员占被调查者的比重最大,分别占调查总数的30%、23%和17%。

将所有被调查者对某一声景的评分,与评分总人数之比,表示顾客对该声景的好感度。其中喷泉声为1.94、商场音乐声为1.71、广播声为1.57、举办活动声为0.66、谈话声为0.34、儿童叫喊声为-0.20、叫卖声为-0.43、店铺装修声为-1.64、交通声为-1.76、土建工程声为-1.83。

由数据统计得出,顾客对喷泉声好感度评分最高,其次是商场音乐声、广播声;而土建工程声好感度最低,其中30岁以下顾客,尤其是学生对活动声、交通声不反感,而30岁以上文化程度较高的顾客,对交通声、土建工程声较为抱怨。80%的顾客喜爱喷泉声和模拟大自然的商场音乐声,说明人们对自然声的喜爱以及亲近大自然的渴望;对于活动声中活动内容吸引人的声景,37%的顾客持接受的态度,5%的顾客认为过于喧嚣而不能接受;但人工声的评分较为两极,大多数人对人工声中使人舒缓的声景如商场音乐声较为喜爱,而交通声、土建工程声等因会使人浮躁而感到厌烦。

4.3 分析小结

通过对上海月星环球港的实地调查,分析各区声景的声级大小及声级的时空变化,参照《声环境质量标准》进行统计对比,得出客观评价;利用问卷调查,对环球港声景进行好感度的主观评价,得出:① 城市综合体的声景是随着时间、地点的变化而变化的,双休日各区声级明显比工作日高。② 大部分区域的声级不符合国家昼间环境声级的标准,受到不同程度的噪声干扰。③ 听者对声景观的喜好主要为45岁以下的人群,其中以30岁以下的年轻人对声景观更为接受和理解。经过调查发现顾客对喷泉声好感度评分最高,其次是商场音乐声、广播声;而土建工程声好感度最低。④ 结合环境来说,音乐声和喷泉声相对比较受欢迎,但对音乐的选择也尤为重要,平时可以选择使人放松心情的音乐,有活动时,可选择欢快喜悦的音乐来活跃气氛。

5 城市综合体声景的设计

5.1 声景设计的理念

与传统的以人工声为主的声学设计不同,声景的设计,是运用声音的要素,对空间的声音环境进行全面的设计和规划,并加强与总体景观的调和;声景观的设计理念扩大了设计要素的范围,包含了自然声、城市声、生活声,甚至是通过场景的设置,唤醒记忆声或联想声等内容,同时考虑视觉和听觉的平衡和协调,通过五官的共同作用来实现景观和空间的诸多表现。

5.2 声景设计的方法

以分区域设计环球港声景观的理念和方式,在不同的区域设计不同的声音,如:在购物区、餐饮区和娱乐活动区设计的喷泉声、广播互动等硬性可控性的声音,可以根据整个环境气氛的变更来适时调整,商场的音乐等都是可控性的声景观设计和布置,从听者的角度来设计和调整,相对来说会更适宜。将听者与声音、环境三者的互动,加入到声景观的设计和实践中。为此环球港的五大区域都可分配有不同的声音源,针对各分区的特征,定制声景观,但这些区域性声景都是城市综合体的一部分,最终要形成一个完整的系统声景观。

5.3 上海月星环球港声景存在的问题及改善建议

5.3.1 存在的问题

1)声景观声级监控和监督

由图4图5可以看出,环球港大部分区域的声级不符合国家昼间环境声级的标准,声级过大,听者不但没有喜悦感,反而会觉得烦躁,这会成为噪声而非声景观,违背了声景观的宗旨。

2)声景设计的创新结合性不够

作为一个城市综合体来说,环球港各区的声源种类主要集中在谈话声、叫卖声、商场音乐声、广播声、举办活动声、喷泉声、交通声、儿童叫喊声这8类,如何利用设计声景来调控不可控制的声源,这是一个声景观的创新性,要与众不同,而不是大众化的理念来对待声景观的设计。

3)区域景观的主次不分,没有一种区域的主题

环球港的5块区域,从现状来说各区块的声音源还没有形成一个能够审美的系统,各区块的声源基本一致,没有特别的新颖和吸引听者之处,正因为这个差异性不大,所以导致了整个区域形成了鱼水混杂,致使声级难以调控或者不会去调控。而本文对环球港按功能分区进行分类,应该结合各区域的特点来设计和协调声源,形成区域特色,在区域特色的基础上结合听者和环境的气氛来布置声源及调控声源,这样听者进入这个区域会身临其境,深有感触,那么就是一个成功的声景观。

5.3.2 改善建议

1)增强区域意境的标示和协调

增强声景观的理念导入,区域的意境标示分明,结合声音、听者和环境三要素的互动相互作用、相互影响,将三要素形成一个整体,为此从声景观三要素的角度来考虑,必须增强区域意境的标示,目的是触发听者的互动性。如展览区中的博物馆,在展出历史文物的同时,也可展出人们美好记忆中的声音,让顾客进行听觉体验。可以有缝纫机声、打字机声等以前日常生活中常见的,引发人美好回忆的声景。

2)增强可控性声源的声级处理和适时调整

对控制声源的调控尤为重要,比如喷泉声、广播声以及音乐等都是根据环境的氛围来调整控制以及根据不同时段人群对声环境的喜好来控制调整声源,以此来带动听者的声源协调性,与声景观真正地相融合匹配,承托出声景观的设计风格和理念。

3)增强听者互动声的引导

不同的区域人群会有差异,从区域的声源看,儿童的叫喊声尤为突出,为此在娱乐活动区域内如何导入儿童娱乐的积聚性,而其他区域相对这块噪声的发出给予一定的约束,并引导其进入活动区域,这样将会更能体现活动区域的欢快性。以儿童声源作为主体,将形成一块特色区域,这样听者也会根据引导来控制自身声级,为声景观的协调起到了保障。

6 结语

本文选取上海月星环球港作为声景的研究对象,通过实地踏勘、问卷调查以及现场数据测量三方面调查声景的现状,并主要运用语义差异量法,分析评价现有声景的优劣及好感度。得出以下结论:

(1)对声源区域的调查和分析,通过人群差异、时间差异等实地调查并进行后续分析和提议。发现声景的发生时间与顾客的生活节奏有一定的关系。

(2)通过数据分析声级大小和声级时空变化,对声景客观评价。发现声景随着时间、地点的变化而变化。环球港大部分区域的声级不符合国家昼间环境声级的标准,受到不同程度的噪声干扰。只有展览区在某些时刻符合标准。双休日各区声级明显比工作日高。

(3)采用语义差异量表法对声景进行主观评价。通过好感度的评价,分析得出人们喜欢听到与不喜欢听到的声景,经过调查发现顾客对喷泉声好感度评分最高,其次是商场音乐声、广播声;而土建工程声好感度最低。其中又以30岁以下人群更能接受喜爱声景。

(4)根据声景的设计理念和方法,针对上海月星环球港存在的无创新性声景、无特色性声景、声

景声级不符合标准等问题，提出增加与听者互动、突出各区特色声景、控制声源等改善建议。

（5）城市综合体声景的设计，应从声音、听者、环境三者的特点及相互关系来考虑，从空间的角度协调三者的关系，设计出使顾客满意的声景。

目前声景的研究还处于起步阶段，基础的理论和方法在逐步发展，各个领域的学者都是在结合自身学科的基础上进行摸索。本文依据了一些调查、比较、分析的手法，进行数据测定和研究工作，对上海月星环球港的声景进行了一定程度上的理解和把握，为城市综合体声景的研究尽些微薄之力。但由于声景研究是一门比较复杂的学科，因此城市综合体的声景还有待进一步的研究。

附录

上海月星环球港的顾客声景调查表					
声　音	非常喜欢（5）	喜欢（4）	一般（3）	不喜欢（2）	非常不喜欢（1）
谈话声					
叫卖声					
商场音乐声					
广播声					
举办活动声					
喷泉声					
交通声					
儿童叫喊声					
店铺装修声					
土建工程声					
被调查者	性别		年龄		职业
备注：请提上您一份宝贵的意见，谢谢！					

超市空气环境质量及景观改造

周鑫尧　张建华

（上海商学院旅游与食品学院，中国上海 201400）

在日常生活中，从便利店到超市，从地铁、轻轨到飞机场，从小型商店到大型综合商场，购物活动已经成为日常生活中重要的组成部分。超市是顾客通过自选的方式进行购买的大型综合性零售市场，其功能结合了人们日常生活中的衣食住行，能够使顾客一次性购足所需物品，极大地为人们的日常生活带来便利。如今，人们购物不仅追求物质满足，还追求精神满足，高雅美观及良好的空气环境是满足顾客精神需求的重要内容之一，因此超市的质量不仅取决于其销售种类是否繁多、服务质量是否让人满意，还取决于其空气质量以及景观空间结构等的综合水平。

超市环境生态的设计直接决定了超级市场内部空间形态的个性和特色,它是消费者进行主要活动和交流的核心空间,是构成超级市场重要的也是基本的空间骨架。超市的环境生态包含了双方面的内容:生态效益和环境美。从生态效益的角度来看,超市是人群密集的公共场所,其生态效益会直接影响人们的身体健康,具有良好生态效益的超市不仅能够使人们身体上更舒适,同时对超市能带来正面的影响。从审美的角度来看,超市是商业空间中以营利为主的营业性开放空间,其需要面对较大的人流量,良好的设计给人们带来视觉上的享受,对于推动超市的发展有着重要的意义。

1　研究现状及发展趋势

随着超级市场在国内的蓬勃发展,关于超级市场的研究也有了长足的发展。在万方数据库以进行相关的文献检索可发现:近五年,对于超市中空气质量的相关文献共14篇。2011年,甄世利在期刊《太原师范学院学报》中作出了有关于公共场所内空气质量的调查分析,通过对宾馆、超市、影剧院中的CO、NH_3、甲醛、苯、甲苯、二甲苯的监测,提出了公共场所中通风不足、建材材料选择不当的问题;2012年,付晓辛、王新明在期刊《环境化学》中进行了有关空气清新剂中挥发性有机物对于室内空气质量影响的研究,提出了空气清新剂等室内日用品释放的活性气体会对室内空气质量带来潜在的影响。

对于超市中景观改造的相关文献共11篇。2009年,冯昕在期刊《科技风》中从商业空间的形、色、场、光4方面研究了商业空间设计与现代科技之间的联系,提出了现代商业空间设计应从人性化角度入手,以个性化为终端表现方式,以其独特的风格引人入胜的观点。2013年,许玲在期刊《城市建设理论研究》中研究了包括超市在内的商业建筑的造型及色彩要素,在总结了各类商业建筑造型与色彩设计的特点及两者关系的同时,提出了成功的商业建筑造型与色彩的设计应体现出其经营内涵的观点。然而同时涉及超市景观改造及空气质量的相关文献只有1篇。由此可见目前对于超市环境质量及景观改造的研究,主要集中于单方面的空气质量或是景观改造研究,同时涉及超市景观改造及空气质量的研究仍然较少。

2　材料与方法

1)研究目标

本文通过借鉴已有的研究成果来分析研究测定数据,目的是尽可能客观全面地研究出目前超市中环境生态所存在的问题,包括环境空间和布局、植物种类和配置等方面来探讨超市的环境生态设计,对超市的环境生态设计和思路进行总结,进行问题分析和提出改善措施。本次的测量分为超市室内测量及室外测量,表1为两家中型超市室内测定地点选取的基本情况,两家超市都位于上海市浦东新区,其路程约为600 m,午间时段妙境路上车流量较大,人流量较为拥挤,室外测量则选取超市建筑周边环境作为测量地点。

表1　超市测定点基本情况

超　市	建筑面积/m²	选取测定点
联华超市	800	入口、电梯口、冷藏食品冰柜、水果、收款处
华联超市	1 000	

2)研究方法

判断超市空气环境质量的主要因素有负离子、PM2.5~10、甲醛、二氧化碳以及一氧化碳等有毒有害气体等环境参数。对于建筑室内的评价主要参照于其环境参数是否符合国家室内标准,并运用相关环境理论进行客观评价。本文将采用理论与实际相结合的方法,以实地考察测量为研究基础,结合理论依据,逻辑性、系统地进行总结分析。

本次测定主要是进行现场测试,测定项目包括:负离子、PM2.5-10、甲醛、噪声、二氧化碳以及一氧化碳的含量。采用测量仪器为AIC系列空气离子测定器、KC-120H型智能中流量TSP采样器、MNJBX-80便携式甲醛检测器、GM1358噪声仪、ZG106A-M二氧化碳检测仪、BW四合一气体检测仪。测定时间分别为12月11日、12月15日、12月19日,其中工作日2天、休息日1天,采样时间为午间时段11:00~13:00,每天采样3次,测得数据经计算后得出相应平均值。

3 结果与分析

1)超市及周边空气环境质量分析比较

两家超市二氧化碳含量、甲醛含量、噪声分贝数平均值分别为1 100 mg/m³、125 μg/m³、72 dB,而超市周边环境平均值分别为640 mg/m³、48 μg/m³、64 dB。由此可见,两家超市中二氧化碳、甲醛含量及噪声分贝数明显高于超市周边环境。根据《GB/T 18883—2002室内空气质量标准》以及《中华人民共和国城市区域噪声标准》,室内甲醛标准值为0.1 mg/m³,商业区昼间噪声标准值为60 dB,两家超市中甲醛含量及噪声分贝数均已超标。

造成二氧化碳、甲醛含量、噪声分贝数明显高于超市周边环境的原因主要集中在超市的大人流量、通风不佳及植物缺乏3个方面。超市室内本身是一个相对封闭的空间,在通风不足的情况下,超市内部的二氧化碳、甲醛难以通过与室外空气的空气流动进行疏散,同时超市作为一个综合性的购物场所,具有较大的人流量,使得原本相对封闭的超市二氧化碳含量及噪声分贝数高的情况更为严重,某些植物种类对于二氧化碳、甲醛及噪声具有吸收作用,但是超市内植物缺乏,也是造成二氧化碳、甲醛含量、噪声分贝数高的原因之一。

两家超市中负离子含量、一氧化碳含量、可吸入颗粒PM10、PM2.5含量平均值分别为-150 ions/cm³、5.5 mg/m³、58 μg/m³、42 μg/m³,而超市周边环境平均值分别为-380 ions/cm³、6.2 mg/m³、158 μg/m³、128 μg/m³。因此,超市周边环境负离子、一氧化碳含量略高于超市,而可吸入颗粒PM10、PM2.5则远高于超市室内。超市周边的负离子主要来源于超市周边的植物,由于超市周边的植物数量远多于超市室内,使得超市周边的负离子含量远高于超市室内,而超市室内负离子含量较低是由植物缺乏与通风不良双方面的原因造成的。超市周边的一氧化碳及可吸入颗粒含量高于室内,主要是因为室内的一氧化碳及PM2.5、PM10主要来源于室外,它们产生于日常发电、工业生产、汽车尾气排放等,一般超市室内不具有产生源。

2)超市室内各测定点的空气环境质量比较

(1)负离子变化情况及分析。

两家超市中入口处的负离子含量明显高于其他测定点,并且两家超市的负离子含量均较低,联华超市的负离子平均浓度为200个/cm³,华联超市负离子平均浓度为100个/cm³,根据台湾科技大学叶正涛教授收集整理《负离子浓度对应效果表》(见表2),华联超市中低负离子浓度可能诱发生理障碍、头痛失眠等人体不良症状。

表2　负离子浓度对应效果表(单位:个/cm³)

环境场所负离子浓度	与人类健康关系度
城市公园:400~600	改善身体健康状况
街道绿化地带:200~400	微弱改善身体健康状况

（续表）

环境场所负离子浓度	与人类健康关系度
城市房间：100	诱发生理障碍头痛失眠等
楼宇办公室：40~50	诱发生理障碍头痛失眠等
工业开发区：0	易发各种疾病

超市室内的负离子主要来源于超市周边环境中的负离子以及超市室内的植物。超市室内各测定点的通风情况各不相同，其中超市入口处为主要通风口，通常具有较大的空气流动，而超市周边环境的负离子含量高于室内，在通风不佳的情况下影响了空气中负离子的流通，因此入口处的负离子含量较高。同时超市室内各测定点的植物配置数量也有一定的差别，植物能起到增加负离子含量的作用，植物数量分配不均匀在某种程度上也造成了各测定点负离子之间的差距。

（2）二氧化碳变化情况及分析。

联华超市收款处的二氧化碳含量为 $1\,620\ mg/m^3$，而华联超市中收款处的二氧化碳含量为 $800\ mg/m^3$，都明显高于两家超市中其他测定点二氧化碳的含量。二氧化碳的主要来源是人体，其中包括超市的员工与顾客，两家超市中收款处的二氧化碳含量最高，由于超市员工人数和停留地点相对稳定，因此造成超市中不同测定点的二氧化碳的差值原因主要在于顾客的人数和停留地点，而顾客在收款机处停留的时间长于超市其他地点，当顾客在收款处等待结款的时候，收款处的二氧化碳含量也随之增长。

（3）噪声变化情况及分析。

联华超市、华联超市收款处的噪声分别为 80 dB、76 dB，可以看出收款处的噪声高于其他地方。与二氧化碳相同，超市中噪音的主要来源是人，人流量越大，人口越密集，将会产生更大的噪声。收款处的噪声分贝数高于其他测定点，原因在于顾客在收款处的停留时间高于其他地点，较长的停留时间使得收款处的噪声分贝数上升。

（4）甲醛变化情况及分析。

两家超市的甲醛含量波幅较大，华联超市和联华超市中甲醛含量最高的测定的分别达到了 $0.18\ mg/m^3$、$0.15\ mg/m^3$，分别超出了室内标准值80%、50%，对人体有较大的危害。造成甲醛含量超标及波幅大的主要原因在于两家超市都在近1年中进行过局部的装修，这些装修建材材料并不符合人体健康标准，同时室内的通风情况不佳，从而导致了甲醛含量超标及不同测定点之间的差距。

4 超市空气质量景观改造策略

4.1 改善超市内部的空间布局

1）从景观学出发，进行合理的空间规划及管理

根据超市的特点和实际情况，制定出适合自己超市发展的空间规划，空间规划的设计和制定要以超市整体的发展为目标，要有长远的发展眼光，不能只顾着眼前利益而忽略如噪声、通风等细节问题。合理布局超市中的功能区，做到超市各功能区的分散化，避免因功能区的过于集中而增大人流量，造成超市拥堵，噪声分贝数过高。把超市中的各个功能区分散，这样就有利于疏散人群，减少过于集中的噪声。收款处人流量大，人口较为集中，应当做好相应的降噪措施。图1为日本吉之岛超市平面图，吉之岛超市在空间布局中仍然存在着一些问题，噪声方面的问题比较突出。作为位于购物中心的超市，它具有一定的人流量，而它的整体空间布局较为紧凑，商品架之间的间距较小，在人流量

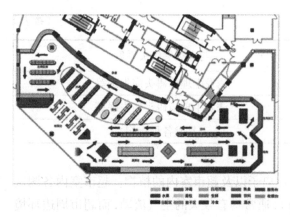

图1 吉之岛超市平面图

高峰时期,原本紧凑的购物空间加大了超市内部的噪声问题,面对大量的人流,噪声问题突出。同时最好在不影响整体景观效果的情况下,适当地增大间距,并且通过增加收银处等设施来减少顾客的停留时间,以此起到降噪的目的,为顾客营造一个良好舒适的购物环境。

通过室内通风改善空气质量是众多方法中最经济有效的方法,对于超市而言,可以选择自然通风来实现超市室内的通风,自然通风可通过改变超市的入口布局来实现,如增大超市的入口或者设置多入口,同时增加窗体的数量,以保证超市室内的空气流通,有利于减少甲醛含量及增加室内负离子含量。图1中吉之岛超市的空间布局虽然较为紧凑,但是其陈列方式以直线为主,直线及较少的遮蔽物有利于吉之岛内部的空气流通,从而加强了超市的自然通风,提高了超市内部的空气环境质量。

2)从美学的角度出发,改善超市的景观效果

在景观设计中,应以人为中心,空间布局设计的本质就是以人类精神文化为核心的设计,超市的空间布局设计应以人类的活动为基础,在设计中体现出人类的环境价值观,这种空间布局的设计不仅要求赏心悦目,同时要求满足心理和精神上的需求。其中首先应当考虑的是赏心悦目,身体和心理是密不可分的,只有当人的视觉需求、听觉需求等生理需求得到满足的时候,才有可能更进一步地达到精神需求。超市空间布局的设计应结合人们的行为心理,了解和分析行为心理中所具有的一些普遍性和特殊性,其中普遍性包括共同的文化、购物需求等,特殊性包括年龄、地位等,从而满足人们在超市中生理和精神上双方面的需求。

图2为吉之岛超市入口处效果图,吉之岛超市位于购物中心B1层,B1层有店铺、美食广场及精品超市,地上四层经营精品服饰类,购物中心面积38 000 m²,附近为高端写字楼聚集地,白领出没。这个案例日本设计师考察了几个国内精品超市,作出一些对比,设计凸显家的温馨,有别于ole、blt等精品超市的现代前卫。超市的整体设计风格现代时尚,充满着现代主义风格的气息,超市整体倾向于日系精品超市,在空间规划布局上合理地运用了柱子及摆放物,使整个空间在视觉效果上显得十分通畅,产生了良好的视觉效果。

图2 吉之岛超市入口

4.2 合理地进行植物配置

1）根据超市景观设计的整体风格样式进行配置

随着人们对室内环境重视程度的不断提高，简单随意摆放几棵植物已无法满足现代人的审美需求。超市绿化装饰应与整体风格、样式相协调，从而体现出植物与风格之间的和谐美。如在具有中国传统风格为主题的环境空间布局中，超市的植物配置宜选用垂叶榕等榕类，并加以兰花和盆景以及相关风格的支架，以此体现出整体风格上古朴典雅之感。在色彩的调和上，应考虑超市室内的环境色彩，如在暖色环境下，选用冷色植物，从而使人产生视觉反差，呈现出别具一格的对比美。在比例上，超市室内绿饰植物应根据整体空间大小及布局选择，不宜选择过高的植株或过大的绿化比例，应根据人的视觉需求进行配置。在植物配置的形式上，可以根据造景的需要采用多种方式进行配置，如根据图案的方式摆放盆栽、风格所蕴含的文化内容等进行配置，从而达到更好的景观效果和生态效益。图3和图4为Ole超市植物配置图，"Ole"在西班牙语中是"兴奋、快乐、开心"的意思，图3中植物配置通过各种颜色鲜艳、不同质地的花卉以不同高度、不同盆栽的摆放方式给人带来浪漫之感，图4中藤蔓、木桶、洋酒与盆栽体现出了一种西式的古典特色，图3与图4中的植物配置充分体现出了Ole超市中的精致，让人体会到它的语义。

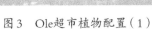

图3 Ole超市植物配置（1）

图4 Ole超市植物配置（2）

2）结合景观学原理，根据超市空间类型及现状进行配置

由于超市空间属于室内空间，而室内空间环境较为特殊，加上植物种群之间有相互影响的作用，同时需要考虑到植物自身的生态效益，因此适用于室内种植的植物种类较为有限。室内绿化设计的效果很大程度上取决于植物在其生态效果上的运用，因此只有合理地配置植物，才能发挥植物提高环境质量的作用。根据超市现状在超市室内植物配置应当注意以下几点：

（1）选取植物时应当注意植物的生态作用。根据植物的安全性原则，适合于室内的植物必须是无害于人体健康的植物，尽量选取有良好生态效益的植物，理想的植物能够产生负离子、杀灭有害微生物、减少噪声、吸收有毒有害气体，最终提高人体在室内的舒适度。

（2）植物配置时应当注意超市的空间布局。根据观赏性原则，园林植物对于美化环境有着不可忽视的作用，通过合理的植物配置可以起到分割空间、组织空间的作用，但是如果配置不得当则可能带来相反的效果，如阻碍交通、影响美观，因此在植物配置时要根据超市空间布局的现状进行配置，如在超市空间密集紧凑的情况下，宜通过植物墙垂直盆栽等进行垂直方向的植物配置。

（3）植物搭配时应当注意室内环境及植物之间的相互影响。根据适地适树原则，在超市室内进行植物配置,必须要考虑室内特殊的环境,室内的温度较为均衡,变化较小,光线照射较不均匀,喜光植物需要在光照充足的地点配置,植物搭配种植时应选用竞争较少的植物,以保证植物能够正常地生长发育。

(4)配置植物时应当注意植物自身的文化内涵。大部分植物都有其各自的花语,有各自的文化内涵。对于超市而言,超市既是一个室内空间又是一个商业空间,它在注意室内环境条件同时,需要注意其文化内涵,可以根据超市的主题、特色,选取合适的植物,在商业空间中,拥有富贵、生意兴隆的文化内涵的植物使用较多,如苏铁、富贵竹、金钱树等。

目前两家超市中都存在甲醛超标,负离子缺乏的问题,甲醛超标原因在于装修建材材料选择不恰当以及植物较少,而负离子缺乏是因为超市整体空间环境较为封闭,空气流通情况较差,同时植物配置较少。为改善超市的空气环境质量,植物的配置可选取具有去甲醛功效及增加负离子的植物。拥有良好的增加负离子作用的植物有虎皮兰、虎尾兰、龙舌兰以及褐毛掌、伽蓝菜、景天、落地生根等,拥有良好的去甲醛效果的植物有吊兰、金边吊兰、富贵竹、白鹤芋、绿萝、虎尾兰等,通过合理的植物搭配可以有效地缓解目前超市内存在的甲醛及负离子问题。

基于景观化理念下主题体验餐厅的营建

郑惠珊　杨智敏　张建华

(上海商学院旅游与食品学院,中国上海 201400)

摘要: 餐厅是商业空间中一类特殊形态,尤其是时下商业营销模式正向着"体验式"方向不可逆地发展,餐厅也在逐渐形成一股新的"体验式"主流。本文简略描述了上海主要商圈内主题餐厅的大致类型,并对不同类别的主题餐厅中同一景观元素的营造差异作了相应的统计分析。针对主题餐厅中的餐饮景观方面、配置景观方面、服务景观方面的尚存问题提出了相应的解决对策。

关键词: 体验式;主题餐厅;景观化

城市,是社会和经济发展的集中体现,其中又分为以居住、生产、行政、文化等功能为主的"城"和商业活动为主的"市"。法国社会学家鲍德里亚曾提出"消费社会"理论,即在社会财富空前丰富,生产、生活方式推陈出新的时代,由原来以生产为中心的社会转变为以消费为中心的社会,且区别于往日的"生产决定消费",而是"消费决定和引导生产"。现今的消费成了一种文化,也是消费社会里的任何个人必有的日常生活方式。鲍德里亚认为,消费社会的重心从生产转移到消费,社会经济也随之从产品经济转变到服务型经济。供应与需求、消费与服务成为消费社会发展和进步模式中的重要关联词眼。对于人们来说已不仅仅只体现在物质上,更多的体现在心理和精神上。这也正在体现人与物、人与人之间的一种新型行为关系,即消费者不再是简单被动地接受生产商提供的商品和服务,而是带着各层面心理需求主动参与消费过程,体验消费带来的感受。作为消费文化的主要特征之一的"消费是一种体验",也是消费文化观念获得突破的重要表现。《哈佛商业评论》认为商业活动中,"体验就是企业以服务为舞台,以商品为道具,围绕着消费者创造出值得回忆的活动。"体验型商业空间旨在营造一类人性化的开放式空间和互动式的综合性空间,通过对空间环境的建筑外形、空间形态、设施造型、色彩质地等多方面的设计,重点强调消费者在消费过程中对消费环境产生的立体感官享受和心理体验,进而催化消费者消费或再消费的行为。

当今社会的娱乐化色彩越来越浓郁，社会景观化很大程度上反映的正是人的文化诉求和精神诉求，因而景观生活化也成为一股强势潮流，这也将意味着人与自然环境更加契合和相适，反映了新型社会的"天人合一"观念。生活化景观是最大程度鼓动人以感官参与环境组成的一类，因而催生了各式各样的体验式商业空间。体验式营销模式通常预设一个主题，以此为核心，结合各商业业态属性、特质，通过多种空间处理手法对商业空间改头换面。就日常生活实例而言，美食街、中庭咖啡馆、主题餐厅等形态较为多见。"主题式"商业空间的营造布局大多是从一个或多个主题出发，其中所有设计要素都是围绕设定的主题展开，这是一种整体式设计，消费者的体验对象可大可小，大到对主题空间的整体体验，小至主题道具的局部体验。

因此，针对"主题式"商业空间中的主题餐厅这一商业形态，在上海部分商圈从分布、主题分类、餐厅细节等方面为切入点进行实地调研，深入探析主题餐厅的体验性和主题性的营建是很有必要的。

1 上海商圈内的主题餐厅现状

作为中国第一大城市，得天独厚的上海素有"美食天堂"、"购物乐园"之称。上海传统商业布局主要呈条状，城市由单核中心向多核中心发展，因而市内重要商圈和商业街的分布也是大致呈中心向外放射性扩散。随着地铁交通线的遍布，目前市内已属成熟的商圈有9个：南京西路商圈、徐家汇商圈、淮海路商圈、陆家嘴商圈、南京东路商圈、虹桥商圈、五角场商圈、中山公园商圈、四川北路商圈。

根据对上海主要的9大商圈及其余地方的实地调研统计的结果显示，目前，上海各大商圈中餐厅场所里的主题餐厅所占比例仍是少部分，大致在0.68%左右。可见，在餐厅这一特殊的商业空间中，"主题式"的体验类型仍个别存在。此外，在各餐厅的初期定位中，对于"主题式"的体验性并没有得到很大的重视，使得主题餐厅在今天仍是一些"特例"般的存在。

主题餐厅内的体验性元素的"体验"的界定可大致分为两个主向，即心理层面和功能层面。心理层面重点着力于主观方面，是个体的个性化需求；功能层面则以产品和服务作为载体来提供体验。主题餐厅是"主题式"商业空间应用最广的一类形态，通过一个或多个主题为吸引标志的饮食场所，以期消费者在身入其中的时候得以借助感官而感受"主题"情境。与一般的餐厅相比，主题餐厅往往是有特定的消费群体。不仅提供饮食商品，此外，主题文化也作为附加提供的一类商品。然而为了充分并丰富地表达主题，主题餐厅往往不能只着力于硬质景观的合题，也要注重软质景观层面的营建。主题餐厅的体验元素可分为餐饮景观、配置景观和服务景观三大类。较之普通餐厅应更有餐厅环境、氛围、食物三者一体的整体感，在细节上也更要有所侧重。

1.1 主题餐厅的分类

将已有的主题餐厅进行不同角度的观察和汇总可得，主题餐厅依照其"主题"的定位人群、表现手法、文化含义等的不同，也在细节表达上有所差异。结合《体验经济》一书中对"体验"的4分类，主题餐厅依据不同的主题内容可划分为娱乐体验、教育体验、逃避现实体验、审美体验4大类。

（1）娱乐体验型：此类主题餐厅定位的消费受众人群主要集中在年轻人以及有青少年家庭成员的家庭，"另辟蹊径"的主题设定是一大突出特点，而对于文化内涵的渗透和被感悟性能并不明显。消费者主要还是停留在对一些耳熟能详的文化名词或文化符号的辨识，因而此类主题餐厅主要从内部装潢和饰物的"仿形"以达到这一主题文化的宣倡。对于不同年龄层段的消费受众熟知的文化载体的定位，直接导致此类娱乐体验为首的主题餐厅的主题差异。

该分类下的主题餐厅又可有两类区分，第一类是以青少年偏好为主的主题定位，常采用中西方动画片中的主角形象为主题,以角色形象再现的形式进行主题营造;第二类是以成年人为主要消费受众而进行主题定位的,通常更多的是选用成年人中某一部分群体的共同喜好为主题。

(2)教育体验型:教育体验是着重于对某一社会活动或行为的寓教于乐,在餐饮进行之余有新的收获,或在教娱之余完成用餐。此类主题餐厅的消费受众面并不广,往往集聚在某一有共同爱好的群体。

(3)逃避现实体验型:此类主题餐厅对于主题的设立与现实社会环境有极大差异,即希望消费者一进入餐厅就能有与外界隔离,乃至于是相对立的感官感受。这种差异感主要体现在一定程度的对比之上,即主题餐厅的环境氛围与现实环境的时间差异或空间差异。

该分类下的主题餐厅又可有两类区分,第一类是逃避空间现实类型的主题,常与现实环境有极强的空间差异,譬如时代的不同或者地域的不同。此类主题餐厅往往是临摹一个众人都耳熟能详的空间场景,以高度仿真和情景再现作为卖点。是为横向的场景打造;第二类是以逃避时间现实为主题定位趋向的,此类主题餐厅往往是基于过去实际存在的时间段进行主题营造,对于某一群体的主观记忆要求极高,消费者与主题之间是确实存在关联的,通过情景再现以达目的。此类餐厅大多是以"穿越"的手法表达主题,是为纵向的场景打造。

(4)审美体验型:这一类型的体验方式是"体验式"商业营销模式中最易采用、也是最常采用的方式。往往是竭力打造精致或生动的视觉景观,以期契合主题。此分类中的主题定位通常是实际化和物质化的,主题的传达一目了然。

1.2 主题餐厅中尚存的问题

1)餐饮景观方面

大多数商家在主题环境营造中,过分注意环境的营建,对于环境的主题表达下足心血,却往往忽略了餐饮方面的主题表现。据调研数据结果显示,餐饮与主题的融合方面不仅单调而且停留在表面。问题主要表现在两个方面:一是主题性餐饮表现力不足。如位于浦东新区的金桥高尔夫主题餐厅可以作为成年人寓教于乐与饮食的典型案例。该主题餐厅以"高尔夫"为主,以"餐厅"为辅,整体打造的是餐厅服务于高尔夫,显得主次颠倒。而在餐饮的打造中,不仅不注重菜谱、餐具等附件的主题性,在食物中也无任何的主题表现。再如位于泰康路田子坊的便所欢乐主题餐厅,主题的狭窄造就主题表达的困难,餐厅外部景观与主题没有太大关联,而在入口处放置的仿真大小的马桶装饰又略显突兀。主题与菜色的融合又只得其形,难得其意。此外,菜谱形态与主题又两相独立。二是主题性餐饮陷于表面化。就菜谱而言,大部分商家都会在附图上透露一点主题信息,但是菜谱形态、菜名等却没有重视,形成了主题的表达看环境,而餐饮与主题两相独立的局面。如同样位于田子坊内的"泰迪之家",景观已经努力向餐饮中加入主题元素,只是结合得很僵硬和刻板。

2)配置景观方面

配置景观方面的营造是主题餐厅营建中的重中之重,主题的直观表达也很大程度依靠配置主题的表达。根据调研数据结果显示,现今的主题餐厅的配置景观方面的主题营建仍有许多亟待修整的问题。其主要表现为:

(1)创新性元素匮乏:卡通片中的人物形象往往是主题定位的思路源泉,但照搬主题后却没有加以润色和修缮。如淮海路商圈中的阿童木火锅超人店,在空间装潢中的色彩部分尽管大胆地挪用了阿童木的鲜艳形象,但也仅仅停留在这个层面。此外对于阿童木这一形象的采用也只是色彩而无情节。这往往会导致消费者对主题的兴致停留时间极短。

(2)欠缺人性化思考:因餐厅的消费群众定位,往往会忽视除主题定位的消费人群以外人群的诉求。如中山路商圈的芭迪熊儿童主题餐厅，花样百出的餐桌椅和游乐设施，尽管对儿童娱乐嬉戏的年龄诉求予以满足，却对随行的成年人休坐的座椅高低、大小，餐桌的高度、宽度等尺度层面问题考虑有所欠缺。

（3）过分注重视觉主题营造：消费者的体验感受于视觉上最为直接且迅速，然而主题餐厅内的主题构造却不应该只着眼于视觉营造。时下的主题餐厅大多过分重视视觉营造，却使得主题餐厅沦为花瓶，可观却不可感。如位于泰康路的田子坊内的"泰迪之家"。首先在外部整体上，木阁楼式样的餐厅外形与主题中的"泰迪"的古典重叠，营造出"家"的感觉（见图1）。餐厅内部分为3层，每层的用餐环境又有所不同，却始终不离主题"泰迪"。每层都有各种款式的泰迪公仔的群集展示以及泰迪熊的手绘故事、照片等装饰，但表现形式却随每层楼的环境风格而有不同（见图2）。餐厅内外单独观察都是契合主题并且如临其境的，但整合而言，却略显累赘。主要因为餐厅内外在主题的视觉营造上过分拖沓、过分累加，初期的兴致勃勃最终演变为食之无味。

图1　"泰迪之家"外部景观　　　　　　图2　"泰迪之家"一层景观

再如位于南京路商圈的上海当代艺术馆内的Moca on the Park，这是一个艺术与设计氛围浓厚的后现代主义的主题餐厅。原本的暖房用有机玻璃进行翻新，通过落地玻璃可以将外部的人民公园内的草木以及高楼大厦等景致一览无余，室内环境幽静，布局非常空旷，墙面绘有大幅涂鸦，四周布置着各种新奇的艺术摆设，却丝毫没有杂乱感，波浪形的沙发以及豌豆型的矮桌极富趣味，整个空间有着现代化式的简约美，与一楼展厅风格同承一脉（见图3、图4）。包括卫生间印刻着各种流行词汇的瓷砖以及照着镜子的女孩雕塑都极富设计感。环境中相关于"艺术"的主题使得所有细节设计万变不离其宗。然而在此中除了视觉感受之外，他处再难有相关"艺术"的呼应。可以说，这是一个建于艺术馆内的餐厅，但绝非能称作艺术主题餐厅。环境的视觉主题感过强，而在其他细节处的处理又极弱，两相对比的极端明显使得主题不成主题了。

文化的主题集中性并不突出，最大的根源还是在于过度重视视觉感官上的铺陈，就使得主题零散不鲜明，甚至会有辅助细节、喧宾夺主的情况。

（4）细处营造偶与主题不符：部分分类的主题餐厅着重于情景再现，对于情景"真"度要求至上。仿真是情景再现的基石，对仿真的定义则是不仅要"真"还要"正确"，即在主题餐厅内的每个细节处都要将主题贯彻到底。一点有违主题的时代背景、功用等的器物和摆设都会破坏餐厅主题的整体诠释。

图3　Moca on the park餐桌椅例图　　图4　Moca on the park环境例图　　　图5　Cha's内部景观

　　以"时间"或"空间"定位的主题餐厅对于环境中的配置主题要求更加苛刻,然而却时常出现随意的细节摆设或配置,将整体主题基调和意境破坏。如位于淮海路商圈的Cha's餐厅(见图5),本意是20世纪70年代香港茶餐厅的复刻。从黑白电视机到菜单、菜肴的原汁原味的港式街坊感受,而广播中也是每时每刻都以粤语播报新闻。此外,火车位卡座、厅中狭小方桌座椅、茶色塑杯,竖排繁体的液晶屏菜单,乃至于服务生的白衣黑裤,等等都最大限度地复制回忆。然而白炽灯的亮度和色度却充满了过分的现代感,吊顶的平整亮新也与港式茶餐厅的记忆氛围相悖。最大的问题还在于标牌中霓虹灯管的应用,没有艳俗的港式街巷气息,没有刺目的招摇感,不但没有起到统筹整体餐厅主题的作用,甚至于将餐厅主题打回普通无常。

　　(5)主题景观表达元素堆叠:为了充分表达某一空间场景,商家往往会将但凡能与主题沾边的摆设都堆叠出来。过分的累加却适得其反,反而会使得空间场景失真和不伦不类。位于南京路商圈的风波庄是以武侠为主题的餐厅,首先在其餐厅外部景观营造上就有很强的夺目感,武家的十八兵器的摆设、"人在江湖——身不由己"的对联、"金盆洗手"铜质水钵等(见图6)。但外部景观营造中刻意的堆叠即为事倍功半的弊病。餐厅内部配置方面也算贴切主题,桌椅、餐具以及墙边的大酒缸都与主题相应,而背景音乐也一并采用武侠电影和电视剧中的名曲,服务员也多是衣着短袖官服,由眼到耳的感受都能使消费者浸淫在江湖的风生浪起之中。然而餐厅外的挡风帘、餐厅内的灯光和内部人员评比的挂旗却将整体主题氛围打乱,使得主题的表达参差不齐(见图7)。

图6　风波庄外部景观　　　　　图7　风波庄内部景观

3）服务景观方面

服务员对初触者难有导入作用是最大的问题。由于时间的即逝性，越是回不去的时光越是令人怀念，而怀念的正是其人在其时经历时候的一切感受。"勾起回忆"就是这类主题餐厅的主要营造手法，因而对"熟悉"感的打造极为严苛。消费者本身最好要有相关的那段经历，并且还要记得那段经历。换言之，若是不曾有过关联经历的消费者，对于感受主题是存在一定难度的。如位于虹口区昆山路的希望小学堂餐厅（见图8），设于小巷子里，装修风格是一目了然的20世纪八九十年代。服务生身穿典型的20世纪80年代小学生的着装，而这无异于是最大的点题之笔。对于20世纪80年代的消费者大多都能被年少的回忆牵扯而沉浸于餐厅主题当中，但对于其他年代的消费者而言却只能通过别人的口头描述等得以浅薄了解，却仍旧很难享受并怀念于此。而餐厅却没有考虑到这部分人的固有背景，不曾施以其他途径让他们能理解和享受这一主题。

图8　小学堂外部景观

2　营造主题餐厅的景观策略

2.1　创造处处成景、抽提特色主题符号的探究性景观

餐饮的主题表达的不足很大程度在于其"难"表达，主题餐厅除了宣扬和表达主题之外，还兼具饮食的功用。因而在餐饮上多下功夫往往会使得饮食这一功用虚假化和无意义，却也不应该忽视餐饮中的主题表达，若能发挥餐饮的主题化，则能将主题的特色符号通过饮食的媒介得到升华，以更为立体的角度和方式进行主题营造。例如位于北京的"一坐一忘"丽江特色主题餐厅是典型的以地域空间为主题立意导向的餐厅，店中不仅有丽江纳西风味，还有景颇风味、大理白族风味等。此外店里的所有餐饮都是源于地道的丽江风味，有以瓦罐承装的傣家自酿米酒、来自女儿国的苏浬玛酒、云南茶、玉龙白露、三道茶等。值得一提的是，各类特色餐饮在未品尝前就能感受到浓厚的主题特色，也能催发主题联想。显而易见的，对于餐饮本身的口味是极难与主题完美契合的，因而在餐饮的外部条件上就要进行一番合适的创意。不论是平白直述地誊画主题符号，或者是以有主题特色的导线引发的主题联想，都是在餐饮中融入主题的极好方式。

主题性表达本就极难与餐饮口味真正地血溶于水，因而在餐饮的其他表现形式如菜色、菜饰等就有必要进行相关的主题营造的考量。为避免将本就浅薄的餐饮表现力削弱和表面化，将餐饮塑造成具有探究性的饮食形态则能提高其表现力的丰富度。如同样的一道菜式，将其被食物遮盖的地方也进行一些主题创意，可使得消费者对食物本身衍生探究的兴趣，从而将餐饮的内里主题表达发挥出来。时至今日的人们已经不再是满足于枯燥直白的文化表现形式，更多的是追求于"得来费工夫"和"踏破铁鞋无觅处"的过程，针对这一社会现状进行适当的贴合能使得主题餐厅的特色化营造更具活力。

2.2　营造以动易静、以臻易糟的本土化景观

静态的事物很容易令人产生倦怠感，而动态的情节却能将原本的静态形象变得生动而有活力。比如在选取某一动画人物作为主题时，摒弃重复化地摆设一个又一个的形象配置，选用在墙上彩绘主题

人物在动画里的故事情节,即能出现类似连环画一般的效果。而在餐饮上,可以将餐碟中的食物与故事情节再次融合,例如"孙悟空棒打白骨精",无须将情节与口味或食材结合,仅将整体菜色饰以即可。

优先选择本土化的形象主题进行餐厅定位,或将舶来主题进行适宜适度的本土化。此外,在主题塑造上也不必完全循规蹈矩,适当的夸张和修整也是将主题形象创新传承的方式。而任何一个主题也不可能完全尽善尽美地得到所有消费者的青睐,将A群消费者喜欢的属性保留,将B群消费者不喜欢的属性修整改编,多种属性的协调调整之后才能赢得更广大的消费受众。

2.3 塑造以人为本、理念领先的人性化景观

当今社会上越来越重视人性化的考量,以人为本的考虑正在逐渐遍布所有角落。这是商业空间营造中不可小觑的原则,也是有其存在的合理性的。首先,对于社会环境而言,已经逐渐从物质享受迈入精神享受的领域,体验式的商业模式也正在为此做出验证。其次,对社会群众而言,自然会优先选择自己觉得舒服舒适的事物,人性化的商业考量则能称之为在拉拢潜在客户。尤其在以体验式为主脉络的主题体验餐厅,对于人性化的考量更不可或缺。对每一个主题的主要定位消费群众的年龄段、所属地域等方面的背景都要有大致的把握,而后,对于其之外的消费者一定要加以顾全。譬如在儿童主题餐厅中设有成年人的专座等配置,一方面可以让成年人延长逗留时间,一方面也能创造二次消费的可能性。

2.4 打造主次分明、全感调动的"五感"景观

过分的视觉主题营造是主题餐厅历来常犯的通病,视觉效果最易营造也最快被传达到,因而往往会有主题餐厅在营造主题氛围时以偏概全。主题即为一定范围内的所有事物的一个共同标志,或言之是与氛围相适应的特征化服务的一个主旨。因而单独的视觉营造是不能构成一个主题表达的,从嗅觉、听觉、味觉、触觉等的共同呼应一同完成。譬如国风的主题下,可以有焚香、筝曲、茶香、原木质感等有标志性的主题元素以共同营造主题氛围。值得一提的是,很多其他感官上的体验元素也可以同时作为视觉感官的主题元素。此外,各感官方面的主题感受的主次分别是随着主题的不同而相异的,主题本身的文字属性也直接影响着这一区别。如以地域为主题的餐厅则要将主要的主题营造置于餐饮方面。有主有次、有浓有淡也才能将整个餐厅的主题氛围营造得有条理且相契合。每一处的视觉营造都应有各自的内在含义,无实际内在含义的视觉营造只会是拖沓和不知所云。应该理智地选择几件可以明确表达主题的器物,摒除零碎的沾边细节。例如在美国有一家以"热带雨林"为主题的餐厅,餐厅的设计是模仿热带雨林特色的,包括茂密的植物、热带雨林中的薄雾、瀑布及多种机械控制的动物及昆虫。餐厅内更有大型的水族馆,包括人工珊瑚礁。场内的灯光及其他装饰会在不同的时段产生变化,有模拟雷电交加的场面约每隔30分钟出现一次,也有利用闪光灯及高能量扩音器来模拟闪电及雷暴效果,同时所有机械控制的动物会隐藏起来。此外,餐厅外面还设有许愿池及凶猛的大鳄。如上例所说,则是极好地将人体所有感官充分调动的例子。不单只是在声音、视觉等方面有所塑造,还通过了变化来强调这些感官上的体验,从而加深各个感官在当下的感受。此外,该餐厅景观元素的塑造有主有次,以植物为辅则不多做利用,以雷电和雨水为主,则加深这一元素的场景主题感。

2.5 营造风格统一、表达充分的"全景化"景观

主题餐厅对细节处的把握比之一般餐厅应更显苛刻,在细节处的营造时,需要注意是否与主题背景达成一致风格、是否与其他细节配置形成矛盾、是否为多余的细节考虑。

时代感的厚薄是很直接就可被看出的,现代的装潢技术已不是昨日可比,因而在模拟昨日场景时往往很难创造出高度的贴近。譬如钨丝灯泡的昏暗已经早被白炽灯淘汰,那么在模拟的时候便可以选择黄橙色灯代替,也可在一定程度上复刻出当时的场景。例如在北京有一间希腊餐厅,装修风格就是蓝白的希腊风格,推开雅典娜海蓝色拱门,就能看到吧台后的地中海壁画、波特农神殿,就连白色餐桌上的酒瓶和画册都有希腊文明的痕迹。食物也多以茄子、橄榄油、羊奶酪等为原料。餐厅由内而外秉持统一风格,并且在细节如地面铺设等都竭力仿照希腊时期的场景,连颇具现代化的吧台设置也与神殿和壁画相结合。环境中一致的主题风格将希腊主题凸显得更加完整。

此外,景观元素的过分堆叠不光会使主题的表达显得零散,在一定程度上降低主题性,还会令餐厅显得累赘颇多。因而在主题元素的选择时就要宜精不宜多,最好选择能令人一目了然就得知主题的景观配置,并在摆置的数量上进行控制。主题要得以被"审"出来,而场景的布局首当其冲,包括消费者的心理效应等,都对主题的被接收形成影响。因而在餐厅的布置中应该注意是否有无谓重复的、是否有无谓存在的、是否有可有可无的、是否有对消费者产生负面心理效应的、是否有妨碍消费者的,等等。

2.6 构建主题与顾客的服务员桥梁

尽管有一部分的消费者不能有相关联场景的经历,但也可以将此主题营造成对一类新文化的介绍。只要消费者在其中能切实体验并感受到相关的主题,那么就是成功的主题餐厅。因为主题餐厅的工作人员对于主题的把握和诠释更为重要,等同于是初涉主题的消费者与主题餐厅之间的桥梁。外部的衣着、配饰等是主题的外在表达,而工作人员的言谈、举止等则在主题的软表达中占据绝对首位。

3 讨论

主题餐厅迎合了顾客日益变化的餐饮消费需求,以定制化、个性化、特色化的产品和服务来感染消费者。作为主题餐厅,应该运用各种手段来凸显所表现的主题,建筑设计和内部装饰这方面是其中重要组成,因为消费者就是通过对餐厅的环境装饰来认识主题文化的。

主题体验型商业空间的营造表明了空间艺术的主题性不仅能促进商业繁荣,还能引导和改变人们的审美观念,最终达到提升文化品位的效果,再而创造新的精神财富,正是着力于让人们在充满丰富消费情趣的过程中得到精神的愉悦和升华。由此可见,主题既是此类体验型商业空间设计定位和设计内容表现的第一要素,更是一种文化诉求。这种文化诉求反向需要借助商业空间环境独特的设计来达到释放,也只有在挖掘主题文化底蕴的基础上进行合理合势合情合景的主题体验空间设计,才能完成这种释放并营造出独特的空间效果。

近年来悄然兴起却成为一股潮流的主题餐厅就是典型的主题文化体验空间,每个主题餐厅都反映了社会上的某一类人群的文化诉求和情感需求。譬如有"知青"餐厅,动漫餐厅,"马桶餐厅"等。运用各种设计来凸显餐厅主题及文化,建筑内外空间设计及环境装饰是重要手段之一。消费者通过体验餐厅营造的空间环境来感受并认识其主题文化,对环境的体验不仅是一种特别的感官享受,又是一种文化认知和情感共鸣。主题式体验型商业空间环境的设计只有既注重造型也注重文化,才能保持人气不衰。

社会繁荣、购买力提高、消费观念更新,带给今日的消费者更多的精神诉求,商业空间环境必然随着这种变化而形式日益丰富,向更高层次发展。体验型商业空间环境的营造应该是多元的,且要深刻反映消费文化的内涵,其中"以人为本"的设计理念应是万变之宗。

未来商业社会上更多的实体店将仅仅只能成为展厅，这是网络商业强势发展的必然后果，消费者往往只是在实体商业空间中随意信步闲逛，不带购买目的，或者是带着网络市场商品的购买目的而在实体商业空间参照对比。对于实体商业空间不可谓是不严峻的挑战，直接因素不仅在于价格上的优惠，还有商品获得途径的便捷化等。然而作为"体验式"商业活动类别，网络市场却很难能有压倒性的成功。"体验式"商业活动是购买对象直观感受为要求的高分水岭商业营销模式，而网络市场通过互联网完成的整条交换链式的属性直接导致其很难通过除视觉感受之外而进行对应商品的体验。这也正是实体商业空间绝处逢生的另一机遇。

色彩在商业橱窗设计中的应用
——以南京路为例

葛文婷　张建华

（上海商学院旅游与食品学院，中国上海 201400）

"眼球经济"体验经济的推动，使得商业橱窗成为当今的主要营销手段之一。橱窗伴随着商业街的出现而存在至今，作为独立的艺术展示空间，不仅起着展示产品的空间功能，还肩负着向消费者传达品牌文化和产品创意的责任。橱窗作为品牌的门户，如何设计才能吸引消费者的关注是关键性问题之一。除了紧跟时代脚步不断更新的产品和道具广告之外，橱窗色彩也是设计的重中之重。

橱窗色彩设计依附于品牌文化和产品形象。随着社会文化和商业市场的发展，橱窗色彩设计已然成为一门艺术。色彩是艺术中的一大门类，由最基本的红、黄、蓝三原色构筑出一个色彩斑斓的视觉世界。而色彩作为事物存在的基本属性之一，拥有独立性又与周围环境息息相关，色彩搭配的独特魅力既充满挑战性又很危险，一个细节色彩的处理不当都会使整个橱窗景观事与愿违。红、黄、蓝、黑、白5种色彩是最经典的基础色，要营造有内涵并吸引人的橱窗，针对红、黄、蓝、黑、白5种色彩在商业橱窗中的应用，调研是很有必要的。因此，为了更实际地探析五色在橱窗中的应用现状，以五色在橱窗中的应用现状、五色的色彩情绪、橱窗的表现形式和表现形式中的色彩表现等方面为切入点。对上海南京路步行街的商铺橱窗进行了抽样调查，结果如下。

1 南京路步行街内商业橱窗色彩应用现状

1.1 南京路步行街商铺分布概况

上海作为中国的经济中心之一，作为东方的纽约和巴黎，商贸业发展之迅猛世人共睹。其中尤以南京路步行街的繁华最为外人津津乐道。南京路步行街内各方精品汇聚，种类上百商铺上千。此次选取了其中主要的6类作为研究对象，分别是：餐饮食品类、服饰箱包类、电子产品类、饰品类、娱乐类、综合商城类。其他例如日用品类、医药类、工艺品类和烟酒类等则不作为调研目标。

根据对南京路步行街内商铺的实地调研统计发现，目前南京路步行街内大半商铺以服饰和餐饮类为主，之后便是娱乐类和饰品类商铺，然后是综合商城和电子产品类。综合商城依然是商业街的主打，但近年来呈爆发式发展的电子产品，也逐渐入驻了商业街，成为商业新秀。这主要的6大类构成了南京路商业街的商铺主要格局。

1.2 对所调研商铺的分类

1.2.1 服饰类

服装是衣食住行中首要的"衣",穿衣和穿好衣也是人类的本能需求,衣着也是人类追求美最直接体现,不同的季节穿应季的服饰,不同的场合又需要如何穿着、如何选择,又如何搭配,都能体现一个人的性格喜好以及文化修养。社会对衣饰的看中直接体现在服装业上,我国纺织服装业市场占有率排世界第二,其中最主要的就是男女正装和休闲装,紧随其后的便是运动装和童装。

1)女装

服装业所服务的人群主要集中在20~45岁,其中又尤以女性为主,大约占总量的50%。这类人群对服饰的更新要求远远大于穿着需求,为了响应女性的爱美之心,女装的类别繁多且风格多变,婚装、礼服、正装、休闲装,或复古或现代、或清新或高贵,这些时尚魅力让女性趋之若鹜,也让服务业在商业中占有一席之地。

2)男装

男装是服装业的另一大支柱。男装同样有休闲装和正装,但区别于女装的繁多种类,男装力求营造的就是低调的奢华,男人的稳重。但近年来受到日韩时尚潮流的冲击,休闲男装也开始推陈出新,雅痞、英伦或居家等风格的男装渐渐占领各大休闲男装店铺。男装未来的发展空间十分乐观。

3)童装

孩童时代是人生中最纯真的时代,也是每个家庭都会经历的时代。因此童装虽然没有男女装那么红火,却是不可撼动的中坚力量。而且因为儿童的生长快速,几乎每年都要置换新衣,因此童装产业的发展虽然缓慢且也是平稳上升的。

4)运动装

运动装是随着海外文化带来的运动时尚所兴起的新兴服饰分类。随着城市的发展,越来越多的市民注重健康生活而开始运动,运动装的需求不断加大。运动品牌也如雨后春笋迅速占据各大商业街的角角落落。

1.2.2 电子产品类

1)智能产品

智能产品包括手机、电脑、平板电脑等电子时代的新兴产物。智能产品是科技时代来临的最大标志,并且已经深度侵入了现代人的生活。因此智能产品类商铺设计无论是多么生硬冷峻也会吸引人趋之若鹜,这种散发着科技的冷峻也正是此类产品的特色和亮点。

2)机械表类

机械类产品特别是表类产品,是作为欧洲的贵族奢侈品传入中国的。最著名的表业在欧洲瑞士,精巧的装饰设计和细致入微的机芯无论什么时代都透着贵族气息,吸引着所有人的眼球。因此机械表类产品也作为电子产品的中流砥柱,占据着商业街的旺铺位置,在俗世中彰显着其低调的奢华。

1.2.3 饰品类:金店银楼

任何时代的经济都是建立在黄金交易之上的,因此黄金是富贵和财富的象征。金店银楼对其进行了完美包装,完全迎合现代人的审美并将其出售。此外翡翠珍珠,钻石水晶也每每让女士忍不住心动驻足。但贵气与之相等的价格也是让人望而却步的主要原因。

1.2.4 大型商场

大型商场是综合性大厦。大型商场是现在最主要的消费类商业形态,因内容包罗万象而难以拥有个性化的东西,太过类似的商场形式造成了内部的激烈竞争。如何在橱窗上能夺人眼球、吸引客源也是商场的设计重点。

1.3　色彩在不同商铺中的分布情况

在了解了调研商铺的基本情况之后,对商铺橱窗中的主色彩也进行了调研。通过归纳调研样本中的所有类型商铺的橱窗色彩分布,可以看出白色在五类行业中是橱窗中最常出现的颜色,其后是黄色,红色,蓝色,黑色。究其原因还是和世人对每种色彩的社会认知度与色彩本身所包含的文化内涵有关。

饰品类橱窗色彩应用明显比其他几类更突出对红黄的偏好;服饰类商铺的橱窗色彩应用平均但更多会运用感性色如红黄,中性的白色多以辅色出现;大型商场类橱窗虽然数量并不突出,但和服饰类橱窗相同,色彩应用平均但中性色应用更多而感性色应用相对较少,从中性色到感性色的应用呈递减状;电子产品类的橱窗则更侧重象征科技的蓝色和更客观的中性色。

2　色彩与橱窗

2.1　色彩情绪

表1　各类色彩固有情绪

色　系			情　　绪	色 彩 象 征
三原色	红	积极	喜庆、团圆、刚正不阿	正红(中国红、革命红)
			可爱浪漫、梦幻萌动	粉红
		消极	紧张、禁止、躁动、狂热、疯狂、恐怖	红色禁区标识、红灯
	黄	积极	光亮、轻快、活力	正黄、活力黄、橙黄
			辉煌、高贵、典雅	欧洲贵族中皇室黄、黄马褂
			扩散感、轻柔感、温柔感	圣母光辉
		消极	透明、轻薄、冷淡	淡黄
			怯懦、凶残、淫秽、禁止	黄色产业
	蓝	积极	稳定、沉稳、可靠	科技蓝、深海蓝
			理智、冷静、准确	科技、哲学
			高贵纯洁	英国贵族"蓝血"、天使蓝
			体力劳动者、知识分子	蓝领、蓝袜子
		消极	忧郁、沉默	蓝调
			残酷	蓝胡子:弑妻者
无彩色系	黑&白	积极	神圣感、力量感、高贵感	时尚:新黑色
			冷静、清醒、干练	黑白工装
			高级、科技	酷黑镜面、纯白光面
		消极	灾难、死亡、恐惧、悲哀、奸诈、寂寞	白幡、白脸、白丁、黑白灵堂、黑锅、黑色星期天、黑名单
	黑	积极	神秘、权利、力量	黑带、黑马、暗黑大帝、黑精灵
			庄重、高雅、珍贵	黑西装、黑色晚礼服、黑珍珠
			坚实、牢固	黑曜石

（续表）

色 系		情 绪	色 彩 象 征
无彩色系	黑 消极	冷酷、阴暗、邪恶、黑暗	黑社会、黑色死神
		沉重、压抑	漆黑的夜
	白 积极	和平、纯洁、贞洁、正直	白鸽、白衣天使
		清爽、整洁、朴素、温暖	云朵、棉花
		典雅别致、高贵、明亮	白色婚纱
	白 消极	寒冷、不易接近、距离感	白雪
		懦弱、投降、反动	白旗、白色恐怖

　　白色的色彩属性偏中性,几乎是百搭的色彩;黑色虽然在社会认知上存在偏见,但是应用在设计中的黑色作为背景却能突出整个橱窗的主题思想,并且黑色的沉稳冷峻和白色永远是最经典的搭配;红色寓意良好且能使人兴奋,与黑色搭配能显妩媚感;黄色在橱窗设计中给人以积极活力的印象,能更好地刺激人的神经、调动兴奋细胞;蓝色是最典型的科技色彩,并且蓝色和红黄两色搭配更能体现整个橱窗色彩的完整性。

2.2 橱窗

　　橱窗从表面来看,是一种商品的展示,可以向过往的人透露出商品的类型、风格以及定位。从深层来看,橱窗营造出的时尚、个性、充满艺术气息的购物环境,提升了购物场所的整体品位。在现代空间商业环境中,如何使橱窗陈列和橱窗展示取得良好效果和效益,更好地发挥橱窗展示功能,丰富和美化商业环境就是橱窗设计师们的重要课题了。

　　"好的橱窗符合品牌特质和定位,有视觉冲击力、吸引眼球,内容能体现品牌内涵。"清华大学美术学院客座教授刘欣欣研究橱窗设计多年,出版过相关专著。他认为好的橱窗要满足两个基本条件。首先橱窗要符合品牌特质和定位,比如动感地带的品牌定位是年轻有活力的、全球通的定位是商务的,两者相差甚远,那么橱窗设计定位就不会相同。所以无论商业业态怎样,企业对自己的产品或服务的定位不同所要求的橱窗设计也会有很大的差异。其次橱窗的设计要有冲击力。吸引眼球才能吸引人进去了解,在这个基本条件中,色彩正是整个橱窗设计中最先吸引到人的眼球、冲击人的视觉神经的元素。色彩在所有元素中是对视网膜冲击最强烈的,人类的眼球对色彩的反应也是最快的。好的色彩搭配不仅能抓住人的眼球,更能让人印象深刻。

2.2.1 橱窗表现形式

　　从调研的橱窗样本中将橱窗的形式分为以下几类:

　　1）主题式

　　（1）季节主题:主要应用于服饰类。紧扣季节色彩,主色彩如春:粉、绿;夏:蓝、红、黄;秋:黄、大地色;冬:黑、白、蓝。

　　（2）新品主题:依照每一季新品的不同特色来布置橱窗。除了服饰类外电子产品类和饰品类也会应用。如新款的iphone有土豪金色,就会将橱窗色彩往这方面靠拢。

　　（3）品牌主题:职业女性的休闲款如only和VERY MODA永远不变的黑白色系主打。又如耐克以红黑为主打色;阿迪达斯以白色和各色三叶草标志为主打。

　　2）视觉系

　　（1）艺术式:服饰类中占比较少,主要出现在电子产品的橱窗中。以科幻的色彩表现形式来体现与之相关的电子产品的科技感。

（2）背景图：多应用于大型商场的对外橱窗中。偶尔在服饰类、电子产品和饰品类橱窗中也会出现。以大幅的平面设计图赢得顾客注目。整个橱窗以背景图为主景，商品和道具为辅。背景图的色彩决定了橱窗的色彩走向。

（3）错觉系：将背景，商品，道具等各种元素混合，或构造一个场景，或形成一种视觉冲击。其中色彩应用也是造成视觉冲击的关键，多应用于服饰类和电子产品类，如卡西欧橱窗。

3）造型式

（1）外延式：将橱窗内的造型延伸到橱窗外。有时候会运用色彩差让顾客混淆内外，也会利用色彩营造新的空间感。

（2）半敞开式：打破橱窗的玻璃隔阂。此处的色彩应用格外重要，没了玻璃的阻隔，就要应用色彩和物体材质的变化来形成阻隔。

（3）产品塑造异形：为了达到吸引眼球的效果，重新安排产品的表现形式，借此打破产品在顾客脑中的固定形式。体现了创新，也成功勾出顾客的兴趣。既然是创新，其中的色彩搭配就须谨慎，搭配错误就会弄巧成拙，成为次品。

（4）道具吸引式：以新奇的道具吸引眼球。此类橱窗中不仅道具选择需要谨慎，道具色彩与橱窗整体色彩也要注意搭配。

2.2.2 橱窗色彩的具体体现

（1）整体感。橱窗色彩的整体感主要体现在和谐的主色调上。以春夏季节为主题的女士休闲装橱窗为例（见图1），主色调设定为蓝色，不仅背景墙是蓝色的，橱窗底部也是连成一片的蓝色。打造的是夏季海洋的场景。一旦色彩形成了整体感，其中的产品或者突出气氛的道具就能够自然地呈现，并且相互间都有了无形的联系，整个橱窗才得以完整。

图1　某女士休闲装橱窗

（2）细节感。好的橱窗色彩不仅能够把握整体感，在细节上也要个体与个体的色彩搭配，个体与整体的色彩关系。再拿图1为例，整体的蓝色之上是黄色的热带鱼和橘红或白色的产品。蓝色和黄色是明显的补色，橙色又属于黄色系，黄蓝的色彩对比不仅使产品突出，恰到好处的色彩体积感也使得整个橱窗色彩达到平衡。

橱窗色彩的细节感大致可以体现在橱窗的这些细节处：灯光、道具、背景图和商品色彩上。对细节的成功把握往往能够达到事倍功半的效果，而成功地将细节处的色彩完美组合的橱窗也比那些毫无主题随意陈设商品的橱窗更吸引消费者，主题上也更鲜明更有品牌特色。对其橱窗设计进行深入研究有助于更好地规划步行街外部景观。

3　色彩应用在商业橱窗中存在的问题与相应建议

3.1　存在的问题

1）主体色彩不明朗

色彩作为事物的基本属性之一，在同一空间中不用刻意地设计都会自然产生主色调。主色调

图2　某商场橱窗（一）

图3　某商场橱窗（二）

一般都会通过色块体量的大小、色块与观者的距离等来形成。而对橱窗色彩的设计缺失使得主色调杂乱甚至没有主色调。以图2橱窗为例，红白双主色使得主色彩不明朗，给人以浮躁之感。没有将红色白色各自的优势发挥出来，反而体现了双方的劣势。相比之下，同一家店铺的另一个橱窗（见图3）色彩的表达就成功许多。黑白的经典色彩搭配，也只有黑白才能成为天平两端最和谐的色彩。

在所有调研商铺中，主色彩滥用几乎是通病。由此带来的各种延伸色彩问题，如主色调不明朗、细节色彩与主色彩冲突、多主色、主色与产品色混淆等都可以从源头解决。

2）色彩表达与店铺整体设计不符

店铺在进行内部装潢设计的时候就已经赋予了空间一个基本色调，橱窗也是一样，无论是否可以，都会有属于自己空间的独特色彩性。橱窗的色彩整体感与店铺内的色彩感存在着内部联系，无论是对比色系还是统一色系都该将这两者看作一个整体来考虑。

在调研中发现现在的橱窗色彩设计，显然是忽略了这种考量。如图4所示，店铺内主色系为黄白，但橱窗却以红色为主。红白黄可以在细节上搭配营造梦幻纯真的空间感，但同等体量的色彩感却会造成抗衡感。站在布展者的角度考虑，大块暗红色的布景能够在颜色明亮错综的购物中心脱颖而出，一下子抓住顾客的视线，但吸引顾客的注意力之后，普通的商品普通的布景，除了大片的暗红色之外无法提供更新鲜的视觉体验，也许品牌效应会促使带有目的性的消费者感兴趣，但橱窗设计却只会让观者失望。橱窗如果失去了与店铺的关联性，就只是一个孤立的空间，除了最原始的展示功能之外，艺术和情感的可持续性都丧失殆尽。因此这个橱窗仅仅只在形式上哗众取丑，没有内涵更没有传达品牌文化性和艺术性。

图4　某商场橱窗

3）半敞开式的橱窗无法与店铺进行区分

半敞开式橱窗是为了让顾客更有亲切感和体验感才采用的半开放式样，有些是开敞单面玻璃，有些更是完全没有固定实物来区分橱窗内外，仅仅以色彩或道具等作为分割物。无论是何种类型的橱窗，其目的都是为了做到最美观、最新奇以吸引顾客。

但现在太多的橱窗徒有其形却难以让人眼前一亮。如图5所示，这个半敞开式的橱窗从外部看进去，模特和道具的色彩完全和店铺内的商品混为一谈，道具座椅的色彩也是乏善可陈，可以想象橱窗设计师在挑选这个座椅的时候并没考虑到橱窗整体色彩效果，仅仅为了坐而做。

4）细节色彩与整体色彩环境冲突

在调研中发现，绝大多数橱窗即使拥有了主色彩也无法出彩，其中之一的原因就是细节色打破了主色彩的基调。以图6为例，白色是最容易着色也最不容易驾驭的色彩，将白色作为主调既大胆又有挑战，可惜此橱窗中的白色主调是运用失败的。道具选用了经典的黑色，而产品却又是另一经典搭配红黑，两两之间都互不冲突，但组合在一起却是一出怪诞的色彩秀。白底红字和白底黑字摆放在一起，明显红色出挑，而黑色就成为被人忽略的部分，因此黑色在此就成了累赘色，完全可以去除。

5）色彩杂乱不成体系

在评价一个人全身的服饰装扮时，3种色彩为最佳，不超过4种色彩为尚可。橱窗色彩也是如此。在选定一个主色彩之后，细节色彩控制在3~4个为最佳，且细节色要相互和谐并与主色彩和谐。

如图7、图8所示的橱窗，白色为底，其上分别是红黄蓝浅蓝，还有作为店铺标志的红白绿旗帜。超过4种色彩聚集在同一个橱窗中，并且拥有相同的体量和相同的视线距离，使得五色处于同一地位，没有辅助色也没有主色，造成了颜色间的抗衡。这样的颜色杂陈和没有重点很难让人产生好印象。

图5　某商场橱窗　　　　　　　　　　图6　某商场橱窗（三）

图7　某商场橱窗（四）　　　　　　　　图8　某商场橱窗（五）

6）灯光色彩无法出挑

灯光也是色彩表达的一个重要方式，因此灯光色彩也应该作为一种色彩元素考量周全。但在很多橱窗中都发现灯光色彩的应用如同鸡肋，无法帮助橱窗从环境色中脱颖而出。

灯光也有各自的色彩，而灯光的透性让这些色彩产生了薄透感。最常用的灯光色为白色和黄色，黄色和白色都是寓意丰富的色彩，而轻薄的白色和黄色如果运用不当就会产生距离感和庸俗感，心情随之潜在地感到或冰冷或黏腻。要消除白色和黄色灯光的负面效果其实很简单，只要避免将白色和黄色灯光投射在白色或黄色的物体和背景上即可。白色和黄色的灯光是明度最高的灯光色彩，适合与除了本色之外其他任何材质的任何色彩结合，并且能为其增彩。

3.2　橱窗设计的建议

1）重视橱窗的整体性，色彩是设计的基本元素

在如今的实体商店竞争中，如何留住顾客的脚步是一大课题。商家已经意识到了橱窗的重要性，却在塑造上不得其法。在调研过程中所看到的这些橱窗，无论是封闭式橱窗还是半敞开式橱窗都给人一种残缺的不完整感。橱窗设计如一幅油画，必须有画框有画布有内容才能称之为完整的作品。而橱窗不能只是几个道具模特一块大布景，或者是一墙玻璃的格挡就能称其为橱窗。橱窗是一门艺术，需要有铺垫的背景也要有视觉的交点，更需要有专属的区域去呈现自身的魅力。

橱窗的组成包括灯光、布景、产品、道具等，视觉所能接触的一切都是橱窗的构成物，而橱窗中的艺术元素首当其冲就是色彩。色彩是日常中最基本的视觉感受，因为平凡，所以在绝大多数橱窗设计中都被忽视，但也正是因为它的普通平凡，好的色彩搭配才更能锁定人的视线。恰当的色彩搭配往往比华丽的赞美更能打动人心，因为色彩本就是高于语言、跨越国界的美的享受。色彩是通过引发观者的共鸣和回忆来传达设计背后的信息的，而如何运用色彩本身的定义来赋予它新的概念，以此引发消费者的情感共鸣并传达商家的品牌精神，就是今后橱窗设计的重中之重。

2）体现色系和谐，促成各类橱窗色彩自成体系

色彩是所有物体的本质属性之一，它属于物体本身也属于物体所处的环境。橱窗中必要的元素至少在两件以上，因此色彩就会出现3种以上，但不懂得调和各种颜色之间的关系就是橱窗设计无法成功的原因之一，由于色彩是作为基本属性而依附于各物体之上，即使是非专业的橱窗设计者也可以根据自己的直觉和喜好来搭配色彩，因此橱窗色彩搭配成功与否就很难界定，而失败的橱窗色彩设计也往往无法引起足够的重视。

最简单的色彩调和可以从统一色系的选择和各种色彩所占比例大小来达到。确定主色调再配以和谐的辅色，将产品固有色也作为元素之一进行统筹。橱窗色彩自成一体就会潜在地产生橱窗的独立性和完整性，使橱窗区别于走道或者店铺内部环境而形成独特的艺术展示空间。此外色彩的搭配还要配合品牌的属性，例如科技的蓝白黑，少女服饰的粉红浅蓝等都是缺一不可的色彩元素。这些也可以作为各类商铺的参考主色系进行色彩设计。

3）突出重点色系，淡化其他色存在感

在橱窗色彩设计中，要考虑将橱窗色彩与橱窗周围环境色进行联系，要橱窗内部色彩自成体系，在这些基础上还要突出重点主色调。因为色彩的特殊性，不同的色彩之间的相互关联性，其实在设计的过程中主色调和色彩体系是同时形成的，但细究其根本，却是主色调主导了整个空间色彩体系的形成。空间体系是在其基础上选择性地淡化其他色彩的存在感，调整彼此的体量和距离来衬托主色调。此处的主色调可能是通过广告布景墙的大体量，也可能是通过灯光色彩对产品的加成，或者直接是产品色彩的出挑来形成的。

一个空间拥有了视觉焦点之后才能对过往行人起到初步的视觉吸引效果,其后的色彩和谐感或者内容丰富度都是通过细节来传达品牌信息和文化精神的。突出重点色,弱化辅助色的存在感,形成一个完整的色彩体系,是关键的第一步。

4)统筹全局,有主色也要重细节色彩

一种色彩在空间中所占的体量大小和数量决定着它的地位,辅色除了与主色的关系之外,相互之间也拥有联系,或相互牵制或一方成为次主导等。往往好的橱窗色彩搭配不是体现在主色之上,而在于细节色彩的安排,人类的视觉神经极其发达也极其敏感,我们的眼球能够识别上万种色彩,这些色彩都是通过红黄蓝三原色构成的,一点细小的不和谐色彩都会直接影响到观者的整体感受。在橱窗色彩的细节选择上,尽量遵循冷暖色分离、渐变色相近、撞色之后要有过渡色、大体量色块周围是小体量的补色。

5)考虑色彩情绪,激发观者联想

色彩可以作为单纯表达艺术的工具,也可以作为独特的个体而拥有自己的情绪。这些情绪都是自古以来历史加在其身上的精神寄托,使颜色也拥有了独特的文化厚重感。五种色彩所拥有的情绪也是千姿百态,而利用这些色彩的文化性也可以激发消费者的文化共鸣。例如烈焰红唇是性感女郎的标志,而酷黑的金属面自然会让人联想到高科技产品,诸如此类的色彩运用可以在橱窗中起到事半功倍的宣传作用。

当现在已有的固定联想色已经让大众产生了倦怠感和视觉疲劳时,那就该考虑色彩的创新性。例如绿色的丰唇和红色的金属板,与物体属性截然相反的色彩感官能使人眼前一亮,而得到新奇的视觉享受就足以勾起消费者对商品的无尽兴趣,在创造新的色彩文化性的同时也成了品牌的全新代言。利用不同的色彩情绪来开辟新的色彩文化性,从不同的角度挖掘色彩的艺术表现力达到更大的视觉张力,最终牢牢套住观者的视线。在完成橱窗宣传、吸引的本质之外,将艺术融入商业和生活,使人们的精神文明更加丰富也是色彩设计的重任之一。

6)挖掘橱窗风格的深层内涵,给色彩更多的表现机会

调研发现,服饰类商铺的数量在所有类型商铺中占有绝对优势,而服饰类橱窗却又基本以主题式和视觉系表现形式为主,因此在商场中,满目望去都是千篇一律的模特道具、射灯和色彩,类似的风格和炫目的色彩很容易让人产生视觉疲劳。橱窗依然停留在展出空间、产品包装的肤浅定位,橱窗色彩也大致分为3种风格,朴素淡色系、绚丽色彩堆砌和黑白经典搭配。这3类色彩风格分别代表了温馨舒适、活泼热情和稳重成熟的产品倾向,更深层次的企业文化和品牌独创性完全没有体现。商家在橱窗道具和位置摆放上花尽心思,却在最基本的色彩搭配上无法吸引顾客,顾客对你的橱窗视而不见,那要那些花尽心思的道具又有何用。即使道具新奇到能够博人眼球,收获的也不过是一两声赞叹而不是对品牌文化和展示产品的兴趣。

与其对道具花费良多却收效甚微,还不如对橱窗的整体内涵深入思考,将橱窗作为沟通的媒介,运用色彩赋予其内容的连贯性。因为橱窗面向的群体大部分是流动性人群,采取四季主题每一季度换一种风格在时间上形成连贯是行不通的。因此就要在同一时空创造出连贯性,顾客在走动的过程中静态的橱窗将转化为动态,以这作为连贯概念,以色彩的衔接为基础创造“动态橱窗”。例如以品牌的成长为主题,从枯黄的作坊道具到鲜艳的现代衣饰成品,色彩的变化描绘了时间的变迁;又或者以新品为主题,将白纸黑字的凌乱草稿拼接成模特的轮廓,周围环绕时尚的衣饰成品或是其他道具,白色的纸稿与彩色的服饰产生对比,而橱窗也拥有了故事性和丰富可挖掘的深层次内容。

有主题的变化将会在一众单一片面化的橱窗中脱颖而出,即使整条街的橱窗都运用此类风格也不会显得单一,“动态的橱窗”是直接将品牌的深层文化用区别于语言和文字的第三方形式——视觉艺术的形式传达给顾客。色彩作为内涵表现的基本元素起着重要的引导作用。

4 小结

作为艺术表现和商业性质相互掺杂融合的产物,橱窗曾受到过冷落。而当商家意识到橱窗已经不仅仅只为了展出而存在、更是一块免费的露天广告之时,橱窗的文化传递性便成了今后的设计趋势。橱窗作为销售手段之一,以其纯粹的艺术表达形式而独树一帜。随着这些年经济社会的不断发展,购买力提升、消费者的消费观念从物质基础提升到了如今的精神享受,精神愉悦和感官体验成了首要的消费目的,橱窗也已经不仅仅是商家传递品牌理念的场所,好的橱窗设计能够丰富人们的精神文明引起观者思考和共鸣。在商业经济快速发展的当下,精神匮乏和心理问题都成了严重的潜在社会问题,橱窗在这方面也承担了一部分社会责任。近年来的橱窗设计已经越来越丰富多彩,商业街中也不乏精品橱窗现身,走在国际前沿的时尚品牌将橱窗设计与店内装潢提升到了同等的艺术地位,运用各种手段来传递品牌的文化内涵来响应消费者的文化诉求已经成为未来橱窗文化的一大趋势。唯有不断地创新,不断地关注时代变迁和消费者的精神文明,以此作为橱窗的设计准则才能使之保有永远的鲜活性和艺术性。而橱窗中的色彩,正是反映当下消费情绪最敏感的风向标。

色彩作为视觉吸引的首要元素也具有最大的视觉冲击性。橱窗色彩的设计就是人为地利用这些基本色彩对人心理所产生的影响,通过5种色彩的重新组合来赋予空间一个新的色彩定义,橱窗设计的商业目的和商家的品牌文化也将通过色彩的新定义随之传达。五色作为色彩构成结构体系中的基本色,相互的搭配和运用是决定橱窗色彩走向的关键。现今商业街的橱窗色彩直观展现了商业空间环境的多元化也更深层地反映消费文化的内在需求,然而毫无章法的色彩搭配也是现代人浮躁心理的一个映射,色彩情绪同样反作用于消费者的心情变化,不够实际的浮夸搭配也会影响消费者的判断力并降低其购物欲。今后商业街的整体橱窗色彩应更注重消费者的心理感受,将"以人为本"的设计理念贯彻到生活乃至经济的方方面面。

"黄色"在商业橱窗设计中的应用研究

——以南京路商业街为例

吕 凯 张建华

(上海商学院旅游与食品学院,中国上海 201400)

随着电子商务行业的蓬勃发展,实体商店纷纷通过转型来适应市场的变化。在此过程中,商家将目光投向了橱窗设计,借助橱窗的视觉冲击和艺术美感给人不同的视觉体验。人的视觉感知占全部感知的80%以上,而视觉感知中最具优势的是色彩知觉,色彩是人们对事物认知的第一印象,因此对橱窗的色彩设计的研究便成为一个重要的课题。而黄色是橱窗设计常用的色彩之一,黄色属于暖色调色彩,代表光明、活泼、轻快、温暖、平和,是希望的象征。在七色光谱中,由于黄色明度最高,所以容易给人造成扩散感、轻柔感和前进感。

1 黄色在橱窗设计中的运用

科学上,不透明的物体吸收其他有色光而把波长为561 μm右的有色光反射到人眼,经过视神经传递到大脑,形成对物体的黄色色彩感。但在现实生活中,黄色实际上与光学中界定的黄色并不完全一致,比如土地的黄色和麦田的黄色就不尽相同。因此,橱窗设计中运用的黄色可谓纷繁复杂:有香蕉黄、米黄色、琥珀黄、淡黄色、金黄色、黄油黄、蛋黄色、深黄色、纯黄色、黄绿色、黄橙色、柠檬黄等。

本质上看,商业橱窗设计的目的是为了商品的销售。它是商家为了实现营销目标,及时地传达商品信息或介绍商品特性,体现品牌个性和品牌文化,激发消费者的购买欲望,提升品牌形象的一种宣传方式。黄色在橱窗中的运用主要体现在橱窗的背景(墙体、地面)、灯光、道具、标识等,通过控制黄色系色彩之间或黄色系色彩与其他色彩之间的明度、纯度、艳度的对比与配合来创造不同的色彩效果。

商业橱窗是商业空间中一个不可或缺的元素,它影响着人们的城市生活理念,向消费者传递着潮流的信息,在商品和消费者之间、促销与决定购买之间、街道与商业橱窗产品陈列之间充当着物质媒介。研究单种色彩在橱窗中的运用有助于橱窗设计得到更透彻的解析,挖掘橱窗的发展潜力。

2 "黄色"在橱窗运用中存在的问题

南京路是上海最早的一条商业街,有"中华商业第一街"的美称。19世纪初开始兴起,逐渐发展成"十里洋场",成为上海最繁华的商业街。1949年后,老字号、老饭店"返老还童",成为中外游客的购物天堂。南京路商业街的橱窗设计具有一定的先进性,代表了高档次商业街橱窗设计的现状,对于色彩在橱窗中的运用研究具有一定的指导性。在本次调研的橱窗中,主要的业态有:钟表、女装、男装、女鞋,其中95%的商家在橱窗中使用了黄色系的色彩,具体运用于背景(墙体、地面、天花板)、道具、标识、灯光、告示牌、产品等。说明黄色在橱窗中运用的普遍性,但同时也发现黄色的运用在文化性方面考虑较少,具体表现在以下3方面:

2.1 作为主色调和辅色调运用的黄色表现不足,橱窗主题不鲜明

每个橱窗都应该有自己的主题,只有在明确的主题下展示商品,才有针对性,才能够把握消费群体,了解消费者的消费心理。主题可谓纷繁多样,可以是围绕季节性展开的、可以是体现节日特点的,也可以是对社会热点现象、政治热点话题或者是经济发展趋势进行诠释的。例如,伦敦的哈维·尼科尔斯百货商店的圣诞主题橱窗,以循环利用资源这样的社会意识作为表现圣诞主题的一种形式,形成自身的特色,经过巧妙的搭配和创意设计,仍不失节庆的气息。主题的表现从色彩角度来说主要依靠主色调色彩和辅色调色彩的搭配,主题可以有很多,因此黄色系色彩的运用也可以是多种多样的。本次调研共采集了36个橱窗,其中有27.8%的橱窗采用黄色系主色调,16.7%采用黄色系辅色调。样本橱窗中黄色在主色调和辅色调运用中表现不足主要体现在:

1)运用较为单一

主色调单一运用黄色系色彩的橱窗比重占40%,就总体样本范围来看,单一使用黄色系色彩作为主色调的情况较为普遍,个体橱窗缺乏脱颖而出的表现力;就个体橱窗来看,单一的黄色系色彩缺乏色彩的暗示,无法从色彩角度全面完整地暗示橱窗主题。主色调与辅色调的搭配形式也较为单一,缺乏创新。

2)色彩搭配较为生硬

样本橱窗中主要存在黑色、白色与黄色系色彩的搭配,其中主要以黄-白和白-黄搭配为主导,分别在主黄色系和辅黄色系中占50%、66.70%。尽管黑色、白色与黄色的搭配不存在很大问题,但是黑白色彩与黄色系色彩之间缺乏联系,缺乏色彩之间的过渡,导致整体色彩缺乏关联性,往往令人不明白橱窗想要表现什么样的主题,黄色元素想传达什么样的信息,最终导致对消费者的吸引力大大削弱。

2.2　道具中的黄色运用不足,橱窗意境不深远

成功的橱窗设计能够使人感受到各种意境。现在的橱窗中仅仅依靠色彩无组织地堆加已经不能吸引消费者的眼球,橱窗的设立不仅仅是为了商品的展示,也是为了和消费者产生心灵上的互动交流。利用色彩将静态的橱窗通过消费者自己的遐想灵动化才是橱窗色彩设计师所要思考的。橱窗意境的营造主要依靠道具来起画龙点睛的作用,道具是橱窗的灵魂,道具将橱窗从平面变为立体,将情境变得更为真实。

样本中多数橱窗存在意境不深远的情况(见表1)。深远的意境需要结合特定的主题采用适宜的道具,通过道具细部的暗示,产生脱离实物的联想。例如若要营造一种表现成熟感的意境,迎合类似"记忆的深度"这样的主题,服务于男装的展示,可以选用以下道具:发黄的日记本、若干残破的相框。以上道具流露的黄色可以让人感受到岁月的深度,引发记忆中遥远的美感,将男性成熟、沉淀的魅力散发出来。但是在17个黄色系道具使用的橱窗中有超过50%的样本仅仅使用了一种道具,这对于展示大件商品的橱窗来说,意境营造力度是不够的,可以说其中确实存在道具使用不合理的橱窗。这些橱窗中的道具对于意境的营造略显不足,无法表现出深远的意境,对于黄色给人在情感上的感染也略显无力(见表2)。

表1　橱窗中黄色系道具的使用情况

橱　窗　序　号	道　具	橱　窗　序　号	道　具
南京路百联某女装店	布制花球	南京路第一百货某女鞋店	书、箱子
南京路百联某女装店	木桌木椅	南京路百联某男装店	欧式仿古木台
南京路第一百货某橱窗	动物面具	南京路百联某男装店	相框
南京路第一百货某女装店	花盆	南京路百联某男装店	花卉、英式木箱、相框
南京路百联某女鞋店	礼品盒、画框	南京路百联某女装店	门、相框
南京路百联某女装店	画框	南京路百联某女装店	相框
南京路百联某橱窗	花卉、壶状雕塑	南京路第一百货某女装店	木椅、落叶、树桩
南京路第一百货某女装橱窗	小鹿雕塑、树叶、树枝	南京路百联某男装店	简约式木椅
南京路百联某女装店	抽象多面体		

表2　黄色系道具的使用比例

黄色道具在总体样本中的使用率	47.20%	使用1种道具	58.80%
		使用2种道具	23.60%
		使用3种道具	17.60%

2.3　就橱窗的艺术性和人文性展示,黄色系色彩表现不充分

品牌文化的传递是建立在橱窗主题烘托、意境表达、整体感受的基础之上的,主要追求的是橱窗景观的艺术性和人文性。色彩不仅仅是人的视觉体验,同时也可以传达出一个品牌的文化内涵。样本橱窗中黄色系色彩在橱窗中的艺术性和人文性表现不足对品牌文化表达的影响表现在以下几方面:

1）色彩搭配单一，品牌文化诠释不清

样本橱窗中黄色系色彩作为主色调和辅色调使用分别有3种主-辅（辅-主）搭配，其中黄-白、白-黄运用率占有很高比例，由此说明样本中多数橱窗的背景色调设计相似，多样性少，不利于品牌文化的表达，使得个性的品牌文化诠释不清。

2）背景材料、道具中艺术性设计不足

在橱窗背景材质的选择上，样本橱窗中有一半采用广告壁纸作为背景，由于广告壁纸画面色彩变化丰富，在背景艺术性问题上可以不作考虑。而剩下的橱窗中40%的商家选择木制墙体，其中有75%的橱窗采用木条排列的形式，木质黄色的明度、纯度几近相同，此种背景使用率高，具有大众性，缺乏艺术创新。在黄色系色彩的道具选择方面，85%采用具象物品，集中表现的是橱窗景观的感性美，而表现理性美的抽象道具运用较少。以上两方面可以说明在南京路橱窗的橱窗设计中，多数橱窗的设计手法相似，在橱窗景观艺术性的表现不充分，创新不足，品牌文化的营造和表达欠佳。

3 "黄色"在橱窗运用中的对策研究

1）写实式营造手法有助于橱窗个性和主题的表现

写实式也叫情景式，是将橱窗设计成一个特定的情境，并将商品融入其中，针对特定的消费人群，引起他们的共鸣，进而激发消费欲望。写实式一般运用的是小场景，主题性明确，注重细节，因此对于黄色系色彩背景的搭配和道具的运用需要非常细腻，注重黄色系色彩道具的代表性和对主题的针对性。如图1所示，黄色主要存在于道具的色彩，该小景注重道具对主题的暗示，针对性明确，告诉消费者该橱窗展示英式风情男装，道具中的黄色表达的是男性的成熟魅力（见图1）。

图1 南京路百联世贸大楼中的某一橱窗

2）印象式营造手法有助于橱窗意境的加强

印象式也叫寓意式，印象式看似相仿于情景式，但两者却也存在不同。印象式的情境范围往往更大，更注重较大范围空间给人的遐想，注重意境的塑造，对于局部没有写实式那么具体，内部元素联系紧密。因此对于黄色系色彩及其相邻色相的色彩搭配运用，要求色彩之间有一定的过渡，形成联系，从而形成整体的意境。黄色系色彩的道具之间也注重关联性。如图2所示，该橱窗打造的是一种秋的萧索，为切合这一主题，背景色采用的是落叶黄，道具采用的是黄色的木桩、长椅和落叶，让人身临其境，感受到深秋的凉意，侧面烘托出在此情境下商品的使用价值。同时该主题橱窗的设计和道具的运用符合季节性，对商品的季节性有所针对。

图2 东方商厦某电梯口转角 图3 南京路步行街上的某一橱窗

3）抽象式营造手法有助于橱窗艺术性和人文性的提升

抽象式注重通过简洁线条和色彩的对比或是陪衬来增添艺术性，在背景色彩的选择上多采用低明度、低纯度的黄色系色彩，空间关系较为多样，以创造变化的线条，整体给人简约、时尚、明快的感受。如图3所示，背景采用低明度的黄色，很好地将前景衬托出来。点点淡黄色的花令整个橱窗都增添了一份生机，由于纯度较低，因此该黄色系色彩的道具非但没有喧宾夺主，反而将整个橱窗变成了一件艺术品。

4 小结

色彩纷呈的世界带给我们绚烂的视觉效果，在这七彩斑斓之中，黄色是我们最常见的色彩之一，它无处不在地装点着我们的生活，可以说，黄色以其神奇的视觉效果美化着我们的世界。印象派大师凡·高曾说过一句话："没有不好的颜色，只有不好的搭配。"因此，色彩的搭配是否合理在一定程度上决定了一个橱窗的设计是否成功。黄色在橱窗中的运用需要考虑商品属性、消费群体的色彩偏好，商品的季节性以及橱窗中所有要素的联系。黄色在橱窗中的运用要控制好明度与纯度，对背景、灯光和道具的色彩选用要相互配合，运用对比、呼应等色彩的搭配手法烘托商品的特性，同时要注重商品文化性的塑造，打造富有品牌个性的橱窗。

"黑色"在商业橱窗设计中应用研究

——以南京路61家商铺为例

戴嘉旻 张建华

（上海商学院旅游与食品学院，中国上海201400）

商业橱窗是商品与消费者之间的沟通平台，通过这个平台可以让顾客清晰地了解到商店所要销售的商品性能、特点、价格以及理念。一个好的橱窗设计可以刺激具有潜在购买力的消费者的兴趣与信赖，萌发对商品的购买欲望。根据马斯洛需要层次论，现代商业空间已经不单是满足最基本的需求，更多的是社交，尊重，自我实现的过程。消费者亲眼看到的才是最真的，比起语言更加有力。如今随着网购的普及化,越来越多的实体店面临着转型。现在单单的货品交易已经显然跟不上时代的潮流,更多的应该转向线上网购所存在的缺陷——体验与理念的传达。所以以往的橱窗无论从陈列方式、还是视觉传达上都已经无法满足消费者的需要。而在视觉感知传达中带给人对事物认知第一印象的就是色彩。因此对橱窗的色彩设计的研究成为一个重要课题。而黑色是橱窗设计常用的色彩之一,是所有颜色的总和。黑色的RGB值为0,0,0,三个0所代表的含义是不同的。第一个0所代表的是低调,作为所有颜色的总和,兼容并纳,黑色从来没有作为单一颜色凸显过,他总是担任着衬托别的颜色的工作。黑白两色极端对立的搭配,永远是时尚的主题,其强烈的视觉刺激能抓住人们的眼球。第二个0所代表的是纯洁、干净,将三元素融入其中有的只是黑色。第三个0代表神秘,永远不知道其表达的含义是什么。

1 南京路橱窗设计中黑色的运用

南京路是上海最早的一条商业街,19世纪初开始兴起,逐渐发展成"十里洋场"。到了20世纪40年代末由服务娱乐转向了批发零售业态。从此,从服务一部分中高档人群转变为服务全部人群。既有顶级高档品牌的集散地又有适合休闲逛街的旅游购物地,被誉为中华第一街。故南京路的发展见证了上海的发展,研究南京路上不同商业业态的橱窗设计具有一定的先进性、代表性以及指导性。在本次调研的61家沿街商铺橱窗中,将南京路的商业业态分为六大类:10家购物中心、7家银楼、9家食品、17家服饰、3家药品、15家其他。而在其中有橱窗展示的45家中,一共有16家的橱窗展示有黑色元素的运用,共占总体橱窗数的36%。黑色元素所运用的形式也各不相同(见图1)。

图2表明黑色在药品类商铺中所运用的比例为0,这和黑色产生的负面性质有关,一般去药店买药的顾客肯定是在身体上某些不适,这群消费者所希望的就是在买药后可以使身体得到康复。而黑色在这类店铺中产生的联系会是悲哀、死亡和罪恶,导致店铺气氛压抑、诡异,消费者在其中感到不适降低光临几率。

在9家食品商店中,只有2家设有橱窗。而这两家橱窗都没有运用到黑色元素。对于食品商店普遍没有橱窗,作敞开式造型。我们认为是为了满足大量的游客,不易拥挤在小小的门里,且可以更加有效地利用空间,能直观地感受到食物。因为黑色的性质是沉静、优雅、高贵的。而在食品店中特别是大型食品购物中心中,他希望的是有更多的人流量,希望顾客在买好之后能够迅速流动,不滞留。所以食品商店中经常用红色等鲜艳的颜色作为主色调,让人会感觉时间过得特别慢,有种度秒如年的感觉。比如在人流量最大有113人/分的上海第一食品百货公司里,它的柱子都是纯红

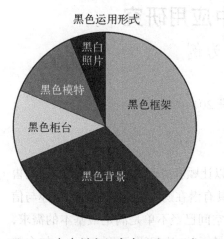

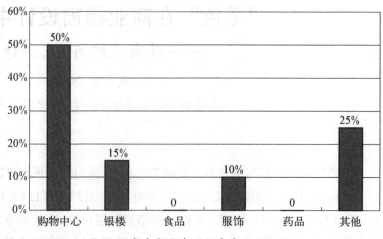

图1 黑色在样本橱窗中的应用形式　　　　图2 黑色在各类商铺橱窗中的应用比例

色打造的。

在10家大型百货购物中心中，在外部橱窗展示中只有50%有黑色运用，但在内部都存在部分专柜的橱窗展示中有黑色元素应用。我们对人流量进行了测量。在1分钟内恒基名人中心的人流量最大达到65人/分。在总结分析后得出，从总体上说恒基定位是中高档人群，在其周围又林立着许多商务大厦，在茶余饭后许多白领层会来这里消费，休闲。从细部上说除了其地理位置在地铁上方外，其主要原因是，在其内部80%的名品专柜的橱窗运用到了黑色元素。比如在某服装店中运用了黑色琉璃光面材质做成的一个块状结构，再将其全部串起形成帘子，配以金色灯光打在光面上形成反射，给人一种时尚、前卫、梦幻的视觉体验。还有一家专柜店，整体店面展示以黑色为主，配上简洁的透明玻璃，再打上白色灯光。一黑一白形成最强烈的色彩对比冲击，让人们的视觉一下子可以集中在陈列的商品上。

某服饰专卖店将黑色与白色搭配做到高度的视觉对比冲击。某饰品专卖店将黑色配以黄色暖光，给人一种复古具有历史沉淀、低调的奢华之感。某服饰专卖店将黑色墙面配上红色服饰，给人一种妩媚、优雅、奢华但不失内涵的感觉。故许多白领会选择这里作为消费点。

在17家服装店中，只有两家橱窗里有黑色元素的运用。橱窗的展示按照不同的企业理念，商品类型，目标人群的不同而不同。比如主打运动型品牌的专卖店李宁，它整个橱窗展示是以红色为主背景色，以一双运动鞋模板拼成一副翅膀的形状，来表达出其企业理念。故在运动型服饰店中不易用安静的黑色元素。在该沿街的17家服饰店中，有59%的商家的橱窗颜色为透明色，通过内景的展示，灯光来达到宣传展示。另有两家没有橱窗展示。在橱窗景观元素应用方面，有35%的商家选择了用白灯作为其橱窗景观灯光。白色灯光加上透明橱窗简单明了地展示了所成列的商品，同时也正因为在无彩色系中白色有冷感，所以导致游客不能驻足游览。这也符合了整条南京路商业步行街的发展史：以零售业为主，主要目标消费群体为大众，主要销售商品为中低档产品。

在15家其他类商店中有5家橱窗运用到了黑色元素。比如亨得利钟表店的设计就是将黑色柜台拉进橱窗的视角内，再加上黄色灯光给人一种时尚、高雅的感觉。还有一家是上海故事，主要产品是丝绸制品，整个橱窗以黑色作为墙面，招牌则用鲜艳的红色，寥寥几批丝绸布陈列。给人一种复古但又时尚、华丽却不庸俗的感觉。

在7家银楼中有3家橱窗运用了黑色元素。而且这3家中，两家呈现的形式是黑色模特，一家是以黑色框架、招牌的背景黑色为主。银楼它所呈现的商品一般为银饰、金饰。而通过黑色模特这样的底色，加上白色的橱窗灯光，可以使商品闪闪发亮，更加醒目直观。在银楼这些企业中不选择黑色为主色的原因是，黑色不管在中国传统意义和西方传统意义上讲都有其不好的方面。因为在中国，黑色也被表示凄惨、悲伤、忧愁，甚至是死亡，所以在一些丧事上会看到。而在西方上讲黑色被视为坏运气、不吉利，故有黑色星期五这个说法。

2 "黑色"在橱窗运用中存在的问题

作为以零售业为主的中国的最早的商业街，其消费者定位是面向大众，主要产品以中低档层次为主。在本次调查中可以发现黑色元素运用占整个橱窗比例33%。由此说明黑色元素在商业橱窗因产品定位的影响并没有广泛运用。在调查了33%的黑色元素运用发现，在元素搭配、文化性方面考虑较少，具体表现在以下几个方面：

1）黑色元素与橱窗灯光、道具、商品的搭配单一

橱窗作为商店展示的第一途径，有着不可替代的作用，而不同的形状、空间以及色彩元素的搭配是影响消费者购买欲望的最主要因素之一。例如在正大广场的某家品牌服饰店。（见图3）前面用黑

图 3　某品牌服饰店橱窗　　　　　　　　　图 4　某家书屋设计

色作为背景。以格子的形式将橱窗划分,用与黑色相反的白色灯光进行点缀。宛如夜晚的星空,闪闪发光,展现出时尚的气息。又例如在正大广场的某家书屋(见图4),其搭配以黑白为主,给人透露出一种简约的感觉,同时黑色又能给人带来安静思考,得到一种精神上的休息。然后其中的道具座椅,都是有其独特的造型美,与整个空间相辅相成,互相映衬。

在本次调查的南京路沿街橱窗中,黑色元素运用形式较为单一,且比例较少。在沿街的16家黑色元素运用商店中,其运用形式为黑色框架、黑色背景、黑色柜台、黑色模特、黑白照片海报。分别占总数的37.5%,31.5%,12.5%,12.5%,6.25%。从总体范本而言运用黑色的商铺其黑色所占比例小,缺乏色彩的暗示,无法完整地表现出黑色所具有的性质高雅、低调。只是将黑色作为商品的衬托。从个体橱窗来看,橱窗灯光与黑色的搭配单一,只有两种色彩灯光,且灯光的形式都是重点照明,对销售商品进行照明,灯光角度单一,缺乏对周围环境色的搭配。从商业业态上来说,黑色运用范围小,主要涉猎于首饰、钟表、服饰等高档品牌。

从道具搭配角度,作为发挥吸引消费者视线以及消费者对商品的特定记忆的效果以及支撑陈列品的重要工具,道具有其不可替代的地位。部分商店道具搭配的形式较简单,没有代表特定的物品作为记忆。例如在星巴克的设计中,除了醇正的咖啡豆的味道,还会在橱上摆放各种自己定制的咖啡杯,让人以后只要一看到咖啡杯或者咖啡豆就可以回忆起星巴克,增加其再次消费的可能。另外道具不能有太多的亮点,主次分明。

2)黑色与其他色彩搭配生硬,互动少

样本橱窗中主要存在黑色、白色与红色,黄色系色彩的搭配,其中主要以黑-白和白-黑搭配为主导,占总样本比例的61%。黑色与红色搭配比例占30%,黑色与黄色所占比例为29%。黑色与白色是经典色彩搭配,是强烈的对比色,单用黑色,显得过于深沉;只用白色,又太过单调,将两者放在一起,就好比钢琴上的黑白琴键,相互搭配,弹奏出动人的变奏曲。从调查结果可以看出,黑白的经典搭配一般用于高档奢华的首饰店,配以暖色黄灯加上商品本身的属性色,使整个橱窗显得高贵典雅。但是就是因为经典而导致泛滥,各个企业竞相模仿,从而忽略了其他颜色与黑色的搭配。使橱窗变得没有特色,亮点少。根据颜色的透目性,视认性原则可以发现,为了引起路人从很远的地方就能看见商品,黄色与黑色的组合效果是最好的。另外在橱窗所要展示内容同样的明度下,可以让黑色作为诱导色使色觉产生向黑色相反方向的偏离,让所要表达内容明度进一步提高。所以在橱窗中黑色搭配运用不仅限于白色、黄色、红色某单一颜色,更可以在混色以及所要突出表现的地方运用。

3)黑色色彩表现不充分,橱窗意境不深远,不能展现企业文化理念

色彩在橱窗中的作用不光是反映商品本身的物理性质或者是引起消费者的注意,更多的应当是反应企业文化理念。现代商业中,商品本身的价值已经渐渐减弱,相反的,顾客关注的是更多的体验性、

文化性消费以及特定消费。所谓特定消费是指企业用某种物理性质如色彩、味觉、材质等来赋予商品附加值,贴上标签,加强消费者印象。即在较长一段时间内,一旦消费者在接触此类感觉时会随之反映出这家企业或商品。如在淮海路上的k11广场上,一进门就可以看到满壁的垂直绿化以及鸟鸣的模仿声。这样以后只要一看到垂直绿化或者是植物都能产生联想。另外根据不同的色彩会表现出不同的心理感觉。如看到绿色可以给人自然、活力、积极向上的感觉,故适合运用在儿童商品及场所上。在无色系中黑色可以带来很多种感受。

在好的方面,他可以很高贵优雅,可以很前卫,可以很沉静,可以很朴实,可以很庄重,可以很神秘,可以很复古,和灯光搭配可以很动感。但是运用不好的会带来死亡、孤独、罪恶。所以根据不同的商业业态所需要的色彩也是不同的。在食品、儿童购物、娱乐中心以及药店中应当尽量避免使用黑色。因为食品商店需要的是人流量增加,而做到人流量增加,必须减少顾客的滞留时间,以达到最大人流量。而在儿童购物、娱乐中心里,由于孩子活泼好动对色彩鲜艳的食物比较感兴趣,用黑色只会起到反作用减少他们消费的兴趣。在药店则更不能用黑色这种代表接近死亡、恐怖的颜色,应该用暖色调为主基调。适宜用黑色的场所,业态是高档服饰类、世界名品类、高档餐饮类,还有艺术、珠宝类、博物馆。另外店铺的外观务必采用与目标消费群相匹配的设计与色彩,只有当目标消费群、配色形象与所销售的商品的属性完全统一时,顾客才会产生共鸣,从而对商品产生好感。

根据南京路沿街的12家黑色元素运用商铺中只有2家有其企业理念的传播,占总体的16%。5家商铺是只将黑色作为衬色,配合灯光凸显其商品占总体42%。其他5家是将黑色与白色简单地搭配,配以暖色灯光,表现出简约高贵的特质,但是正由于黑色元素运用的共同化,加上道具的单一不能体现出其企业理念特征,也不能让人产生联想。

3 "黑色"在橱窗运用中的对策

1)根据黑色的色彩语义从3个不同的层面传达其企业文化理念

第一个层面是来自共感觉,这种语义与色感之间存在着一种官能上的近接性,就像一幅肖像画,如黑色的冷,倒退,厚实,沉重等共感觉。第二个层面来自色彩的联想,这种语义与色感之间存在着一种逻辑的关联,如从黑色的寂静神秘,从而联想到庄重、高贵、优雅、安静、复古、死亡、恐怖。第三个层次来自一种社会观念的象征、一种约定俗成。不同的文化,时代会赋予其不同的语言。如中国古代曾用青、朱、白、玄(黑)来象征四季,有青春、朱夏、白秋、玄冬之说,也用四色来象征方位,青龙、白虎、朱雀、玄武。不同的地域赋予不同的语言,如在欧洲国家,黑色被视为恐怖、死亡、苦难。在中国黑色常用在葬礼服饰上,而在日本结婚时男方统一要穿全黑的服饰。所以企业应当根据自己企业所在的地域,文化根据3个层面赋予产品附加值,使其变成一种色彩符号。就像红绿灯指示器一样,赋予其语言。

2)象征性营造手法有助于橱窗个性和主题的表现

将某种特定的对象,形成一个特定的情境,并将商品融入其中,针对特定的消费人群,引起他们的共鸣,进而激发消费欲望。一般运用的是小场景,主题性明确,注重细节,注重代表性和对主题的针对性,让人一目了然。如图5所示,黑色主要存在于道具的色彩,该小景注重道具对主题的暗示,针对性明确,企业用斑马的条纹来代表企业的文化以及所主打产品特征、信息,充满野性的女性魅力。

图 5 某服装品牌橱窗设计

4 小结

视觉是人认识事物最主要的途径,占整体的80%。而在视觉中色彩又是极为重要的。黑色作为橱窗设计常用的色彩之一,有着不可替代的作用。不同的搭配会有不同的效果,从某种程度上说色彩的搭配、道具的搭配、企业理念的融入决定了一个橱窗设计是否成功。黑色在橱窗中运用应当从其性质、语言、符号角度考虑。从性质上它是所有颜色的总和,是不反射任何光的,所以他可以和任意颜色搭配来凸显出所要表达的内容。在语言上它可以很高贵优雅,可以很前卫,可以很沉静,可以很朴实,可以很庄重,可以很神秘,可以很复古。根据不同的消费者人群,商业业态营造不同的氛围。从符号角度,就是将企业理念融入商品、融入黑色,从生活中选取特定对象赋予黑色新的生命力。

对商品使用性展示问题的探讨

马 瑶　池翔翔　王倩倩　张建华

（上海商学院旅游与食品学院,201400）

摘要: 商品是一定社会生产力和科技水平发展的产物,代表了时代的发展水平和标志。消费者对商品使用的体验已变得日益重要。本文通过对上海徐家汇、南京路和淮海路三大主要商业圈的调研,针对商品使用性展示所存在的现象和问题,提出了重视科技化手段、丰富商品展示形式;树立景观化理念、打造宜人体验环境;聚焦文化化起点、定位适宜品牌形象和构建体验化模式、打造新型营销概念的对策体系。

关键词: 商品;使用性展示;科技化;景观化;体验化

商品使用性展示是指针对消费者进行产品功能和方法的详细展示,展示内容包括其使用方法、性能规格等,让消费者对商品有更直观和全面的了解。商品使用性展示包括实物展示和虚拟展示。实物展示是直接通过实物展出的方法,主要形式包括展览会和柜台展示;虚拟展示是指通过媒介宣传形式展示,主要形式包括电视宣传、报刊、网络媒介等图文宣传。大数据时代的来临给实体商业的发展带来冲击,商品使用性展示的重要性日益突出,因此探讨和研究商品使用性展示的方法就具有一定的意义。

1 现状与问题

1.1 商品使用性展示的现状

通过对徐家汇、南京路和淮海路上海三大主要商业圈商场的60%商品（主要类别涉及电子类、化妆品类、电器类、家居用品类和日常用品）的调查表明,徐家汇商圈和南京路商圈,由于市场购买力较强,商品使用行展示较为普遍,85%的商品有使用性展示现状。而淮海路商圈展示状况并不乐观。三大商圈都存在一些共性问题。

1.2 商品使用性展示的问题

1）展示的表现形式单一

三大商圈大部分商品使用性展示都仅仅为橱窗展列的单一形式。而数码产品、化妆品、服装等商品往往拘泥于柜台陈列的形式,缺乏新意和亲切感,不够吸引人,同时也让人无法亲身体验。再美丽的外表包装也不足以让人充分了解其使用效果。

2）商品体验环境不佳

体验环境不佳主要表现在3个方面:① 环境布置太过简陋、提供体验的设备陈旧,让人失去体验的欲望。② 环境缺少私密性。导致顾客受尊重感和私密感降低,让顾客从心理上排斥和拒绝体验商品的机会。③ 缺乏生态化的景观设计。

3）环境和品牌与文化定位不相符

主要表现在两个方面:① 二三线品牌其体验环境布置得太过奢华高端,消费者望而却步,高估品牌层次。② 高端品牌过于追求个性、其体验环境过于另类抽象,品牌的文化定位和风格让人摸不着头脑。

4）体验性商品的标示性不清

调研结果表明,化妆品类、电器类和日用商品类等可做试用的商品没有明确标识。试用品和卖品常常混为一体。最终导致顾客一方面有意愿试用商品,但不知从何下手;另一方面对试用过的品牌印象不深。

2　改善商品使用性展示的对策

1）重视科技化手段,丰富商品展示形式

"科学技术是第一生产力",科学技术是先进生产力的重要标志,是一种社会活动,是在人类实践基础上产生的,又反过来影响着人类社会。科学技术作为第一生产力,不仅为人类提供了认识世界的系统知识,改善了商品的使用性;而且还为商品的使用性展示提供了诸多手段,对商业产业的发展起到了毋庸置疑的推动作用。实体店的商品使用性展示也可以利用现代科技这一元素,提高消费者对商品的购买欲望。

从商品展示形式来说,可以利用橱窗,通过多媒体的手段,创造出多变的视觉、听觉、嗅觉等感官传达效应,来完成属于商业范畴的媒介策划,从而颠覆顾客心中传统的商品感受和形象。如LED技术在半导体照明、汽车用灯、信号显示、显示器背光源、信息显示、医疗作用等领域有很广泛的应用。上海世博会场馆的建筑照明、夜景照明设计更是以LED作为光源的主力军或是以LED光源作为素材的。商品使用性展示也可采用LED舞台、配合音乐舞美,用高科技的手段来展现品牌的特有的文化和特点,从而给消费者带来一场感官盛宴,而不仅仅是单调纯粹的商品展示。如果能用科技化手法使得商品展示艺术化、精细化和个性化,模糊商品展示的生硬概念,那必定能给消费者留下深刻的品牌印象,从而在心理上接受甚至喜爱上这类商品。

此外,调查还发现,除了电子类的商品,几乎没有店铺将现代科技融入商品的使用性展示中。但国外早有先例,如韩国推出了一款虚拟"试衣机器人"（见图1）,可以模拟大部分人的体形特征,网购时,只需在网站输入你的穿衣数据,试衣机器人会呈现出穿衣情况,帮助改善购买衣服可能会不合身的问题。完全可以借鉴其概念,在实体店的商品使用性展示中增加科技元素,开发一套可在实体店中使用的系统,通过摄像计算出顾客的穿衣数据和形象,帮助顾客选到心仪的商品,

图1　试衣机器人

省去消费者试穿的麻烦,增加顾客满意度,提高店铺的竞争实力。

2）树立景观化理念,打造宜人体验环境

从大自然到城市,又从城市到自然,人们对生活环境的追求返璞归真。景观是一本"充满意味的书",集审美意义、社会意义、生态意义于一体,通过设计,将自然与人文相互融合,达到"虽由人作,宛自天开"的境界。体验环境的优劣与商品的销售量密切关联。在商业中加入景观元素,使人身临其境,得到物质与精神上的同时满足,这必定能增加人们体验商品的欲望和对品牌的好感度。

图2　垂吊盆栽

商品的使用性展示可利用垂直绿化、小型盆栽等能够合理利用空间的景观元素互相组合设计,使得柜台等小型空间成为既可以使用展示,又可以怡人风景的区域。这样就可以聚焦消费者的注意力,吸引消费者参与体验感受(见图2)。另外,也可以利用较大的空间,将商品展示与大型景观设计结合在一起,商品的文化特点与自然相融,注重商品本身与文化精神相交的体现和对消费者的开放性,呈现商家的用心和大方。通过以景观化为先导的商品使用性展示,扩大其所表现的品牌文化张力,提升商品内在底蕴。

3）聚焦文化化起点,定位适宜品牌形象

品牌文化的核心是文化内涵,是商品蕴涵的深刻价值内涵和情感内涵,也就是品牌所凝练的价值观念、生活态度、审美情趣、个性修养、时尚品位、情感诉求等精神象征。品牌文化的塑造通过创造产品的物质效用与品牌精神高度统一的完美境界,能超越时空的限制带给消费者更多的身心的满足、心灵的慰藉和精神的寄托,在消费者心灵深处形成潜在的文化认同和情感眷恋。因此品牌文化的适宜定位是至关重要的。

品牌文化是与民族文化和时尚元素紧密联系在一起的。将优秀的民族文化和时尚元素融入品牌文化,更易让大众产生共鸣。无论是服装、电子和运动品牌类极具时尚的商品,还是食品、百货等具有民族传统性的商品。尽管每个品牌都有属于自己的标识和理念,但是在追求文化性的共性上是相同的。调查表明,一些亲切而生活化的品牌形象更容易吸引顾客前来体验,品牌形象文化化的起点无疑就是生活。因此,凡是能够在顾客心理上创造出亲切感和温暖感的环境、服务和管理方式,就能有效地传播品牌文化,形成一个专属于自己的适宜的品牌形象。

4）构建体验化模式,打造新型营销概念

免费体验是体验式营销的一种形式,从消费者的感官、情感、思考、行动、关联5个方面来重新定义、设计营销理念。通过全方位体验化流程,感受启发消费者的思想、激起其好奇心,让其产生联想并形成长久的印象,最终促使其产生购买行为。美国未来学家阿尔文·托夫勒指出,服务经济的下一步将走向体验经济,消费者会更加重视消费产品或服务过程中所获得的特定体验,企业将靠提供体验商品和服务取胜。随着消费者自身权益保护的意识逐渐增强,针对电子商务"只可看不能摸"的特性,传统商业的优势无疑是现场体验。将商品使用性和体验融为一体,能够增加顾客购物时的体验价值,把凸显产品特点的服务体验融入整个营销过程。其实质在于促进顾客和企业之间建立一种良性互动关系,始终把和顾客进行直接的、一对一的交流和服务摆在核心的位置。很多商家都已经开始实行这一增值服务而占得先机,甚至往往可以不必按基础竞争形成的市场平均价格定价,而是基于它们所提供的独特价值收取更高的费用。因此,根据商品的不同特点,以差异性、参与性、真实性和挑战性为原则,普及体验化模式,增加销售收益。

3 讨论

商品使用性展示的问题是大数据背景下传统实体商业所面临的新的挑战,有关这方面的研究还刚刚起步,使用性展示的手段、方法、内涵、模式因不同的商品也应有所区别。管理和服务理念的现代化无疑是做好这一切的前提。如何创造一个适合大众的景观化、体验化、文化化和科技化的商品使用性展示的情景? 如何在激烈的竞争环境中拥有具有核心竞争力的全新的营销模式? 而所有这一切的研究和应用仍需不断的探索。

浅谈商业空间中非消费性顾客休息区的设计

唐 瑶 张建华

(上海商学院旅游与食品学院,201400)

摘要: 随着时代的发展,购物对于消费者已经不再是仅仅为了满足购买商品的需求,它同时更是一种休闲娱乐的方式。商场中的非消费性顾客休息区的设计则是商家为满足顾客这一生理及心理需求的一个具体体现。因此,想要获得消费者的青睐就必须重视对顾客休息区的设计。

本文从上海南京路附近主要大型商业购物中心的非消费性顾客休息区的设计现状出发。通过实地走访调研,针对目前非消费性顾客休息区存在的问题,以环境心理学和消费心理学作为依据,提出了商业购物空间非消费性顾客休息区景观化、信息化、主题化和人性化设计的对策。

关键词: 商业购物空间;顾客休息区;非消费性;消费者

商业购物空间是商业类空间的一部分,泛指为人们日常购物活动提供的各种空间、场所。而其中的消费者和商品经营者则构成商业购物空间的主体要素。商业购物空间是商家为追求商业利润直接为消费者建造和美化的。主要结合商场的类型和所营销商品的特点及环境因素,创造出能吸引消费者并满足消费者精神需求的特色空间。

在商业购物空间中,非消费性顾客休息区是属商家所有,非租用关系免费供顾客休息使用的体现人性化的区域。其中一般配有座椅、沙发等休息设施,辅助设施一般有垃圾桶、饮水机等,有一些休息区还专门配备电视、电脑等多媒体宣传设施。首先从消费者的角度来分析,商业空间不仅仅是购买货物的场所,更是休息、娱乐甚至接触社会的一种方式,而这个消费观念的转变使消费者更加注重在商业空间的消费过程中所获取的精神上和心理上的满足,也就是说,在购买商品的过程中,可以得到身心上的放松,并获取到对自己有用的信息。因此从消费者的行为和心理出发为他们创造一个方便的购物环境、舒适的休息环境能够更好促进商业空间的发展。其次从商家的角度来分析,在竞争如此激烈的商场上,想要在市场中占有一席之地已不能仅仅依靠商品吸引消费者。然而,在零售学中,店铺经营成果的计算公式为:

$$店铺销售额=客流量×停留率×购买率×购买件数×商品单价$$

$$顾客购买单价=流动线长×停留率×购买率×购买件数×商品单价$$

所以聪明的商家都知道延长顾客逗留的时间,留住顾客很大程度上其实就是留住了商机。可以延长顾客停留的时间的因素有很多,而恢复体力,使其精神上愉悦的最直接、最有效的方法便是在商场设计舒适美好的休息区,形成顾客身体心理的一个"加油站",让其有更多的精力和更愉悦的心情继续在商场中挑选心仪的商品,赢取更多的利益。因此,研究商业空间中非消费性顾客休息区的设计就具有一定的意义。

1 商业购物空间非消费性顾客休息区设计的现状

近年来根据《商店购物环境与营销设施的要求》,商超企业应按照要求,设立顾客休息区或场所,其面积相当于营业面积的1%~1.4%(不含超市);也可在各楼层分别设立相应数量的休息座椅,提供必要的服务设施。顾客休息区、休息座椅等场所及设施,应有专人进行清洁维护。

1.1 消费者在购物过程中对休息有较强的需求

为了了解消费者在购物过程中对休息的需求,通过问卷调查结果表明:消费者在购物过程中每次都会和偶尔会因为疲倦想要坐下来休息的各占50%左右。由此可见,从心理行为上,消费者在商业空间中普遍需要得到休息上的满足。

此外,为进一步了解商业购物空间中消费者对非消费性顾客休息区的需求。针对"你是否希望商场设置非消费性顾客休息区"这一问题,随机采访了一些市民,结果表明,接近70%的市民表示逛街逛累的时候很希望能在就近顾客休息区休息;而30%的市民表示愿意到附近快餐店边吃东西边休息。可见,市民对商业购物空间中的非消费性休息区确实有着很大的需求。因而,在商业空间中适当设置非消费性顾客休息区很有必要。

1.2 消费者对商业空间非消费性顾客休息区设计的满意度较差

为了了解消费者对商业空间非消费性顾客休息区设计的满意度在针对"您对商业空间中的非消费性顾客休息区是否满意"这一问题对南京路各大商业空间的消费者进行随机访问得出:消费者商业空间中非消费性顾客休息区的设计感到满意的仅占13.3%。因此认为商业购物空间非消费性顾客休息区的设计还存在着较多的缺陷,同时有着很大的提升空间。

2 商业购物空间非消费性顾客休息区存在的设计问题

通过调研发现,商业购物空间中非消费性顾客休息区并不完善、设计缺乏人性化,其存在的主要问题为以下几个方面:

2.1 未设置或面积不足

上海南京东路附近主要商业购物空间中非消费性顾客休息区在设计上并没有达到《商店购物环境与营销设施的要求》中的相关要求。在南京路附近主要的商业购物空间中仅有40%设置有专门的非消费性顾客休息区,并且在这40%中,仅仅有10%的商业购物空间设置的面积达到相关的要求。由此可见,非消费性顾客休息区并没有在商业购物空间的规划设计中引起足够的重视。如在走访百联世贸国际广场时,笔者发现,这里的客流量虽较大,但当时商场内并没有设置顾客休息区。同时,在走访中笔者注意到,因为商场大,而又没有设计有休息区,一些提着大袋小袋走在商业空间中而疲惫不堪的顾客只能被迫将货物直接放在地上站着休息。

与琳琅满目的商品柜台相比,商场内能让顾客坐下歇歇脚的休息椅却是少之又少,令购物族们很是苦恼。在走访东方商厦、上海市第一百货商店、新世界时发现,这些商场都是只有其中的某一层卖场设有休息点,并且基本上都是在过道边上简简单单摆上几个长椅或皮椅,相对于拥有几万平方米的商铺面积的商场,加起来不足十平方米的休息区远远满足不了顾客的需求。

研究认为,现代的商业购物空间已经不是一种简单的销售建筑空间。它是一个商业群体。在非消费性顾客休息区方面不该仅依赖于城市提供公共休息区,而该同时兼具适当免费提供给顾客休息之地的功能。这样,不仅能够缓解消费者购物过程的疲惫,还能有效地安抚陪同购买的顾客,让于商业空间中购物的消费者无后顾之忧。如此人性化的设计能更好满足消费者购物过程的感性需求,进而产生愉悦、喜爱等积极态度,从而更好地促进消费者的购买行为,为商品营业者带来更多的商机。

2.2　休息区设置得太隐蔽

调查发现有些商业购物空间是设置了顾客休息区,但是位置却比较"隐蔽"在几千甚至几万平方米的商场里消费者如果不是耐心寻找是比较难以发现的,本来就拖着疲惫身体的消费者还得四处搜寻一番才能找到,消费者对此难免感到无奈。调查也注意到在走访的各大商场里,洗手间、电梯等设施的指示牌都清楚可见,却唯独缺少了休息区的指示牌。甚至在走访新世界时发现休息区居然设置在卫生间通道里,但因为没有指示牌引导,所以顾客如果不是去洗手间,很难想象得出顾客休息区的位置。

研究认为,既然是顾客休息区,在设置时就应该以方便顾客为目标。因此商业购物空间中的顾客休息区应该设置在顾客流动集中,空间场所交替的区域。同时可以为休息区设置相应的指示牌方便顾客找到,因为既然设置了休息区就应使之物尽其用。

2.3　舒适性、景观性欠佳

2.3.1　空间的舒适性欠佳

1）空间沉闷

正如把休息区设置在卫生间门口的现象一样,大部分商场并没有关心到休息区环境的舒适性景观性。例如新世界顾客休息区位于四楼的一处相对封闭沉闷的小空间中(见图1),其中简单地摆了两排椅子。可以想象得出坐在这样的简陋而封闭的空间中休息,消费者内心的感觉应该是比较沉闷压抑的。

在查阅有关人的行为模式的资料时,发现人们在公共空间中的行为模式如图2所示。在公共空间里,人们总是设法站在视野开阔而本身又不引人注意的地方,并且不至于受到行人的干扰。也就是说,人们在公共空间中停留时喜欢尽可能去接近周围环境空间,但又希望所处之地

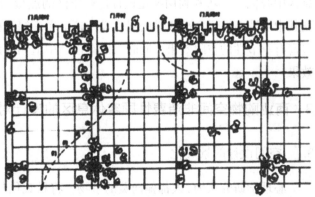

图1　休息区沉闷而冷清　　　　　　　　　　图2　卡米诺绘制的人群空间定位图

能让自身感受到安全感。所以我们应该将类似的理论应用到商业空间中顾客休息区的规划设计中。如此,人们便不会产生身处公共空间的恐慌感,也不会产生于狭隘、封闭的空间中的压抑和沉闷感。

2)将休息区设于笔直狭小的过道两侧

调查发现,有些商场虽然象征性的摆上一些椅子,但往往都摆在比较笔直狭窄的过道两侧。从景观设计学的原理可知,座椅设计应尽量避免将座椅设计于相对狭长笔直的过道两侧。因为从心理学的角度出发,供人行走的走廊过道,如果中间有一地面突然拓宽,人们行走的脚步在拓宽的地方自然会有所放慢或停留,因为此时比较宽敞开阔的空间在一定程度上给人以身心的放松。在视觉上这个拓宽的空间会给人以停留的意向。而如果在笔直的过道两侧行走的人就会有障碍物的感觉,在这样的位置的椅子上休息也会有被人观赏的紧张感。因此,商场里的休息空间应尽量选择与走廊相邻的独立空间,尽量不要占据过道空间。实在条件不允许,也最好在地面颜色、材质、边界轮廓上作不同的处理,在视觉上把休息空间与过道空间区分开来,用结构、形式和色彩的不同去契合人们的心理。

2.3.2　设施的舒适性欠佳

休息区的形式基本是以休息椅的组合为主,而很多休息区没有考虑到其舒适性。相关的休息设施不符合人体工程学和心理学的要求,例如没有凭靠的休息座椅难以给人以安全感、休息设施材料使用不当影响休息者的舒适感等。

商业购物空间中的休息座椅、沙发等设施所选用的材质主要有木质、钢铁质、皮质材料和其他的一些开始被人们所青睐的布艺、塑料材质等。其中木质材料是最为传统且常见的。

休息区中的休息座椅、沙发等所用的材质直接影响到消费者休息过程中的舒适性。所以设计的过程中需要考虑到它的使用性与舒适性。如今流行的一种塑木材料即塑料木材的复合材料。它是利用塑料和木屑加工而成,不仅具有相对昂贵的防腐木的防腐特性又节约大量的森林资源。且其木纹清晰、容易清洁、易加工,是公共休息座椅设计中的优良材料。同时基于景观性,商业购物空间中的休息椅不同材质的选择应与商业购物空间中的整体风格相统一,同时颜色上宜选择淡雅的浅色,有助于带给人以轻松和愉悦感。

2.4　景观性欠佳

样点商业购物空间中非消费顾客休息区普遍缺乏景观上的设计。大多数的商业购物空间只是简单的留出一处空间,摆上几个座椅或沙发供消费者休息。而优美宜人且富有创意的空间设计带给人新鲜与愉快的感觉,可以促进消费者产生积极的情绪从而间接对消费者的购买行为产生积极影响。在休息区中我们可以巧妙利用绿化设计进行空间的点缀,创造出人与自然的和谐氛围,让消费者充分感受到其中的清新愉悦。高质量的绿化设计还应考虑绿化植物在各个季节中的组合造型和色彩的搭配,创造富有季节性的空间效果。同时可以在设计中适当增添富有设计感的装饰品等元素,增加空间的美观效果。

3　商业购物空间非消费性顾客休息区的设计对策

3.1　空间设计的景观化

心理学研究认为,人都偏向美的事物。将景观化与非消费性顾客休息区结合的目的是美化商业空间的室内环境,吸引消费者。当前,景观化设计在大型商业购物空间中越来越得到重视,绿色园林景观的发展使人们更深刻地认识到人与自然和谐相处的重要性,特别是在都市化的今天人们在追求高科技的设计手段来方便人们购物的同时,忽略了人们内心最原始的渴望,即对自然的向往。因此将更多的自然景观融入商业购物空间非消费性的顾客休息区中将会更受消费者欢迎。

1)植物配置

利用绿化设计进行空间的点缀能更好地创造出人与自然和谐的氛围,让消费者充分感受到其中的清新愉快。商业空间中非消费性顾客休息区要善于运用绿化进行景观的设计。研究认为在植物的选择上最好以乡土植物为主,也可以适当选择一些适应性强、观赏价值高的外地植物,尽量选用叶面积系数大,释放有益离子强的植物,这样不仅能够美化环境,还能改善商业空间中的空气质量。同时高质量的绿化设计还应考虑绿化植物在各个季节中的组合造型和色彩的搭配,创造富有季节性的空间效果。绿植的设计方式主要有3种:一是孤植,即把植物种植于休息设施的中央,花池边缘部分作为座椅。二是组合盆栽,利用组合盆栽的形式为休息区进行点缀,巧妙地美化了休息区的环境,同时柔和了购物空间的环境,起到调节消费者心理的积极作用。三是以围合的形式布置,即利用绿植围合出一个区域作为休息区。用植物围合空间给人的人感觉相对于墙体和其他实体围合更为轻松。

2)水体安置

水是生态景观中很重要的元素之一,有水才有生命。中国传统文化中就有"仁者乐山,智者乐水"的说法。水景以其独有的魅力满足了人们追求自然、亲近自然的向往商业空间中非消费性顾客休息区可以通过各种设计手法和不同的组合方式,如净水、动水、落水、喷水等不同的设计,把水的精神做出来。给人以良好的视觉感受。例如在一些商业购物空间的商业中庭中,设计师可在中庭中间以喷泉为主体,辅以植物的配植,周边设置座椅设施作为商业购物空间的非消费性顾客休息区。创造出清新怡人的景观环境给消费者轻松愉悦的心情。

3)小品设置

小品在景观中具有举足轻重的地位,精心设计的小品往往能成为人们的视觉焦点,起到活跃空间气氛的效果。它可以是雕塑、一处花架、一个花盆、一张充满韵味的座椅。在商业购物空间的非消费性顾客休息区中,可以灵活运用小品元素为空间的设计增加意境美感。景观小品设计的艺术是巧妙地应用各种造园材料的一门综合性艺术。众所周知,任何景观艺术无非就是由点、线、面的抽象形式来表现构图、体现意境美感等,而最小的、最基本的形式则是"点"。在景观小品中有"点"的特征景观小品作为空间的点缀,虽小却意境无穷。将会越来越被人们重视。景观小品的设计要能提供适应的环境氛围,通过不同的形式、色彩、质感等赋予景观小品不同的属性,更好地迎合消费者心理。

3.2 空间利用的人性化

以消费者为中心,为消费者服务,是零售商业企业经营管理的核心。因此商业购物中心的非消费性顾客休息区需要根据顾客的心理特点进行设计使得商业空间更为人性化。根据相关研究成果得出,人们在常规情况下可以连续步行2个小时,这两个小时可以逛10 000 m²的商场,而这一过程中人需要短暂的休息。因此在此空间中应适当设置顾客休息区方便顾客休息。再者商业购物空间中不乏婴幼儿的身影,因为身份的特殊他们的情绪很大程度上影响着他们身边的大人们的购物心情。所以有些购物中心设有专门为婴幼儿提供的休息区(见图3)。设计师能够充分从婴幼儿的喜好出发将娱乐与休息功能合为一体,创造适合婴幼儿活动休息的休息区。通过类似场所的设置,能够更好地让相关的消费者对商业空间产生好感,直接或间接地为商家创造利益。

图3　婴幼儿休息区　　　　　　　　　　　　图4　体验式休息区

3.3　空间设计的主题化

研究认为,商业空间的非消费性顾客休息区的设计可以依据它所处的商业空间的商品特点塑造一个主题,并围绕着这个主题将之设计成相呼应的空间意境。让消费者在休息的过程中不但获得精神上与心理上的满足,还能对此商业空间产生深刻的感受与记忆,从而让消费者更好地记住商家。如图4所示在这家玩具店中设计师能够以体验式为主题将非消费性顾客休息区设计成一个玩具的体验场所,使商品在消费者体验的过程中给消费者留下深刻的记忆,直接或间接地促进商品的销售。

3.4　空间设计的信息化

图5　信息化休息区

作为城市公众休闲活动场所之一,商业购物空间也是信息获取与交流的场所。消费实际购买行为的依据主要是商品的相关信息是否符合自己所需。所以商业购物空间的非消费性顾客休息区可以适当提供如网络、广告、视频等信息的沟通条件和设施,更好地让顾客了解产品促进顾客的购买。如成都的王府井购物中心其中的一处顾客休息区(见图5),它通过富有创新而独特的设计将信息化与休息区很好地融合在一块。其富有创新感的宣传栏与自由摆放的凳子相结合创造出一处给人以新鲜而具有时代感的休息区。宣传栏上设有显示屏顾客可以轻松方便地了解到此商业购物空间中销售的各类商品的详细信息,从而提高选购效率。同时它很巧妙地用文字对商品的相关服务特色进行宣传,如"微信支付"等增加顾客选择购买的新鲜感。

4　结语

全方位体现人性化、信息化、景观化和主题化是现代商场的一个必要条件,一切以顾客满意为中心是企业营销的重要策略。在商场中设置舒适富有景观性的顾客休息区能很好地在细微之处充分体现这一重要思想。反映出了商家处处为顾客考虑与服务的诚意,只有如此,才能赢得顾客的信赖,更好地走上商业的成功之道。

商业空间中服饰商铺的灯光景观设计初探

蒋欢欢　张建华

（上海商学院旅游与食品学院，中国上海 201400）

摘要：服饰商铺的灯光景观设计对商铺的气氛营造、市场定位、商品突出、环境展示等都有重要的影响作用。良好的灯光景观设计也使服饰商铺在竞争激烈的商业环境中茁壮发展。

关键词：商业空间；服饰商铺；灯光景观

商业环境已迅速变化了的21世纪，顾客作出的购物决定往往和视觉感官的舒适度息息相关。灯光照明则是产生视觉感知的必要条件，也是营造美感的基本元素之一。服饰商铺的灯光景观设计是通过多样的灯光照明配置由暗及明、由浅至深、有次及主等方式来丰富和完善其整体功能和市场定位的，目的在于吸引和引导顾客。不同类型的灯光配置可以打造出丰富多样的服饰商铺景观，也进一步影响商家的商品展示以及顾客的消费选择。

灯光设计就是体现设计灵魂的手段之一。换而言之，一家服饰商铺的精神理念需要借助灯光景观设计来真实化地体现。因此，探讨商业空间中服饰商铺的灯光景观设计现状、功能配置、表现形式以及现存问题无疑具有积极意义。

1　商业空间中服饰商铺的灯光景观设计现状

南京路步行街是上海最具代表性的商业圈之一，也是商业空间灯光设计集中体现的场所。本文基于对南京路步行街服饰商铺的走访，对其灯光景观设计现状进行调研。并针对不同层次服饰商铺对于灯光设计情况进行数据分析并统计目前服饰商铺灯光景观设计的主要功能现状。

1.1　不同层次服饰商铺灯光景观设计现状

根据南京路步行街商业业态调查得出，服饰商铺层次大致可以分为高级品牌专卖店、中层品牌服饰店、普通服饰商铺3个类型。

高级品牌专卖店约占所有服饰商铺的46%，其灯光景观设计营造出的环境往往是高尚优雅的效果，多数采用大约300 lux的相对较低照度。照明往往呈现出暖色调（见图1），并常使用装饰性射灯营造出戏剧性的灯光照明效果，目的在于吸引消费者对高级品牌时尚度的关注以及营造自身品牌专卖店的氛围。如象征

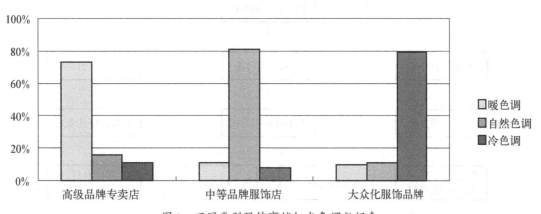

图1　不同类型服饰商铺灯光色调数据表

图2 DKNY服饰商铺灯光设计展示图　　　　图3 DKNY服饰商铺灯光设计展示图

国际都会流行精神的DKNY高级服饰品牌，"青春活力、追求独立自由"是其品牌的精神宗旨。其服饰商铺的灯光景观营造呈现出的效果简洁优雅（见图2、图3）。从图中不难发现，商铺整体照明配置所体现出的温和大气感，且在商铺的天花板、装饰墙、中央台等位置都一致采用了光线明亮的射灯来突出其品牌商品。

中等品牌服饰店约占所有服饰商铺的31%，此类服饰商铺适宜人群往往是中层消费族。它的灯光景观配置更多的是致力于打造自身商铺的品牌特性。所以，在灯光景观配置上往往营造出的是自然色调的氛围。商铺们也几乎一致选用介于300~500 lux的平均照度，并结合使用重点照明营造出轻松特别的购物环境。目的在于吸引消费者对突出产品的关注，提升自身品牌特征。

大众化服饰商铺约占所有服饰商铺的23%，相比于以上两种服饰商铺，它的购物氛围则添加了一份平易近人之感。商家为店铺采用较高的照度，大约达到500~1 000 lux。这么做有两个目的，一是商家了解自己的商铺服饰没有明确的品牌知名度，所以明亮的购物氛围是商业环境竞争中必要条件之一。二是明亮的购物氛围可以给消费者一个清晰公平的交易平台，服饰的真实品质了然于心，避免色差、质地、质量等消费冲突。商铺在灯光配置上常常采用冷色调的照明，并且重点突出的灯光区域较少。这使得商铺的整体购物环境亲切随意，也进一步吸引了更多的消费人群。

1.2 服饰商铺灯光景观配置功能现状

南京路步行街服饰商铺灯光景观设计主要功能现状的调研显示，基础照明、重点照明以及装饰照明是当下最主要的灯光景观配置功能（见图4）。

基础照明功能是任何购物环境所必备的要求，不仅商铺本身的商品需要一个敞亮的环境，消费者同样

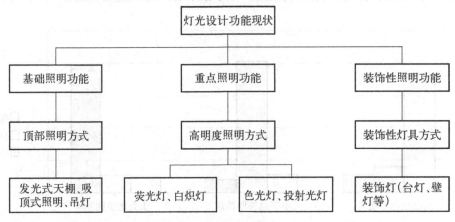

图4 南京路步行街服饰商铺灯光景观设计主要功能现状

也需要。在满足商业展示空间内物品的一般照明要求的情况下,还需要保证对展示区内的公共空间、过渡空间、工作和服务空间的基本照明。服饰商铺的基础照明一般使用顶部照明方式,因为位置高,所以照明光线常常是均匀分布并使整个商铺都基于这个基础环境色。放光式天棚、吸顶式照明、大吊灯等是常见的基础照明设施。在灯光设计功能的调研中,基础照明几乎可以从所有服饰商铺的环境中体现出来。

服饰商家们显然都明白利用重点灯光去打造其商铺产品是灯光景观设计的最主要的功能之一。重点照明,顾名思义既是利用特别的灯光去突出商家们想突出的产品。往往这类商品有三,其一是新上市服饰,再者是当季流行品牌产品,最后则是打折促销类产品。采用重点照明去突出这些产品想必是最为简单又具美感的推销方式了。服饰商铺的重点照明一般使用高度照明方式,常常将荧光灯、白炽灯、色光灯和投射光灯等放置于最佳的投射位置,且这些灯具需要具有一定的美观性,那么,和服饰产品相配起来,才会让人第一眼就注意到这个灯光景观设计。

在服饰商铺灯光景观设计的功能中,装饰照明的作用不容小觑。它不像基础照明和重点照明功能那样明显突出,但装饰照明常常是打造商铺氛围最主要的点睛之笔。装饰照明一般使用装饰灯方式来体现,往往使用具有装饰性的灯具,比如造型灯、嵌入式灯等,或者被放置于特殊的场景中,例如具有家居氛围的服饰商铺会采用台灯和壁挂灯等。它的功能是恰到好处地点缀商铺环境,间接地让商铺的整体美观感上升一个层次。

Devil Nut是深受年轻人和青少年喜欢的潮流品牌,其夸张怪异、色彩丰富的设计风格一直是时尚的风向标。它的店铺在灯光景观设计方面也是别具一格,商家较多的利用装饰性照明功能来打造整体的购物氛围,店铺大量使用了具有其logo象征的装饰灯,且墙壁上有嵌入式灯具,商铺中央的顶部有装饰性的大吊灯。即使没有显著的照明功能,却为其塑造了强烈的品牌形象和特殊的购物氛围,让整体的商铺环境如虎添翼地增加了美感(见图5、图6)。

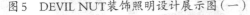

图5　DEVIL NUT装饰照明设计展示图(一)　　　图6　DEVIL NUT装饰照明设计展示图(二)

2　商业空间中服饰商铺灯光景观设计的表现形式

服饰商铺灯光景观设计的表现形式大致分为直接照明、间接照明和全方位照明3种类型。根据南京路步行街服饰商铺灯光景观设计的调查数据表显示(见图7),不同层次的服饰商铺选用的灯光设计形式大相径庭,灯光设计的表现形式对体现服饰商铺整体环境氛围有直观的重要性。

直接照明表现形式有二:一是服饰店铺的整体照明环境,二是灯光直接投射于展出服饰上。直接照明的表现形式的优点是其灯光光线亮且短,适合于整体照明环境以及需要被突出的展出物品上,这种形式也最被广泛使用。经调查数据显示,大众化服饰商铺较多地采用这种形式的灯光设计,中等品牌商铺次之。显而易见,直接照明形式既适合大众化服饰商铺一目了然的需求,又满足了中等品牌服饰商铺重点突出的

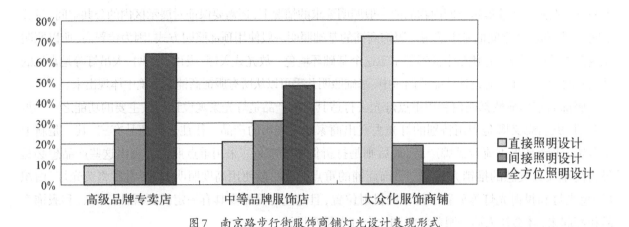

图7 南京路步行街服饰商铺灯光设计表现形式

要求。利用基本照明表现形式的灯光景观设计有许多成功的案例,比如,优衣库(UNIQLO)不但是日本服饰零售业的老大,也在中国服饰商业环境中占有一席之地。除了其款式新颖,质地细腻的服饰本身外,它的购物环境更让人舒适安心。它所有的店铺一贯采用明亮柔和的直接照明方式,就像服饰界的"超级市场"。

间接照明形式基本由灯光光线的折射方式来体现。即设计师在进行灯光设计时,让光线不直接投射在物体上,而是照射在物品本身的侧面、背面位置,光线经过折射照亮物体。这种形式的灯光设计光线比较平均柔和,使得消费者的眼睛会比较舒适放松。经调查数据显示,采用这种方式最多的是中等品牌服饰,高级品牌服饰次之。间接照明方式让商品看起来更赋有立体感,也使得服饰商铺整体定位和环境层次上升,这也正是中等品牌服饰店选择这种灯光设计表现方式的理由之一。著名MOUSSY品牌在服饰店铺的灯光景观设计上就充分地利用了间接照明形式,取得的效果非常明显(见图8)。

全方位照明形式也称3D照明,表现方式一是利用灯光光线对展示物品进行全方位、多角度的照明,一般需要配合展示模特,以达到丰富立体的上身效果;二是利用灯光光线,制造出3D结构,多数是立体几何或是LOGO图案。这种灯光设计方式较多地出现在高级品牌专卖店,中等品牌服饰店次之。这种照明形式因为光线多、颜色丰富,所以对灯光景观设计要求较高。倘若没有分清光线的主从关系和灯光颜色的搭配关系,就会造成消费者视觉上的不适感。没有达到原初的目的,反而还会弄巧成拙。所以,往往投资成本较高的高级服饰专卖店才会选取这种灯光设计形式,来博取消费者的眼球,在服饰市场上标新立异。高级运动品牌往往会使用这种灯光设计形式,比如中央看台上的模特身着品牌运动服,手握篮球,正上方则是360°的灯光投射于看台。其效果绚丽夺目,让消费者们不禁被吸引。高

图8 MOUSSY商铺间接照明形式的灯光景观设计

级品牌专卖店选择复杂的灯光设计形式的目的就在于此。

3　服饰商铺灯光景观设计的讨论

大数据时代的来临给服饰商铺灯光景观的功能配置及表现形式提出了全新的挑战,精准化的营销策略将更进一步要求服饰商铺灯光景观的文化化、多元化、低碳化和设计化。

（1）品牌文化显示的问题。品牌文化对于一家服饰商铺就好比是高楼大厦最厚实的根基。让消费者看得到"厚实的根基",品牌的信任度和发展度才越高。直观的灯光设计就可达到这种视觉效果,但却往往被店家忽略。大部分有意识展示自己品牌文化的服饰商铺常常会采取的方法是将企业文化刻在一块块金属看板上,放置于店铺门口。既影响美观,又不能吸引到消费者。如将企业文化和灯光设计巧妙地结合起来,两者相辅不仅可以提升店铺整体购物氛围,更能使服饰商铺文化档次上升。如南京路步行街上的"上海故事"品牌服饰店,将品牌企业文化做成旧照片,装裱在老式相框中并搭配复古壁灯进行灯光装饰,且店内所有灯具均采用复古式,并让整体商铺氛围都处于暖黄色的怀旧灯光下。一走进这家服饰店,20世纪30年代老上海气息扑面而来,品牌文化显示不言而喻。

（2）美学指导下的设计感问题。简易单一也是现下灯光设计的缺陷之一,灯光对于多数服饰商铺来说,只是单纯的布置统一的灯管进行照明,毫无设计感可言。在讲究多元化的现代商业空间中,灯光景观设计必须向多元化靠近。多元化的灯光景观设计有很多种方法,可以从灯具和光色上做文章,商铺可以采用统一的灯具,但使用不同的灯光光色;或者是采用统一的照明颜色,而配置不同等规格和款式的灯具;服饰商铺甚至也可以采用以上两者的混搭设计方法;也可以从店铺空间上入手,不同区域使用相异的灯光设计进行划分,此方法如果搭配合理,就能让商铺看起来具有美感又井井有条。总之,所有的设计方法目的都要以丰富服饰商铺环境的整体层次感为准则。多元化灯光设计创造出的层次感使得商铺更加赏心悦目,也进一步吸引消费者。

（3）商业环境的低碳化问题。这是灯光景观设计中最突出的问题。低碳、节能、绿色、环保不仅是成就世界的新话语权,更是成就商业空间的新风向标。故服饰商铺在进行灯光景观设计时,必须将其纳入设计原则之一。但是,事实却是许多服饰商铺的灯光景观设计中,往往会使用到高瓦数的白炽灯、日光灯、荧光灯及彩色灯等。更有甚者是部分高级品牌服装店会根据当季主打产品风格,配上相应的灯光景观设计,这样的搭配往往持续不到几个月就会被完全替换,这一行为不仅导致大量灯具的浪费,也直接造成代价较大的能源浪费。所以,为了服饰商铺能在商业空间中持续发展,其灯光景观设计必须走向低碳化。灯光设计低碳化的方法有许多,可以在灯光设计中采用太阳能式储能灯,将储能灯悬挂于店铺玻璃窗上,白天吸收完太阳能就可以使用,简单便捷且投资率低;若是商场中的室内服饰商铺则可以直接选用节能式灯具进行灯光设计。照明的低碳化和智能化设计必将推动行业和社会的低碳化进程。

浅谈商业空间中主题式服装品牌的橱窗景观设计

胡芷嫣　张建华

（上海商学院旅游与食品学院,中国上海201400）

摘要: 迎合"以人为本"的时代主题,主题式服装品牌的橱窗景观设计越来越受欢迎。本文通过对上海淮海路服装类橱窗景观的空间、色调、道具、灯光等景观元素的调研分析。提出了增加景观层次感、丰富景观画面感和渲染景观主体感的设计原则。并论述了以季节、节日、场景、风格、灯光进行主题化橱窗景观设计的手法。

关键词：商业空间；服装；主题式；橱窗景观设计

如果说眼睛是心灵的窗户，那么橱窗就是一家商店的心灵窗户，更是店铺的形象代言，能够起到良好的产品展示宣传作用。橱窗结构富有特色，陈设精致具有文化气息，模特穿衣完美，不仅会给顾客留下美好的印象，而且能够直接明了地向顾客展示服装品牌风格、传递商品信息。富有创意的橱窗景观能够引起顾客的注意、展示商品品牌特征，并有效带动店铺里产品的销售。

21世纪是一个"以人为本"的时代，不仅要满足人们的物质需要，还要满足当代人的精神需要，因此各类主题式餐厅，主题式公园已成为新时代的宠儿。而橱窗景观也受其影响，走上主题式发展之路。橱窗景观的主题化不仅能准确地传达品牌文化和商品信息，而且通过空间、色调、道具、灯光等景观元素可以创造主题意境，展示商品的魅力。

1 商业空间中主题式服装品牌的橱窗景观现状分析

通过对淮海路商业圈主题式服装品牌的橱窗景观主题营造现状以及橱窗景观设计中搭配元素起到的作用、橱窗景观中空间的利用情况、道具和灯光的使用比例、橱窗景观中广告的宣传力度以及这些景观元素在橱窗景观的主题营造中能够带来的景观效果调研，其结果如下：

1.1 服装品牌橱窗景观类别

淮海路商业圈相对而言消费层次高端，集商务与娱乐于一体。橱窗展示以时尚女装为主要展示对象，整体服装档次在中高档水平，约占82.75%。中高档时尚女装品牌有ZARA、Lily、H&M等，高档时尚女装品牌有PRADA、D&G、GUCCI等。而运动品牌也以中高档品牌为主，如NIKE、Adidas、New Balance等。相对而言，职业装品牌所占比例较少，仅占4.17%。

1.2 服装品牌橱窗景观营造手法

1）背景色调

背景是橱窗展示制作的重要组成部分。主题式服装品牌的橱窗景观，关键之一是背景色调的选择，它是橱窗景观主题风格的基调。调研显示，不同风格的服装品牌在商业空间中的橱窗景观，背景色调应用大致分为明快的多元色和单一色，多元色给人一种青春阳光的主题感，而单一色就显示出其稳重高贵的特点。时尚类服装的橱窗景观以多元色为主要背景色调，通过一些明快的调和色如红、黄等提亮橱窗的整体效果。相对而言，明亮、多彩的橱窗总比单一色更能吸引顾客眼球，起到品牌关注的作用。不过为符合品牌特色，男女职业装品牌就会选择单一色作为橱窗背景色调，大都选择白色作为背景，与职业装传统的黑色形成鲜明对比，从而突出商品，显示其稳重性。色彩上，不同品牌风格以及当季的服装色调是目前影响橱窗色调的主要因素，应该更多地考虑为营造橱窗景观的主题选择适合的背景色调。

2）道具选用

道具包括布置商品的支架等附加物和商品本身，道具的巧妙利用能使整个橱窗景观更加生动。橱窗所要营造的主题效果，需要靠道具这一景观元素的点缀装饰来烘托出主题的氛围。

目前道具主要分为静态道具和动态道具，静态道具的使用率比动态道具的使用率高了整整75%，尤其道具模特的使用是橱窗道具使用的首选。其他静态道具的使用比例也比较高，除道具模特以外，还会选用不同的几何形体,有将模特摆放在上面,或站立、或坐着;有放置皮包等道具。与静态道具相比,动态道具的使用率明显比较低,仅占17%,其中以电子展牌的使用为主。通常采用的是一块大型电子展牌,或两三个小型的电子展牌结合的形式。大型电子展牌给人的画面效果比较震撼,让人在远处就能被吸引。而小型电子展牌就有它的精致之处,三两结合,同时播放的同步感,带来的即视感也不比大型电子展牌的感觉差。除了视觉体验之外,还有一个好处就是能够使顾客更加了解品牌文化以及当季主打服装样式,简洁明了。目前道具的选择范围很大,不过仍旧缺少了为营造橱窗景观主题的深思熟虑。

3)灯光使用

光和色是密不可分的,不同的灯光能对消费者的视觉和心理产生不同的影响,为橱窗配上适当的顶灯和角灯,不但能起到一定的照明作用,而且还能使橱窗原有的色彩产生戏剧性的变化,给人新鲜感。橱窗景观所要营造的主题效果,更离不开灯光的使用,灯光的辅助效果有着不可小觑的作用。灯光可分为暖色光和冷色光,调研显示,不管时尚类、职业类,还是运动类的服装橱窗的灯光选用大多选择暖色光。各个商店在白天的灯光使用率并不高,一般从傍晚开始灯光使用率增加,起到了一定的照明作用。据调查显示,明亮的暖色光营造出的氛围比冷色光营造的氛围更能激发顾客的消费欲望。暖色光色彩柔和,使得橱窗整体给人的感觉是温暖的,灯光的柔和配上布料的柔软,令人感到舒服自然。而目前灯光的使用为主题化的烘托考虑得相对较少。

1.3 服装品牌橱窗景观营造手法存在问题

随着时代的发展,橱窗展示早已成为商家进行广告宣传的不二选择,当今的服装橱窗景观正日趋成熟。但随着社会的不断发展,人们将购物不仅作为一种简单的行为,而是越来越注重购物过程中的精神体验。因此,橱窗景观就不仅仅只简单地基于商业目的,还要将"以人为本"的精神体验融入其中,橱窗景观更要注重季节更替、节日气氛、真实生活、文化内涵、艺术效果等精神上的传递。通过道具、灯光、空间、宣传来营造橱窗主题,体现其精神内涵是目前橱窗景观所追求的。目前服装品牌橱窗景观主题营造的搭配元素作用比例如表1所示。

表1 主题营造搭配元素作用比例统计

分类	道具			灯光			空间			宣传		
	展示商品	点缀装饰	营造主题	照明作用	突出商品	艺术效果	下部空间	中部空间	上部空间	广告标语	打折标志	品牌文化
比例	90.63%	71.88%	3.13%	90.62%	62.5%	9.38%	40.63%	87.5%	37.5%	9.5%	15.63%	53.13%

1)景观布置趋于静止,缺少动态感

橱窗景观中静态道具的使用率比动态道具高75%。而且都选择用道具模特来展示服装,但是由于道具模特带来的生硬感不可避免,所搭配的其他道具元素基本属于静止的布置形态,几何形体的棱角分明,显得整个橱窗景观十分生硬呆板,缺少了动态感,没有活力。道具元素在整个景观中的作用以展示商品以及装饰作用居多,缺少了营造主题的概念。

丹麦BESTSELLER集团旗下的主要品牌之一的Jack & Jones杰克琼斯橱窗景观。整个景观以一张海报作为背景墙,四个道具模特分居两边,橱窗景观没有什么亮点之处,4个模特造型除了站姿上的不同,都趋于一致。由于服装以黑色为主,因此背景墙以白色为主,中间的图案正好将两边模特联系起来,但由于也是深颜色因此模特并不突出。另外没有其他动态道具为其增色,整个橱窗景观没

图1　Jack & Jones的橱窗景观　　　　　图2　艾格的橱窗景观

有亮点（见图1）。

2）灯光使用渲染简单，缺乏艺术性

现在很多橱窗景观中的灯光，以照明以及突出商品为主要作用，从4个角度打光或由上而下打光、由底至上打光，提升服装的可观性。而迎合人们的视觉需求，就显得缺少了一些艺术效果。在橱窗景观的主题营造中，灯光的主题化烘托将整个橱窗景观营造得个性鲜明。

仍以Jack & Jones为例，暖黄色灯光并没有起到突出商品的作用，反而感觉整个橱窗景观色彩昏暗，缺少品牌所要打造的独特、轮廓鲜明的风格，难以引发消费者对商品的亲和力，不利于诱发消费者购买的动机和欲望。

3）景观空间利用不足，缺少空间感

在橱窗景观主题营造中，商品的摆放多集中于橱窗景观的中部空间，占87.5%，下部和上部空间往往利用不足。但整个景观空间中，下部和上部空间的利用价值其实很高，是整个空间感的体现。而在橱窗景观中往往忽略了这一点，过度强调了中下部的空间使用。有时更会适得其反，使得中下部分过于复杂。

以艾格为例（见图2），主要是走甜美女生和淑女路线，适合年轻的女孩子。在橱窗景观中，展示了同色系的服装，集中放置于整个橱窗的中部空间，而下部和上部分的空间利用很少。景观空间没有好好利用，使得整个橱窗景观显得单调，缺少应有的空间感和层次感。

4）形势变化喧宾夺主，缺少宣传性

在景观主题营造的同时，需要明白橱窗景观的主要作用是对品牌的展示宣传，但现在大多重视橱窗景观形式上的变化，忽略了橱窗景观的真正目的。通常出现的是品牌标志以及打折标志，让顾客无法真正地了解品牌文化。每一个品牌都应该有一句专属于其本身的广告语，简洁明了，又符合品牌内涵。

如图3所示的橱窗展示，整个橱窗的道具使用可谓精彩纷呈，利用了欧式桌椅、时钟、吊灯、屏风等道具，使整个空间变得丰富，极富层次感。利用整体道具的白凸显了黑色服装的干练温婉，又配以冷色调灯光为主的灯光营造，打造了一个高贵的居室主题。又将橱窗四角做了艺术加工，变得有线条感，整个景观极具形势变化。可是若不说是哪一个品牌，一定没有人知道。因为既没有品牌标志，也没有广告标语。使得橱窗景观以广告宣传为主要的目的被形式上的变化喧宾夺主。

图3　PRINTEMPS的场景式橱窗景观

2　服装类橱窗景观的主题营造对策

1）体现季相变化，塑造季节化主题设计

春夏秋冬四季的更替，橱窗景观当然也要有所变化。按照一年四季的变化来陈列，通过相应的主题和内容创造典型的季节气氛，使适应季节的产品得到充分展示，达到促进销售的作用。一年中有商业的销售黄金季节，在我国一般为春秋两季。因此这两季的橱窗景观特别关键。

以春季的橱窗景观为例，春季万物复苏，植物开始发芽生长，许多鲜花开放。因此春季的橱窗色调应该表现出春意盎然之感，色调上采用明快的调和色。在道具的选择上，更可以选用春季植物来进行橱窗装饰，植物的景观效果往往比家具等一些硬质材料的效果好。一是因为植物其本身富有生命力，使橱窗具有生命。二是因为植物具有线条感，枝条的柔软能降低道具模特的生硬感，使橱窗不显得呆板。三是因为花卉的自然色彩，比起油漆、人工材料的颜色，花卉的自然色更能吸引消费者的眼球。因此小面积的植物应用，一定能成为橱窗景观的点睛之笔。

另外针对橱窗的上部空间利用，为迎合春季主题，可以在上方悬挂几只翅膀振动的蝴蝶，用艺术字将品牌名称悬挂起来，通过色彩对比凸显出来。不仅充分利用了橱窗空间，还能为空间增加动态感。而为了整体空间的联系，在下部空间的花卉摆设上可以制作几只栩栩如生的蝴蝶作为呼应，并通过淡淡的灯光起到突出烘托作用。

2）呈现节日氛围，营造节日化主题设计

春节、圣诞节、万圣节等一些每年商家以此作为商机的节日，有针对性地利用富有节日特色的道具来烘托节日气氛，淡化商品直接地销售宣传，掩去赤裸裸的商业目的，让消费者没有抵触心理。通常会比实际节日或特殊纪念日提早半个月到一个月的时间，以达到提前提醒顾客进行消费的目的。橱窗景观将以浓郁的节日文化为主导，在形式上采用戏剧化的情节、场面和展示效果，来创造橱窗景观的形象和意境，以感染消费者，促进销售。

以圣诞节景观主题为例，H&M的橱窗景观早早就迎合了即将到来的圣诞节气氛，以暗红色作为背景色调，与服装的黑白形成对比，既符合节日气氛，又不失稳重。在背景墙上摆设两只麋鹿头作为圣诞景观元素，暖暖的灯光照射在上面，与圣诞节的快乐温馨相呼应。下部空间随意摆放得礼品盒，色彩不一，或复古、或艳丽，与"缤纷礼物，尽在H&M"这一广告语相呼应，使整个橱窗景观在融合了节日气氛的同时，更体现了品牌内涵（见图4）。不过在道具模特这一景观元素的设置上就有些单调，模特造型以及模特发型的统一使得整体感觉呆板，如果变化模特的造型以及发型，则整体景观效果更好。

图4   H&M的圣诞橱窗景观

图6   NIKE 的LED灯光景观效果   图5   D & G 的复古风橱窗景观

3）表达真实生活，布置场景化主题设计

将服装置于某种设定的场景中，使其成为角色，通过特定的场景传达生活环境中商品使用的情景，充分展示服装的功能和风格，使消费者产生共鸣，把眼前的场景与自己的体验联系起来，产生亲切感，进而产生对品牌的认同感和归属感，从而达到促进销售的目的。

以如图3所示的橱窗景观为例，打造的是一个居室场景式橱窗。本身的橱窗形式非常出彩，但如添加品牌标志等，将更能起到橱窗展示的根本目的。另外场景式的主题设计，可以采用真人展示表演，替换模特的死板。穿着品牌服装的真人模特，可以在橱窗里对其服装进行展示，只是橱窗变成了她的T台。这种形式的展示，肯定能够夺人眼球，使顾客视觉上感受到服装穿在身上的效果，产生亲切感。如果没有路人经过，就可以像道具模特一样坐在椅子上休息。路人经过的时候就可以进行表演，这种方式就像国外的街头艺术，给人们带来了无限的乐趣。

4）展现品牌文化，创造风格化主题设计

风格可以分为很多种，比如英式风格、法意式风格、瑞士风格、欧式复古风格、美式风格、印度宫殿式风格、中式风格等。每一个品牌都有属于自己的风格，每一季的服装系列也会有不一样的风格。这样橱窗景观所创造的风格主题，就应该要迎合品牌文化和服装主题。

D&G当季服装风格走复古风，因此整个橱窗景观就以欧式复古风格为主题，背景墙是大小不一的车轮造型，色调的选择与服装色调相近，十分融洽大气（见图5）。与其他橱窗景观的风格不同，使得它更引人关注。但整个橱窗景观还有些单调，如将背景的景观元素由静态变为动态，比如选择其中两个车轮让其缓缓地转动，使得整个橱窗景观具有动态感。

5）利用灯光照明，渲染主题化气氛

灯的种类有很多，有吊灯、顶灯、壁灯等，通常在橱窗景观中起到照明以及突出商品的作用。但是在橱窗景观的主题营造中，灯光不仅可以起到渲染作用，还可以作为主要的主题营造的景观元素。

在运动品牌中,如在NIKE的橱窗景观设计中跟随时代步伐,注重科技元素,运用了大型的电子展示牌以及LED灯的色彩变化,两种景观元素相结合使整个景观效果更加具有视觉性(见图6)。整个橱窗景观以LED灯构建了极具立体感的多边形,配以变化的色彩体现了运动品牌的活力,成了人们的视觉焦点。电子展牌作为背景墙,循环播放着品牌文化,整个橱窗景观极具现代感和动态感。以灯光变化作为橱窗景观的主题来体现品牌文化,对比其他橱窗景观的静态,更加引人注目。

3 小结

随着一个数据爆炸性增长的"大数据"时代的到来,伴随着大数据时代"多样性、易变性、时效性和创新性"特性的主题式服装品牌的橱窗景观设计同样面临着新的挑战和机遇。橱窗景观设计不仅要吻合品牌的风格及当季产品设计的主题,还应该从社会环境与经济政治的风向、全球流行话题、文化与艺术趋势、生活形态趋势的反应、时尚消费品行业的趋势等视角去吸取养分、进行创作。如何将大数据产品放入橱窗,将某品牌服装大数据分析得出的结果在橱窗中展示,使顾客更好、更全面地了解产品情况,更好地为顾客提供服务;如何深度理解"时尚是生活的必需品,时尚风格如同食物一样,是生活的必需",并将生活形态理念、时尚产品像食品一样展示出来;如何更加注重文化品牌理念,从品牌形象的策划、标志、服务、信息等全方位塑造品牌形象;如何利用视觉营销理念,用无声的语言传递商品的信息,促进产品(服务)与消费者之间的联系,从以销售为导向的展示转变为以顾客为导向的展示,体现"以人为本"的原则,用充满人性的设计来使消费者接纳,都给主题式服装品牌的橱窗景观设计提供了广阔的空间。

浅谈服饰专卖店的商业景观空间格局

彭丽辉　张建华

(上海商学院旅游与食品学院,201400)

摘要:专卖店的商业景观空间格局对专卖店的形象展示和销售利润起重要作用,直接影响专卖店的经济效益,因而为促进服饰专卖店更好的发展而进行合理的商业景观空间格局规划显得尤为重要。

关键词:商业空间;服饰专卖店;空间格局

商业空间是指当前社会商业活动中所需的空间,即实现商品交换、满足消费者需求、实现商品流通的空间环境。商业景观空间格局指的是大小和形状不一的商业景观斑块在空间上的配置。服饰专卖店的商业景观斑块主要指商品展示区(橱窗、展台、模特)、商品选购区(陈列器架中岛、挂通、隔板)和人流活动区。从结构上,商业景观格局可分为点格局、线格局、网格局。点格局是指特定景观类型的斑块大小相对于它们之间的距离小得多的一种景观类型;线格局是指景观要素呈长带状的空间分布形式;网格局是指点格局与线格局的复合体。从景观要素的空间关系上可分为均匀分布格局、聚集型分布格局以及组合分布格局。均匀格局有点状、渐变、带状、交替、棋盘、网状、环状;聚集格局有群集、线状、交替、放射、水系、指状;组合格局是两种或多种景观格局类型同时存在的景观类型。

专卖店的形象设计是品牌展示的灵魂,而专卖店的商业景观空间格局对其形象的设计起关键性作用,从而直接影响品牌文化的传播和品牌认知度的认证。同时对商品展销也有重大影响,其景观空间格局关乎专卖店的空间利用率、店内的交通流线、整体的购物环境，这对商品展销有很大的影响。因此，探讨商业空间中服饰专卖店的商业景观空间格局的现状以及现存问题无疑具有积极意义。

1 服饰专卖店的景观空间格局的现状分析

通过对上海最具代表性的三大商圈（淮海路、徐家汇、南京路）的服饰专卖店进行调查研究得出：服饰专卖店商铺大致可以分为高级品牌专卖店、中等品牌服饰店、大众化服饰店3个类型。上海乃国际时尚之都，所以以中高档品牌居多，中高级品牌专卖店占比达75%。而服饰专卖店展示空间以及供人活动空间与品牌专卖店的层次成正比，与商品选购空间成反比。

高端品牌较于其他两者，其展示空间和人流活动空间是最大的，主要是因为展示空间比重相对较大，就能拥有更多打造专卖店形象的空间和机会，这样有助于展示专卖店商品的内涵和精华，吸引顾客眼球，提升专卖店的销售额。供人活动空间多则更能为顾客提供一个舒畅的购物环境，为顾客留下美好的购物印象和回忆，巩固专卖店的信誉。这也是高级品牌店所追求服务品质和企业精神。

1.1 服饰专卖店商品展区的景观空间格局现状

调查发现，高级品牌展示区的空间格局是以聚集格局为主，其中以橱窗为主要展示方式，其次是展台和点挂出样；中等品牌以均匀格局为主，其中以点挂出样为主要展示方式，其次是展台和橱窗；大众品牌只采用均匀格局，点挂出样的展出方式占主导，兼配展台展出。聚集格局有明显的群聚效应，能快速出效果；均匀格局则会更有规律性，整体较为美观，可控性强；组合格局灵活多变，适应性强。

（1）大众品牌的展区采用均匀格局中的点状形式，以点挂出样模特展示为主，同时还会配套个别展台展示，点状的均匀格局有位置比较灵活、可调性强、占用空间小的特点。大众品牌展示区采用此种景观空间格局究其原因是：大众品牌面向的是普通大众，大众的消费能力并不强，购物会比较理性，所以商家主要是靠价格策略来达到促销的目的，而点状的模特位于门口两侧和重点推出产品旁既能很好地吸引顾客，同时又不会占用太多空间，不会妨碍交通；点状形式的展台位于店中央主要用于展出新款，既可以突出专卖店的亮点，同时也不会占用店内太多空间，也就不会造成拥堵的局面。

（2）中等品牌以点状的均匀格局为主，其中以点挂出样为主要展示方式，其次是群集的组合格局，以展台和橱窗为主要展示方式。中端品牌消费者的消费能力介于高端和大众之间，有可能凭着一时的冲动购买商品，也许就会在看到模特身上的那套衣服觉得很好看，当即就会付款，所以中等品牌会以点挂出样这种方式来吸引消费者，并且点状布局的位置多变，可以灵活运用；展台有一定的群居和整体效果，可以用于主题产品的展示宣传，加深消费者对商品内涵的了解。

（3）高级品牌展示区的空间格局是以群集的聚集格局为主，其中以橱窗为主要展示方式；其次是组合格局和均匀格局，其中以展台和点挂出样为主要展出方式。橱窗展示是整个专卖店的微型景观，是企业形象的主窗口。高级品牌面向消费水平高的上流阶层，其产品更新速度快，引领时尚潮流，它大幅采用具有明显群聚效应的橱窗展示手段，能很好地利用橱窗来宣传当季新款、主推款、畅销款，快速传播专卖店最新动态，吸引顾客眼球，广告效果非常明显，大大提升了品牌知名度。

如ZARA的橱窗展示，首先ZARA的品牌核心竞争力是目前世界上所有时尚品牌最强的，它采用的模式称为Vertical Integration，即垂直出货。它的服装更新速度非常之快，平均20分钟设计出一件衣服，每年可以设计出2万5千件以上的新款，但ZARA花了很大的精力来利用橱窗展区打广告，其格局排成一条线聚集展开，形成一道气势恢宏的线性景观，很好地展示了品牌亮点，同时也会吸引大批人群的眼球（见图1）。这也是ZARA成为时尚界之首的重要原因之一。

图1 ZARA橱窗景观格局图

1.2 服饰专卖店商品选购区的景观空间格局现状

高级品牌的选购区常用均匀格局,常用棋盘式和点状的均匀格局为主,陈列器架主要是中岛和挂通;中级品牌和大众品牌多以均匀格局和聚集格局为主,陈列器架以中岛和隔板为主。

(1)大众品牌多用群集形的聚集格局,常用板墙器架陈列,对于大众品牌而言,考虑到成本等因素,其店铺面积一般不会太大,一般40~80 m²左右,这种聚集空间格局的陈列方式可以概括为以下两点优势:一是充分利用立面空间,节省用地,提高了场地利用率,留出的中部场地可以做展台使用,这样就可以使原本狭小的空间也可以显得开阔明朗,给顾客足够的选购空间。二是储存量大,能直观显示所有颜色、所有尺码,PP点显示形象,既方便购物者挑选又便于管理。

(2)中级品牌多用棋盘式的均匀格局和群集形聚集格局为主,陈列器架以中岛和隔板为主;棋盘式的均匀格局比较容易掌控。棋盘式主要用于中岛陈列,这样便于推出POP,并且店内也会显得比较整齐有规律,能很好地规划出交通流线,使店内交通顺畅。

(3)高级品牌的选购区常用棋盘式和点状均匀格局以及群集的聚集格局,陈列器架主要是中岛、挂通和隔板。高级品牌产品的更新速度快,并且产品级别和主题较多,所以点状的均匀格局主要是为其主题区的产品所应用,主要是新款及主打产品的特别展区。棋盘式格局主要是为促销产品及辅助产品服务。

1.3 服饰专卖店商品景观空间格局现存问题

通过对服饰专卖店的展区和选购区的景观空间格局的调研发现三大商圈服饰专卖店景观空间格局还存在着以下一些明显的问题。

(1)空间格局类型的定位有偏差,未使专卖店各商业空间的功能得到完美发挥,影响专卖店的整体价值的展现。空间格局类型直接关乎专卖店产品的分区,对顾客有很大的导向作用,顾客可以通过格局类型很直观地了解产品的特性,但很多商家一味地追求低成本、便捷式管理、空间利用最大化等,就对专卖店套用同一种简单式的空间格局类型,使专卖店各空间斑块丧失了其本身的功能价值,不利于专卖店整体效益的提升。如大众品牌耐克(NIKE),在商品展区只用一种点状的均匀空间景观格局,选购区则是棋盘式和依墙隔板陈列,没有区分出专卖店的新款或主打系列、促销产品、辅助产品,顾客在面对货架上琳琅满目的商品有种不知所措的惶恐,在引导顾客选购产品这一环节很失败。并且根据黄金陈列线为人平视时,视线上下20 cm的范围(按人的平均身高来估,应该是105~180 cm左右),整体采用板墙展示并非完美之策,它不符合人的最佳观赏视点(见图2、图3)。

图2　耐克新款依墙隔板聚集格局　　　　　　图3　耐克辅助产品依墙隔板聚集格局

（2）景观空间格局形式过于单一，缺乏节奏感和独特性。无论是在展示区还是选购区，各类型服饰专卖店的景观空间格局都比较单一，组合形的空间格局永远不是主导地位，更有甚之大众品牌在展示区没有组合格局，并且均匀格局就基本只运用到了点状和棋盘式，聚集格局也就只有群集式。景观格局太过单一，缺乏节奏感和独特性，也就直接影响到专卖店的整体美感。

2　改善服饰专卖店景观空间格局的对策

2.1　依据空间功能，定位格局类型

商品展示区代表着专卖店的形象，是展现商品内涵的点睛之笔，也是吸引顾客的重要手段。以传播专卖店新动态和品牌独特内涵为首要目的，推出的是专卖店的新款或主打系列。选购区则是专卖店的心脏和血脉，主导着整个专卖店生命的正常运转。选购区的景观空间格局直接关系到广告宣传气氛的营造、产品特点的突出。以促使产品顺利实现交易为首要目的，主要推出促销产品、辅助产品。很多商家在进行景观空间布局时只考虑成本低、管理方便、可控性强等问题，而忽视了空间功能的需求，没有使专卖店各部分空间的功能得到应有的发挥。通过调查总结，专卖店的景观空间功能可按以下格局进行布局：① 展示区可主要采用挂通的架形和展台为主要展示器架的点状均匀格局和橱窗为主要展示形式的群集式聚集格局。其道具可以模特为主，并采用焦点陈列的手法，其位置一般是在顾客最容易发现的地方，推出的也是专卖店的新款或主打系列，点状布局比较适合焦点陈列。② 棋盘格局一般适用中岛陈列，这是一种平行陈列的手法，用于促销产品的陈列，棋盘式的特点是能很好地规划店内交通流线，一般在促销区人群会比较多，所以棋盘式既方便大家选购，同时又不会出现拥堵现象。③ 组合格局一般适用于辅助产品，以群集和点状组合较为适宜，相比于主力品而言，此类商品利润不高，却也是吸引顾客或搭配主力商品的产品。所以一般都是板墙器架立面群集陈列和点挂单品出样，可以节省不少库存，同时还可以搭配POP或者模特一起展出（见图4~图8）。

图4　优衣库促销产品棋盘式格局中岛陈列模式

图6 优衣库主打系列产品点状格局陈列模式

图5 优衣库辅助产品组合格局陈列模式　　图7 优衣库促销产品棋盘式格局中岛陈列模式

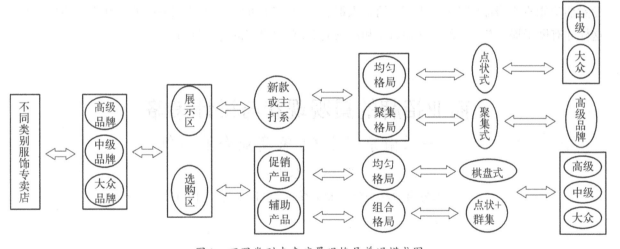

图8 不同类别专卖店景观格局普通模式图

2.2 依据品牌文化及场地形式，创意格局类型

结合场地类型进行景观空间格局创意改造，通过装饰品元素展现专卖店独特的商品文化，就可能形成自己独特的景观空间。达到既能强化认知，加深顾客对产品的印象，增加购买机会，形成潜在利润；又易于使消费者产生对品牌的认同感和信任感，全面提升企业知名度，同时也增强了景观美感，改善消费者购物情绪的效果。如被称作"唯一的服装仓库型超级卖场"的优衣库（UNIQLO），其定位是为顾客提供任何时间、任何地点、任何人都可以穿着的、具备一定时尚性的高品质休闲服。他之所能成为全球四大品牌时尚领跑者之一，除了对服装细节和质量不懈追求之外，还有一点就是它具有独创

图9　优衣库悬挂式橱窗展示图

性,它是全球第一个在专卖店把橱窗展示悬挂在天花板上,并能时刻360度旋转创造动感效果的创始人,改变了以往橱窗展示常以点状或群集形式的景观空间布局,这种还具有流动性的景观空间格局使其更加独具特色。这一创意的展示景观空间格局即吸引了顾客,同时也加深了大家对其品牌创新精神的认可,为其品牌增添了不少附加值(见图9)。

3　小结

通过对三大商圈不同类型服饰专卖店的商品展区和商品选购区的景观空间格局的分析,得出服饰专卖店应根据自身品牌定位和形象、消费人群、专卖店各部的功能来选用不同的景观空间格局类型,这样才有助于提升专卖店的品牌知名度和市场范围,获取更多的商业价值。

商业招牌的景观现状与设计策略
——以南京路上61家商业企业为例

肖　婷　张建华

(上海商学院旅游与食品学院,中国上海 201400)

摘要:招牌作为企业的标志,起到树立企业文化、表现企业精神及吸引消费者等目的。本文通过对南京路步行街61家企业商铺招牌的放置形式、字体、主色调和招牌质地的研究分析,提出了放置形式多样化、字体选择的"企业化"、质地材料的新颖化和色彩表现的情感化等招牌设计策略。以期达到进一步丰富商业街的景观文化,美化城市的目的。

关键字:南京路;招牌;企业文化;景观

招牌作为商店的商标悬挂于商铺的入口处,是面向顾客的第一道风景线,招牌的设计对于企业文化与精神的展示起着至关重要的作用。企业招牌远在2 000多年前便已经出现了。《韩非子》中记战国时江淮一带"宋人有沽酒者……悬帜甚高",说的"悬帜"就是当时作为酒家标志的酒旗,悬挂店前以招揽过客。这种招牌的特有形式，在中国古代社会延续了很长时间。招牌不仅仅是一个简单的符号，它具有广告性质和作用。在招揽顾客，表达行业特色、表明产品产地、述说悠久历史、体现企业经营理念等方面也起到了画龙点睛的作用，是商业广告的升华。

南京路步行街作为上海的百年老街，是以海纳百川的文化作为整条商业街风格的主基调，是城市历史的沉淀。因此，以南京路道路两侧61家企业商铺的招牌作为调研的对象，研究和分析其现状、问题就有积极的意义。

1 南京路步行街招牌的现状与问题

本次所调查的61家商铺中，百货类商铺有10家；食品类商铺有9家；服饰类商铺有17家；银楼类商铺有7家；药房类商铺有3家；其他类商铺占了24.5%。调查中的61家店铺在店面的设计中都采用了招牌作为企业的标志，但是招牌的位置、字体样式、招牌的材质、主色调的选择各有不同。

1）招牌位置

招牌位置的放置可分为：① 平行放置，即企业招牌设置在商铺正上方平行放置；② 垂直放置，即企业招牌与商铺店面垂直而立于侧面；③ 纵横放置，即企业招牌悬挂于商铺正面与侧面的墙上。也有将企业招牌设计成两面或三面的形式，便于不同方向的路人可以看到。

在调查的61家商铺中，招牌位置的选择上100%地选择了平行放置形式，放置形式极其单一。与之形成对比的是南京路两侧商铺的建筑风格却是种类众多，包括老上海式、现代式、欧式以及古典式，其中现代式的建筑风格占47.5%。单一的招牌放置形式与丰富的建筑风格之间的不协调是招牌位置上存在的主要问题。

2）招牌字体

调查的61家商铺中，选择电脑打印字体的为44%，选择书法字体和艺术字体的分别占30%和26%。

电脑打印字体的27家商铺中，其中百货类商铺有9家、食品类商铺有4家、服饰类商铺有8家、银楼类以及药房类商铺没有选择电脑打印字体形式的招牌。电脑打印的字体通常是网络常见形式，通过电脑打印的方式最终呈现招牌这一特定的宣传模式。风格过于呆板、统一，但是表现形式上具有正式、大气的特点。

选择书法字体的商铺有18家，占全部商铺的29.5%。其中百货类商铺有1家、食品类商铺有5家、服饰类商铺有1家、银楼类商铺有6家、药房类商铺有3家。其中选择名人书法的有2家，分别是食品类商铺、沈大成以及药房类商铺、上海第一医药商店。

选择艺术字体的商铺有12家，其中服饰类商铺有3家、银楼类商铺有1家、百货类商铺以及食品类商铺都没有选择艺术字体形式的招牌。

招牌字体的类型虽丰富多彩，但是缺乏所谓"企业化"的呼应与协调，不同的商业业态在招牌字体的选择上也存在随意的现象。现有的建筑风格与商家选择的招牌字体也不甚协调。例如，有3家商铺的建筑风格为老上海式，招牌字体却选择了电脑打印字体；有6家商铺的建筑风格为欧式，招牌字体却选择了书法字体。字体形式上缺乏"企业化"特点是招牌字体现存的主要问题。

3）招牌质地

南京路商铺的招牌质地较为单一，其中93%为金属材质，7%为木质材质。61家商铺中选择金属材质招牌的有57家，业态分布于百货类、食品类、服装类、银楼类以及药房类等，业态分布广泛，被各个业态的商铺广泛使用。选择木质材质招牌的有4家，分别是食品类商铺"沈大成"、艺术类商铺"朵云轩"、药房类商铺"上海第一医药商店"以及"蔡同德堂"。以上4家店铺都拥有悠久的历史，并且从事的行业也是中国古典文化中的文房四宝与中医药等，该类型的商铺在招牌质地的选择上以木质为主,能很好地体现其历史的久远感。

但由于南京路两侧商铺的建筑风格多样,其中老上海式占21%、欧式占28%、现代式占46%、古典式占5%。而招牌的材质却只有金属和木质两种,明显缺乏"个性化"的体现和与建筑风格的统一。93%的商铺都选择了金属材质的招牌质地,剩余7%全部选择木质材质,没有其他任何形式的招牌质地出现。12家老上海式建筑风格的商铺也全部选择金属材质的招牌质地。招牌质地的单一化以及缺乏设计感是景观设计方面的主要问题。

4)招牌颜色(主色调)

调查的61家商铺中,选择红色作为招牌主色调的有18%,选择黑白两色的有49%,选择蓝色、黄色以及其他颜色的分别为5%,7%和21%。

选择红色作为招牌主色调的11家商铺中百货类商铺有2家、食品类商铺有5家、服装类商铺有2家、银楼类商铺有2家。

选择黄色作为招牌主色调的商铺中百货类商铺占25%,食品类商铺和服装类商铺分别占50%和25%。

选择蓝色作为招牌主色调的商铺一般为服装类和药房类。其中服装类商铺有2家,药房类有1家。

选择黑白两色作为招牌主色调的商铺服装类9家、百货类5家、食品类2家和银楼6家。

绚烂的招牌色彩是上海南京路步行街的重要标志之一。但是各种商业业态的招牌色彩应考虑顾客的消费心态与情感,如过多地使用红色,可能会使消费者产生不适的心理压力。

2 商业招牌形式的设计策略

1)放置形式的多样化

平行放置的形式是较为原始的放置形式,位于店面的正上方,起到标志企业形象的目的,在吸引顾客的同时能较正式地展现企业的文化与理念。垂直放置以及纵横放置则能从不同的空间角度吸引顾客的眼球,在宣传效益上起到一定的作用。所以,对于知名的大型百货类商铺以及食品类商铺为了体现企业的形象以及获取消费者的信任一般应该采用正式的平行放置招牌的形式,而对于小型的服装品牌则一般应该选择活泼的垂直放置或纵横放置的形式,起到吸引更多顾客的目的。在呼应建筑风格的考虑上,现代化的建筑风格可以选择多变的招牌放置形式,而老上海式的建筑风格则可以选择平行放置的招牌形式。

例如:"蔡同德堂"商铺的招牌放置形式为平行放置(见图1),与其中国古典的建筑风格以及企业形象相呼应,既体现了企业形象,也增强了顾客对于企业的信心。

图1 "蔡同德堂"商铺的招牌

2)字体选择的"企业化"

百货商场作为综合性的购物场所在招牌字体的选择上不适宜选择太过艺术性、特殊性的字体,电脑打印的字体虽然过于常见、呆板但在百货商场这一特定业态商铺中反而更加能够体现商场亲民的形象。相对而言,食品类以及服饰类的商铺需要着重突出企业文化与理念,如选择电脑打印的字体则不能反映此类商品强调风味和风韵的特征。

书法艺术是中华民族的瑰宝,具有结构美、线条美的特点,千变万化、富有神韵,这是艺术字体所难以代替的。因此,古往今来,书法字体经久不衰地被应用于商业招牌的设计方面。南京路步行街作为一条百年老街,其固有的深厚文化底蕴使每种业态中都有一定比例的商铺在招牌字体的选择上选择了书法字体。其中最具代表性的是银楼类商铺以及药房类商铺,其主要原因在于这些商铺和南京路步行街一样都拥有悠久的历史,都是上海市著名的百年老店。所以,选择书法字体的商铺可以通过文化底蕴深厚的招牌来提升企业的历史感,从而得到消费者的信赖。

富有艺术感的设计字体,通常以企业的商标作为设计原型,通过艺术加工的形式,形成具有企业特色的招牌标志。艺术字体的招牌容易吸引眼球并且体现了商铺的时代感与艺术性,极易受到年轻消费群体的关注,所以受到服饰类商铺以及创新型银楼类商铺的青睐,吸引眼球的同时也可提升企业的艺术性。

商业街上的企业在招牌字体方面可以刻意地突显企业特有的文化与理念。但应注意坐落于特定地域的商业街企业也不能忘了整体的文化内涵与形象,在特殊性中寻求统一性。离开整条街文化的企业景观是不协调的,不协调的景观就宛如一座身处汪洋大海的孤岛,是没有市场与未来的。

例如:"朵云轩"商铺的招牌字体为书法字体(见图2),与"朵云轩"的形象相得益彰,通过招牌字体给予顾客最直观的品牌形象。

3)质地材料的设计化

金属材质的招牌表现出现代设计感,气势上大气恢宏,是现代招牌设计中最常用的质地形式。木质材质的招牌历史悠久,搭配以书法字体附有浓重的历史感,在顾客心目中树立起稳重的企业形象,增添顾客对于企业的信心。

金属材质的招牌质地是最常见、也是最便捷的一种,搭配霓虹灯光的呼应可以产生梦幻的效果,在吸引人气上起到夺人眼球的目的。木质材质的招牌更加具有浓重的历史感,搭配书法字体的招牌增添了企业悠久的历史文化内涵,更加容易获得顾客的信赖。因此,食品类商铺、银楼类商铺以及药房类商铺中的百年老店与老字号的企业应该选择木质材质的招牌形式,在增添企业内涵的同时也可以得到顾客的信赖。而对于艺术感十足的百货类商铺以及服饰类商铺就应该放弃稳重的木质材质而选择金属材质的招牌,增添企业设计感的同时可以更好地吸引顾客的眼球。

为了丰富招牌材质的种类,招牌材质除了金属以及木质之外也可以采用薄片大理石、花岗岩等材质。石材招牌与建筑风格契合的基础上也有厚实、稳重、高贵、庄严的特点;植物背景的招牌更加贴近自然,拥有清新、活泼、天然的特点,更具有设计感与生命力。

例如:"innisfree"商铺的招牌材质创新地选择了植物作为背景(见图3),切合企业纯天然的企业

图2　"朵云轩"商铺的招牌　　　　　图3　"innisfree"商铺的招牌

理念。植物背景的招牌设计既考虑到招牌的景观性与设计感也起到体现企业理念的作用。

4）色彩运用的情感化

红色象征热情、性感、权威、自信，是个能量充沛的色彩，但是也会给人血腥、暴力、忌妒、控制的印象，容易造成心理压力。选择红色作为招牌主色调可以营造一派红火、紧凑的氛围，可以引发消费者的购买欲。但是过多地使用会造成过度心理压力从而削弱消费者的休闲性，降低消费欲望。

黄色是明度极高的颜色，能刺激大脑中与焦虑有关的区域，具有警告的效果，所以雨具、雨衣多半是黄色。艳黄色象征信心、聪明、希望；淡黄色显得天真、浪漫、娇嫩。受到中国传统思想的影响，作为炎黄子孙，黄色是中国人最熟悉也最能接受的颜色，象征尊贵豪华。选择黄色作为招牌主色调的行为可谓是中规中矩，也是企业选择招牌主色调过程中最常规的选择。

蓝色是灵性、知性兼具的色彩，在色彩心理学的测试中发现几乎没有人对蓝色反感。明亮的天空蓝，象征希望、理想、独立；暗沉的蓝，意味着诚实、信赖与权威。正蓝、宝蓝在热情中带着坚定与智能；淡蓝、粉蓝可以让自己、也让对方完全放松。选择蓝色作为招牌主色调是企业选择上最保险的选择，因为似乎没有人会对蓝色反感。但是也因其普遍性而失去了企业自身的独特性，难以形成独特的企业形象，在芸芸众商铺中难以夺人眼球，吸引消费者。

白色象征纯洁、神圣、善良、信任与开放；但白色面积太大，会给人疏离、梦幻的感觉。白色在夜晚十分明显，与黑色的夜幕产生强烈对比，但是大面积地运用白色容易使人产生刺眼与反感。所以适合在面积较小的商铺使用，小面积的白色不但不会产生太过强烈的对比，反而容易营造梦幻的氛围，迎合了消费者的心理，促进消费欲望。大型商铺则应该避免大面积使用白色作为主色调。

黑色象征权威、高雅、低调、创意；也意味着执着、冷漠、防御、权威、专业、品位。黑色的招牌色彩在夜晚中不够吸引、夺目，但是相反在白天就是视觉的焦点。招牌色彩的选择上黑色与白色是最经典的搭配，适合专业性较强的企业商铺。例如珠宝饰品、珍宝古玩等商铺类型。

应该说，三原色——红、黄、蓝中黄色以及蓝色都是企业在选择招牌主色调时最保险、最安全、最值得的选择。虽然在吸引消费者的目的上无法与其他选择艳丽色彩作为招牌主色调的商铺相比较，但是不会引起消费者的反感。另外，以黑白两色作为招牌主色调的商铺是吸引消费者的较好选择，但是在单独使用黑色与白色的面积与比例上的选择尤为重要，不能大面积使用，会引起消费者的反感，降低企业形象。所以，百货类商铺应该选择小面积的白色作为主色调，在吸引顾客的同时也能与金属感的招牌相呼应，提升整体设计感；珍宝古玩等商铺应该选择黑白搭配的形式作为招牌的主色调，可以提高商铺的专业层次；食品类商铺应该选择红色作为主色调，营造热闹红火的氛围，促进消费者的购买欲望；服饰类商铺应该选择白色作为主色调，营造浪漫梦幻的氛围，满足消费者的购物心理；银楼类商铺应该选择黄色作为主色调，符合银楼类金器的主色调，也满足顾客对于银楼类商铺自古以来的视觉感官。

3 小结

社会经济的发展、科学文化的进步使得建筑风格、装饰材料和装饰工艺多样纷呈，这无疑给古老的招牌注入新的活力，各种新型招牌如有机玻璃招牌、霓虹灯招牌、旋筒式招牌、屏幕式招牌等的使用，给繁华的街市锦上添花。光影夺目、华丽多姿成为社会安定、经济繁荣、生活提高和科学文化进步的一种象征。因时因地制宜地应用传统的商业招牌和现代装饰的商业招牌无疑对综合地体现商业企业的文化理念、管理理念、科学理念和服务理念，对美化城市、促进城市文化建设和丰富人民群众的文化生活都具有积极意义。

浅谈传统零售业中广告景观形式的合理运用

张伊娜　张建华

（上海商学院旅游与食品学院，201400）

广告业是指以广而告之为目的的行业。商家通过广告业向消费者宣传他们的产品，从而引发消费者购买的欲望。而互联网的迅速发展，使传统广告营销正逐渐被"精准营销"所代替。与传统广告营销强调"创意"、"策略"及覆盖广度相比，精准营销的广告方式比起传统广告业更有针对性，是以"技术"为驱动、以海量数据挖掘为前提，实现对特定受众的个性化广告传播。在这样的时代背景下，广告的景观形式也必然发生巨大的变革，因此进行此项研究十分必要。

1　商业街广告景观形式的现状及问题

通过对南京路商业街、淮海路商业街以及徐家汇商业圈广告景观形式的调研可以看出，图像广告、文字设计和人物代言三种形式的广告运用得都较为普遍，而电子音像广告用得较少（见图1）。大型百货店和购物中心中，视听广告虽偶有用武之地，但大多数仍以图像广告为主。专卖店中，广告形式则较为丰富。就广告的形式和内容来看，人物代言广告大多数是以帅哥美女为主；图片广告则非常普遍，任何促销活动都可见到图片广告的形式；而文字广告极富个性，但此类文字广告仅出现在少数具有企业文化的店面。但从让消费者通过广告对产品本身产生共鸣及有利于顾客的交流体验的环境舒适度的角度出发，其景观形式仍存在诸多问题。

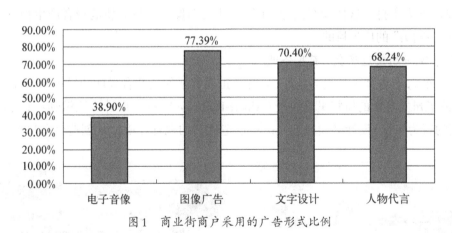

图1　商业街商户采用的广告形式比例

1）文字广告文字偏小，内容局限

文字广告上的文字过小，表达内容过多，缺乏重点和新意。过小的文字往往会被消费者所忽略，无法实现向消费者传达信息的愿望；过多的内容，无法让消费者找到重点内容，一般消费者也没耐心浏览长篇大论；而没有新意的文字内容，亦无法引起消费者的兴趣。

众所周知，一般1 m的距离，可以让人看清30字号的字体。但在商业街环境中，消费者不可能有足够的时间、足够的兴趣可以驻足停留在距广告1 m处，仔细阅读文字。除非，文字广告中，有什么亮点，可以吸引消费者。如盛大百货楼下广场上卡西欧的文字广告（见图2）和索尼门口的四副文字海报（见图3）。如此内容繁多、文字偏小的广告，根本没有办法让消费者一目了然。

图2 盛大百货楼下广场上卡西欧的文
字广告

图3 索尼门口的四副文字海报

2）图像广告缺乏新意，布局单调

广告创意可帮助商家实现客户爆炸式增长。市场中应用有效的创意诉求、形成良好的传播效应是广告的生命和灵魂所在。创意是使消费者接触广告时"引起兴趣、形成记忆、最终购买"这一刺激程序形成的重要环节。然而商业圈中的图像广告往往乏善可陈，似乎广告存在的意义只是为了提醒众人他们的存在，而非为了引起消费者的购买欲。展示出的广告毫无创意可言，即不能很好地突出产品本身的特点，也不能让消费者产生体验冲动。图像广告可分为以产品本身作为图像的广告和以产品使用效果作为图像的广告。多数以产品使用效果作为图像的广告，以俊男靓女为主，占图像广告的近70%。如位于某商业街百货超市屈臣氏的大门口，放眼望去，皆是图像广告（见图4）。这些图像广告上无一例外，皆是以美女为主打。这样没有创意、千篇一律的图像广告只会使消费者产生视觉疲劳，更何谈"形成记忆、最终购买"的广告目的。

3）广告景观布局太过密集，不甚合理

对于商家而言，广告并不是越多越好，只有真正能够抓住消费者眼球的景观布局才是好的设计布局。美国爱荷华州立大学的拉特里奇教授（Albert Rutledge）说过，设计应该做到：① 满足功能要求；② 符合人们的行为习惯，设计必须为了人；③ 创造优美的视觉环境；④ 创造合适尺度的空间；⑤ 满

图4 某商业街百货超市屈臣氏大门口的图像广告

足技术要求;⑥尽可能降低造价;⑦提供便于管理的
环境。调研发现,样本区商业街广告的景观布局违背
了这几项原则。首先,广告的功能要求是为了广而告
之,吸引消费者前去消费,但是过度密集的广告布局,
会显得没有重点,在广告没有重点的情况下,是很容易
被消费者忽视的。其次,过于密集的广告,会影响相互
之间的效果,挡住消费者的视线甚至模糊消费者的视
觉焦点。第三,密集的景观布局不仅不符合人们视觉
习惯,还提供了一个糟糕的视觉环境,无法给人以美的
视觉环境。如图5所示,不合理的布局,导致广告与广
告之间产生了影响。前方的两张文字设计广告挡住了
后面的人物代言广告,3张广告的并列,同时也模糊了
消费者的视觉焦点,从而忽略这家实体店广告的效果。

图5　某实体店的广告招贴

4)缺乏针对消费者个体进行精准营销的研究

马云说过:"传统广告行业理论已然崩溃,当前已由大规模投放广告时代转变为精准投放时代。"
但对样本区的调研发现,无论广告的景观布局还是广告的形式和内容都只遵循传统广告业的营销方
式,而忽视了大数据时代带来的种种变化,尤其是缺乏针对消费者个体进行精准营销的研究。

2　商业街广告景观形式的改进策略

1)重复、简洁,打造触动人心的文字广告

文字广告需要重点突出广而告之的核心内容。以简短的语句给消费者留下深刻印象的文字广
告才是成功的文字广告。广告语句应给消费者留下深刻印象。如南京路上张小泉剪刀专卖店的橱
窗设计,内容很简单,但那句"唯有真情剪不断"文字广告充满了温情和这个品牌的历史文化内涵
(见图6)。

重复强调的方式也很重要,例如2013年10月在美特斯邦威实体专卖店中,随处可见"美特斯邦
威新能量科技绒"的广告标语,以时尚、温暖、舒适、安全、环保等实用因素完美结合为营销重点。从
进店开始,到处都能看见"新能量,新生活"的广告标语,能给消费者留下极深刻的印象(见图7)。

图6　张小泉剪刀专卖店的橱窗设计

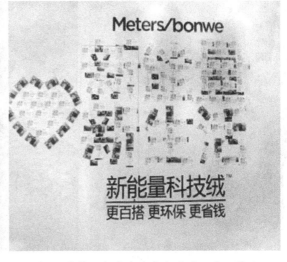

图7　美特斯邦威实体专卖店的照片心愿墙

图8 "天之蓝"白酒广告

2）美化、特色，打造品牌文化的图像广告

图像广告在商业街的广告形式中所占比重较大，因此其重点应放在品牌文化的展示上。如图8"天之蓝"白酒以产品本身为图像，以大量的蓝色吸引住消费者的视线，将产品放在正中间，重点突出，没有模糊大众的视觉焦点。又如徐家汇某百货大厅内的以产品使用效果图像的广告就很吸引人眼球，重点十分明确的突出了模特穿着牛仔裤的腿部，长条状的海报形式也很好地给人以纤细优美的感觉。再如佰草集作为一种药妆，其图像广告中运用中国传统的水墨，白描等艺术手法，加上荷叶、莲子、桃花、瓷器等具有浓郁中国特色的物品，运用巧妙的创意构思表现出一股浓浓的中国味，成功地打造了佰草集在消费者心中天然中草药美容护理专家形象。

3）新颖、奇特，打造脱颖而出的创意广告

无论广告的形式或内容，总是追求消费者眼前一亮的感觉，能给消费者留下深刻的印象需要新颖、奇特，需要脱颖而出的创意。如图9所示，一只明明是平面画出的、却很立体的手，托着一张文字广告，这样别出心裁的表现形式给消费者留下深刻印象，极具视觉冲击力。又如南京路上的卡西欧专卖店，在地上投影出"CASIO"字样的绿色投影，能够很轻易地吸引住消费者的眼球（见图10）。随着科技的发展，各种新颖的科学技术都可以大胆运用在广告宣传上，它会产生意想不到的效果，增加对消费者的吸引力。

4）学习、研究，打造精准营销广告投放体系

"大数据时代"悄然而至，BIG DATA正在改变我们的生活。大数据时代对于商业市场而言，其关键就是利用大数据的特性，做好市场及消费者的精确预测。大数据，谈的不仅仅是数据量，其中还包含了时效性、多样性以及可疑性。首先，大数据时代，必然有海量数据产生，其处理、保存和分析研究是市场预测的重要基石。其次，大数据的时效性指的就是在获取到大量的数据以后处理要及时，否则这些数据就有失效的可能性。第三，大数据的多样性，则是说明了这些数据的形态是非常多变的，为了市场预测的准确性，分析手段的多样性是必须被考虑的。第四，可疑性则是这海量数据的来源各式

图9 某品牌广告

图10 卡西欧专卖店投影广告

各样,并没有绝对可靠信赖的途径,所以也不能完全依赖这些数据去做市场预测,而需要工作者有选择,有辨别性地预测。

大数据时代的广告则是以精准营销为主。所谓的精准营销就是在整合消费者个人信息后,更有针对性地以广告手段向消费者推销产品。此种营销方式已被普遍运用于互联网上。作为承载实体店的商业圈,可以将精准营销与移动设备相结合。即商家可以将广告投放在数据库整合出的目标人物的移动设备上;也可以在目标消费者出现在一定区域范围内以后,以短信或者某APP的形式向消费者提供产品信息,避免消费者错过需要的产品。

传统的广告业普遍以大面积撒网为策略,无论是何种广告营销方式,都是采取"广撒网,多捞鱼"的景观形式策略。而BIG DATA的精准营销,则会有针对性地对消费者进行推销,更容易引起消费者的共鸣。商业街的广告景观形式的与时俱进,无疑将对广告创意、设计、制作和发布产生革命性的挑战。

寻找失落的空间
——浅析城市商业街休憩座椅的人性化设计

朱莉莎 张建华

(上海商学院旅游与食品学院,中国上海 201400)

随着世界经济的发展、科学技术的进步和人们物质水平的不断提高,面对这样的发展变化,人们对于商业空间的要求变得更高,而开发商的视野也从简单的追求商业效益被拉到了为人们寻找一个舒适、满意的商业休闲娱乐空间中。以服务空间主体——人为设计重点,关注空间人性化的功能研究,寻找商业空间里失落的人性化休憩空间无疑极为必要。

1 绪论

1)研究的起源

商业空间是人们进行办公、购物、服务及商品展示等商业活动的场所,反映了人、物及空间三者之间的相对关系构成。在我国古代,商业活动已经十分频繁,从宋代著名画家张择端的《清明上河图》中便可知晓。随着世界经济和现代社会的飞速发展,人们的物质生活水平逐渐提高,人们不再满足于商业空间中单纯的购物行为,而对于娱乐、观赏、休憩、餐饮等多种休闲方式的要求也越来越强。现代商业空间的发展主要体现出了国际化、综合化、多元化、人性化、科技化、生态化等多方面趋势。商业空间也从原来传统的商场、步行街等逐渐演变成了集娱乐、购物、游憩为一体的城市商业综合体,在发挥经济效益的同时也发挥着社会效益和环境效益。随着社会不断进步,人类的文明程度与科学技术的不断提高,人们对现代商业空间的要求也从单一化走向多元化,即对承载商业空间的结构关系与周围环境的要求多元化。因而,现代商业空间发展趋势将在很大程度上改变了人们的生活模式。

2)研究对象的选择

商业空间分类多种,商业街作为商业空间组成的基本单位,是最具代表性的商业空间,因此将城市商业步行街作为研究对象具有典型性和普遍性。城市的商业步行街位于城市的中心地带,而且是城市商业活动的重要区域,也是城市人流集中的核心位置,同时对外展示着一座城市的魅力。其交通便利、信息丰富、引领着一个城市景观的潮流风尚。一般银行、商厦、餐饮、娱乐设施等都汇集于此,集娱、购、游于一体,使之成为城市中最繁荣、最具活力的城市区域。

城市商业街逐渐由单纯的购物区域演变为城市休闲娱乐的重要场所,景观设计中,除了关注商业的功能之外,更应该"以人为本",为人们提供一个可以休憩的场所。本文将从商业步行街休憩座椅、从其人性化设计的角度开展研究。

3)国内外的研究现状

步行街的建设源于欧洲最早的"无交通区"概念。经过近百年发展,步行街的设计在规划学、建筑学、人体工程学等多学科配合下,逐步走向成熟。其风格新颖多变,充分发挥其功能特点。国外的商业步行街座椅设计灵活且多为可移动的座椅,可以自由组合,为人们的使用提供了便利,同时与其他园林设施搭配,使休憩空间更能为人使用。

在国内,20世纪末期,商业步行街成了国内许多大城市的建设重点,直到如今,城市商业步行街成为国内城市展现自己城市面貌、经济发展水平的平台。休憩设施是展示商业街人性化服务的重要表现。目前国内商业街大多采用固定式的休憩座椅,形式简单、做工粗糙、分布较为随意,并没有按照人们的需求去考虑。

4)研究意义

商业步行街以谋求中心区的商业利润作为根本目标,同时注重市中心环境的质量,在步行街上往往有比较亲切宜人的氛围,设立了绿地、彩色的路面、街头雕塑、座椅等,使人们在购物之余,仍愿意留在步行街中活动。

在商家开发时,以为追求其商业价值而忽略了人性空间的给予,目前的商业空间只是尽可能最大限度地展现商品。但作为人来讲,纯粹的为生活所需购买商品的理由,似乎不足以解释人们对商场、超市的迷恋,实际上,多数人只是"随便逛逛,看看",顺便买些可意的东西或者干脆什么也不买。所以,逛商场成为人们的生活方式之一。这就出现一种矛盾,商业空间究竟是服务利益,还是服务人。

人性空间的缺失,是现代商业空间所存在的一个严重的现象。寻找商业空间中失落的人性空间是应当重视的课题。

休憩,是人类活动的主要行为方式之一,也是与步行关系紧密且同样重要的行为方式(这是威廉·怀特通过户外坐憩行为的研究得出的一个惊人的结论)。人们在有座的地方就座,最简单的休憩设施——座位,远远超过其他各个元素的用途。但是,在现实中,坐憩的重要性并没有得到很好的体现。

图1中,我们几乎看不到座椅的存在。另外休息座椅作为最直接的人性化服务体现方式,能否适应商业空间内人的行为特征,直接关系到人的活动是否舒适与便利。所以,商业步行街座椅的人性化设计尤为重要,不仅仅为人们提供休息设施,实现步行者的真实需求,也完善了步行街的建设。

商业步行街作为人流密集的开放空间与人的联系日益紧密。良好的座椅布局与设计是公共空间中富有吸引力的诸多活动的前提,如小吃、阅读、打盹、编织、下棋、晒太阳、看人、交谈等。其中休息座椅不仅仅担负着缓解疲惫,舒展身心的作用,更左右了人的聚集

图1　缺少休息座椅的商业街

和疏散,空间的联系或分割。座椅的设计可以在一定程度上弥补空间尺度,交通流向等设计的不足,对完善整个步行街具有很重要的意义。

2　市场调查研究

2.1　市场调研样本的选择

本文选择上海南京路步行街作为样本,进行对商业步行街的调研分析,从具体的案例中发现问题。上海南京路步行街位于上海市黄浦区,西起西藏中路,东至河南中路,步行街的东西两端均有一块暗红色大理石屏,上面是江泽民主席亲笔题写的“南京路步行街”6个大字。国庆50周年时落成的这条步行街,使“百年南京路”焕然一新,成为上海又一处靓丽的城市新景观。交通便利、人流量大,每年都吸引了大批中外游客前来旅游参观,她既是上海市的主要旅游景点,又是上海市的文化展示窗口,多重的功能,使她作为国内商业步行街的代表,比较有调研意义。

2.2　上海南京路步行街调研

2.2.1　人群和座椅现状分析

笔者在上海南京路步行街发了200份问卷,有效问卷178份,根据问卷得出的信息,分析之后得出以下结论。

1）目的及人群组合形式

（1）来步行街的目的:观光占21%,购物占35%,休闲占22%,娱乐占8%,综合占14%。人们选择来南京路的主要目的是观光、购物和休闲,从此可看出上海南京路步行街的主要功能和作用。从人性角度出发,提升上海南京路步行街的品质,对于打造这一品牌实为重中之重。

（2）来往人群的组合形式:人群的结构背景复杂,既有本地常住居民又有大量国内外游客,既有青年学生,又有都市白领还有退休老人。现在逛街人群的主要组合形式大致分为:一个人（占7%）、二人组（占43%）、三人组（占27%）、多人组（占23%）。

2）步行街座椅现状

这段路全长1 033 m,路幅宽18~28 m,休息座椅及配套公共设施贯穿整条街。使用座椅的人群或是从两侧商场走出的游购疲惫的购物者,或是带着小孩的父母家长,或是沉浸在甜蜜中的情侣;有的可能是刚从外滩参观结束在街边休憩的外地旅客,有的可能是一旁小坐的友人同伴,当然有的可能是喜爱观察都市街景的人。在观察中发现,使用座椅较多的主要为年纪较大的老人和带着小孩的家长,其次是行李较多的游客,而穿着时尚的年轻人对于座椅的使用度相比之下较少（见图2）。

对于上海南京路步行街座椅现状分析如下:

（1）座椅的摆放位置:休憩座椅主要分布在道路中心红色铺地的“金带”上,以二三组为一组团的方式形成一个供人短暂休憩的区域,成为步行街景观主要的点状构成元素之一。或用植物或用广告牌等形成半围合空间,给休憩游人带来私密感。

（2）座椅形式与材质:与树池绿化相互组合,多以方形或圆形的形式环绕树池,暗红色大理石的材质与地面铺砖的设计相互协调。

（3）座椅使用情况:座椅的可使用率不高,这样方形的座椅设施人可坐面积约67%,同时缺乏对于人与人之间的互动交流的考虑（见图3）。

（4）座椅数量:座椅数量约站上海南京路步行街的20%左右,虽然均匀分布在“金带”上,但与大

图2　上海南京路步行街上休憩的人　　　　图3　上海南京路步行街上休憩的人

量的人流相比,座椅的数量仍显不足。

2.2.2　基于现状的原因分析

休憩座椅主要是实现其为人提供休憩的设施,因此,人应当是座椅服务的对象和主体。围绕人的行为习惯进行设计是设计的原则与基础,缺乏对于"人"的思考,忽视了人性化的原则是导致设计不足的主要原因。

1）座椅分布忽视了人的使用需求

根据不同商业空间的商业结构特点、功能分区和环境设计,对于休憩座椅的分布也应做到有主有次。以上海南京路步行街为例,在商城集中的区域,人们在经过一段时间的购物后体能需要得到适当的补充,在此区域可适当增加座椅的数量和休憩的空间;据一份网络调查表明,75%的人认为应在入口广场设置一定数量休憩座椅,一方面作为人民广场——南京路步行街——外滩这一条游览线路中人在游览过程中的休憩缓冲;另一方面,作为步行街入口节点,稍作片刻停留,有助于让人更好地观察环境、适应环境与环境交流。

2）座椅设计忽视了不同人群的休憩需求

对于老人、小孩及残障人士等这一部分特殊群体的考虑,在目前的景观设计中仍是欠缺的,而他们也是步行街中出现的人群里重要的组成部分。比如老人起身时常伴随着上撑的辅助性动作;儿童在普通座椅休息时,双脚悬空并且在上下座椅时需要在父母的帮助下完成;而盲人在环境中通常要靠触觉和听觉完成对环境的判断。另外,携带许多物品的人在休憩时,物品常无处放置,大多都放在地面上或是抱在身上。因此,在设计座椅时也应充分考虑到这些细节。

3）休憩环境忽视人的心理需求

从前文可知,座椅的使用率不高,因为人在交流过程中,根据亲疏关系会形成不同的交流距离。步行街座椅的主要形式使得人的朝向单一,很难形成一个交汇空间,常发现有些人只能选择站的方式与坐着的同伴交流。

3　商业步行街人性化座椅设计探求

人性化设计是一切以"人"为出发点,结合人体工程学,把握人们坐、息的行为尺度,应用于设施环境的设计。根据不同的人群特点、人性需求,让使用者在使用的过程中感到舒适和满足。休憩座椅作为商业街的基础服务性公共设施,其设计是最能体现商业街人性化特点的部分。

马斯洛的需求层次理论将人的需求从低级到高级排成一个"金字塔",即:生理的需要、安全的需要、社会的需要、尊重的需要、自我实现的需要。休憩是其中最重要、最基本的生理需求。但是人性化设计，就是要在满足人的最基本需求之后，保障人使用的安全，感受到爱与被爱，从而获得尊重感。这就要求在座椅设计时，分布得当保证人们有位可坐，适当围合形成私密空间，保障休憩时人与人、人与环境交流，尊重不同人群尽可能满足其使用需求。因此，在考虑到商业街座椅的设计原则、评判标准时也要尽可能地满足人们以上几项需求。

3.1　商业步行街座椅设计原则

1）合理布局，主次分明

商业步行街的休息区应该醒目、便捷和可达。"逛"这个词是商业步行街来访者的主要行为方式，阶段性的逛完部分商场和店面之后，人们需要找到合适的地方休息。在布局时，休息空间应作为两个商业活动区之间的过渡区域，为人提供休息服务。根据商业街的人流分析设计座椅的数量。

心理学家德克·德·琼治提出的边界效应理论指出："森林、海滩、树丛、林中空地等的边缘都是人们喜爱的逗留区域，而开敞的旷野或滩涂则无人光顾，除非边界已人满为患。"因为观察周围环境是人的天性，但人们又不希望自己被暴露在中心成为他人的关注对象。处于边缘地带，人们可以获得最好的空间观察周围环境，同时让自己感到安全，因此边缘更受人们青睐。

依据上述的理论分析，将休息区域靠近商业建筑，和中心景观区，多个休息区共同作用，根据人群的疏密情况和对座椅的需求情况，决定座椅的位置和数量，为人的使用提供更多便利。另外，因地制宜，根据休息区域在场地的具体要求，通过人群需求，为座椅周围提供其他的休闲设施，为人们提供更多的配套服务。

2）适当围合，营造场所感

围合的目的是形成场地的私密性，确保人在休息时所渴求的安全感。

在自然界中，动物有其领地意识，人类也不例外。人们希望在从事行为活动的时候保持一定的私密环境，在一个相对的空间中独立进行，这就集中表现在人对空间私密性的要求上。私密性是指个人可按照自己的想法支配环境，在他人不在场的情况下，充分表达自己的感情。特别是在一个静空间里，当人以个人或者小团体出现在空间中时，人对私密性的要求更大，因此在设计座椅时，要充分考虑到私密性的营造。

对于商业街这样的公众场合，一般应选择的是半围合的方式，使不同的空间活动不受影响，正常进行。这种半围合的方式确保人的视线可以观察到外围环境，保证了人视听交流的通畅性，而自身的大部分行为活动可以通过遮蔽物进行遮挡。

关于营造私密性的问题，在设计座椅时，可以借用植物、广告牌、塑料棚等稍作围合和遮挡。植物的造型及枝干的疏密情况让空间的围合显得自然、透气，视线能透过植物与其他空间联系，使不同空间相互渗透延伸，作为一种随季相变化的元素还能为空间随季节增添不同色彩；广告牌及其他的景观设施的遮挡将两部分空间相对分隔，这些设施环境应与休闲空间相互协调、统一，相互配合，共同营造统一主题氛围，新潮时尚的广告，也能让置身于商购空间的人们获得意想不到的信息，或许能为他们稍作片刻停留后的下一目的地提供帮助；另外，可以通过座椅的不同摆放方式形成半围合半开放的空间，让人熟悉的磁场汇聚，这样的方式也更加方便和简洁。总之，在设计时既保证人对私密空间的要求，又保证在公共空间中人与外界环境的交流，让人在休憩时感受到舒适、自然、放松的休息环境，获得愉悦、快乐的心情。

3）注重形式变化，满足交流互动

人的交际行为是复杂的，心理学家萨姆认为每个人通常都会有一个属于自己的隐形的个人空间不容逾越和干扰。在社会相处的过程中,往往会根据与对方的亲密程度而无意识地形成不同的交际距离,从而调整自己个人空间的大小。通常可以看到,在户外公共座椅上休息时,当陌生人靠近时,人会不自觉身子外移,而当遇到熟人时,这样的交流距离就会缩小。根据爱德华·T·霍尔在《隐匿的尺度》中提到了人与人之间交往的4种距离(见表1),休憩空间常见到的是前3种距离。在座椅设计时,要充分考虑到这些社会关系,把握合适的距离尺度,结合每一个群体的组团特点,可分为二人坐、三人坐、多人坐等;通过利用座椅形式,如直线、曲线、圆弧等摆放形式或者材质、颜色等进行适当的区分形成不同的小区域;另外,改变座椅朝向也是一种值得考虑的方法,背向而坐,通常是两个陌生人在社会交流时选择的方式,而熟悉的同伴会选用面向交流,同时还常伴眼神交汇(见图4),这款设计人性化的公共座椅底部设计了一个可以朝不同方向转动的轴,让使用者选择自己坐的方位,从而解决一系列的不便问题。利用朝向的分隔方式自然地帮助他人分隔,让这个小尺度空间中的座椅充分发挥其利用效率,让人们不至于因为与陌生人之间的距离而浪费掉大量可用的休憩座椅空间。

表1 爱德华·T·霍尔研究的4种社会距离

编　号	类　型	距离/m	关　系
A	亲密距离	<0.45	情侣间交往的可接受的强烈情感距离
B	个人距离	0.45~1.20	亲属、师生、密友间谈话距离
C	社会距离	1.20~2.10	朋友、同事间的社交活动惯用距离
D	公共距离	>3.60	集会、演讲等单向交流距离

图4 自由选择朝向的公共座椅

4)尊重不同人群,体现人性化设计

人性化座椅从比例尺度、材质色彩到形式布局都要充分考虑到人群的生理和心理的需求。对于前文所提到的特殊人群,设计时对于他们的关注也是人性化设计体现的重点之一。扶手的设计可以帮助老人行动,为他们提供一个支撑点;考虑儿童的身材比例,可以在普通座椅旁增加适合儿童生理特点的座椅,同时用跳跃的颜色区分。或是通过座椅的造型设计,增加一些起伏,从外观到功能上满足儿童的生理、心理需求;对于盲人群体,可以在座椅上通过特殊的突起图案进行警示,传递可坐信息。

5)综合考虑,营造良好休憩环境

人们在休憩场地静止停留的时间较长,因此会花一些心思观察商业街的景致,关注休憩空间的景观设计,着眼于细节是区分一条商业街好坏的重要标准之一。座椅的设计上也可在确保功能发挥的同时,增加一些趣味性设计,为休闲环境增加活力,给人带来新鲜感。同时可在座椅周围适当布置些小品、水景,特别是那些能反映城市文化特点或者商业街文化理念的景致,提升商业街品位,成为一种吸引人前来购物休闲的景观宣传。

在座椅设计时还应考虑到遮阳避雨的问题,设置一些遮蔽设施也是必不可少的。座椅的休憩功能将会聚集一定数量的人,因此还要适当根据环境特点,在旁边摆设垃圾桶,注意对环境的保护。

3.2 座椅人性化设计的评判标准

考虑到使用者的需求,在以往的设计中存在着一个误区。纯粹的功能主义在过分强调功能的过程中,有时把步行街座椅的设计也简单化了,功能主义者忽视了公共空间与座椅设计中心理和社会方面的因素,他们非常智慧,有时却是非人性化的。如果将商业步行街简单地处理成4大功能:购物、娱乐、游憩、休闲,其中的休憩所需要的就是座椅。分析功能主义的实质,虽然也是考虑到使用者的需求,但只是从单一的角度,使用者提出某一个需求,功能主义者就提供完全契合的空间来满足它,这种一对一的对应关系和逻辑,成为其主导思想的一部分。以现代主义"少就是多"的思想为例,它对复杂不满而予以排斥,以达到单一目标的表现目的。

在商业步行街中虽然人们的活动和行为何时、何地以及如何变化,提供了设计所需的某些最基本的信息,但仅仅列出人们可能进行的活动,单单知道这些活动是什么,便盲目地设计对应空间来满足,便会掩盖掉许多重要的细节,甚至使设计出来的空间难以应对一些不规则的情况和变化。为了创造出复合多样而有活力的设计作品,就有必要研究人行为的复杂状况,洞察造成人类行为的心理学机制,从需求层面寻找答案。

(1)形成完整的休息空间。

在步行街空间设计中不管采用何种形式,都宜有"道"和"场"两种空间组成。"道"空间狭长,产生延续和流动的感觉;"场"空间宽广,产生安静和滞留的感受。这些空间感觉就是一种暗示,使行为产生相应的动作,满足人们定位和认同的深层心理需求。

(2)形成良好的步行街交通体系。

步行街人来人往,人流较为繁杂且方向多变,通过座椅的人性化设置与安放可以改善商业步行街的人流状况,给人们提供一个更加舒适、方便的购物环境。

(3)座椅得到更有效的利用。

通过设计可以得到更加符合人们心理需求的座椅形式,增加座椅的数量、改变原有的形式。满足人们观察、交流等方面的需求。

4 结论

从商业步行街中的公共空间出发,从人的行为活动研究入手,力图从这一角度结合环境行为心理学相关理论,发掘深层问题,解决人们在商业步行街中的休息问题。从上海南京路步行街的实地调研中引发思考,希望以一斑窥全貌,最终得出符合人的需求的休息座椅的设计导则,以使目前商业步行街座椅设计与使用者脱节的现象有所改观。并且以上海南京路步行街作为样本进行休息座椅的设计,将座椅与休息环境进行系统化设计,真正实现人性化理念。

为人们营造一个良好、人性化的购物休闲环境是设计师进行设计的宗旨,同时加强对休闲设施的管理和维护,自觉爱惜、保护公共设施,才能够最大化满足人们的需求。

疏影弄空间

——浅谈光影在商业空间茶室中的应用

樊佳樱　张建华

（上海商学院旅游与食品学院，中国上海 201400）

1　绪论

　　茶室是社会的一个窗口和缩影，它从一个侧面折射出一个国家或一个地区的地域文化与民族文化。茶室文化是茶文化的一个组成部分。茶室的最早出现，可追溯到两晋南北朝，经历了唐代的形成期、宋代至清代的发展期、20世纪上半叶茶室的繁衍期以及解放后茶室的新生期，茶室无论从形式、内容、经营理念还是文化内涵都发生了很大变化。

　　各种各样的茶楼、茶室、茶庄遍布城市大街小巷、乡镇远近村落，茶室文化已与社区文化、村镇文化、校园文化等紧密结合在一起，成为人们精神文化生活不可缺少的一个组成部分。如上海共和新路街道的"苗苗茶园"，临汾路街道的"外来民工茶室"，左江西路街道的"聋哑人茶室"，潍坊街道的"老人茶艺馆"，黄浦区少年宫的"小茶人茶艺馆"，彭浦新邻街道的"晚晴苑茶社"等。茶室的装潢、陈设、服务员的服饰、沏茶技艺等无不透露出浓郁的文化气息，老少茶客都沉浸在浓郁的茶文化中。如北京老舍茶室，让人亲身体会到昔日北京茶室浓浓的古城文化生活情调，正如有的外国游客所说："如果到北京只去长城和故宫，没去老舍茶室喝茶，就不算到过北京！"此外，许多茶室都是定期或不定期举办书画展，或组织品茶、评茶、观茶艺、听丝竹、吟诗词等活动，有的还举办专家学者的茶艺讲座，或进行海峡两岸的文化学术交流，中日和中韩的茶道、茶艺交流。根据业内人士2004年的统计，我国各式茶艺馆、茶楼、茶坊、茶社超过5万家，产值100多个亿。我国的茶楼主要集中在像北京、上海、杭州、广州、成都等大中型城市，而且每年以20%的速度增长。

　　随着茶楼数量的增加，茶楼之间的竞争日益加剧，大多快餐式的设计模式导致了人们的审美疲劳，因此对于茶楼的独特性和不可替代性提出了更高的要求。如：深圳的清音茶馆、广州的茶艺馆、上海的海派茶文化、杭州的天堂水、成都的盖碗茶等具有特色的茶楼很吸引消费者的眼球。这些茶楼的成功不仅在于茶本身的品质，服务态度等因素，同样对茶室中的空间景观元素进行了周到的考虑。光影元素是茶楼景观中影响消费者的重要元素之一，由于光影独特的时空的特征，其"画虎画皮难画骨"，能确保茶室在市场上的唯一性。因此，研究光影与茶室中原有的设计相结合；借由光影空间，从视觉上增加茶室的空间感和舒适感无疑具有积极的意义。

2　光影的概念及作用

2.1　光影的概念

　　人们所感知到的空间都是光影与实体共同形成的，一部分光照射到实体上，产生了影，光与影的结合产生了光影空间——虚空间。

　　"光"分为自然光和人造光。自然光指太阳直接或间接产生的光，包括日光、月光等；人造光就是通常所称的人工照明。自然光是人类最宝贵的光源，但在茶楼主要集中的大中型城市，自然光由于常被高楼大厦阻挡和受天气影响等从而造成不确定性。而人工光正好能够弥补自然光在外部环境、天气上的问题，它本身的可塑性非常强，既能够满足由于自然光受到气候、时间等条件约束无法达到的照明功能,还能够美化环境,营造出空间造型及尺度、意境等,使得设计以最完美的形式展现出来。

影,一是指光线被物体挡住,在地面或者其他物体上的投影,又指镜子中、水中等物体的形象、倒影。影子是光影应用的重要手段,它能够表现时间和气候,创造特定的空间氛围并能够帮助人们感受景物的质感、形状。从视觉角度、景观效果上考虑,影比光更能够表现空间、装饰空间。

光影空间和实体空间表面上看是一明一暗、相互矛盾,实际上他们是一个事物的两个侧面,他们相伴而生、彼此依存。光影空间与实体空间又是一对矛盾的对立,它就是虚与实、刚与柔、阴与阳等对立的力量。设计时通过光影的运用营造虚空间,用虚空间创造实体的基调。实体空间是虚空间存在的前提,而虚空间则衬托出实体空间的可见,虚空间与实体之间或连接、或延伸、或对比,随着时间与季相的变化由静止的空间成为动态流动的空间。

2.2　光影运用在茶室中的作用

1)视觉效果的作用

光影空间能够扩大空间的视觉感受,江南园林虽然小巧,但给人的感觉却是搭配合理,这就是因为在设计初除了基本的景观设计之外,更添加了光影的设计,产生了虚空间。在茶室的设计中也可通过光影的设计,营造虚空间,从视觉上改变实体的空间、色彩、形态,创造虚构空间和茶室实体空间连接,扩大用户体验。

美国建筑师理查德·迈耶认为"建筑是运用光的艺术"。光影的运用对于茶室的展现有着举足轻重的作用。实体空间和光影空间有相互依赖、相辅相成的关系。视觉中有了光,才能发挥视觉功效,才能在空间中辨认物体的存在。光能使同一件物品发生形态上的变化,这种变化不是真正的变化,而是光的影像。图1是光影改变实体空间的一个例子,通过光暗的交替运用,使正方形在视觉上产生了几何变化。色彩与光影的结合是茶室设计关键手法。包括室内的陈设,装修材质、体量感、凹凸变化、比例尺度等。正如美国设计大师罗杰斯所说:"建筑是捕捉光的容器。"如果容器内的材质、肌理体积发生变化,同一种角度产生的色彩也是不同的。

灯光艺术曾经是一种单纯静态的艺术,由于很多控制系统控制灯光的出现,进而发展成一种动态的光影艺术。现如今灯光可以在光束、色彩、图形中随意地自动变化,也可在三维空间中展现自己独具一格的魅力。仔细观察图2,如果觉得上面的多边形比下面的暗淡,那么你就掉进了光影的陷阱。

光影的设计中,色彩是不可或缺的设计元素。色彩会对人的生理、心理产生影响,在心理学上,对于一种感觉兼有另一种感觉的心理现象,叫联觉现象。人们的颜色感觉容易引起联觉,颜色容易对人的心理产生这样或那样的影响。图3中的圆其实都是同心圆,但由于黑色、红色线条的影响,相信不少

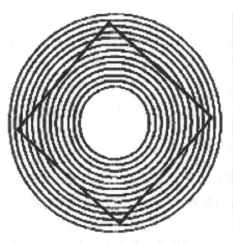
图1　光影改变实体空间

图2　光影改变实体色彩

图3　光影改变实体形态

人觉得它是漩涡,而设置茶室时,同样可以采用光影,设计茶室的架构。

2)层次上的作用

植物具有向光性,而人也一样,注意力总是被视野中亮度较大的部分所吸引。所以通过光的设计,可以塑造空间的主从关系。在茶室设计过程中,最有趣味和最需要强调的部分,就采用与周围环境对比较大的亮度,通过对比的方式突出,因此利用光可以在空间中形成视觉中心。即使实体空间在尺度、位置、色彩等方面有明显的主从关系,为了不使造成某个活动空间处于支配地位,也可以用光影来改变空间原有主从关系。

茶室中存在非常多的视觉信息,使人目不暇接,但人们急需从中找到他所需要的东西。这就需要有指向的信息来确定活动的意向。基于这一点,可以通过光的运用,来突出环境空间的涌动导向作用,达到指引人流的作用。通过虚空间明亮对比的"明框效应",以吸引人的视觉注意,从而使人明确活动意向。

光影可构建空间序列,主要是以明暗、亮度差异、光照面积大小、空间的开合、张扬收敛及形状变化来实现的,形成有韵律、有节奏、有情感的空间序列。序列可以由多个空间组成,也可以在同一空间内构建抑扬顿挫的空间序列。更可以用多种手段如光色、透光、反射、遮光、滤光、控光等构成多种各具特色的光空间,其序列的节奏、韵律,则常常体现在光塑造的空间尺度、光的亮度、光影的造型、光的色彩、光与材料的配合、光的动静等因素与人的生理、心理相结合,完美地把空间序列抑扬顿挫的特性表达出来。使同一空间中形成多层空间序列,人在行进中能感到空间的微妙变化。

光影的运用,可以增强或减弱空间的知觉深度和层次,实体空间的大小、距离、位置等尺度造成了视觉的深度感,但是物体的亮度梯度、色彩梯度、肌理梯度是知觉深度重要因素,其中光的亮度梯度是关键因素。当光的投射方向、角度、色彩变化时,空间的亮度梯度起了变化,空间的深度感也随之变化,当亮度梯度时断时续,则会产生浑度方向的跳跃。如果光照使空间没有亮度梯度,会使空间失去深度感,当彻底消除了空间每一角落的黑暗时,空间也就彻底失去了深度感和层次,失去光明与黑暗的交融美和对比衬托美,形成没有层次的空间。使空间呆板、枯燥,使人兴趣索然,甚至烦躁、疲劳。因此,功能决定空间的"量"、功能决定空间的"形"、功能决定空间的"质"、功能决定空间的组合形式。

3)意境上的作用

茶室虚空间的运用能够赋予茶室不同的气质和意境。在虚空间的设计中,采用以光造影,以影造型,影衬托出光的可见,营造的虚空间与实体空间的虚实结合,将人们对茶室的体验放大化。虚空间所营造的丰富和深邃内涵作为人类审美取向和精神追求的载体之一,其重要性毋庸置疑。

3 茶室光影虚空间的设计方向

1)片面型到整体型

在传统茶室中,只注重局部的景观处理而导致茶室整体风格差异较大,使前来品茶的消费者视觉受到影响,从而导致了品茶的心理状态变化。而新型茶室在营造整个茶室光影空间的过程中,首先应考虑茶室的整体风格,一切的虚空间的设计必须要在原先载体的基础上进行提升,要注重整个茶室的整体性,这样才能形成一个完整的有序的效果。虚空间的加入,应符合茶室的整体基调,不能掩盖茶室本身的特点,而是完整统一,相辅相成的。

2)忽略地域型到因地制宜型

"橘生淮南则为橘,生于淮北则为枳",同样对于在不同城市不同文化背景下的茶室,在虚空间的处理上,也必须遵照不同地域的文化、历史、人文来进行设置,否则光影的介入,不能起到预期的效果。在茶室的设计上,相比于南方的精细和讲究,北方的茶馆少了些拘泥,多了一份自在和奔放;相比于北方茶馆的粗犷和豪放,南方的茶馆少了些粗陋,多了些精致与诗意。喝茶是一种个人体验,无论豪放或雅致,设计都应无碍于饮茶者的内在满足。

3)陈旧型到创新型

在时代不断进步的今天,各类新颖的茶室层出不穷,陈旧的茶室风格已逐渐失去客流。这种茶室千篇一律,缺乏自身特色,很难给消费者留下深刻印象。因此在茶室的设计中,需要保持与时俱进的思想,了解消费者的需求,充分运用新产品、新技术,让整个茶室的虚空间紧随时代的步伐,不断进步、不断提升、不被时代的浪潮所淹没,让消费者自身也得到升华,及时跟随着时代的步伐共同进步。

4)铺张浪费型到节约经济型

经济效益是各大商家考虑的重中之重,鱼和熊掌兼得的结果是每个人都会追求的。以温和的自然光源取代奢华灯饰的光源不仅节约能量,也会带来自然均衡的光影效果,给前来品茶的消费者提供舒适的饮茶空间。因此,在虚空间设计的过程中,充分利用光影创造虚空间的优势,结合茶室结构载体,用少量的光,少量的道具,营造出符合当下时代背景和业主需要的效果。

4 茶室光影虚空间的营造方法

1)利用集中的光影,营造统一、秩序、明确指示的茶室

集中的光源投射,配合展示效果明确的受光物,产生的明暗对比与阴影效果可以强调受光物体轮廓,隐藏阴影部分细节,使得空间效果明快而有力,利用虚空间与实体空间的对比营造统一的茶室风格。

在实际运用中,可以利用光照的强弱度和色温的对比度,来区分茶室的各个功能区,使整体的效果虚实结合,使光的运用充满了韵律感和节奏感。

如在茶室的过道和公用区域,可以采用色温较低,瓦数较高的暖黄色光源,在起到功能性照明的同时也使得整体的氛围变得富丽堂皇,而在客户的品茶区就尽量采用色温较高,瓦数较低的暖白色光源,这样可以烘托出清新、淡雅的氛围,和中国的茶道文化有机融合。图4为利用集中的光影,营造的茶室,给人统一、秩序、明确之感。

图4 集中的光影产生的效果

2)利用对比的光影,营造对比强烈、戏剧化的茶室

对于光的运用并不是越亮越好,而是应该因地制宜,在不同的环境下采用相对最适合的光源。对比明确的光源及点状光源的适当分布,配合围合空间及分割明确的受光物,可以产生极其戏剧化的空间效果。

光源的亮度和色彩是决定环境气氛的主要因素,也是最能影响人情绪的视觉因素。虚空间是视觉感知的根本,会影响人们对物体本身色彩的感知出现偏差,能影响人们对物体的印象,也能调节空间的视觉深度和广度。

要营造戏剧化的茶室,局部可以采用色温为2 000 K以下偏红色的光源和色温为5 000 K以上的偏

蓝色光源结合，使整个环境光源不仅仅局限于传统，更突出强烈对比的特点。

漫反射或散布弱光源配合均衡的受光物可以营造出一种温馨、浪漫、舒适的虚空间效果，在这种光影效果下，可以平均地显示物体细节和分布明暗关系，人的生理机能自然放松，处于较为轻松的心理状态，产生宜人的感觉。

在实际运用当中，可以对茶室中的植物进行一些灯光渲染，以起到这样的效果，光赋予植物的不仅是照度，更是渲染效果，能够表现出其特有的质感、色彩、在光影的作用下，地面产生叶影婆娑的效果。

由于植物造景元素的多样性和灵活性，光影作为一种艺术手段，光影在植物中的艺术表现拥有无限的魅力，因此用光影表现植物，有着积极的现实意义。透过发掘光与影在植物中的美，营造植物光影美的法则，从而营造出一种温馨、浪漫、舒适的虚空间效果。图5的设计中，利用对比的光影，营造出对比强烈、戏剧化的效果。

3）利用变化的光影，营造动感、活泼、具有生命力的茶室

明暗、冷暖、强弱、角度交替变化的光源，配合轮廓清晰、构造明确的受光物，可以产生跳跃而多变的效果，使得空间氛围变得更加活泼、具有很强的动感和生命力。

想要打造动感、活泼、具有生命力的茶室，除了要在装修风格上花一番工夫，对于光源的作用也是非常重要的，可以在局部采用色温为8 000 K以上的天蓝色光源，起到很好的点缀效果，使得整个氛围更清新、活泼。

8 000 K以上的色温在实际运用当中比较少见，并不是主流的光源，但是在局部做一下装饰还是能起到很好的画龙点睛的效果。图6的设计中，利用变化的光影，营造了动感、活泼、具有生命力的效果。

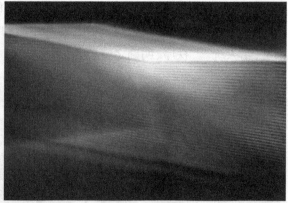

图5　对比的光影产生的效果

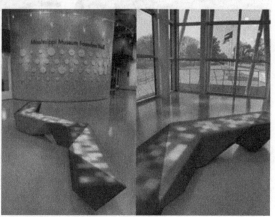

图6　变化的光影产生的效果

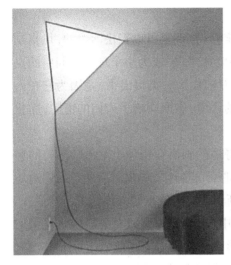

图7　均衡的光影产生的效果

4）利用均衡的光影，营造素雅、宁静的茶室

有规律排布分散的光源，配合均匀的受光物，使虚空间产生均衡之美。在内部空间中的光并没有非常强烈的存在感，容易让人忽视，但却在潜移默化中让人情绪稳定，心旷神怡。要营造素雅、宁静的氛围，对于色温的把控是非常重要的，色温是表示光源光色的尺度，是表示光源光谱质量最通用的指标。色温影响着光色的表现。在偏低或中等照度下，舒适的光是接近黎明和黄昏色温的光色；而在较高照度下，舒适的光色是接近中午阳光或偏蓝的天空光色。图7的设计中，用均衡的光影，营造素雅、宁静的空间。

5　总结

随着社会的发展、人们的生活水平不断提高，大家所追求的已不仅仅局限于物质文明，而更多的是精神层面上的提升。

新型茶室的出现为人们提供了一个很好的解压之所，好的茶室设计能让顾客的身心都得到放松。茶并不仅仅是一种饮品，更是一种文化，因此，一个好的茶室设计不应该只局限于表面，更应该注重文化的设计和传承，合理运用光影在茶室中的作用，注重景观细节，这才是真正具有特色的新型茶室。

浅谈商业空间中装饰性雕塑的合理应用

宋雯蔚　张建华

（上海商学院旅游与食品学院，中国上海201400）

雕塑是场地特有的文化符号，一个好的雕塑能让人加深对商业空间周边环境的印象。在雕塑作品中最多的便是装饰性的作品。这一类作品不会刻意要求要有特定的主题和内容，在通常情况下，它主要发挥着装饰、美化周边环境的作用。

装饰性雕塑，泛指具有装饰性功能的雕塑，无论是在室内还是在室外，装饰性雕塑都与环境、空间、建筑成为一个牢不可分、紧密联系的整体。从内涵上来说，它既是一种艺术的风格，也是一种审美的趣味,更是一种美学的属性。

在商业空间雕塑中,装饰性雕塑的题材内容极为广泛、没有定性,情调是可以轻松活泼的,风格是可以自由多样的。它们的尺度可大可小,大部分都从属于周边环境和建筑,成为整个环境空间中的点缀和亮点,也可被称为雕塑小品。在这里,之所以把装饰性雕塑专门作为一类提出来,是因为它在人们的生活中变得越来越重要了。它创造出了一种美丽而且舒适的环境,它既陶冶了人们的情操,净化了人们的心灵,又培养了人们对于美好事物的追求。

装饰性雕塑以优美的姿态,多变的造型,流畅的构图,形成舒适的画面在精神上给人带来美的享受。出色的装饰性雕塑就仿佛是一首抒发情怀的诗歌,一幅独具匠心的画作,美化着商业空间周边环境。随着时代的变迁和发展,它会逐渐地受到人们的普遍重视,渐渐地成为城市的一种标志。

装饰性雕塑大多是独立存在的,它们可以设置在广场、街道中心、人行道旁以及公园中等任何地方。一个好的装饰性雕塑是商业空间的有机组成部分,在艺术形式上必须与周围环境相统一、协调,而它自身亦是能够满足大众审美和鉴赏的艺术品,以此来吸引人们的目光。同时,也有一些装饰性雕塑是依附在建筑上为了装饰建筑物而设置的,它可以用来配合主体建筑起到共同美化周边环境的作用。

同时,装饰性雕塑有别于其他雕塑,一般在造型方面都会运用较为夸张的艺术手段,以其独特的手法诠释来点缀和衬托主体。研究合理地应用装饰性雕塑无疑是提升商业空间的品质的一种有效的手段。

1 装饰性雕塑在商业空间中的应用现状及问题

1.1 装饰性雕塑在商业空间中的应用现状

近代是一个中西方雕塑在形式造型和审美方面相互借鉴,求同存异的融合阶段。在商业空间中,装饰性雕塑逐渐朝两个方向发展,一个是往保留传统写实并具有强烈个人风貌的方向推进,另一个则打破了以往传统的造型式样,将具体的形象特征淡化转为单纯形式结构追求的方向,这使得很多新的流派出现,比如超现实主义、解构主义、未来主义等。

自20世纪90年代以来,尤其是在改革开放以后,中国现代装饰性雕塑艺术与世界接轨,形成多元化的发展模式。中国用二十多年的时间完成了西方将近两百年的雕塑历程,使中西方的雕塑艺术文化趋向于一体化。在这种融合的过程中,装饰性雕塑发展开始突飞猛进,往往在城市商业空间的亮眼处,都会有几处标志性的雕塑矗立,这不但促进了大规模的商业空间快速建设与改造,也为装饰性雕塑的发展提供了广阔的交流空间。装饰性雕塑的发展空间是具有极大潜力的,是营造和谐文明城市必不可少的点缀艺术品,是商业空间中鲜明直观的艺术展示。

不过,在吸收融合大量外来文化的同时,装饰性雕塑的创作也要结合中国当代大众的审美习惯,而不是一味地借鉴与模仿。因此,对于在商业空间中的装饰性雕塑的创作必须保持一种良好的心态,既不要盲目模仿崇拜,也不要轻易地诋毁藐视,始终秉承自强不息、开拓进取、开放包容的精神,以海纳百川的胸襟来研究学习,完善自己的民族文化。

1.2 装饰性雕塑在商业空间中的问题

除了雕塑自身发展方面的问题,从20世纪80年代末开始,雕塑发展的外部环境也正发生着很大变化。随着改革开放的深入和推进,市场境界和人们的品位不断提升,这一方面为雕塑发展提供了物质基础,推动了雕塑行业的快速发展(目前中国已成为世界上拥有最多城市雕塑的国家,并且在数量还在不断增长）；但与此同时，也暴露出一些问题，例如审美趣味迎合西方或市场、作品质量低、从业人员素质不高等。

1）缺少本土文化植入

几乎所有事物的发展一定会面临思维惯性的问题，随着中西方雕塑的文化交融的深入，中国的装饰性雕塑在创作过程中为了迎合外来人的品位而刻意地遵循和模仿西方雕塑的模式，中国文化的植入少之又少。

就比如中国抽象水墨，它是在借鉴了西方抽象艺术"抛弃客观世界的具体形象与内容，主张无意识、非理性热抽象"的同时，又借鉴了西方抽象艺术中"抛弃客观形象的理性意识的构成性冷抽象"的一面。这使得当代抽象水墨画要发展，就面临着较大的难度与挑战，至今仍处于边缘化状态也属正常。正因为如此，也激励了少数有志于此的艺术家探索的热情与兴趣。在创作过程中，尤其是结构性冷抽象，除了写与画之外，其某些体现作者个性，或弥补笔墨与纸质材料缺陷的制作，如谷文达注重表现的、变形的、象征的、夸张的水墨作品；如泼淌滴洒、拓印、拼贴等，这些都是画家很难用任何"法则"来界定与指导的，从画面整体运作出发，有的作品极端理性、有的极端感性、有时又是感性与理性的统一，由于综合吸取与感受多种艺术营养，才不断提升、鉴赏、品位等，才会将水墨作品逐步趋向完善。

"的确，如果说一尊雕像纯粹为了个人表达，雕成之后放置于相对私人的空间内作为艺术探讨之用，那么其尺度可以宽松肆意得多。可一旦把雕塑放置于完全开放的公共空间，供所有人观瞻，这时就要考虑其社会效应和创新尺度。"清华大学美术学院教授曾成钢在一次接受记者采访时这样说道。

同样，如何将这种思维模式加以改变，运用到装饰性雕塑上，让其在迎合外来人口味的同时又体现出中国式独特的一面也成为当今研究的一个方向。

2）粗造滥制跟风之作太多

就像是中国一说到大宅门就会联想到门口千篇一律的石狮子一样，五角场中心地带地下广场的装饰性雕塑作品虽然时常变化，但都是曲线与圆球的不同组合与摆放，显得既俗气又不好看，但是这样"曲线圆球"组合的装饰性雕塑在商业空间中比比皆是。更让人担忧的是，由于这样的装饰性雕塑更换的频率快，往往所用的材料色彩的搭配等都过于随意，在商业空间中显得多余而且毫无价值。

2　装饰性雕塑在商业空间中合理应用的原则

2.1　依托装饰性雕塑的表现机能，增加商业空间的层次感、立体感和动感

装饰性雕塑在商业空间中的表现机能不同，这主要在装饰性雕塑的空间感、轻重感和方向感等方面。

空间感：装饰性雕塑的空间感是指装饰性雕塑给人比实际距离和大小或后退、或膨胀、或缩小的感觉。暖色调的装饰性雕塑给人以膨胀前进的感觉；冷色调的装饰性雕塑给人以收缩后退的感觉。明度高的给人以膨胀前进的感觉，明度低的给人以收缩后退的感觉。在商业空间中，如果当空间深度的感染力不足时，为了加强深远的效果，做装饰性雕塑设计时宜选用暗色为基调。

轻重感：决定装饰性雕塑轻重感的主要因素是明度。明度高的感觉轻，明度低的感觉重。从材质方面讲，越是透明的材质，如玻璃，塑料薄膜给人的感觉轻，而金属材质等给人的感觉重。在实际应用中，应该根据不同的环境配置不同材质的装饰性雕塑。

方向感：可以利用设计装饰性雕塑造形的偏向，让其偏重于某一个指向，来引导人们的视线，使人们往设计者想要引导的方向前进。

利用装饰性雕塑的这些特性，可以通过选用不同的材质、不同的色彩搭配和不同的外形，增加商

业空间的层次感、立体感和动感。

2.2 遵循装饰性雕塑的表现形式，丰富商业空间的整体感

商业空间中装饰性雕塑的表现形式一般以雕塑外形的对比和互补来体现。

装饰性雕塑的对比：就是装饰性雕塑之间存在的矛盾。各种雕塑在构图中的面积、形状、位置和色彩、材质以及心理刺激的差别构成了装饰性雕塑之间的对比。这种差别越大，对比的效果就越明显。

装饰性雕塑的互补：当两个或者两个以上的装饰性雕塑有秩序、协调和谐地组织在一起，形成具有整体统一连贯感的视觉效果的搭配时，称为装饰性雕塑的互补。装饰性雕塑的互补和对比在表面上看其目的方法是两个相反的过程，但实际上是装饰性雕塑配合中辩证的两个方面，是从不同的角度对同一事物的解析。

2.3 正确处理中西方装饰性雕塑创作应用的关系，增加商业空间的创新性

1）雕塑运用的延展

西方从古希腊开创了以人为主题的雕塑形式之后，一直到现代雕塑兴起的几千年中，在欧洲，人像始终占据着雕塑题材的主导地位，并涌现出了众多优秀的人像雕塑作品，有单人的，也有组合的，动作姿态各异，这与古希腊"人，乃万物之尺度"的观念有着文化上的必然联系。相较于中国的陵墓雕塑和宗教雕塑不同，西方的大量人像雕塑都放置于广场和街道，从而显示出雕塑艺术功能的公共性特征。

近年来，中国商业空间中也开始大量涌现出一批批的雕塑作品，中国在意识到了雕塑的公共性之后进一步深思，逐渐将雕塑融入周边环境，考虑雕塑与空间的整体性。近期评选的"中国十大最差雕塑"更是中国开始关注广大人民对于审美需求的体现。

2）雕塑形式的改变

西方艺术把"形"的概念融入"几何学"之中，在哲学和科学双重精神作用下，从对物象模仿达到了在比例解剖等方面近乎完美的状态，即黄金比例的分割。同时，它为传统的人体雕塑和现代的抽象雕塑提供了可依据的途径，以此来归纳形体运动中的各种变化。中国则把"形"的概念转向对"神"的深化，注重"以形写神"、"形神兼备"，着重突出人物的精神面貌以及性格特征的塑造。

现如今，中国不断吸取西方比例形式的运用，在注重雕塑形态神貌的同时更是将比例分割的手法一一深入其中。

3）雕塑意境的升华

在西方，任何一件雕塑作品都充分体现出人对自然的征服，材料在艺术家的精雕细琢中，变成了一件又一件气势恢宏的雕塑作品。人们可以在这些雕刻作品之中体会到当时艺术家在漫长的制作过程中孜孜不倦的坚韧气质，在征服过程中百折不挠的毅力以及完成后巨大的成就感。

在中国也有类似的作品，但是"天人合一"的哲学观念根深蒂固，这使得中国的雕塑家选择了循石造型的塑造方式。

很显然，中国在雕塑作品时更多的是遵循自然而西方则更多的在于改造征服自然。黑格尔曾在《美学》一书中写道："艺术家不应该先把雕刻作品完全雕好，然后再考虑把它摆在什么地方，而是在构思时就要联系到一定的外在世界和它们空间形式和地方部位。"现代的雕塑既不需要征服自然也不需要完全遵循自然，而是应该通过借景等手法引起周围观赏者对于雕塑和环境的心理上的共鸣，利用商业空间中的自身价值和意义，使得雕塑内容与周边浑然融合，气韵相连，使观众触景生情，流连忘返。

3 装饰性雕塑商业空间中合理应用的手法

装饰性雕塑不需要特定的主题,能给人们较为直观的视觉印象,是商业空间中必不可少的组成部分之一,但是滥用装饰性雕塑会给人们造成风马牛不相及,狗尾续貂的感觉,降低人们对周围环境的好感。相关部门应该对这种现象引起重视,合理选择摆放装饰性雕塑,只有合理地选择以及应用装饰性雕塑,使得它与周边空间氛围相契合,才能够提高人们对于商业空间的整体印象。

好的装饰性雕塑能够加深人们对于周边环境的印象,但并不能成为周边环境的代表,就好比提到五角场,一般联想到的是巴黎春天,百联又一城,东方商厦等一些标志性的建筑,而对于五角场中心下沉式广场的植物雕塑评价多为猎奇。而如何引导人们的视线从五角场的建筑到五角场的附近有很多特色的雕塑,使人们的视线不仅仅局限在几幢房子中,便要在装饰性雕塑的合理应用上下工夫了。

装饰性雕塑的应用要良好的结合周边环境,可以从广义和狭义两方面考虑,可以从小的局部着手而放眼于广阔的整体,即装饰性雕塑不用完全地与整体周边商业空间相呼应,而是与一个局部,然后将所有的局部联系起来结合成一个呼应的整体。

从构思上讲,如果是为某个特定商业空间设计装饰雕塑,首先应该仔细地去阅读图纸,去现场观察,尽可能熟悉未来雕塑放置的周边环境,仔细研究环境的条件,分析环境的现状,感受周围环境对未来雕塑的影响,充分考虑欣赏雕塑的视觉空间。环境条件会制约构思时的想象,同时也会启发想象。雕塑进入环境将成为新的环境因素,能够使环境得到改善甚至重新安排。现代环境艺术是自然环境与人工艺术创造的有机结合,如何使两者的结合十分自然而不生硬,是环境艺术创作成败的关键。

因此需要思考许多问题,比如环境的性质、环境的状况(地形、建筑、植被、水体等),根据环境确定雕塑的位置、尺度、造型风格、形式、材料、色彩,还要考虑到自然条件,如日照时间、日照角度、风压、地震等可能对雕塑造成的影响。许多问题可找规划师、建筑师以及雕塑委托方等共同研究,尽可能把涉及的因素考虑周全。必要时可在电脑上模拟或做成整体的环境模型,以确保雕塑作品的完美和与周围环境协调统一。

3.1 艺术和形式美相协调

商业空间中的形式美具有普遍性、必然性和永恒性。商业空间的形式美有别于其审美观念,其审美观念是随着文化、地域和时代的不同而发展的,变化需要具体的标准和尺度。商业空间的形式美是绝对的,而其审美观念是相对的。其形式美包含在审美观念之中,其形式美体现在艺术之中,而艺术则随商业空间的审美观念的改变而千差万别。

装饰性雕塑主要是研究商业空间的形式美,从其形式美中寻求精神内涵。与写实具象的雕塑相比较,它既不是惟妙惟肖的,也没有细微的变化,最忌烦琐的细节。所以,在创作装饰性雕塑的时候一定要注意雕塑和商业空间周边环境的主次关系,构建搭配的均衡,节奏韵律的强度和比例尺度的大小。

1)主次关系

在一个完整的商业空间中,各个组成部分都要加以区分、对待。每一个组成要素如植被、建筑、小品、路面、水体等,都要根据周边环境内容和形式的不同而表现出不同的特色形式,并且摆放在适当的位置,从而构成一个整体和美的商业空间。正因为如此,这些要素之间既要有主体与从属的差,也要有重要和一般的差别,核心和周边的差别,即要明确装饰性雕塑要放置在这里表达一种什么样的效果,是仅供观赏,还是吸引焦点,或者是引导等,通过各个要素的安排,达到对于需求的统一完善。这样就可以对雕塑在商业空间中占有的分量有一个整体的考虑,避免主次不分。

2）均衡关系

均衡有静态和动态两种基本形式。所谓静态的就是在商业空间中以构图、色彩搭配、空间体量、材质等组合而成的一种相对稳定的平衡状态。平衡是来自商业空间的审美上的均衡与稳定的需要，这些都要从人们的经验积累中获得。

动态的均衡强调的是时间和运动两方面的因素。在商业空间中，视点不是固定不动的，而是在联系运动的过程中来完成的很多个点组合而成，随着光线强弱、风速快慢、温度高低、天气晴朗或灰暗的变化，景观也是在不定变化的。运动的均衡主要强调的是商业空间和时间的平衡关系。

3）节奏韵律

亚里士多德认为"爱好节奏和谐之类的美德形式是人类生来就具有的自然倾向。"人们从很久以前开始，就有意识地模仿和运用自然界中富有韵律节奏变化的自然现象，从而创造出各式各样具有条理性、重复性和连续性特征的韵律美形式。

韵律美体现的几种基本表现形式重复的、连续不断的保持着稳定的一定距离和关系，并且逐渐地按照一定的秩序穿插交织，进行有组织的改变，形成起伏连绵的韵律。这些韵律乍一看并没有什么实际性的联系，但其中都有些片段找出它们的同源。这些形式都具有条理性、重复性和连续性的共同特征。商业空间和装饰性雕塑可以根据这一要点既加强整体的统一性，又可以达到丰富多彩的变化。

4）比例尺度

比例是指整体与局部间存在着的、合乎逻辑的、必要的关系，同时比例还具有满足理智、审美和视觉要求的特征，比例是研究物体长、宽、高3个方向的度量之间的关系。人们经过反复推敲比例来确定这三者之间最理想的关系，从而达到雕塑与周边环境的和谐统一（见图1）。

无论是商业空间中或者是装饰性雕塑中都存在着比例关系是否和谐的问题，只有和谐的比例才能够满足人的审美要求。比例受到文化、审美、材料、功能、结构等来自各个方面的影响。通常所说的黄金分割是通过几何分析法来解释比例问题的，几何分析法有相对的片面性，并不能解决现实世界中的所有比例问题。应该根据不同的文化背景、不同的审美标准、不同的应用题材而分别对待比例问题。

尺度是物体给人感觉上的大小印象和真实大小之间的关系。尺度感是人在商业空间环境中寻找自身地位的一种特征，装饰性雕塑的正确尺度感对观众来说是满足了判断性和归属感，能在适当的尺度对象中寻找关系的沟通，是人感受环境美的一个前提，人们约定俗成的一种正常的尺度观念来源于与人们日常生活紧密联系的物品的尺度印象。这种观念给人们在环境中对物体进行尺度判断的经验。尺度感决定了在环境中的亲近感或距离感，尺度的运用应该是具有统一完整性的。

3.2　风格和艺术表现相协调

风格与艺术表现是在艺术创造中的一种形式体现，它反映了创作者的社会价值观和文化背景及审美取向，风格与艺术表现受到时代、社会、文化和地域的影响。风格与艺术表现更多地作用于商业空间的审美感受和精神传达。

装饰性雕塑作为一种艺术形式，是具有不同的风格和艺术表现的。装饰性雕塑进入到商业空间中，是要进行风格和艺术表现上的协调的，这种协调是把握一种表现精神，这种精神是同环境空间的风格与艺术表现相呼应的。

以上所阐述的商业空间中的各个基本要素之间的潜在规律，不仅是整个空间环境的规律性，也是空间内容要素所具备的规律因素。规律之间是相互作用的，没有一种规律是可以单独作用于一个商业

图1　楼梯雕塑

图2　飘　扬

空间整体的。规律之间的形成也是相辅相成的，是一种共生的存在关系。这些规律在商业空间中不仅可以完成装饰性雕塑单体的建立，也可以联系起整个空间环境。

3.3　动和静相协调

在商业空间中，动静的协调不单单是指表面上的雕塑与水流结合，还可以是灯光与雕塑的结合，是一种似动非动的形式上的上扬，是物体上的静（雕塑）和心灵上动感的完美融合。

如具有照明功能的雕塑，它的制作材料是具有吸光特性的，设计一倾泻的纸片为灵感，以高楼一扇窗户为源头，将材料做成轻盈的纸片状排列而下，虽然是静止的景观，但从视觉角度出发却给人一种纸片飞扬的错觉（见图2）。

名为"穿引"的雕塑作品是以"穿针引线"为设计灵感，三个柱体代表针，圆圈和飘带代表线，二跳跃的红色不但为设计增加了时代感，使之具有强烈的视觉冲击力，并且象征了企业的蒸蒸日上。此设计不但具有观赏价值，柱体同时还加上了照明的功能，可谓一举两得（见图3）。

作品"浣纱"还只是个概念图，红色的丝带雕塑仿佛正在随风飘扬，像舞动的浣纱女，翩翩起舞，浪漫的情感融入其中，给人欢快和愉悦感，使人赏心悦目。而上面若隐若现的跳动音符悠然在耳，在鲜活的红色前让路过的行人有一种真的可以听到的错觉（见图4）。

图3　穿引

图4　浣纱

正确协调装饰性雕塑的动静关系，可以使整个商业空间鲜活灵动，吸引更多的人来往。

4 总结

简而言之，虽然雕塑在我国拥有悠久的历史文化底蕴，但是，装饰性雕塑的发展在中国还处于起步阶段，我们只有不断地开拓进取、改进创新，才能翻开商业空间中装饰性雕塑历史的新篇章。

地下商业空间中可移动性景观的探讨

黄家明　张建华

（上海商学院旅游与食品学院，中国上海 201400）

现代人的生活、工作、交通、游艺活动日益复杂，伴随着人口不断增长，人与人之间的交流更加繁多，对于环境的要求就更高。传统的、仅提供购物功能的商业空间已经不能满足人们的正常需求了。因此商业空间伴随着城市的结构优化以及人的品位的上升正在不断地演绎自己新的道路；商店也不再是静态的商品橱柜的展示，而是多元化的空间，是由人、物以及空间组成的相对的关系。经济的发展带动了商业空间的更新变化，商业空间的发展具有一定的聚集性，这个特性为城市商业的繁荣带来了活力，但是也为城市的硬件设施带来了考验。城市中心地带空间的限制无法满足人们生活的需要，人为地创造空间是解决问题的有效途径。发达国家开发地下空间的历史表明，当各国人均GDP达到500美元时，就需要开发地下空间；当人均GDP达到3 000美元时，开发利用地下空间达到顶峰。而在中国上海，北京等特级城市人均GDP已经超过10 000美元，因此地下空间的发展势在必行。

地下商业空间具有以下有利因素：一是便利的交通。地下商业空间往往联系着城市的地下交通，如地铁，而且地铁出行的方式是现今主要的出行方式，交通的便捷会带动更多的人流量。二是环境稳定。地下商业空间相对于地上空间，具有良好的恒温性、恒湿性、隔热性、遮光性等多方面的稳定的空间环境，较少受天气环境的影响。但同样地下商业空间也存在许多问题，其中景观性的问题尤为突出。而可移动性景观可以较好地解决相关的问题。

地下商业空间的景观设计难度较大，存在许多不利因素：一是地下空间因其特殊的工艺技术，在建造完成之后改造或改建的难度相当大，远远超过地面建筑的改建难度，在硬质景观完成后，再进行改动需要花费大量的人力、物力，成本高、工期长。二是光线无法直入地下商业空间，因此难以利用自然光线，并且地下空间特殊的地理位置，具有较强的封闭性，空气也较为浑浊，会让人们在地下空间和封闭空间产生的恐惧感。因此相比地上商业空间需要更多的灯光照明设备和更多趣味性景观，使空间的氛围变得有趣活泼、安排好空气的流通、使地下商业空间保持良好的环境。三是地下商业空间的发展还并不非常迅速，因此地下商业空间对于顾客的吸引力没有上层空间的吸引力大，如何吸引顾客的视线，引导顾客进入地下空间是一个要重点注意的问题。而在人的心理活动上，人类的活动一般都是向上的，就如俗语所说"人往高处走，水往低处流。"与生俱来的向高处的方向感，使得地下空间在吸引人流方面明显处于劣势。因此开发商们更愿意将具有吸引力的、具有档次的商品摆设在地上空间，加剧了地下空间的劣势，缺少优质品牌的效应。

1 可移动性景观的特征与作用

现代商业的发展束缚了空间的变化性,使得商业空间缺乏新意,导致吸引力的下降,游客的散失,地下商业空间因其地理位置的制约更缺少吸引力,然而移动性景观则可以方便而又有效地缓解这个问题,它占据极少的面积,充分利用闲置空间,有效地将地下商业空间打造得具有变化性,欣赏性以及吸引力的持久性,地下商业空间需要的就是活力。在一个地下商业空间中,融合可移动性景观,并经过相应的变换,让顾客感觉到新鲜感。一个空间,能够打造多个不同格调的地下商业空间,其可移动性的特征,使得更换之后可重复利用,降低了更换景观所需要的大笔费用。

能够在固定空间内发生空间位置变化的景观称为移动性景观。移动性景观的大小、形状、形态都不固定,但大多具有华丽的外形或者独特的功能,能够为地下商业空间添上一分色彩。按照使用功能,可移动性景观主要分类如表1所示。

表1 可移动性景观的分类

类　型	特　点
休息类	为游客们提供休憩的设施,如商铺内各类型的桌椅、沙发和一些特殊的景观小品等
装饰类	对商业空间内的环境起装饰作用的设施,如水流、花盆、壁画、移动花坛、移动树池等
照明类	为缺乏阳光的地下商业空间增加亮度,增加商业空间的景观效果,包括各种照明设备
服务类	为游客提供服务的各类设施,如垃圾桶、柜台等
信息类	为游客提供信息的各类设施,如商铺宣传栏、广告牌、指示牌等
游乐设施类	为游客提供娱乐活动的各类设施,如游艺机、小型放映机等

商业空间在不断发展,但是钢筋水泥化构成的建筑将商业空间的格局变得固化,缺少了空间灵动之美,固化的空间的改变,势必还会造成资源的浪费以及空间环境的恶化。而可移动性景观具有可移动性这个特点,可以在不破坏固化空间的同时,通过移动空间位置,从而创造新的景观,这对于缺少先天条件的地下商业空间是十分必要的。

1.1 可移动性景观的特征

1)可移动性

可移动性景观具有可移动的特点,不局限于地下商业空间中某一个固定的空间位置,能够通过改变空间位置关系的手法将多个元素融为一体,创造出新的商业景观,满足地下商业空间景观更新的需求,从而能够更好地将千篇一律的地下商业空间变得更绚丽、更富有变化性。在地下商业空间内所举行的各种活动,经常会有可移动性景观的参与,例如卡通形象的雕塑,花卉小品等都属于可移动性景观。

2)文化性

不同时代、不同的地域的文化特征体现出来的是不同的设计作品。可移动性景观的设计需要考虑商业空间中,商品的品牌文化以及空间的文化属性,要能够使得整个空间有较统一的文化性。并且可移动性景观也是传播文化的一种重要途径,借助可移动性景观的空间位置变化,将其所蕴含的文化特征通过多次出现,加深人们的印象、抓住人们的眼球,让人深刻领略到文化的魅力。

具有一定文化性的景观会提升地下商业空间的品质,以文化性为基调所创作出来的地下商业空间能够与地上商业空间有着差异化的发展趋势,从而使得两种商业空间同时发展。

3)装饰性

可移动性景观相对于固化景观来说,更有生气、更有活力,能够使得商业空间更加富有活力。可移动性景观具有华丽的外观,不同的色彩、不同的形态、不同的质地,都带给游客不同的视觉感官。另外地下商业空间内会有大量的空间死角,移动性景观可以充分利用这些难以利用的空间,可以使得空间景象更加充满活力,增加趣味。

将移动性景观结合盆栽或者一些具有特色的植物相结合,能够提升整体的环境。其次,植物本来就是一种最天然而又最纯净的装饰物,将其融入地下商业空间中,不仅能够使得地下商业空间得到点缀,也能够使得地下商业空间的空气质量得到改善。

4)趣味性

地下商业空间的发展需要一定的人流量,大量的人群才能使得商业空间充满生命力,为了吸引人流,势必需要一些有趣的、特别的事物才能让游客印象深刻,在游客的脑海中留下深刻的印象,移动性景观可以完全满足这个要求。移动性景观更新周期短又具有一定的趣味外形,能够吸引视线。一些主体性的活动展览也是利用大量的可移动性景观,将其与主题相结合,构成一个趣味性的空间,吸引人们的视线,引导客流进入地下商业空间。

5)色彩性

商业空间是一个需要充满活力的空间,色彩是决定空间基调的主要因素。色彩会对人有足够的吸引力,称为色彩活力,也就是通过色彩的处理,能够凸显或隐藏商业空间的空间结构,并且富有朝气、亲切和充满魅力。和谐的色彩空间不仅能对商品魅力的展示起到很好的烘托作用,能引领人们有效地认识商品,而且能营造出美的情调,刺激消费者的购买欲望。地下商业空间因其地理位置的原因,得不到阳光的照射,需要大量的灯光照明点亮空间,之后则需要丰富的色彩来缓和地下商业空间的气氛。在整体氛围的设定下,可移动性景观可以结合丰富的颜色点缀其中,通过柔和、相邻、相似等色彩组合,达到富有变化的色彩效果,以色彩来呼应地下商业空间的环境特色。

1.2 可移动性景观的作用

1)分割地下商业空间的功能

地下商业范围内所形成的空间是固定的,但是有限的空间需要一定的分割来满足不同商业活动的需求,因此移动性景观凭借其特点,可以有效地分割出空间,起到围栏的作用,但是其本身艺术性的视觉感官也不会破坏空间的美感,更加增强了空间的变化性。商业空间因其密集的人流往往是主要活动举行的场所,而活动的场所是有限的,利用可移动性景观则可以完全能满足对边界的界定以及美化两种功能。

2)点缀地下商业空间的层次

地下商业空间拥有巨大的空间尺度,势必会产生一定的空间死角,移动性景观可以充分利用空间死角,在空间死角处增加一些移动性景观与植物的组合,起到点缀的作用,丰富了空间的层次性。商业空间中的点缀景观往往能吸引游客的视线,也能增加商业空间的辨识度,令游客有一个深刻的印象。

3)引导地下商业空间的人流

地下商业空间的巨大尺度感使其成为一个庞大复杂的体系,高度相似的商铺会让人们缺少方位感,而移动性景观的奇特外表或丰富的颜色有着较高的辨识度,给人在视觉上有冲击力,也是一种方向上的暗示,抓住顾客的视线,重点突出空间范围,引导顾客的走向。商业空间的尺度相对较大,因此一种充满暗示的方向能够较好地管理人流的流向,使人们能够按照一定的线路来消费,也能使人群集中在某处,从而开展相关的主题活动。

4)创造地下商业空间的景观元素

地下商业空间尺度上的制约,使得单纯的建筑手法所设计形成的空间有限并且十分单一,缺少生气,巧妙地加入一些移动性景观,可以有效地展示商业空间的主题,展现商业空间的特色,增强商业空间的标示性,也使人们的心情舒展,对于地下商业空间有更多的探索欲望。一个没有新奇感的商业空间必定不会存在太久。因此充分利用可移动性景观,在有限的局域空间内创造更多的景观节点,增加顶部景观元素,使得地下商业空间内上、中、下3个层次都有相应的视线焦点。

5)增加地下商业空间的休憩场所

地下商业空间中,人对于休息的需求是不可避免的,将商业空间中的桌椅、板凳进行一定的艺术设计,不仅满足了人的刚性需求,也成为空间中一个独特的亮点。而在休憩时的顾客,往往会对周围的空间进行一定的观赏,因此在休憩的地方需要有独特的景观节点,所以将可移动性景观结合休憩的功能,不仅解决了地下商业空间中休憩的需求,也能够在有限的地下商业空间中,通过移动其空间位置,来设计最适合的休憩地点,以此能够满足顾客对于优质景观的需求。

6)填补地下商业空间的间隙空隙

现代城市家居空间设计中往往将室内的桌椅、板凳通过一种空间上的计算,从而使得其能够融入其他物品中,就如同将椅子与衣橱相结合,通过在衣橱中留出椅子的间隙,从而将椅子能够放入衣橱中,解决了遗留的空间浪费的问题。在地下商业空间中也往往会出现各种各样不同的空隙,这些空隙都是设计上的空白,将可移动性景观进行设计使其融入空白空间,与空白处周围的景观相互融合,不仅增加了空间的使用率,也美化了地下商业空间。

2 地下商业空间可移动性景观的设计要素

2.1 地下商业空间标志性元素的营造

1)内部空间标志性元素的营造

商业空间不仅仅是一个货物交易的地方,更是时尚潮流之地,在设计移动性景观时,需要将多种造型元素加入其中,增加具有标志性的符号特征,令此空间更有特点,更给人留下深刻印象。

根据地下商业空间的主题,运用不同的主题元素,可以烘托空间氛围,引起人们的共鸣,比如以日本为主题的五番街,运用日式小石钵,日式插花艺术这些具有独特日本气息的事物,让人联想到日式精致巧妙而又悠闲的氛围。不同的主题有着不同的元素,充分结合实际情况与现实条件来设计其外观形式,从而与主题相互联系,紧密结合,风格统一,形成独特的地下商业景观特色。又如上海大悦城内经常举办各类主题活动,不同的主题利用不同的移动性景观创造不同的商业环境,增加了商业空间的活力,带动了商业的消费,也提升了商业空间的品质。一方面这样的商业空间的吸引力是那些通过打折来聚集人气的商场所不能比拟的。另一方面,提升了顾客对于这个商业空间的忠诚度,使其成为购物玩乐的第一选择。

2)入口空间标志性元素的营造

地下商业建筑的入口空间是地下商业空间的一个重要组成部分。相对于地上商业空间,地下商业空间的入口缺少一定的景观,如上海迪美购物中心,港汇广场地下入口处都缺少相应的景观空间,而移动性景观可以方便快捷地满足景观空间的需要,并且可以频繁地进行更换,增加入口景观空间的新鲜感,吸引人们的目光。

在设计入口处移动性景观要注意3个要点:一是保障人流紧急疏散的空间。封闭的地下空间环境对于突发性的灾难缺少一定的救援手段,因此出入口的合理设置十分重要,要保证有足够的空间使人流在安全允许的时间内全部通过。二要诱导人们的视线,使人们能随着景观进入商业空间。三要有一定的特殊性,不被周围其他景观空间同化,突出入口空间。例如K11商业广场的地下入口空间,利用亮丽色彩的手表进行排列组合,形成一种图案,并且结合亮丽的色彩,形成一个能够吸引大众的地下入口空间,极具观赏性,这不仅满足可移动性景观的需求,同时也保持了空间通道的畅通,满足游客所需的出入空间的尺度,更重要的是其可移动的特性能够使得其保持一定的更新速度,在这个日新月异的时代潮流中,能够引导潮流,给予顾客更多的新鲜感,从而保持空间的活力。

2.2　地下商业空间色彩元素的营造

地下商业空间缺少阳光的照射,大量的灯光被需要,但总体颜色基调偏暗,因此缤纷色彩的移动性景观可以在地下商业空间内凸显出来,加上灯光的照射,能够将自身的色彩反射到地下商业空间中,增加色彩感。

2.3　地下商业空间人性化元素的营造

在进行地下空间设计时,应当注重人的本性需求,以满足人的需求为主要的目的,根据顾客的相关需求,结合艺术设计的手法,对空间进行规划,可移动性景观可以增加移动线路上的景观节点,同时提供一定的功能性,在满足人们需求的同时创造景观环境。

3　可移动性景观的组合构建

可移动性景观的存在不仅仅使得空间富有变化,其自身通过多个元素的相互组合以及利用空间的分割构建,成为既有良好观赏性的景观,又有实际用途的物件,在许多方面有着良好的应用。

1)座椅、花盆、柜台与植物的相互结合

地下商业空间中,座椅、花盆与柜台是出现率较高的物体,其自身并无太大的观赏性,但是可以利用它们可移动且可更换的原则,将当季的植物与其相互结合,将原本朴素的事物通过植物的点缀,使其增加视觉吸引力,并且利用植物所具有的独特品性,提升地下商业空间的意境。不同的时段可以配合不同的植物来创造适合的地下商业空间。

2)植物与人心理需求的相互结合

人在地下商业空间中也是一个不可或缺的可移动性景观,充分利用人的流动性,配合植物的打造,就如同日本结婚时所佩戴的花艺作品,形成独特的风景线。在许多商业空间中都忽视了人在空间中的作用,认为人只是为自己带来金钱利益的载体,但是笔者认为,人,更多的代表着这个商业空间的档次。菜场里更多的是买菜的大妈;超市里更多的是买东西的主妇;南京路更多的是外来的游客;淮海路内的商厦里更多的是小资的白领;新天地内更多的是有品位与档次的成功人士,不同的商业空间内会聚集不同档次的顾客,可见,商业空间的档次与人的档次是相对的。高档次的商业空间会吸引高档次的顾客,势必,高档次的顾客也会提升商业空间的品质。而地下商业空间与地上商业空间相比往往是弱势的,因此利用植物花卉来点缀顾客,通过花优雅而美丽的外观,借助顾客的流动性,形成靓丽的风景线,提升地下商业空间的档次,也间接地为自己做了一个广告,吸引更多人的眼球。

3）硬质铺装与滑轨设计的相互结合

地下商业空间中,硬质铺装是地面材质的主要构成物,固化的景观构建使其缺少一定的可观赏性,因此可将固化的硬质铺装可移动化,利用滑轨,凹槽等技术手段,将硬质铺装在保证安全的情况下可移动化,之后在进行地面铺装时,可以免去更换铺装的复杂性,节约了时间与费用,而阶段性的更换其图案构成,也可以创造新的地面景观,在某些具有"天井"的地下空间中,利用高层空间,欣赏铺装所带来的景观。在地下商业空间有活动时,也可改变铺装的形式与颜色来迎合主题活动所需的氛围。

4）植物、小型商品等轻质物品与水流的相互结合

在地下商业空间中,可以利用玻璃或者架空顶部空间等形式,使得阳光与自然风进入地下商业空间中,但是却很少能够引入水流,这其中势必会有一定的工程与金钱的原因,可笔者认为这是一个很重要的景观元素。流动的水流可以吸引人们的注意,弱化空间的凝固性,带动一定的空间流动性。因此可以将植物、小型商品通过特定材质的物品的承载,使其能够与水流相互结合,利用水的流动性来带动植物,小型商品的空间流动,就如同日本寿司店内利用传送带来搭载寿司一般,使得游客可以在休息的时候也能有不同的景观抓住眼球,这样的形式不仅增加了空间内的景观元素,也可以对商品进行一种展示,带动消费。

4　地下商业空间中可移动性景观构建的原则

1）生态化

地下商业空间其独特的地理位置,势必导致绿化的缺失,因此可移动性景观可以与植物相互结合,利用可移动性景观的特点,搭载当季的花卉,形成变化的景观节点。并且这也能柔化商业空间、协调人与地下商业空间的关系、调节地下商业空间的生态环境、美化室内装饰等作用。将商业与植物相互结合,不仅提升了商业空间的品位,也更被大众所欢迎。

未来可移动性景观的发展,笔者认为更趋向于重复利用这种生态性。利用现有的资源,通过艺术的手法,相互结合,创造出新的景观,这才是可移动性景观真正的意义。

2）体验化

未来的商业空间的发展并不仅仅是单纯的买卖货物,更多的是消费一种文化、一种心情。人们的需求不仅仅满足于物质上的需求,更多的是心理上和精神上的。人们更需要在商业空间中获得体验带来的快乐与满足。因此地下商业空间中的可移动性景观可以利用各种艺术的手法,结合不同的主题文化创造新的商业空间。在地下商业空间中增加主题性的可移动性景观,跟随节日的变化而变化,增加地下商业空间的互动体验性,将地下商业空间打造成一个趣味的空间。

3）块状化

可移动性景观的发展必然是未来地下商业空间发展的主要方向,因此,在对景观进行规划的过程中,应当将可移动性景观的元素融入空间构成之中,将可移动性景观作为一种主要的块状构筑物,利用不同的空间组合,形成不同的空间形式,就如同七色板,虽然只有七块物体,但是通过改变其不同的空间位置从而能够组成不同的形式。将这种拼凑的方法结合可移动性景观,充分利用可移动性的特点,将空间形式变得生动、有趣、充满变换的色彩。

5　小结

地下商业空间的不断发展必定需要更多景观空间的营造,可移动景观在未来必定是地下商业空间发展的必要组成部分,而在其未来的发展中,将会有更多奇特的观点来创造可移动性景观,技术也会日益娴熟,才能以顾客的需求为中心,创造优质的地下商业空间,带动未来的发展。

商业价值与艺术的"暧昧"

——商业事件中临时性景观的探索与研究

晏闻博　张建华

（浙江农林大学,杭州 311300;上海商学院,上海 201400）

目前,随着我国城市化的快速发展,城市生态环境与城市商业发展之间越来越多地产生交集。城市人口对于生态环境和美好居住生活,工作环境有了更加强烈的需求。园林景观正是利用将自然与人的和谐发展作为基本出发点的行业。同样,商业对于城市化的发展和推动起到了举足轻重的作用,园林景观与商业产生了千丝万缕的紧密关系,在园林景观的建设中,商业扮演了重要作用,通过商业的运作能更好地发挥全社会的力量,进行艺术价值展现与生态文明建设,促进景观行业的发展和进步,如近年来我国房地产业的迅猛发展,房地产相关行业的景观设计与艺术实践越来越丰富,其中利用景观艺术元素的商业事件也层出不穷,通过景观艺术的表现使商业价值与目的得以更好地达成。商业事件中的临时性景观便是商业价值与景观艺术"暧昧"共赢的产物。

1　关于商业事件与临时性景观

1.1　商业事件的概念

广义的商业是指一切以营利为目的的事业,而商业事件则是指进行这项事业所发生的人为性的活动,狭义的商业事件是指在现代经济商业活动中所发生的事件。随着世界经济的快速发展和全球化进程,商业事件越来越丰富和多样,很难用单一概念进行定义,商业事件泛指一切与商业有关的人为性活动。伴随着当今社会的快速发展,商业事件已经扩展到生产生活的各个方面,其中以商业事件作为推动城市发展和环境建设的推动力正在成为新的城市环境景观发展模式。对于商业事件的规律发展探索,有益于更好地进行城市景观建设和发展。

1.2　商业事件中的景观设计

商业事件中的景观设计,根据不同需求、不同特点分为多个方面,其中最为广泛的是在商业楼盘、商业写字楼、商业广场等商业空间中进行的景观规划和设计,利用景观的不同艺术表现和内涵价值,来增加商业的附加值以及为商业进行更好的推广和活动。在这类景观设计中又可以分为,商业住宅区的景观设计、商业中心的景观设计、公共商业办公的景观设计,商业店铺及室内外景观的设计营造等。可以说在日常的任何广义的商业事件中都能看到景观设计的影子,在这些商业事件中,景观设计除了进行其本身的对人活动自然空间及人造空间的设计和营造外,还对商业空间和商业事件发生的室内外空间环境进行规划和营造。同时,在商业的开发和推广过程中,利用景观设计的价值和态度,来诠释商业事件中的核心价值,在商业事件的开发中也屡见不鲜。不同的商业事件需要不同的景观与环境,多样的商业事件也产生了多样的景观设计。

1.3　临时性景观的概念与产生

当今社会,临时性景观出现在各种环境和空间中,但对于临时性景观的明确定义,目前却没有统一标准,当然临时性景观确是实际存在的一种景观形式。一般来说,临时性景观是相对于传统的持久性景观而言的。临时性景观的狭义是指为短期举办的活动设计建造,使用寿命短,灵活多变的一种展示性景观形式。从广义上讲,临时性景观的概念已经扩展到更加丰富的内容和含义,是一种将景观的建造、变化、消失、再利用的整个过程都作为景观艺术的概念。之所以强调临时性景观是一种概念,是因为景观的临时性建造其实只是一个过程方法,是一个独特而有效的途径,与景观的最终结果是否会永久性地存在没有关系。

随着二战的结束,西方发达国家进入了快速的重建和发展阶段,这些国家开始借助商业活动和事件等城市化进程的方式,作为恢复城市绿地环境和促进城市发展的契机。在这种背景下,商业事件越来越成为一种景观发展的方式,在这些事件中,景观多数是临时性的,在商业事件结束之后改建为绿色开放空间给城市市民,这些都为临时性景观的产生提供了机遇。而如今,随着经济全球化,世界上越来越多的商业事件在发生和举办。如大型的商业体育赛事、商业博览会、产品展、企业会议等,这些都具有一段时间内需求要一次性解决的特点。临时性景观与临时性设施的生产等相关行业就应运而生。同时在当前对于全球环境的不断关注,提倡生态环保,强调可持续发展的文化背景下,新的技术运用,新材料概念,电脑技术等都使临时性景观的概念得以演绎(见图1),临时性景观概念在当代也有了很好的产生和发展前景。

图1　意大利临时景观LED树

2　商业事件中临时性景观的构建

商业事件本身是种类繁多、难以用一个系统的标准进行归类的,并且随着商业的发展,业态的不断改变,商业事件的各种类型也在快速地变化。因此,在商业事件临时性景观的构建中,需要根据不同商业事件中临时性景观的特点和要求以及在构建阶段对景观本身的定位、认识和意义的理解,因地制宜根据商业事件,结合临时性景观特点的全面的、综合性的构建才是行之有效的方法。

2.1　商业事件中临时性景观构建的意义

1)商业价值

在商业事件中,商业所追求的第一目的必然是商业目标的实现和达成,而大多数的商业目标都是实现商业价值最大化和利益追求的最大化。在商业事件中临时性景观构建过程中,满足和契合商业目标价值,使商业价值得以体现是临时性景观构建的原则之一。同时,将临时性景观的价值融入商业事件本身的价值体系之中,也是对景观自身设计价值的提高和深化。充分发挥商业本身的价值追求同时兼顾景观设计价值追求,才能在商业事件中的临时性景观构建中,让商业与景观各自内涵与价值相得益彰地展现。

2)生态价值

在全球环境日趋恶化的今天,生态保护和可持续发展越来越成为社会共同认可的主流价值观念,而在商业事件中,这种价值观也在不断地深入和落实,除了商业价值的满足之外,处处体现生态价值,就成了在商业事件中构建临时性景观的一个重要意义,临时性景观本身的产生就有对生态价值与经济价值平衡满足的相对性,临时性本身就是对可持续发展和生态保护的一种践行。在商业事件中,临时性景观的构建更要以环保、生态作为构建原则,充分发挥临时性景观的生态特性,在整个构建中处处体现生态价值,生态价值的不断实践,也是对商业事件本身的商业价值的最好呈现。

3)文化价值

商业事件的产生和发展总是伴随着文化的发展和传播,在商业事件中不断进行文化传播和价值观的展现,也成为整个事件的一个重要目的,在这个过程中,临时性景观本身具有一定的文化价值和艺术价值,在商业事件中的构建更应该在符合商业目的的前提下利用艺术价值和文化价值来丰富景观本身的营造,达到一个更高的商业和文化层面。例如,在文化艺术界中的波谱艺术,这种文化艺术价值的产生,对商业及景观产生了很多作用,波谱艺术使得景观在构建过程中的材料更加广泛,加入了与日常生活密不可分元素,这也使得商业事件中可以更加广泛地使用景观中的文化价值来进一步满足商业事件的需求。使得商业事件中的临时性景观的构建更加丰富而具有人文性。

2.2　商业事件中临时性景观的特点

1)短时灵活性

商业事件中临时性景观与传统的景观最大的不一样在于使用寿命的短时性,传统的理论认为,设计的景观应该是耐久坚固的。例如,在材料的选择上,只能选择石材类、钢以及其他金属类、混凝土等,木质和玻璃因其相对不耐腐蚀的特点而在室外景观设计中的应用受到很大局限。这种情况严重影响到景观设计时材料的种类、形式及设计方法的选择,同时也影响到景观设计的思路。而对于商业事件中的临时性景观,由于不用考虑维护的长远性,所受的限制就会减少,同时,在利用新型材料和其他物质元素的过程中,设计师才能创造出多样的,有更高艺术性的创意与想象力兼具的临时性景观。同时更加灵活地进行景观的构建,为了满足商业的需求,临时性景观甚至可以是动态的,根据不同状态进行变化和利用,因地制宜是临时性景观灵活性最大的体现。

2)展示互动性

在临时性景观的建造时,是出于明确的展示目的的,如果认为传统的中国园林景观是低调而深沉的,那临时性景观则是高调而开放的,商业事件中的临时性景观往往通过强烈的空间对比或者是视觉冲击,来达到展示性的效果或传达某种商业价值与思想理念 ,抑或是突出某种元素,给受众留下深刻印象。临时性景观最大的意义之一就是强调展示性。临时性景观虽然寿命短,但达到的展示效果和取得的影响却是很大的。商业事件中都通过最好的设计和有效的表达来吸引人们的眼球,而对于受众,好的交互式设计的景观,在良好的互动中,也能带来大量信息和新鲜的价值理念与感受,同时通过互动,进一步满足商业价值的需求。

3)商业经济性

商业事件中的临时性景观对于造价都有一定的要求,要满足经济性,因为其使用周期短,必须考虑降低成本,维护费用以及对资源和能源的消耗,使设计尽可能地物尽其用。同时,由于临时性景观在短时间内利用程度高,商业使用频繁,也是其经济性的保证。商业事件中的临时性景观的经济性还体现在时间效率和规模效益上,通常情况,临时性景观的建造周期短、时间压力小,有利于商业景观的快速营建和投入使用,尽快地达到商业目的与价值,同时也节约了商业事件本身的经济成本。

2.3　商业事件中临时性景观的分类

1)临时性商业建筑景观

建筑可以作为临时性商业景观的艺术表现手段,从而成为商业事件中景观场地的主要角色。雕塑等建筑装置在室外的临时性景观设计中都可以呈现。艺术、建筑、景观设计、工业设计等各个学科之间的交叉重叠越来越多,建筑作为临时性景观装置出现在商业事件的景观中,成为前卫建筑家和景观设计师突出表现自我风格与某种特殊理念的手段,也是商业品牌提升自己,宣传自身商业价值的一种载体。

2）临时性商业艺术景观

艺术家利用自身的艺术创作,在表达作品本身的艺术诉求之外,通过商业化的包装和运作宣传,同样可以成为临时性的商业艺术景观,在商业中对于科技以及新材料新产品的推广,同样利用艺术装置和景观的实践与展示,在商业事件中的临时性景观,很大一部分是通过利用艺术家及艺术手段的表现,来满足商业事件需求的。

3）临时性商业生态景观

商业生态景观,是通过生态设计的环保理念,来进行不断的商业化事件的活动,通过生态性的临时景观装置的呈现,在提倡人类共同的生态环保的目标的前提下,对商业进行推广和宣传。在商业生态景观的构架中,不仅仅在设计上体现环保和商业,在景观与商业开发的过程中,利用生态理念,生态技术,生态方法的构建临时性商业景观。临时性本身也是对生态环保和可持续发展的一种践行,通过节约材料,省时省力的构建,来节约社会资源,同时节省商业开发成本都是临时性商业生态景观的好处。

2.4　商业事件中临时性景观的构建要求

1）服务于商业价值需求

作为景观,首要考虑的是其生态价值与艺术价值,但对于商业活动中的景观,必须考虑的是对于商业活动本身的价值追求,在临时性景观的规划、设计和施工中都应该满足商业价值的需求,充分发挥景观的优势为商业服务,在景观的规划和创意阶段要最大化地考虑商业目的,而在景观的施工和开发中尽可能地为开发者创造良性的价值回报与发展。而这些价值的实现则需要在项目的开始阶段、进行阶段和运营阶段始终保持统一的价值观要求。

如果在景观的设计和建造过程中忽视了市场的需求,忽略商业价值的需求,作为一个临时性商业景观本身就是一种失败,快速的市场变化和需求会让单纯艺术创作的景观失去可以发展和成功的环境。景观的核心固然是艺术和思想与环境和社会的完美创造,但没有商业价值的考量对于一个临时性商业景观是没有生命力的。

2）突破传统,理念创新

在传统景观的营造中,主要注重的是区域的生态休闲需求,追求的是给人以与自然和艺术的良好互动和体验,并且在设计中主要以生态为第一性,同时附加文化理念并因地制宜地完成方案。但在商业事件中的临时性景观的构建中,这种理念和传统已被打破。突出商业价值,追求不同的艺术性和社会性以及赋予景观新技术、新理念的展示成为趋势。通过商业社会最前沿的意识形态,为临时性景观这样一个实验空间,提供了突破传统、理念创新的良好平台。

3）互动性与趣味性

在临时性景观中,景观装置的互动性被放在了一个重要的位置,由于是在商业事件中的景观装置,良好的交互式体验,对于商业的推广起到有效作用,通过进一步的人性化互动体验设计,能更好地表达商业事件需求、增强商业表现效果,把商业理念和价值以更加合理人性化的方式深入用户体验中。同时,在艺术手段的表现上,大胆增加趣味性,成为临时性景观吸引人眼球的一种有效方式,以不同设计的趣味性装置为整个景观提供更好的服务,是商业事件中临时性景观的重要突破口。

4）社会效应与艺术价值

在设计开发的初期就应考虑到社会效应,临时性景观本身是一件具有社会效应的事件。在开发和运营过程中,要满足预期的社会效应就应在设计和构建临时性景观的初期,充分考虑和重视社会效应对于整个商业事件的策划和临时性景观在社会所起的作用。例如在艺术性临时景观的构建中充分发挥互联网传播的社会效应,传播与反馈信息,在开展设计建造之前就可以分析了解市场感受与体验需求。

5)技术实践与科技应用

临时性景观所代表的前沿性和实践性,因其是临时性的特点而可以具有探索和实践性,所以在商业事件中,往往会有对于新技术的实践应用,通过这种新技术实践,不仅能进一步对技术手段进行验证,同时为用户提供更加现代感和科技感的设计交互体验,在科技进步与社会发展前沿中,临时性景观装置一直因其自身特点而成为一个重要平台。

3 商业事件中临时性景观构建的案例分析

3.1 伦敦奥运可口可乐商业临时性景观

在2012年的伦敦奥运上,作为主赞助商的可口可乐公司,在品牌推广的商业开发事件中,利用在奥运会场旁建造了一座临时性景观来呼应体育赛事,同时诠释品牌价值和认知。这个为2012伦敦奥运会而建设的装置建筑叫Coca-Cola Beat box(可口可乐节奏盒子),是一个为游客提供声音、灯光等多重体验的试验性装置建筑。由200个正方形的空气膜组成,游客可以通过手部击打空气膜所产生的节奏,再通过内部装置转变成可视的灯光变化。游客可以击打出运动员的心跳、各种进行曲的节奏、运动后的喘气频率等。此装置结合景观的艺术价值、商业需求和互动体验等多种元素,应该说是一个非常成功的商业事件上的临时性景观案例(见图2)。

图2　伦敦奥运可口可乐商业临时性景观

3.2 LED厂商与艺术家合作的临时性景观装置

艺术家布鲁斯·蒙罗与LED厂商PADSED在2012年6月9日至9月29日在宾夕法尼亚州Kennett广场郎伍德花园开发和设计了主题为"光:装置"的临时性景观项目,旨在通过这样的技术手段推广厂商产品的同时表达艺术价值。

当游客涌入郎伍德花园,会看到艺术家布鲁斯·蒙罗设计出惊人的23亩"光:装置",包括8个大型户外装置,两个在4亩大温室中的装置。其中在长木花园的"光装置"包括:光林是一个宁静的森林,20 000照明茎散落在森林步道周边;水塔是由69座在水草甸中的塔组成的一个巨大迷宫,因为他们与音乐同步改变颜色,韵律感觉像是热烈的舞蹈。在"出水芙蓉"中,蒙罗为了向朗伍德标志性的睡莲致敬,制作了波光粼粼的CD盘片漂浮在大型湖上。温室内,橘园从天花板上挂下来6个雪球。每个吊灯的直径超过9 ft,由127个玻璃球组成的光雨;同时超过1 600只闪烁的灯散落在被水淹没的蕨类植物上,创造出一个魔幻的影象(见图3)。厂商希望通过蒙罗富有想象力的作品来更好地推广LED的商业发展,同时通过这样的商业临时性景观,进一步验证LED技术的成熟可靠度和市场广泛性。

3.3 上海K11艺术商业中心莫奈商业展临时性景观

"印象派大师·莫奈大展"在上海淮海路的K11购物艺术中心B3层的艺术空间举办,为了配合本次商业展览,策展方对K11商业艺术区外围景观环境的设计,也加入到本次展示范围内,在商业空间中构建与展览相呼应的临时性景观。临时性景观在现代商业空间中以自然呈现为主,主要还原了莫奈的著名画作日本桥系列(见图4,图5)。配合其他宣传手段形成了良好的展示氛围。

图3 LED商业临时性景观装置表现

图4 莫奈的《日本桥》作品　　　　　图5 K11莫奈画展临时性景观

4 总结

在整个商业的发展过程中，越来越重视景观的作用，在商业环境下的景观也在不断发展和改变着，其中的临时性景观也因其独特的作用和性质，在商业事件中扮演着灵活的角色。随着社会和科学技术的不断进步和发展，商业的业态也会随之而改变，同样，对于临时性景观这一特殊的景观形式，也处在一个不断变化和快速发展的阶段，如何更加理性合理地使用和认知临时性景观，并在社会商业经济建设中起到应有的作用，是我们需要继续去研究和探索的。同时，不断地在商业事件中实践临时性景观，为商业、为设计、为艺术、为社会前沿的意识和思想提供一个合理有效的表达平台，也是景观设计所不懈努力追求的。在未来的商业化进程中，景观的参与会越来越多，利用好临时性景观，其必将有一个更大的发展。

关于商业空间中产品风格展示性问题的探讨
——以上海淮海路、南京路和徐家汇商圈为例

谢碧云　孙卢辑　徐园娇

（上海商学院旅游与食品学院，上海201400）

摘要： 随着城市商业化的生活方式的产生，商业空间对于城市来说显得越来越重要。而产品在整个商业空间中有着举足轻重的地位，它对于现代城市生活来说是不可缺少的。与此同时，产品如何使人产生购买拥有的欲望，其中产品风格的展示性起着一定的作用。本文对上海市市中心商业空间（南京路商业区、淮海路商业区、徐家汇商业区）的产品风格的展示性进行调查、分析和总结，同时对现在存在的问题进行改善和优化，以此来提高城市商业空间中产品展示性对其的作用。

关键词： 商业空间；产品风格；展示性

随着材料科学与信息科技的进步，技术同一化的趋势日益凸显，产品的非物质化程度也越来越高。同时，由于市场竞争日益激烈，消费者的需求呈现出个性化、人性化、多样化的特点，因而导致产品的物质和使用功能不再是消费者关注的唯一焦点，产品的精神功能愈受重视。产品风格作为由一系列造型元素通过不同的构成方法表现出来的形式，它蕴含了产品的意义与社会文化内涵，已经成为产品精神功能的主要承载者。产品风格取向作为消费者情感认知的一个重要方面，已经成为区分消费市场的一个重要因素。

1 产品风格展示性的现状和问题

中心商业区的创新发展是上海城市经济文化发展一大重要表现形式。南京路、徐家汇、淮海路作为上海市知名中心商业区，其主要针对的中档、中高档和高档层次的消费阶层。商业地段优势，周边众多高级商务中心，集聚高消费能力阶层、交通便捷、国内外知名品牌齐全等满足消费者需求的优势凸显出它们有典型性与重要的研究性。

南京路、徐家汇、淮海路三大中心商业地区主要由各大型商场和步行街店面构成，此商业空间又被细分为大大小小不同的专卖店或专营店。专卖店作为产品形象最直接的展示方式，不论是知名国际

品牌门店或是小店面,其实体店面内产品风格展示的主要形式都比较相似,主要都是结合自身产品特点采用展示台、橱窗、陈列柜、半开放式展示店面展示、悬空式货架摆设等展示方式。但调查发现大部分的中档和中高档产品的展示比较缺乏风格体现。某些高档品牌对于自己商品展示缺乏夺人眼球的特色。

一般而言,大型综合商场内,如新世界商城、置地广场、来福士广场等首先会有一个大体区域的分类,通常分为化妆品、香水、珠宝首饰类商品的展示,皮鞋箱展示区,女装展示区,男装展示区,运动品牌展示区,电子产品展示区,儿童用品展示区,餐饮区等。针对产品风格展示性问题,研究主要关注了中高档奢侈品如珠宝首饰、手表、箱包、高价位化妆品、香水等的风格展示。

1.1　陈列柜展示

根据人类对美好事物本能的追求,通常化妆品展示区处地面一层。顾客从大门一进入就可以见到各大化妆品与各大珠宝首饰品牌的柜台展示,尤其是女士在见到珠宝首饰、香水、化妆品展示时,都一定会被其柜台展示的女性化、美感的设计所吸引,激发其更加强烈的消费欲望。由于化妆品、香水产品的特点,通常是采用"开敞式专卖店"的形式,占地不大,四面敞开,以中心向四周发散状展示品牌商品及商品的广告。但集中地展示容易出现产品特色无法凸显的问题,每一个品牌在对自己商品的展示中,商品陈列展示不够清晰。

同样的,在街边店面产品风格展示中,很多中档、中低档街边零售店面,由于本身个体店面过小,产品过多,再加之同类产品店面的集中,整个商业空间都给人以产品堆砌、拥挤的感觉,完全失去了美感,使顾客进入店内也由于单一的静态产品展示方式,失去在店内的购物欲望。如南京路区域的知名地下商业空间——香港名品街。虽然整个商业空间内有一个统一的民国时代装饰风格,但个体的街边店面很少有重视产品风格展示的。在店面面积较小的情况下,大多数店面,如服装店,基本统一的全都是静态罗列展示的方式展示产品,缺乏产品特色和文化寓意使得店面产品展示缺乏风格与个性。店面的亮度、灯光设计不够人性化,背景音乐的不恰当运用甚至给人以单调、没有品位的感受,这些产品风格展示环境的要点和产品风格展示的理念是这类商业空间有待改进的方面。

1.2　半开放式展示店面展示

大型商场同等档次、同类商品的展示,集中和过于雷同的静态展示使产品失去了独树一帜的产品风格。即便是奢侈品也会因同类竞争过多而失去应有的高档品竞争力。调研发现,多数商场的化妆品、香水、珠宝首饰及手表品牌的柜台展示区,只有少数在商场内以"店中店"形式展示商品的品牌,尚能够在众多同类商品中脱颖而出。如,新世界商场地面一层"敞开式专卖店"Dior、兰蔻、碧欧泉等为人熟知各大高级化妆品牌,其产品展示风格多相似,产品风格展示形式过于单一,都是传统的柜台展示,且产品陈列的分类形式不够集中、鲜明。除了品牌的大幅海报广告及品牌名称的标志外,产品风格不够鲜明,不能显出高档品牌化妆品的档次。也正由于这一系列风格展示的问题及价位偏高,顾客因为独特的产品风格的展示而被商品吸引,停驻柜台前的比较少。

1.3　橱窗展示

相较这些"敞开式专卖店"雷同的产品展示,也有些珠宝、首饰、手表等奢侈品品牌的专卖店会采用"店中店"的形式,即在商场内用玻璃墙划分出独立的区域,从通道即可以看到各个店铺柜台的橱窗展示。

同样是采用的静态商品展示的方式,采用独立对比、橱窗展示、巧妙将灯光的设计元素与产品自

图1 OMEGA展示橱窗（一）   图2 OMEGA展示橱窗（二）

身结合将产品展现出来,则更容易吸引住顾客。如南京路某大型商场一进门口就看到OMEGA在商品风格展示方面略胜一筹(见图1)。通过其新产品及主打产品的橱窗展示,大块面的空旷的橱窗中通过设计、规则排列的立体展示台,与OMEGA展示商品手表的大小形成鲜明对比,适当的空间展示高度,似乎将产品呈现到路人眼前,不自觉将路人及消费者眼光集中到手表商品上面,夺人眼球的同时更烘托出了OMEGA商品的奢华,高档与品位及人性化设计。一进入OMEGA店内,简约、大方的空间设计风格,陈列柜沿3面展开,中央仅有几个随机分布的立体展示柜,加之灯光设计,略显高档。

淮海路上的OMEGA店(见图2),位于一条林荫大道之下,并排的街铺都透露着一股浓浓的典雅之味。其装饰低调中带有奢华,宁静中带有高贵,仿佛钟表已经不仅仅是件商品,更是一件艺术的展示品,与南京路上专卖店相似的装修,却有着不同的风格,同样是规矩排列的立体方台,前者因为位于商业中心,而且还是海纳百川人流汇聚地,高效的快节奏,使其充满着商业的现代感。后者则有着慵懒高贵的小资情调。施华洛世奇的专卖店亦是如此,淮海路上的店铺小巧而精致,十几平方米内的柜台一目了然,可是,正是如此,柜台上商品根据所属系列的分类,分区展示,一颗颗绚烂的水晶,在镁光灯的照射下,更加吸引眼球,显得越发细致高贵。由此可见,不同的商品在不同的展示区域,要根据其所在地理位置的文化特征,建筑风格,建立有其特有的符合环境的展示风格。

因此认为,高级化妆品、香水专柜及珠宝首饰的专柜的产品风格展示都仍有很大改进空间。如施华洛世奇与上海老凤祥两大珠宝首饰品牌专卖店,橱窗产品展示的差异。施华洛世奇将橱窗展示产品"少而精",在大型玻璃橱窗内,将橱窗空间进行设计,将最新产品以公主式设计理念与现代简约式的设计形式结合呈现给人们,突出了产品的高贵奢华。而相较之下,上海老凤祥的橱窗展示则显得"传统繁重"。给人以一种橱窗产品堆砌罗列的厚重感,过分稳重就显得没有新意,不够灵动。

街边商店的橱窗展示风格差异很大,现有的橱窗设计基本都是静态陈列展示的方式,缺乏将灯光设计、艺术元素、动态旋转等元素与产品的风格特点融入其中,创新出新颖的橱窗产品展示。

1.4 展示台展示

展示台一般都位于大型商场的一楼中庭区域,那里人流密集,场地开阔,多用于商业活动,或是某品牌的新品发布等。一般展示台会结合音乐、灯光、模特等多维的手段来展示产品风格,同时也增加了消费者的参与度。但展示台的花费也是巨大的,只有一些一线品牌,或是热门产品才会采用展示台展示产品风格。吸引的人群也多是凑热闹的居多,真正消费得起的消费者则不会在意,所以一定程度上选择展示台展示的品牌并不多。

2　创新产品风格展示性的对策

2.1　明确企业形象和产品风格定位

首先,产品销售方应在明确产品的风格前提下考虑产品风格的展示性。一个产品的独有风格以及固有特点,是消费者选择的重要标准,而产品风格的展示性则成为消费者对于一个商业产品最直接的印象。一般而言,产品展示风格可分为商务型、时尚型、科技型、简洁型和工业型5大类。不同的产品定位,选择不同的展示风格。如商务型酒店,顾客群定位在成功商务人士,其装修格调展示都应注重色调的高雅稳重,造型简洁合理,硬朗干练,整体注重产品的高效和便捷。所以在商业空间中,产品的风格展示须根据产品本身的功能特性、产品定位、消费人群以及原本品牌文化的定位,相互结合,找准目标,从而依靠品牌设计,展示出产品的最终风格。

其次,明确企业形象和产品风格定位、与其他对手划清产品特色界限、增加产品辨识度是产品展示的关键。在琳琅满目的产品中,产品风格的展示无疑是一种自我提升的方式,在与企业对手区分的基础上,拉开与其他竞争企业的差距,通过产品的自我风格,吸引人群。其中最具代表性的就属苹果公司了,它别出心裁,另辟蹊径,从最开始出彩的iPod数码音乐随身听,到后几代色彩缤纷任人挑选随身便携的iPod mini音乐随身听,再到iPhone的横空出世,都引领一股电子风潮,其特立独行的创意以及产品销售模式,很快成为一种潮流的象征。领导人乔布斯甚至成为一代人的偶像,他将其旧式战略贯彻使用于新型数字世界,高度聚焦的产品战略,先从外观设计上着手,具有时尚设计感的造型使其迅速占领市场,而后又进行几近苛刻的产品重组,再将产品投放市场。其以我为中心的高傲主张、领导消费者和市场的霸道思维模式,加上无懈可击的产品质量,迅速受到消费者狂热追捧与推崇。一个缺了口的苹果标志,就是一个身份的象征、流行的象征,能使街头巷尾人人口述能详,并争相选择。

2.2　重视运用多媒体手法及形象代言虚拟展示

1)广告运用

将产品信息融入电视媒体、报刊等传播介质中,如文字即广告标语,图片即商品海报,广告牌。在商业空间,产品的风格通过大幅海报、流行标志,最容易受消费者关注以及记忆。在大型的商业空间里,多以服装、电子产品、餐饮为主。如何能更好吸引消费者,在众多品牌中脱颖而出,就是产品风格展示的比拼了。

广告是现今传媒中不可或缺的一部分,而媒体网络的力量也是现今这个时代最快速、影响力最大的传播方式。好的广告应该是有故事的,和观众有互动的,使观众产生想要了解深入广告中产品的欲望。广告设计尤为重要,一个成功的广告标语或标志,可以很快抓人眼球,从竞争中抢占先机。如南京路上耐克大幅广告标语:"Just do it",通过广告牌,很快成为一种流行的象征,突出年轻人的自我意识,强调运动本身。寥寥数语,却恰到好处地将运动精神和体育产品完美结合,使耐克公司的体育精神理念也可运用到普通人群健身运动层面上。随着多媒体行业,消息传播的途径更加宽广,越来越多的产品展示都可以通过媒体介质展示,商业广场的多媒体屏幕,地铁通道边的彩色广告牌,公交车车身上的广告信息以及临时露天促销展会都吸引顾客,驻足观看,滚动的屏幕不仅显示了商品的特质,也象征了消费主流。

2)色彩运用

产品风格确定后就要考虑能够表现产品风格的色彩、代言人、广告海报拍摄的主题。色彩一直是设计师们所青睐的一个重要元素之一。色彩是最直接也是最直观的能使人一目了然的感受产品风格的条件。色彩的感情联想可以与商品配合，从而更好地服务于风格展示。灰、白、黑作为没有纯度的颜色，最为被大多产品使用。而后红、橙、黄、绿、蓝、紫等纯色，也因醒目特质，被运用于品牌标志宣传中。色彩的心理学，也被广泛运用于设计展示中。红色热烈、刺激、典型的暖色系，给人以外向奔放，适合于餐饮以及运动品牌。橙色也是一种激奋的色彩，但相比较红色稍微柔和一点，具有轻快，亲切以及时尚的效果，因此也较适用于时尚潮流品牌。蓝色象征清新凉爽，但偏于内向，所以适合于衬托活跃色，用于啤酒，饮料等饮用产品的展示配色比较合理。绿色介于冷暖两个色彩的中间，温和、宁静、健康、安全，同时也给人一种自然活力的感觉，故适用于化妆品、食品等产品展示。不过，随着时尚的不断转变，流行也在不断改变，以往的单色、纯色渐渐不再成为主流。越来越多的高级灰色调逐渐成为新潮，灰、黑、白等偏于中调的色彩，更加符合现代人们对流行的认知，其色彩不具有主观象征。极简风格，且不容易出错，更加受到人们的喜爱。多使用于高科技，现代简约风的产品展示，如电子产品、工业产品等。色彩能够给人以最直观的感触，也能最大限度地彰显产品风格。

3）代言人运用

一个好的代言人会为产品风格的展示起到画龙点睛的作用，除了要有一定的知名度，代言人本身的一些特质也要与产品风格有一定的呼应，给人一种共鸣。一个恰到好处的产品代言人在对产品展示的风格上也有很大促进作用。成功的案例就有五月天代言的全家便利店，作为一家日本连锁便利店，于2004年正式进军中国大陆市场，"全家就是你家"的亲切标语也完全代表其作为一个提供24小时，体贴入微的便利商店的最高使命，并选用当红乐队团体五月天作为代言人，其超高的人气以及5个乐队成员令人羡慕的犹如亲人般相处的情谊，为全家顺利进入内地市场起到很大作用。又比如阿迪达斯2013年春季新品女子系列的代言人为当红歌手HEBE田馥甄，主题是"以姐妹之名"，田馥甄本就是炙手可热的女子乐队的成员之一，其乐队3个女生间的深厚友情完全切合产品主张女性运动增进友谊的思维主题，故以代言人的公众形象，简明清晰地使人了解产品特性，从而吸引消费者。巴黎欧莱雅一款男士洁面乳选择英俊型男吴彦祖代言，因其有着所有男士所向往的绅士气质，而女性则希望另一半也如此，所以也会选择购买送人，故其市场购买力就不单单只限于男性。因此越来越多的产品代言人要求有良好的公众形象以及公众号召力。一些国际品牌和奢侈品品牌也不惜重金邀约一些具有超强人气以及公众形象良好的当红明星或复出明星来T台走秀，博人眼球，提升产品。所以一般偶像明星大多代言食品类，消费者多为年轻人的潮流品牌。有一定影响力和资历的名人则多代言高级酒类、手表等拥有一定尊贵典雅象征的产品，从而体现产品的独到和品位。朗朗上口的口号和曲调，在风格展示中也是十分受用的，轻快的节奏容易给人记住，且定位于年轻主流人潮，体现青春活力。

2.3　创新实物展示的形式和内容

顾客一般是在前期的宣传中对产品风格有所喜爱才会在逛街的时候到产品销售的实体店中进行进一步的了解，所以实体店铺的实物展示更要符合产品风格和更具特色。通过实物陈列、橱窗展示、会展等直接将产品实物展示给消费者，使消费者可以主观地看、摸和使用，从而了解产品的功能特性。随着科技不断进步，更多的三维产品展示方式应受到产品方重视，利用网络媒介，将产品前后左右，360度旋转用镜头记录，再通过电脑特效，软件分析等使平面商品立体化、多面化，消费者可以运用键盘鼠标多方面地查看产品的各个方面。调整、旋转、放大、缩小全方位了解产品信息。如一种新颖的"智能试衣间"在上海大型商业广场的时装专柜亮相，顾客只需选择商品信息相关的条形码，即可看到商品搭配的效果。

1）橱窗的展示

橱窗及霓虹灯广告牌展示的关键就是将最能代表产品特点的特征表现出来。利用灯光、摆放设计来凸显产品优点、彰显品位。首先要确定产品的属性，以此来确定橱窗中施以人体模特还是展示台来展示产品。其次应考虑橱窗的背景、整体色彩的应用、模特或展示台的摆放以及灯光的应用等。ZARE作为全球排名第三、西班牙排名第一的服装商，深受全球时尚青年的喜爱。其橱窗设计以先锋和传统融会贯通的多元化橱窗设计思维，使消费者可以感受到它的个性潮流。其宣传画册用色靓丽，对比鲜明。夸张到戏剧性的大衣颠覆传统理念，成为时尚尖端，其他人争相模仿的对象。运用色彩搭配，金属材质来烘托造型，则可以营造一种神秘的未来感，科技感。简洁型展示最突出的就是包豪斯式的现代主义风格，它将颜色尽量控制在一个色系中，大胆采用非对称，不规则式灵活的布局，使得造型流畅，将抽象深奥的美学设计简单化、标准化，打破陈旧学院式美学，即造型是为功能服务的，绝不多余。工业感，即产品的颜色、造型、材质都需要体现出很强的行业感，在设计的过程中，多考虑产品的使用环境和人体需求。

2）柜台展示

柜台展示，应注意摆放具有产品风格的辅助道具（鲜花、模型等）来增加柜台展示的趣味性。同时产品的陈列应放置当季的最新产品或本品牌热销的或有代表性的产品，不要将所有的产品一股脑都陈列出来，要有选择性地进行摆放。在柜台上或实体店中的营销人员也可以根据产品的风格来进行着装上的展示，通过销售人员的亲身示范来使顾客对于产品风格有更鲜明的认识，同时也会使得销售人员与顾客之间的关系更为融洽，顾客对产品的购买欲望增强。

综上所述，产品风格展示的最高境界实则是品牌形象，在大型商业区内，数不胜数的商业产品各个势均力敌，难分伯仲。如何有别于他人同系产品，除产品自身功能品质过硬之外，超强的识别度以及公众认知度至关重要。同样性质的产品，消费者在选择的时候并不单单根据功能，更关键的还是品牌在其心中的地位，从而促使其作出最后选择。所以品牌形象仍是消费者选择的首要因素之一。但品牌形象并非一日建立，它需要不断地通过产品风格定位，风格展示，长期的宣传以及企业自身文化的不断完善，在增加知名度的前提下，加强消费者对其美誉度的认可。最高级的展示则是能直接引领消费者的品牌。就品牌而言，拥有属于自己特有的风格，并通过产品包装设计展示，醒目独特的标志或标语就可使人对其产品以及整个公司啧啧称赞，才能真正地脱颖而出，立于不败之地。

商业空间生态对策

商业空间中室内植物景观应用的探讨
——以上海南京路、淮海路、徐家汇三大商业圈为例

韩思仪　张建华

（上海商学院旅游与食品学院，上海201400）

摘要：城市化进程促进了现代商业的发展，商业空间作为商业活动中的一部分，正逐渐受到人们的重视。本文以上海地区南京路、淮海路、徐家汇三大商业圈为例，调查统计了商业空间中室内植物的种类、分布情况和装饰形式，分析了室内植物运用的现存问题。并从解决商业空间中室内植物景观现存问题的"四大原则"入手，对现存问题提出了对策建议和生态景观的体验模式。

关键词：商业空间；室内植物；零售业；上海

信息化进程促进了现代商业的快速发展，改变了商业活动的传统形式。如今，商业活动已不再是单纯的商品买卖，而是集购物、休闲、餐饮、娱乐为一体的综合行为。作为视觉审美对象的商业空间，商业空间正逐渐受到企业与管理者的重视。它是消费者在第一时间留下感官印象的直接来源，引导了顾客的消费行为，也是企业运营模式中的重要部分，集中展现了商家对人性化服务理念的追求。

植物是商业空间的构成元素之一，也是最早出现在商业环境中的艺术元素。室内植物是指在人为控制的室内环境中，艺术而科学地将富于生命力的室内植物相关附件有机地组合在一起，从而创造出具有美学感染力、功能较完善、洋溢着自然风情的空间环境。室内植物景观充分体现了人与自然生态的平衡与和谐，在设计中引入绿色设计，已成为现代设计的主流思想与方法，并且绿色设计将是室内设计必然发展的潮流走向。眼下，国内商业风云变化，电子商务强势来袭，O2O模式正在兴起，传统零售业亟须改革。故从室内植物运用的角度，结合国内外商业空间中室内植物景观的优秀案例，为传统商业空间提出建议就十分必要。

1 商业空间中室内植物景观的现状及存在问题

我国室内植物景观运用的研究起步较晚。20世纪80年代初，才开始有在公共建筑室内营造大型自然景观庭园的尝试。上海是世界看中国的一扇"窗口"，室内植物景观发展较快，在一定程度上代表了中国室内植物景观的发展水平。本文以南京东路、淮海中路、徐家汇三大商业圈作为研究对象，调查总结室内植物在商业空间中的运用现状。

1.1 商业空间中室内植物景观的现状

1）植物的种类及分布情况

根据调查,仍有40%的零售店内没有用植物装饰景观。在有植物景观的零售店内,观叶植物的运用最为广泛,占到了55%,其中,较为常见的有金边虎尾兰、绿萝、龙血树、彩叶凤梨、蜘蛛抱蛋、散尾葵、龟背竹、橡皮树,另有富贵竹、棕竹、海芋、鹅掌柴、吊兰、发财树、垂叶榕、苏铁、朱蕉等。其次是观花植物,占38.2%,常见的有大花蕙兰、一品红、四季海棠、蝴蝶兰,另有石竹、康乃馨、杜鹃、鹤望兰等。最少的是观果植物,仅6.50%,有金橘、小果冬青等。由表1可以看出,天南星科、百合科在观叶植物中运用得最广泛,也是在商业室内植物景观中出现频率最高的;五加科和石竹科其次,其中,石竹科是观花植物的首选。

表1 商业空间中室内主要植物种类

分 类	名 称	科 属	学 名	应用店数
观叶植物	金边虎尾兰	百合科虎尾兰属	Sansevieria trifasciata	10
	龙血树	百合科龙血树属	Dracaena draco	5
	蜘蛛抱蛋	百合科蜘蛛抱蛋属	Aspidistra elatior Blume	6
	吊兰	百合科吊兰属	Chlorophytum comosum (Thunb.) Baker	9
	绿萝	天南星科苞叶芋属	Scindapsus aureum	11
	海芋	天南星科海芋属	Alocasia macrorrhiza (Linn.) Schott	7
	龟背竹	天南星科龟背竹属	Monstera deliciosa	2
	红掌	天南星科花烛属	Anthurium andraeanu	3
	橡皮树	桑科榕属	Ficus elastica Roxb. ex Hornem	4
	富贵竹	龙舌兰科龙血树属	Dracaena sanderiana	2
	棕竹	南洋杉科南洋杉属	Rhapis humilis	3
	散尾葵	棕榈科散尾葵属	Chrysalidocarpus lutesens	5
	鹅掌柴	五加科鹅掌柴属	Schefflera octophylla (Lour.) Harms	2
	常春藤	五加科常春藤属	Hedera nepalensis var. sinensis (Tobl.) Rehd	3
	发财树	木棉科瓜栗属	Pachira macrocarpa	1
	垂叶榕	桑科榕属	Ficus benjamina L.	1
	苏铁	苏铁科苏铁属	Cycas revoluta Thunb	1
	鸟巢蕨	铁角蕨科铁角蕨属	splenium antiquum Aspleniumnidu	2
	彩叶凤梨	凤梨科凤梨属	Ananas comosus	1
	金琥	仙人掌科金琥属	Echinocactus grusonii	1
观花植物	大花蕙兰	兰科兰属	Cymbidium hybrid	3
	一品红	唇形科鼠尾草属	Euphorbia pulcherrima	2
	四季秋海棠	秋海棠科秋海棠属	Begonia X semperflorens-cultorum	1
	蝴蝶兰	兰科蝴蝶兰属	Phalaenopsis aphrodite Rchb. F.	1
	石竹	石竹科石竹属	Dianthus chinensis L	2

（续表）

分　类	名　称	科　属	学　名	应用店数
	康乃馨	石竹科石竹属	Diranthus chinensis	1
	杜鹃	杜鹃花科杜鹃花属	Cuculus saturatus	1
	鹤望兰	旅人蕉科鹤望兰属	Strelitzia reginae	1
观果植物	金橘	芸香科金橘属	Fortunella margarita（Lour.）Swingle	1
	小果冬青	冬青科冬青属	Ilex micrococca Maxim.	1

2）植物的装饰形式

调查发现,商业空间中室内植物的装饰形式主要分3种:点式、面式和立体式。

（1）点式指以单株植物的形式点缀室内空间的装饰形式,可以是陈设、壁挂或悬吊。点式装饰可以修饰空间死角,可以在形式上使室内空间更加活泼、富有变化,亦可以作为空间主景,成为视觉焦点。点式装饰可形成线形装饰,强调空间边界线（见图1）,亦可放在门口、电梯口或过道边,起引导作用。

（2）面式指以多株植物聚集成面的形式装饰室内空间的装饰形式,分为纵面与横面两种。面式装饰重在规模。一个大规模的室内面式植物景观会形成视觉上的冲击,增添自然气息;而小规模室内面式植物景观可丰富景观空间（见图2）,功能类似于点式装饰。另外,纵面装饰形式是现在较为时尚的一种室内植物设计,有植屏、幕墙等,它软化了墙面等物体的硬质感,延伸了室内空间的纵向感,同时更增添了一份绿色生态的氛围。

（3）立体式指用植物营造三维空间的一种装饰形式。这种形式结合了点式与面式的特征,同时增加了空间的层次感,它可以是用支架作为基础而形成的一个立体小品,也可以是单纯地用植物形成以活动场所,如屋顶绿化。这种立体式植物景观在国内运用的还较少,但会是未来室内植物发展的趋势。

图1　港汇广场的植物景观　　　　　　图2　美罗城的植物景观

1.2　商业空间中室内植物景观的存在问题

1）植物管理粗放,限制种类选择

根据室内植物种类的调查显示,商业街中常见的室内植物有以下几点共性:大多喜半阴环境、适应性强、不择土壤、对光照要求不严。对于大多数植物来说,只要精心养护,均可作为室内植物景观,以供观赏。显然,商家这样做是在美观的基础上选择生长能力强的植物,以节省养护和管理成本。在实地走访中,许多室内植物形态、颜色不佳,明显缺少浇水、光照等基本养护。由此可得出,企业为了节省室内植物景观的管理成本,限制了室内植物种类的多样性选择,而在已有的植物景观中,又因为养护不佳,降低了植物景观的观赏价值。

2)设计理念陈旧,墨守装饰形式

根据室内植物装饰形式的调查显示,室内植物主要以陈设为主,占整体室内植物装饰形式约70%,其次是壁挂约20%,另有幕墙、植屏、吊挂、水生和立体式装饰。也就是说传统商业空间中,室内植物以点式装饰形式为主,主要起到点缀、修饰空间死角和引导作用,是整体景观的边缘景观,并不受到企业和设计者的重视,因此,室内植物在商业空间中的运用出现了严重的同质化现象。由此可得出,陈旧的设计理念令室内植物景观的装饰形式单一、乏味,缺少大胆的突破。

3)生态意识匮乏,减少植物覆盖

生态的中心内容是良性循环。植物在进行光合作用时蒸发水分、吸收二氧化碳、排放氧气,从而调节室内温度与湿度,有利于身体健康。根据B.C.Wolverton的研究表明,植物净化空气的成效主要取决于其本身代谢循环、气孔密度、叶面积大小、蒸腾速率及根系周围土壤细菌情况等因素。据此,从景观角度上来说,室内植物覆盖率越大,整体叶面积越大,有助于植物净化空气,更大程度上发挥植物的生态功能。而在当下的商业空间中,室内植物的覆盖率很低,除了设计理念上的陈旧外,还受制于上述生态意识的匮乏。

2　解决商业空间中室内植物景观现存问题的分析研究

从上述情况可以看出,国内商业空间中的室内植物普及率还不高,实际运用存在很多问题。从时代背景、商业发展趋势、体验理念、先进技术等方面分析研究这些问题,对提出国内商业空间中室内植物景观应用的对策建议有一定的积极意义。

2.1　商业空间中室内植物景观应用的原则

1)以生态性带动经济效益

生态景观设计的概念包括生态学上著名的"4R"原则即降低(Reduce)、再利用(Reuse)、再循环(Recycle)、可更新(Renewable)。"生态设计"理论认为,种植是"外部环境中的一个基本的结构性因素,应在最短的时间内造木成林;应由景观的使用者来决定其景观形式;应该具有较低的维护成本以及较高的社会效益,并具有长期的生态稳定性。也就是说,一个自我持续的景观设计应能满足当前人们对它的需要,同时又不对环境或人类的未来发展需求产生冲击"。

具体来讲,如根据室内不同区域的光照条件等客观条件,来选择相应习性的植物做景观设计;或反之,根据植物的习性来选择室内的摆放位置;举例来说,用万年青、芭蕉金盘、棕竹、常春藤等耐阴植物装饰极阴的拐角、过道灯处;用石榴、朱顶红、蒲包花等观花植物装饰有充足光照的地方,促生开花,后移至较阴处。又如,在这个大数据时代,运用互联网技术,统计出消费者的情感、心理倾向,选择与产品特色、用户定位相关联的植物种类,烘托产品,吸引顾客,从而产生经济效益。

2)以人文性带动植物设计

装饰是室内植物的基本任务,因此植物装饰的艺术性不容忽视。植物装饰的艺术性表现在植物特征与"八大美学规律"的有机结合,从而形成形式多样、主次分明、多样统一的装饰景观。植物特征指植物的姿态、质地、色彩,而"八大美学规律"指秩序、比例、平衡、韵律、强调、重复、渐变、对比。另外,当植物景观中有硬质景观的参与时,需做以上同样的考虑,尤其是植物容器,常常对烘托植物形态、营造氛围起到重要作用。

值得一提的是,商业空间的植物设计不是空穴来潮的,应以明确的景观主题来作为引导。主题的选择依据有3个方面:建筑装饰风格、地域文化、企业文化。另外,在中国传统文化中,一些特定植物往往象征特殊的含义与情感。如,"玉堂春富贵"指玉兰、海棠、迎春、牡丹和桂花,象征吉祥之意;"梅兰竹菊"象征着清雅淡泊的品质。企业可以参考这些象征意义,选择主题风格,创造出集地域文化、企业文化与建筑装饰风格相统一的室内植物景观。

3)以康健性带动生态环保

21世纪人类创造了前所未有的物质财富,推动了文明发展进程,同时环境污染、生态破坏等重大问题也正威胁全人类未来的生存与发展。由中国室内装饰协会环境检测中心调查统计得出,我国每年由室内空气污染引起的死亡人数已达11.1万人,平均每天大约死亡304人。室内污染正逐渐受到人们的重视。在商业建筑中,室内污染来源包括消费品和化学品的使用以及个人造成的污染(见表2)。

表2　商业建筑中常见的室内污染物

污　染　源	污　染　物　质
香烟烟雾	CO、可吸入颗粒物、有机污染物
人活动场所产生的污染	CO_2、臭气、细菌、病菌
建筑材料	甲醛、挥发性有机化合物、石棉
户外空气渗入	SOx、NOx、Cox、$VOCSx$、颗粒物质
溶剂、油漆、胶水	挥发性有机化合物

在商业空间中,室内植物有净化空气的作用,能为顾客带来一个更加健康、生态的消费环境。根据国内研究人员一系列实验室及现场实验表明:绿色植物可降低室内CO、CO_2、SO_2、甲醛等污染物的浓度。另外,根据1990年非盈利组织植物净化空气委员会(PCAC)与Wolverton环境服务中心的研究表明:不同室内植物对甲醛、甲苯或氨等有毒物质的净化能力具有差异(见表3)。由表2和表3可知,商业空间中应加大芦荟、虎尾兰、吊兰、美人蕉、石竹等植物。

表3　部分植物对有害气体的吸收能力

吸收双氧水(H_2O_2)能力较好的植物	天竺葵、秋海棠、兰花等
吸收铀等放射性物质能力较强的植物	紫菀属、鸡冠花等
吸收甲醛能力较强的植物	芦荟、虎尾兰、吊兰等
吸收氟气(F_2)能力较强的植物	金桔、石榴等
吸收硫化氢(H_2S)能力较强的植物	月季、羽衣甘蓝等
吸收二氧化硫(SO_2)能力较强的植物	美人蕉、石竹、无花果、菊花等

4)以情感性带动体验消费

近年来,电子商务强势来袭,传统零售业面临着"生存的威胁"。据全国商业信息中心的统计,2013年1月,全国50家重点大型零售企业零售额同比下降12%,沃尔玛、万得城等多家零售巨头关店。网上购物的优势在于方便快捷、信息对称,这两点是传统零售业无法具备的。那么传统零售业的出路何在?据全球互联网信息服务提供商ComScore 2012年度研究报告显示,40%的调查者表示他们去实体店是为了查看商品,购买则计划在网上进行。概括来讲,这是一种线上购物,线下体验的O2O(online to offline)模式,通过真实的感官体验带动消费者在情感与心理上的变化。值得注意的是,在体验式消费来临之际,传统零售业要关注的不再只是消费者的满意度,而是尖叫度。用植物营造一种"山林野趣"之象,对长期处在生活、工作压力下的都市人来说,是一种别样的体验景观。

2.2　商业空间中室内植物景观应用技术

1)养护技术

俗话说,"三分靠种,七分靠养",养护管理对室内植物的存活与装饰效果起到至关重要的作用。室内植物的养护管理手段主要有浇水、施肥、病虫害防治、植物修剪方法。就浇水而言,室内植物由于光照低,生理活动较缓慢,浇水量大大低于室外植物,应遵从"见干才浇,浇则浇透"的原则;就施肥而言,室内植物需要的养分并不多,应遵从"薄施、勤施"原则;就病虫害防治而言,需用物理方法处理,如竹签刮虫,不可使用农药,否则污染室内环境。植物的修建以植物的美观性为基础。修剪过长的枝条,以免徒长影响开花或结果;剪去过密的枝条,使植株通风减少疾病的发生。还有剪除病、伤、枯、弱枝条交叉枝,保持植株美观。除上述之外,植物在移入室内时应先行一段时间"光适应",即置于比原来生长条件光照略低,但高于将来室内的生长环境。这样增加植物叶绿素,重排叶绿体。掉了老叶,产生了新叶,植株存活了下来。总的来说,室内植物的养护技术与了解植物本身的习性密切相关,更需要管理者长期的经验积累。

2)垂直绿化

垂直绿化指利用植物材料沿建筑物里面或其他构筑物表面攀扶、固定、贴植、垂吊形成垂直立面的绿化。主要分为:① 直接型。植被墙面上生长,或人工在墙面安装条状或网状支撑物,使卷须类、缠绕类或钩刺类的攀援植物能够借助支撑生长。② 间接型。植被与墙面分离,通过中间层获得支撑。③ 间接型生物墙LWS(Living wall systems)。植被与墙面分离,有支撑结构、结合种植槽。垂直绿化的优势在于提高空气质量、增加空气湿度、降低建筑能耗、降低噪音。上海常用攀援类植物有爬山虎、五叶地锦、常春藤、连翘、扶芳藤、藤本月季、金边扶芳藤等。在商业室内空间中,垂直绿化的占地面积小,视觉效果极佳,丰富了纵向设计的装饰形式。另外,垂直绿化的养护管理不严,若以粗放管理,使植物自然生长,显得自然生态;若以精细管理,则可以塑造立体植物景观,增加观赏性和娱乐性。

3)苔藓造景

苔藓植物具有常绿、繁殖快、重量轻等优点,改良后的绿化苔藓还具有喜光、耐旱等特点,非常适合作为立体花坛、屋顶绿化、生态墙体等特殊环境的植物材料,这也是当前环保领域的一项新技术。值得注意的是,近年来,苔藓微景观在国内掀起了流行热潮。据统计,在淘宝网上销量最好的易格自然店铺近30天总销售量达1 392件。苔藓微景观指利用苔藓布景,配合小摆件做成的微型景观,一般放置在透明的玻璃容器中,既可敞口,又可做成封闭的生态瓶。苔藓微景观是今年新兴的一种创意布景方式,将草地微缩为苔藓地,将大树微缩为蕨类、小株绿植等,其外形景致小巧,装饰在景观中晶莹灵动。苔藓微景观的设计重点是在有限的空间内,营造小型的生态自然环境,给人无限的遐想,此外,容器的造型设计也非常重要,好的容器造型使微景观更显灵动(见图3)。苔藓微景观的装饰可以是陈设或吊挂。

图3　苔藓微景观

3 解决商业空间中室内植物景观现存问题的对策分析

综上所述,发展商业空间中室内植物景观是时代的趋势,是传统零售业转型的重要途径,也是消费者的深切希望,不仅有技术支撑,更有理念助推。

3.1 商业空间中室内植物景观应用的对策建议

1) 以完善的养护技术为支撑,提高管理成本,增加植物的种类选择

提高室内植物的种类需要企业增加对植物景观的成本投入,找一位富有经验的养护技术人员,在此基础上,增加室内芳香植物、多肉植物和水生植物的选择。室内芳香植物有迷迭香、薰衣草、罗勒、薄荷、茉莉、香叶天竺葵、咖啡树、忍冬等。举例来说,迷迭香有青草一样的清凉气味和甜樟脑的气息,稍带刺激,可使人奋发向上;又如,薰衣草的香味可以驱虫,能缓解疲劳,减缓焦虑。多肉植物有珍珠吊兰、草玉露、爱之蔓、子宝、琉璃殿、三角琉璃莲、大型玉露、银星等,这些植物日照要求不严,同时可使景观精致化。许多室内水生植物同时也可以基质栽培,如富贵竹、吊兰、绿萝、常春藤、文竹等。

2) 以"健康、生活、自然"为理念,加强立体绿化的运用,丰富装饰形式

根据上述研究分析,健康正受到人们的普遍重视,影响着人们的生活方式,因此,企业在室内植物景观设计的过程中,必须本着"健康、生活、自然"的理念,充分利用面式、立体式两种装饰形式或加入苔藓造景。企业可从景观主题、元素、主色调、装饰风格、配置方法、硬质景观材质等方面表现这一理念。如,企业可选择森林氧吧、沙漠探险等集娱乐和生态为一体的主题景观;又如企业可将植物结合石块、水体、桌椅、屏风等景观元素,营造富有意境的景观一角(见图4);再如,大量运用垂直绿化装饰构筑物纵向面,举例来说,泰国曼谷购物中心(见图5)内,用藤本植物装饰建筑,软化的建筑材料,给人清新又惊喜的感觉;或如,用植物枝干加工,做成商品架,缠绕藤本植物于其上,给人生态、环保、无污染的感觉。

3) 以植物为商业空间主体,营造自然生态景象,提高植物的覆盖率

以植物为景观主题是提高室内植物覆盖率的有效手段,由于植物本身具有净化空气的生态功能,因此营造以自然生态景象为主题的景观是最佳选择。举例来说,广州白云宾馆(见图6)是一座坐落在广州市的"世外桃源",门廊架立山石、分割前庭,巨石绿树与板式高层相映衬,颇有气势,高低层之间以水石庭作内景,山石之上古榕成荫,清泉泻下、浑然天成。又如,河南省的黄河迎宾馆,室内种植了大量的乔灌木和地被植物,绿化面积达到95%以上。再如美国摩尔购物中心(见图7),内设大型室内主题公园和游乐设施,完全将室外植物景观搬到室内,种植

图4 上海红坊艺术画展

图5 泰国曼谷购物中心

图6　广州白天鹅宾馆的中庭景观

图7　美国摩尔购物中心植物景观

了竹子和当地各种热带植物,其商业空间集聚生态性、娱乐性、艺术性为一体。每年去那里购物的人比去迪士尼的还要多,充分拉动了当地的经济效益。

3.2　商业空间中室内植物配置模式的建议

1）森林模式

森林的特色在于参天大树、绿叶密布、百鸟啁啾、涓涓流水、时儿有动物出没。根据这些特点,商业空间中,应以绿色为主,将支柱装饰成树干,在顶部建支架,使藤本植物沿"树干"攀爬至支架,覆盖整个天花板,照明灯则安置在墙面或过道,灯光亮度要与整体森林生态景观相一致,以黄色灯光为佳。在墙面做垂直绿化,在商品支架上撒些叶子,使商品与整个景观融为一体。把水体作为主景,可以是动态的小瀑布,也可以是静态的小水池,用植物装饰边沿,此外,用动物的形象如熊、梅花鹿等作为景观小品,如立体绿化,配以桌椅等,吸引消费者的眼球。森林模式用热带地区植物装饰,有藤本植物绿萝、麒麟叶、龟背竹、蔓绿绒等,有附生植物蕨类、兰花、凤梨等,有地生植物广东万年青、红鹤芋、竹芋类、花叶万年青、合果芋等。

2）沙漠模式

沙漠的特色在于沙石、石块、干旱、枯枝、裂纹、简陋。根据这些特点,商业空间中,应以棕黄色为主,将支柱、货架做成枯枝状,墙面上可绘制裂纹、石块、镂窗等图案,用黄色灯光照射强调,体现干燥枯竭的景象。室内的桌椅可一律仿石块的样子制作,与景观融为一体。主景可以是沙石与仙人掌及多浆植物的结合,或者以枯山水的风格,营造"一池三山"的景象。沙漠模式下选用的是干旱或沙漠地区植物,有多浆植物生石花、佛手掌、绿铃、弦月、石莲花、沙鱼掌等,有仙人球般若、芦荟、碧云、草球、芳香球、海王球、金琥、红牡丹、幻乐、黄菠萝、金手指、金星等,有仙人掌黄毛掌、亮红仙人指、幸福柱等。

3）滨水模式

滨水模式以植物和水体为景观主体,较之前两者模式,设计形式更加多样化。在中国古代园林中,造园者运用"以小见大"的手法,通过营造山体一脚,引发对整座山的遐想。同理,在商业空间中,企业可结合水体、鹅卵石、植物,设计滨水岸线景观,展现河的一角,结合壁画,引发消费者更广阔的遐想。水体的设计主要分为动态与静态两种,动态形式有喷涌、跌水、流动3种形式。水体与植物结合有虚实相生的效果,如将苔藓微景观悬吊于水景之上,倒映水中,给人无限灵动之感,平和心情。滨水模式下选用的植物是地中海式气候地区植物,有球根类植物,如风信子、郁金香、水仙、仙客来、欧石楠、鹤望兰、唐菖蒲、石竹、君子兰、粗酱草等,另有天竺葵类和棕榈类。

浅谈植物景观在室内商业空间的应用

顾　群　须文韬　张建华

（上海商学院旅游与食品学院，中国上海 201400）

摘要：室内商业空间中，越来越重视植物景观的应用。本文通过对上海室内商业空间植物景观的应用方式及效果研究，提出了依据植物观赏价值、人们需要及不同性质商业空间选择植物和营造植物景观的策略。植物的介入，在美化环境的同时，也软化了商业空间中硬朗的线条。

关键词：植物景观；室内商业空间；绿饰设计

　　随着社会、经济的发展，室内商业空间设计中越来越重视植物景观的作用。其作用大致有4个方面：首先商业空间作为一个人流聚集地，巨大的人流，必然导致大量的二氧化碳呼出，如此一来，室内的温度也会随着升高。而在室内商业空间配置植物景观，根据绿色植物的生物特性，其叶子犹如高效的空气洁净器与噪声吸附剂，能有效阻止公共环境中灰尘及细菌的产生，阻挡噪声在室内的传递，从而达到调节室内温度和净化环境的作用。同时，植物能够利用人照光进行光合作用，积极吸附室内商业空间空气中的二氧化碳，释放出更多的氧气。其次，现代建筑绝大部分为清水混凝土建筑，造型相似，很容易造成视觉疲劳。植物的介入则可以软化建筑笔直的线条。作为一种富有生命力的群体，植物在不同的时间段内会呈现出不同的变化，这些变化主要体现在颜色、形状和大小上，而这些不同的变化和细节可以为人带去不同的视觉和心理感受。与此同时，在室内商业空间内种植植物，也为生活在城市中的人们提供了一个与自然进行情感交流的平台。继而，商业空间内的植物不仅能够有效改善室内的环境，而且利用垂直绿化可以对部分室内空间进行有效划分。如攀援的藤本植物在空间划分中可以作为很好的绿色屏风。它不仅不破坏空间的整体性，而且将各区域空间有机地结合在一起，天衣无缝（见图1）。此外，在室内装饰过程中部分商场选择适宜的室内观赏植物来装饰空间中难以利用的死角（见图2）。与此同时，还可以根据植物自身的高矮、大小来调整空间的比例感，从而提高室内商业空间的利用率。最后，种植在室内的植物既让人联想到大自然的美景又给人以清新自然的感觉，忙碌了一天，去逛逛这些商业空间，想必所有的疲惫感和压力感在看见那些生机盎然的植物后，定会有所减少。处在这样的环境中，人的心情也会随着变得舒畅、自由起来。由此可见，在室内商业空间中设

图1　植物作绿屏来区分空间　　　　　　　　图2　对置植物来填补建筑死角

计景观非常重要。

1 上海室内商业空间植物景观现状

实地调查上海淮海路商圈中的购物广场、酒店、商务办公楼和医疗保健类场所,并结合相关资料的搜集,发现上海运用在室内商业空间中的植物大约有58种。在这些植物中以观叶类植物为主,植物种类中天南星科运用最多,它具有优良的叶形,且易养护(见图3)。

上海常用的室内植物装饰方法有3种:地栽式、容器式和立柱、棚架式。地栽式绿化是将植物直接种植于地面来模仿自然景观。容器式绿化是将所需植物种植在容器内,通过摆放来达到所要表达的意境。种植容器有移动式和固定式两大类,主要包括种植坛、种植桶、盆栽和插花等多种多样的形式,可以依据室内空间的特性来选择适合的种植形式。这种方式的好处是所占空间小、设计形式多样、成本低,因此绝大部分室内空间采取这类种植形式(见图4)。容器式绿化的特殊运用方式有壁画镶嵌式和悬垂式。壁画镶嵌式绿化通常在墙壁、柱面等垂直处镶嵌上特制的半边花瓶或花盆,然后在上面栽种一些别具特色的观叶植物以达到装饰的目的。这种处理形式不仅节约了宝贵的室内地面空间,而且使人感受到大自然勃勃的生机。悬垂式绿化是利用特制的吊篮或者吊盆来栽植一些枝叶悬垂生长的植物,常见的有常春藤、吊兰、绿萝等。这类装饰形式不用占据地面空间,区别于壁画镶嵌式绿化。它那悬于半空的造型,常常能够营造出一种轻盈飘浮的氛围(见图5)。而立柱、棚架式绿化是利用攀援

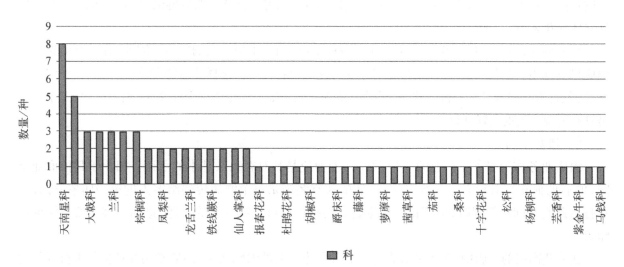

图3 上海室内商业空间中植物种类统计

图4 容器式绿化的组合造型

图5 悬挂植物与地面植物的组合装饰

植物的攀爬特性,让其沿所预想的造型生长。卷须类和缠绕类的攀援植物均可使用,少数蔓生类植物也可使用。人们既可以坐在棚架下休息,又可以欣赏到植物的花果之美。与此同时,绿门、拱架一类的造景方式也属于棚架式的范畴。

比较上述3种装饰方法,发现地栽式绿化占地面积大、成本耗费高;容器式绿化需考虑栽植容器本身的美观性以及容器与栽植植物的景观搭配效果;而立柱、棚架式绿化虽然能够节约空间,提高室内的绿化率,但其成本相对较高。

2 不同商业空间类型的植物景观营造

1)商务办公空间

当今人们每天生活和工作的二分之一时间是在"办公环境"中度过的。随着城市在信息、经营、管理等方面的迅速发展以及新要求的不断出现,办公环境作为一个工作场所,逐渐成为人们生活中的"半个家",其重要作用显而易见。因此对商务办公空间进行合理而舒适的绿化设计,对提高工作效率有着十分重要的作用。

进行商务办公空间的绿化装饰设计时,应从整体空间布局与环境特点来进行思考。现代商务办公空间可谓寸土寸金,再加上日常的养护费用,很少有单位会在办公空间中布置大型的自然植物景观。同时根据商务办公环境中人数多、空间拥挤、通风差、电脑多的特点,在进行绿化装饰设计时,应将植物的功能性置于首位,植物以能够吸收有害气体和吸收辐射为首选。然后再根据办公空间特点尽量实施立体绿化来节约空间。

众所周知,办公室的工作环境应该饱含一种积极向上、生机盎然的氛围。因此,在植物的选择方面应尽量选用一些色彩稍许靓丽、形态趋于多样化的植物。可供选择的植物有芦荟、吊兰、虎尾兰、一叶兰、龟背竹和绿萝等。一帆风顺、君子兰等植物在此基础上还能体现企业文化,而发财树、节节高更是具有财源广进的美好寓意。

2)酒店空间

酒店业务作为服务类行业的一种,贴心、专业应是其对客人最基本的承诺。相比于其他商业空间,酒店的面积相对较大。众所周知,酒店的大堂装饰是每个酒店传递给客人的第一印象。因此,在打造此类空间的景观时,酒店都会依据各自的特色进行植物景观的营造,进而给客人留下深刻的印象。

在一些高级的酒店中,为了使客人感受到如归家一般的温馨之感,酒店常用绿色植物进行气氛的营造。除了在酒店中摆放一些常见的盆栽类或插花类植物外,酒店还将室外园林的设计手法引入到室内,利用大堂的一部分空间进行植物的栽种,形成一处小型的园林景观,给人带去一股源自大自然的清新之风。这种设计理念源于1967年的亚特兰大海饭店,它的中庭将自然光、宁静的植物、清澈的流水以及复杂的假山组合在一起,创造出一种模仿大自然的室内小环境。

客房作为酒店最基本的服务设施,依据酒店不同的档次,其内的植物装饰也存在差异。在一般的客房中,酒店会在洗手间内放置一盆耐阴、耐潮的植物,如蕨类、竹芋类等。而在高档的客房中,酒店则会用插花、盆景等艺术欣赏价值较高的园艺作品来进行装饰,以进一步提高客房的品质。除此以外,酒店的小酒吧,由于每张小圆桌只供两三个人聚会交谈,因此只需点缀一些小型插花即可,有时仅用一只小瓷瓶,插上两朵花,陪衬少许绿叶,便能烘托出优雅的环境气氛。

3)购物中心空间

购物中心作为现代化的商业建筑,其庞大的建筑群体决定它常常采用自然元素来装饰室内空间。这种装饰一方面可以为整个空间带去生机,另一方面也可以让消费者的购物心情得到释放与缓冲。

众所周知，购物中心的日均人流量非常大，因此在选择植物时，应将吸收二氧化碳能力强的植物作为首选，如棕榈、吊兰、天门冬等。

纵观城市中大型购物中心内的绿化设计，发现其内的休息餐饮区时常与成片的植物景观结合在一起。而在购物中心的其他地方，植物景观则通常以装饰的形式出现在人们的行走空间内，同时还兼具一定的导示作用。将植物按照不同的形式布置在购物中心的整个空间内，使人无论身处何地，都能感受到生命蓬勃的生命力，有利于激起人们的购买欲望。

4）医疗保健空间

古往今来，医院不知为人类编织了多少悲欢离合，这是一个与生命密切相关的地方。从呱呱坠地到驾鹤西去，这更是一个人们求得精神庇护与病痛解脱的地方。在医院的室内绿化装饰设计中，应当以人为本，充分考虑病人的心理变化及生理特征。将园艺小品景观自然地引入室内，通过选用不同质感和色彩的植物，有利于消除医院给人带去的冰冷感觉，减弱病人的恐惧心理，与此同时也能改善医护人员的工作环境，缓解医护人员与病人之间紧张的关系。

依据以人为本的原则，在医院的室内绿化装饰设计中，笔者总结出以下几点注意事项：首先，医院是一个整洁、严肃的空间，因此在配置植物时应选用一些易于管理、造型简洁的植物，如散尾葵、棕竹等。这些植物在打破建筑空间生硬感的同时，又可以增加空间的层次感。其次，基于医院特殊的性质，尤其是传染病区，细菌的数量、种类多。因此在这些空间内宜选择具有杀菌能力的植物。如桂花、茉莉等，在抑制细菌产生的同时，其散发出来的香味也能够调节病人的情绪，可谓一举两得。此外，就喻意而言，应选择生命周期长，有积极喻意的植物。并及时更换萎蔫的植物，防止对病人产生消极的影响。

在医疗保健类的商业空间中，人们最需要的是一个安静的环境氛围。据医学研究表明，噪声会使病人心情烦躁，加重病人痛楚，从而阻碍治疗。因此在此类空间内，应选用一些具有吸声能力的植物，例如富贵竹笼、细叶榕、绿萝等。与此同时，也可以放置一些色彩靓丽的植物，如彩叶草、秋海棠等来软化病房内硬朗的空间，愉悦患者的心情。

3　小结

当植物景观在室内商业空间得到普遍应用的同时，我们应更加注重植物在应用后所产生的视觉效果及其所创造出的景观价值。因地制宜地配置不同商业空间中的植物景观，使景观与空间得到更好的结合，从而尽早实现"美丽中国"的梦想。

植物在商业空间中的应用探析

瞿智萱　张建华

（上海商学院旅游与食品学院，中国上海 201400）

20世纪80年代，美国国家宇航局的"降低室内空气污染的室内景观植物"研究报告证实，植物能吸收室内的甲醛、三氯乙烯、苯等有害物质，这项研究为人们提供了最自然且经济的创造健康室内的办法——用植物作为室内空气净化剂研究表明植物能加速室内微粒的沉降，从而起到净化空气的作用,日本研究者已开始进行植物净化能力的定量研究。正是基于这些科学的研究成果,室内植物的应用在商业空间内得到极大的拓展,欧美商业环境资料表明,植物在商业购物环境中发挥装饰性和关怀性作用。如在商业步行街中增加了许多绿地,人们在购物后,仍有留在这里的兴趣,在这里得到休憩和相互的接触,满足购物者的行为要求,满足消费者从"物"的消费向"精神"情绪化空间的转化,体现了对人的关怀。中国作为一个发展中国家,应多借鉴发达强国的成功经验,追随世界发展潮流时,增强商业竞争力。上海作为我国的经济中心,领先于其他城市经济发展。本文调研了上海市南京路商圈、徐家汇商圈、淮海路商圈三大具有代表性商圈中50家商店商业空间中植物的运用情况。

其中运用植物装饰商业空间的只有18家,仅占被调查总量的36%,其中运用植物装饰商业空间的18家商店中运用真植物的为13家,占被调查总量的72.2%。植物的运用多元化的商店为8家,占运用植物装饰商业空间的18家商铺数量的44.4%。由以上数据发现,植物在商业空间中的运用存在以下几个问题:其一为植物在商业空间装饰中的运用量偏少,商家并未全面深刻地意识到将植物引入商业空间中的重要性与必要性;其二为商家们在运用植物装饰购物环境的过程中,部分商家选择了用假植物,一定程度上体现了商家更注重的是植物对于环境的装饰美化作用,而非植物的生态效益作用;其三为植物的数量色彩以及品种选择单一化,植物装饰缺乏新意。

1 商业空间的特点

1)现代商业环境发展的趋势

现代商业空间的发展已不再是原始状态下的"物"的消费,而是从"物"的消费向"精神"情绪化空间转化;现代商业环境正在向多样化方向发展,单纯的消费空间,已不再是人们需求的场所,人们正在创造融办公、旅游、饭店、公寓、购物中心为一体的综合性商业空间环境;同时,也是融文化性、游乐性和地方个性极强的商业文化空间环境。

2)商业环境的空间特征

商业空间是一个流动的、展示的、变化的且会传达信息的空间。人们进入并在商店中停留较短时间,进行着不同的购物选择,在商业空间里形成的是一种动的旋律;商业空间通过一系列的展示途径,体现它的精神面貌和刺激消费;商业环境采取分隔与联系、通过营业厅柜台平面组合形式的变化、通过色彩的变化不断改变商业空间的形象,增加顾客的新奇而减少疲劳,使顾客在购买的过程中得到心理上的满足;人们走进商店通过购物获得更多的信息,了解新产品的使用方法以及新产品对现代生活所产生的作用,在了解的基础上进行消费。商业环境的四大空间特征以及为人服务这一基本宗旨指导着现代商业环境的发展。

商业空间的特点促使消费者对购物环境的空气质量要求更高,植物是净化空气的能手。植物能够降低以二氧化碳为主的温室气体的排放,再能通过自身的生理反应,吸收有害物质甚至释放出一些因子增添空气中的有益成分,改善购物环境的空气质量,促进人们生活健康。商家为提高竞争力,刺激消费,为消费者提供一个更为舒适的购物环境是一个刻不容缓的须解决的问题,植物的运用在商业空间氛围的营造中已成为一种不可抵挡的发展趋势。

2 植物在商业空间中的意义和作用

1)节约能源,有效分解有毒物质,促进健康发展

能源的消耗伴随着经济的发展,"节约能源"已成为当今时代的口号。植物具有低进高出、涵养水源等节能特点。随着人们的生活水平不断提高与电子商务所承载的消费途径的冲击,人们越来越注重

商业空间的装修品质,从而伴随着装修的污染问题也越来越严重。目前市面上多种材料都含有甲醛等有害物质,容易引发癌症等恶性疾病,在室内摆放植物既可以吸收室内污染物,又能净化空气污染,对室内的环境进行必要的改善。例如:芦荟、吊兰等可以清除室内的甲醛污染;常春藤、铁树、菊花等植物可以减少居室内苯的污染;雏菊、万年青等可以有效消除室内的三氯乙烯污染;月季、蔷薇等植物则能较多的吸收硫化氢、苯、苯酚、氟化氢、乙醚等有害气体;菊、梅等能吸收二氧化硫、二氧化氮、氟化氢、乙烯、氨气和苯等;一些叶片硕大的观叶植物如虎尾兰、龟背竹、一叶兰等,能吸收建筑物内目前已知的多种有害气体的80%以上,是当之无愧的治污高手。德国科学家测定了吊兰24 h对甲醛具有88%的吸附能力,时常选用吊兰、虎尾兰、常春藤、芦荟、龙舌兰、绿萝、秋海棠等去除甲醛的植物高手去除甲醛。

2)优化购物环境,提升消费愉悦感

华盛顿大学的研究发现,植物有减轻压力、帮助提高注意力的作用。植物具有强的观赏性和适用性,在空间装饰中具有很重要的作用,既环保实惠又有极强的装饰效果,千姿百态的植物与生硬呆板的建筑形成了对比与呼应,软化了建筑棱角。绿色可以解除人的焦虑和烦躁情绪,稳定心态,使人舒心畅怀。现代的消费模式中,人们的消费过程明显增长了,消费情绪也由简单的满足演变成了欲望到行为不断升级的循环。因而,需要强调创造一个符合人们消费心理的购物环境。悉尼工业大学一项重要的研究表明,没有压力的人看白色书写板、抽象画或室内植物时,脑电波的活动是不同的,在观赏绿色植物时,脑电波的活动明显增强。

3)改善空间结构,营造自然和谐氛围

单一的用建筑分割、组合空间,会造成空间的局促感和刻板化。而运用植物与建筑材料的组合形式来塑造空间则可以柔化装饰效果,增添灵动性与自然和谐感,并且植物装饰具有更大的灵活性与可变性,为装饰工作提供了很多的便捷。在装饰过程中,转角、通道、视觉死角等处是装饰的难点,植物的运用不仅改善了环境,还增添了空间的丰富性与美观性。泰国曼谷的购物中心绿化景观由大楼6层的结构展示出郁郁葱葱、雨林样的垂直绿饰,环绕的植物由蕨类、藤、景天和苔藓深浅不一的绿色、黄色、红色和紫色组成;苏黎世机场的大型垂直绿化、美国旧金山科学院的苔藓餐厅、韩国首尔Ann Demeulemeester店多年生草本编织的生活墙体现着商业空间中垂直绿饰的生命性,法国的植物学家帕特里克·布兰克(PatrickBlanc)用绿色植物覆盖了8层楼高的英国伦敦雅典娜酒店,使其成为了一座壮观的空中花园。

植物在商业空间装饰中具有重大的意义和作用,因此,改善当前植物在商业空间中运用现状的不足之处,让植物更好地为打造商业空间服务是一个意义深远的问题。

3　改善植物在商业空间中运用不足之处的对策

1)加大真植物在商业空间环境中的使用量,同等重视植物的生态效益和装饰作用

植物是室内空间装饰的重要元素,同时植物也是天然的空气净化器,具有超高的生态价值。除了能减少二氧化碳的排放量之外,许多植物还能吸收有害气体以及去除粉尘颗粒。南京路Converse帆布鞋专卖店和一家女装品牌专卖店用多种植物装饰美化展柜(见图1、图2),并且利用绿萝等生态效益超高的植物起到净化空气的作用。

2)注重不同植物的搭配组合运用,避免单调

在植物生态习性相同或相仿的前提下,注重对不同植物的形态、色彩和质感的搭配。观叶植物的组合盆栽要强调植物色彩斑纹的变化,利用植物叶片颜色的深浅,将同色系、质地类似的多种植物或品种混合配植,来强化作品的色彩。例如:徐家汇商圈某服装店的植物装饰小品将攀援型

图1 南京路Converse帆布鞋专卖店展柜植物装饰设计　　图2 南京路女装专卖店展柜植物装饰设计

图3 徐家汇商圈某服装店植物装饰设计

图4 徐家汇商圈某服装专卖店一隅植物装饰设计

植物、垂吊性植物相结合,增添小品的横向与纵向延伸感(见图3)。徐家汇商圈某服装专卖店一隅植物装饰设计将高低不同、质感不同的植物进行组合搭配,打造层次错落感,柔化粗糙质感的植物,强化细腻质感的植物,协调盆景整体质感(见图4)。

3)注意植物与其他造景元素的搭配,注重创意性展示

植物与其他造景元素搭配使用,使得各种景观元素都相得益彰,增添景观的丰富性。例如:借助具有特色的花卉容器栽植植物,或在植物旁配以山石、水砂等。文竹枝叶柔软纤细,配以山石,刚柔相济,适合摆放于书店中,可衬托书香门第的氛围。仙人掌以及景天科类植物等小型盆栽时常搭配白砂、渔翁、小亭等景观元素,摆放于案台或展柜上。美人蕉则经常依水而栽,配置山石,适宜用在度假休闲会所的装饰。南京路某款女装展示区植物装饰小品将各种赏花植物种植于独轮车造型的容器中,在增添植物小品的趣味性的同时又吸引了更多消费者对服装的注意(见图5)。淮海路某女鞋专卖店植物装饰小品将高跟鞋作为花卉容器,别出心裁的设计激发了消费者对女鞋的购买欲(见图6)。

4)将植物与商业文化相结合,表达商业文化,提升空间品位与意境

许多植物具有美好寓意,被广泛用于体现商业文化。高低错落组合种植的巴西铁,枝叶生长层次分明,立体感巴西铁有"步步高升"之寓意,是很多国家的幸运树。中国有"花开富贵,竹报平安"的祝词,富贵竹以它吉祥的名字在商业空间和家居空间中颇受欢迎。同样的,发财树、牡丹花也适宜放置在商业空间中。常春藤有表示友谊之树常青、祝愿新人"新婚幸福,白头偕老"的美好寓意,因此常春藤也适用于交友征婚、婚

图 5　南京路某款女装展示区植物装饰小品　　　　图 6　淮海路某女鞋专卖店植物装饰小品

庆等商业空间中。周敦颐于《爱莲说》中道："兰,花之君子者也",兰花一直被视为高雅的象征,在一些高档的商业场所,是一种很适合用于体现品位的植物素材。与此同时,植物的色彩以及质感都可以用于体现商业文化。徐家汇商圈某女士泳装专卖店的展柜用芭蕉、一系列蕨类植物来表现热带风情,从而衬托自己主打泳装品牌(见图7)。淮海路某家高档服饰品牌专卖店用紫色植物配以利落简洁的枝干来布置展柜,体现品牌的高贵典雅(见图8)。

4　结语

实体商业的发展受到了电子商务的严重冲击,把握消费者对当代实体消费空间环境的需求,运用植物为消费者打造一个更为生态健康、人性化的消费空间是当代实体商业空间竞争的新力量。

图 7　徐家汇某女士泳装专卖店展柜植物装饰设计　　　图 8　淮海路D.NADA女装展柜植物装饰设计

商业空间的立体绿化

张建华   侯彬洁

（上海商学院旅游与食品学院，201400）

随着"大数据"时代的来临，中国的城市迅速发展，消费者收入水平不断提高，目前中国已经成为世界零售业竞争的主战场，为各种现代商业经营模式的迅速发展创造了世纪性的、前所未有的发展机遇。符合消费者的这种消费观的网络购物对传统经营模式的商家带来极大的挑战。根据中国电子商务研究中心发布《2012年度中国网络零售市场数据监测报告》显示，截至2012年12月中国网络零售市场交易规模达13 205亿元，同比增长64.7%，已经占到了当年社会消费品零售总额的6.3%。而该比例数据在2011年仅为4.4%，电商改变零售业格局已经开始（见图1）。

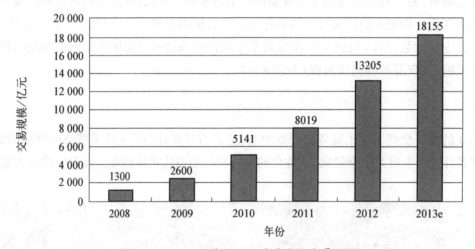

图1   2008~2013中国网络零售市场交易规模

去年全年，百货、超市、专业店三大业态销售增速较上年均有下滑。在电子商务大行其道的2012年，中国传统百货面临自身的盈利水平与盈利能力大幅下降、运营成本费用加大以及网购抢占市场份额等压力。根据统计数据，已公布业绩的单纯百货企业中，销售总额的增长幅度大部分都在10%以下，广百股份、百盛百货、成商集团等的净利润大幅下降，同比分别下降幅度达到了9.75%、25.60%、23.03%。因此，在我国商业经营模式结构不合理的状况与新兴业态的不断出现并存的情况下，现阶段对我国商业经营模式结构进行调整具有重大的理论和实践意义。

良好的商业空间景观的打造，可以满足消费者从物质层面已上升为精神层面的需求；可以加快"四位一体"到"五位一体"的"生态文明"建设步伐；可以提高能源的利用率，降低废弃物的排放；可以实现自然景观与人文景观的和谐融合，形成具有艺术审美特色的场景。因此，商业经营模式需要景观体现，而景观的构建中按照现代社会的要求，需要生态环保；同时景观的低碳也降低了商业经营模式的成本，促进其可持续发展。商业空间立体植物的塑造可达到商业空间人文化、生态化、休闲化的目的。

1　商业空间简介

1.1　商业空间概念范围

维基百科中商业（commerce）的定义为"一种有组织的提供顾客所需商品与服务的行为"。商业空间指从事商业活动的空间场所，包括博物馆、展览馆等人文艺术场所，商场、步行街、专卖店等消费购物场所及餐饮店、宾馆、写字楼等服务办公场所。

1.2　商业空间特征属性

商业空间基本由人（商家+顾客）、物（商品+服务）、空间（场所+环境）三要素组成（见图2）。其主要特征为：① 流动收敛性。人员的行为走动通过商业空间景观节点及路径作出相应行径路线指导。② 娱乐休闲性。实体商品的交易买卖与虚拟服务的获得体验达到娱乐休闲的目的。③ 展示共享性。商品信息通过橱窗、网络、电视等媒介传播被消费者所了解。④ 开敞集散性。商业空间提供商业活动同时给予休憩场所与应急避险空间。

图 2　商业空间三要素

1.3　商业空间类型分配

与"时间"相对提出的空间是一种客观存在的物质形式，可由长度、宽度、高度3项矢量所表现。商业空间从竖向、横向两方面可划分类型，具体表现如表1所示。

表 1　商业空间类型分配表

竖向空间区分		横向空间区分	
空间类型	商业空间场所	空间类型	商业空间场所
平面空间	商业步行街、商业广场、商业建筑的地面空间，包括地上部分与下沉部分	室内空间	室内平面、立面、第五面空间
立体空间	商业建筑内部及外部四周墙面空间	室外空间	室外平面、立面、第五面空间
屋顶空间	顶棚、屋顶等商业建筑第五空间	灰空间	室内外中间过渡空间

2　立体绿化简介

由于大都会平面空间面积有限，为了不妨碍原有商业的经济活动，并在此限制下能够增加绿化体量、改善生态环境、提高生活品质，立体绿化无疑是全方位美化城市、缓解土地紧张的最佳途径与有效措施之一、是城市发展的植物补偿形式、也是新型城市绿化方式。

2.1　立体绿化概念及分类

一切离开地面的绿化都可以称为立体绿化。作为一种特殊空间的绿化形式，立体绿化在各类建筑物或构筑物的立面、屋顶、地下及上部空间进行多层次、多功能的绿化美化。在国外,立体绿化与屋顶绿化是同一概念。在韩国,立体绿化被称为硬板上的绿化,在美国,它被称为纯生态屋顶绿化,日本和中国台湾地区则称其为第五立面绿化。其形式可分为墙面绿化、阳台绿化、花架、棚架绿化、门庭绿化、栅栏绿化、坡面绿化、屋顶绿化等。

2.2　立体绿化在商业空间内功能表现

（1）生态化:植物生态性包括改善环境气候条件、增加空气湿度、降低有害气体排放、减少热岛效应等。对于商业空间而言,立体绿化在节约商业面积的前提下,不仅能有效拓展绿化空间,更可达到平面绿化一致的生态效益,如隔离减少噪声、调节气温、吸尘减噪除害、改善商业环境小气候等。

（2）人文化:"环保"、"绿色"是人类发展历程中永恒的主题,随着绿化率关注度的不断提升,人们对生活环境与品质的需求也与日俱增。商业空间往往出现"混凝土森林"的僵局,立体绿化形成的绿色空间体现商家对顾客的体贴关怀程度。

（3）经济化:立体绿化占地少、养护易、见效快、绿量大、费用低等特征保证生态效果并减少商业造景金额,这一新兴概念的潜力应用可促进商业活动的发展并获得相应经济回赠。

（4）个性化:立体绿化以真实植物为素材,将自然面貌与人造建筑巧妙融合,"立体绿化+人造建筑"的"整合产物"增强商业空间室内外立体效果,为商业本身添加自我个性标签。如博物馆、展览馆等大型商业空间,与餐饮店、宾馆等小型商业空间的立体绿化形式不同,各地商业空间植物选材不同等。

2.3　立体绿化发展前景

2010上海世博会近240个场馆中,80%都做了屋顶绿化、室内绿化、垂直绿化等形式多样的立体绿化。在2011中国(萧山)花木节园林绿化高峰论坛上专家也提出"立体绿化是城市发展的生态补偿方式,也是新型的城市绿化方式,21世纪在中国将取得较快发展"的观点,可见立体绿化的发展前景较为明朗,也逐渐成为绿化重要研究新对象。

当前立体绿化在发展趋势上,体现出高技术、多形式、生态化、大型化等显著特点。其中,高技术指植物栽培容器绿化模块和建筑现有结构系统的连接构件、植物材料、栽培介质、浇灌系统、施工技术、养护措施的七大系统技术。多形式指不同立体绿化类型导致不同表现设计形式,屋顶绿化、墙面垂直绿化、甚至阳台、柱体、斜坡、棚架、立交桥等立面空间绿化使植物种类的选择、花纹图案的配置多样化。

3　商业空间内立体绿化的运用解析

如今平面绿化的运用发挥到了极致,其技术及功效获得业内认可与广泛实施,但已不能满足人们对植物体量的需求,为了符合绿化覆盖扩大化的可行性要求,植物绿化发生了从二维向三维进化的突破,立体绿化这一新兴概念具有运用范围广、潜力大、并根据国外优秀范例有较强借鉴适应性等特点。

3.1　常见商业空间内立体绿化形式

1）墙面绿化

墙面绿化是以墙面为生长支架,种植植物(主要是草本类、灌木类)的一种立体绿化形式。通常墙面与水平地面的夹角控制在75°~120°。其使用范围为任何商业空间建筑外部及内壁墙面,面积大小视具体空间而定,植物以茎节有气生根或吸盘的攀援植物为主,如爬山虎、五叶地棉、扶芳藤、凌霄

图3 法国凯布朗利博物馆室外垂直花园　　　图4 新加坡凯德置地接待厅内植物墙

等。种植形式大体分为两种：① 沿墙面种植。带宽50~100 cm，土层厚50 cm，植物根系距墙体15 cm左右，苗稍向外倾斜；② 种植槽或容器栽植。一般种植槽或容器高度为50~60 cm，宽50 cm，长度视地点而定。

墙面绿化又可根据外墙、内墙加以区分。前者以法国Musee du Quai Branly凯布朗利博物馆外部的垂直花园景观为例。设计者Patrick Blanc与建筑师Jean Nouvel合作以真实植物为素材，将自然面貌与人造建筑巧妙结合，展现宏伟壮观的立面花园（见图3）。后者以新加坡百得利路上凯德置地接待厅内植物墙为例（见图4）。

2）屋顶绿化

屋顶绿化是以建筑第五立面为生长支架，种植植物（主要为低矮灌类、地被草坪、藤本类）的一种绿体绿化形式。适用范围除了常见建筑物、构筑物屋顶外，还包括露台、天台、阳台、立交桥顶部等一切不与地面相连接的特殊立体空间。植物选择为耐旱、耐热、耐寒、耐强光照、抗强风、少病虫害、管理粗放、水平根系发达的浅根性植物以及中小型草木本攀援植物或花木，如牵牛花、女贞、黄杨、蔷薇等。种植结构层一般依次为保温隔热层、防水层、排水层、过滤层、土壤层、植物层。为了解决防渗排水技术问题，可选用有效防止植物根系穿刺的"阻根防水层"并可以及时排水、适当蓄水、有效净化水的蓄排水板。另外，根据植物选材、屋顶承重程度、土壤厚度配置等因素，可将屋顶绿化分为轻型屋顶绿化、重型屋顶绿化两种，具体表现如表2所示。

表2 轻、重型屋顶绿化对比表

	轻型屋顶绿化	重型屋顶绿化
土壤厚度	15~20 cm	50~80 cm
屋顶承重力	达到150~200 kg/m² 即可满足	至少要达到500~600 kg/m² 才能满足
植物选材	一年生草本植物，如草花、药材、蔬菜等	小乔木、低矮灌木，如蔷薇科、黄杨、小檗等
特　点	重量轻、适用范围广	能够形成高低错落景观
维　护	养护投入少	需定期养护和浇灌施肥

西方发达国家在20世纪60年代以后，相继建造各类规模的屋顶花园和屋顶绿化工程，在日本、德国、加拿大、英国、俄罗斯、瑞士等国的大城市创造出了千姿百态、风格迥异的屋顶花园，如美国DT&T

图5　英国Hersham高尔夫俱乐部屋顶绿化

公司屋顶花园、日本同志社女子大学图书馆屋顶花园等。其中,英国萨里设计的Hersham高尔夫俱乐部五星级酒店和豪华温泉会所方案将商业与生态系统、创新设计与建造技术完美结合,通过修建地下建筑、下沉式花园庭院,保留地上土地绿化这一奇特手法,达到视觉上的屋顶绿带,使人们完全融入大自然中(见图5)。

3)垂直绿化

垂直绿化是以棚架、栏杆、墙柱为生长支架,种植植物(主要为藤本类、攀缘类或垂吊植物)的一种绿体绿化形式。植物材料的选择需考虑环境条件外在因素、植物观赏效果和生长习性、空间功能要求等。常见植物类型:① 缠绕类。适用于栏杆、棚架等,如紫藤、金银花、菜豆、牵牛等;② 攀缘类。适用于篱墙、棚架和垂挂等,如葡萄、铁线莲、丝瓜、葫芦等;③ 钩刺类。适用于栏杆、篱墙和棚架等,如蔷薇、爬蔓月季、木香等;④ 攀附类。适用于墙面等,如爬山虎、扶芳藤、常春藤等。根据植物品种将配置形式分为以下5种类型:

(1)点缀式:以观叶植物为主,点缀观花植物,实现色彩丰富。

(2)花境式:几种植物错落配置,观花植物中穿插观叶植物,呈现植物株形、姿态、叶色、花期各异的观赏景致。

(3)整齐式:体现有规则的重复韵律和同一的整体美。成线成片,但花期和花色不同。

(4)悬挂式:在攀缘植物覆盖的墙体上悬挂应季花木,丰富色彩,增加立体美的效果。

(5)垂吊式:自立交桥顶、墙顶或平屋檐口处,放置种植槽(盆),种植花色艳丽或叶色多彩飘逸的下垂植物,让枝蔓垂吊于外,既充分利用了空间,又美化了环境。

利用好商业建筑空间内的垂直表面,将植物与其自由搭配,那么大到整块墙壁、屋顶,小到顶棚、中庭、大堂,甚至是支撑圆柱、电梯、楼梯处都能达到园艺与垂直相融合的艺术境界。如Blanc与Herzog & de Meuron合作设计的全新迈阿密艺术馆室外圆柱(见图6)或泰国曼谷Siam Paragon购物商场中从6层楼建筑外墙到内部电梯、扶手、栏杆细节处覆盖着热带雨林风情的蕨类、藤蔓、苔藓和景天属植物,绿色、黄色、紫色、红色的植物色彩令人眼花缭乱(见图7)。

图6　迈阿密艺术馆室外植物圆柱

图7　泰国曼谷Siam Paragon购物商场垂直绿化

3.2 商业空间内立体绿化发展展望

1）技术创新化

立体绿化设计的难点在于传统绿化必须依靠土壤生长，由于土壤自身重量、浇水渗水程度、污染立面等原因限制了适用范围。植物墙或立面花园创始者Patrick Blanc凭借多年对植物学探究的经验、抛弃土壤这一元素，通过为植物提供水、养分及光照满足植物的生长，并研究出一套专利和一套给水系统，借助"金属框架+10 mm厚PVC层+3 mm厚不织布毛毡层"结构为世界呈现了立体绿化的创举。

设计构架、养护管理、施肥措施具体解析如下：支架上埋藏输水管线，底端以机械帮浦装置将等同土壤的盐分、矿物质溶解在水中；透过维生装置，植物可脱离土壤的限制垂直向上繁衍；金属框吊在墙上或自行直立；水的PVC层用铆钉固定于金属框上，不织布层由多硫酸铵（Polyamide）制成，钩吊在PVC层上；高毛细作用可让水分布平均，将种子、插条或整株植物栽于不织布上，密度大约每平方公尺三十株。水与养分溶剂融合从上方自动化提供。

2）植物地域化

建筑设计、装饰设计及环境设计归根到底都是针对消费者去做的，是为了创造一个符合现代都会人群生活的一个商业空间。如建筑设计一样，植物景观设计也需要具有区域代表性。对于立体绿化而言，植物的品种选择宜多采用适应生存地区气候的当地植物品种。如因台湾素来享有"兰花王国"的美誉，在台北国家音乐厅两面植物墙的植物选择上，一面墙主要为来自亚洲菲律宾、马来西亚与婆罗洲等地区的野生兰花，以此表现对野生兰花的敬意。另一面墙为台湾本土培育的兰花杂交品种，以此赞赏人类创造全新兰花品种的精神（见图8）。

图8　台北国家音乐厅室内植物墙

3）选材奇异化

常见攀缘、藤本类植物以其特有的植物攀爬特性成为立体绿化的首选。但过于频繁的植物使用往往会造成视觉上的疲劳，在新技术的改革上，将植物从传统灌木、草花、草坪、垂吊植物演变成蕨类、阔叶、针叶植物及亚热带森林中的花草植物，可增加视觉冲击度与新鲜感。如加利福尼亚州Bardessono酒店中名为"空气凤梨"的垂直花园，在无须土壤的前提下，净化空气的同时又以"浮"在凹壁上的凤梨科植物铁兰形成视觉装饰效果，并与酒店休憩区氛围相匹配（见图9）。

4）商业生态化

商业空间以"商"为主，植物为辅，立体绿化的展现并非喧宾夺主，而是作为一种装饰工具，促使商业顺利进行的同时改善城市人群生活质量并激起对自然的向往。商品与立体绿化按比例的结合可营造出意想不到的效果。如Jean-Paul Gaultier的时装门店墙面高达7.5 m，立体绿化的设计灵感来自热带雨林，考虑到商品的悬挂与展示，在植物选择上选取小叶片针叶植物，形成密集、毛茸茸的热带绿毯感觉，呼应设计概念主题，迎合商业消费理念（见图10）。

图9 加利福尼亚州Bardessono酒店垂直花园　　图10 Jean-Paul Gaultier的时装门店立体绿化墙面

4 总结

　　婀娜多姿的吊盆植物、攀墙而上的藤类植物、耐晒抗旱的屋顶植物、无根无土的空气植物,这些立体绿化植物正越来越受到人们的青睐。在设计创新、技术成熟、功能实用的前提下,立体绿化植物花色多样化、选材地域化、品种奇异化,以墙面绿化、屋顶绿化、垂直绿化3种形式为繁忙压抑的商业空间创造一种拟自然的完整生态系统,呼应近些年来全球对环保、自然议题的重视与都市人群对植物亲近的深切渴望。

商业空间景观化植物配置问题的探讨

——以淮海路为例

须文韬　廖黎珺　张建华

(上海商学院旅游与食品学院,中国上海 201400)

摘要: 舒适的商业空间环境一直是自古至今人类不断追求的,其内部的各种因素达到一定的平衡,使得人的各种感官得到满足。本文针对淮海路商业空间调研所发现的问题,从商业空间景观化作用和功能的角度,提出了商业空间景观化的生态性、舒适性和文化性设计原则。

关键词: 商业空间;景观化;淮海路;植物配置

　　淮海路是上海大型商业街区之一,其结合商业、办公、居住、展览、餐饮、文娱等城市空间、集众多高端品牌于一体,吸引了众多人群慕名前来。而商业空间的生态化、景观化及其植物配置问题就显得尤为重要。

1 商业空间景观化植物配置的作用和功能

1.1 净化空气,调节气候

　　商业空间绿化装饰在调整温度、湿度和净化室内空气方面有极其重要的作用。经过长期的探索与实践,人们发现绿化装饰不仅仅能改善局部小环境,还具有更直接的针对性物理功能。植物光合作用吸收二氧化碳,释放氧气,叶片上的纤毛还能滞留空气中的尘埃与杂质,从而达到净化环境的效果。经过实验测定,植物使室内平均飘尘含量由绿化前的平均 13.2 mg/m³ 降为绿化后的平均 5.1 mg/m³。绿化前与绿化后空气中飘尘的含量大部分项目有明显降低,但由于不同植物叶面结构、叶面面积及叶面形态有所不同,所以产生的滞留飘尘能力也不同。植物枝叶还能够进行漫反射,可降低室内噪声、调节室内温度与湿度。各种植物散发出不同的香味,有的能驱赶蚊虫,有的能杀菌抑毒,更有甚者对人的神经系统起到镇定作用。如吊兰、君子兰、虎尾兰、仙人掌、芦荟对吸收甲醛、一氧化碳的作用非常明显,苏铁、常春藤能吸收油漆中的氨、二甲苯;常春藤、苏铁、菊花可吸收苯;棕榈、仙客来、玉簪等可吸收二氧化硫、氟化氢、汞等有害气体;万年青、龙舌兰、雏菊可有效清除三氯乙烯;常春藤、芦荟、无花果、八仙花能吸收细微灰尘及打印机、复印机粉末。

商业空间水景不仅洗去人们的疲惫、焦虑、烦躁,还净化了那一颗颗迷失在现代工业文明的心灵;还有调节室内局部小气候的功能。水有降尘净化空气及调节湿度的作用,尤其是它能明显增加环境中的负氧离子浓度,使人感到心情舒畅,具有一定的保健作用。水与空气接触的表面积越大,喷射的液滴颗粒越小,空气净化效果越明显,负离子产生得也越多;室内水景还可以调节室内局部温度。如果在室内环境中设计大量的水墙,可以有效降低室内局部的平均温度,对于人流密集的商业广场内尤为有效,既可以降低温度,同时能够降低噪声,缓解购物休闲活动中的焦虑不安。

1.2　美化商业空间环境

商业空间绿化景观除了对空间生态环境有良好的改善作用外,对空间环境的美化作用更具有表现力,它有别于其他任何的室内装饰,比一般的装饰物更具有生机和活力。这主要表现在两个方面:一是植物本身的观赏性,包括它的色彩、形态、芳香和寓意。色彩是室内植物美的重要组成部分。在植物景观的众多审美要素中,色彩给人的美感是最直接、最强烈的,因而给人以最难忘的印象。就植物的形态美来看,既有整个植株的株型美,也有叶片、花果、根部的器官美。不同的香花花瓣里所含精油的成分不同,所以不同种类的花散发出的香气也不同。如白兰、茉莉香气浓郁;兰花、栀子清香四溢;米兰、晚香玉香气浑厚;腊梅、水仙香气淡雅。不同的香味,让你体会到不同的微妙。二是通过植物与空间环境合理的结合、有机地配置,从色彩、形态、质感、空间等方面产生鲜明的对比与协调而形成美化的环境。商业空间装饰铺装多用表面光洁细腻的材料制造,外表呈平滑光亮状,而空间植物则具有粗糙、凹凸多变和外形线条优美等特点。有时可能相反,总之两者共同置于室内,形成质地反差对比。色彩的配置是室内设计中一个重要的方面。商业空间的器具、墙壁和地面多半采用白、灰、浅褐或浅黄等浅色调,而室内植物多为绿色、红色或杂色等深色调,形成视觉上的冲击,使得绿叶红花更加清晰悦目。室内空间整体具有简洁、干净、整齐的特点。植物的自然、多变,如高低、疏密和曲直等就与空间实体形成对比,消除了生硬感和单调性,使其相得益彰,进一步增强了室内环境的表现力。例如绿萝、龟背竹由于叶大而有较强的装饰效果,仙人掌类则由于形态奇特而别具情趣。他们均可与别的植物共置于同一空间中形成对比,增强美化感。

1.3　心理保健与调节

商业空间绿化装饰不仅具有良好的生态效益,而且还能调节人们的心理状态。商业空间景观能够缓解人们心理上的急躁与焦虑、改善人的情绪、提高人本身机能的效率。当人们处在景观环境中时通过视、听、闻、触等感知器官传递的景致符号会直接输送到的大脑神经,进而刺激我们的心理产生不同的心理、生理感受,达到心旷神怡、美轮美奂的审美意境。商业空间景观所引起的积极乐观的情绪还会大大改善人本身机能在生活中的想象力和创造力。

1.4 组织空间、引导空间

1）室内与室外建立联系

借助绿化使室内外景色通过通透的围护体互渗互借,可以增加空间的开阔感和层次变化,使室内有限的空间得以延伸和扩大,通过连续的绿化布置,强化室内外空间的联系和统一。利用绿化建立联系更鲜明、更亲切、更自然、更惹人注目和喜爱。其次,绿化景观能限定、分隔室内空间。现代建筑的室内空间越来越大,越来越注重通透性,用墙体进行阻隔已经不多见了,取而代之的是用植物进行隔断。利用室内绿化可形成或调整、划分空间,将一个空间划分成不同的组合。根据功能的不同可以组成不同的空间区域,能使各部分既能保持各自的功能作用,又不失整体空间的开敞性和完整性。以绿化分隔空间的应用范围是十分广泛的,某些百货商店利用植物将购物空间与休闲空间分隔,两者的分隔紧密而又不显生硬。

2）提示、引导商业空间

由于商业空间绿化景观具有观赏的特点,能很容易吸引人们的注意力,因而常能巧妙而自燃地起到提示引导的作用。许多百货商场往往从大门口就开始摆放两排鲜花、绿色植物等,并由门外一直朝门内延伸布置摆放至大堂。通过绿化在室内连续的布置,从一个空间延伸到另外一个空间,特别是在空间的转换、过渡、改变方向之处,有意识地强化植物突出、醒目的效果来吸引视线,就起到了提示、联系和引导空间的作用。

3）突出商业空间重点

对于商业空间的重要部位或重要视觉中心,如正对出入口,楼梯进出口处、标志性建筑、主题墙面等,必须引起人们注意的位置,可放置特别醒目、颜色艳丽或造型奇特的绿化造型,以起到强化空间、突出重点的作用。如宾馆、写字楼的大堂中央常常设计摆放一个组合盆花造型,作为室内装饰,点缀环境,突出重点,形成空间中心;交通中心或走廊尽头的靠墙位置,也常成为厅室的趣味中心而加以特别装点。

4）柔化商业空间

现代建筑空间大多是由直线结构形成的几何体,让人产生生硬冷漠的感觉。而通过室内绿化装饰,利用室内绿色植物特有的线条、多姿的形态、柔软的质感、五彩缤纷的色彩和充满生机的动态变化,与冷漠、僵硬的建筑几何形体和线条形成强烈的对比,可以改变人们对空间的印象,并产生柔和的情调,从而改善空间呆板、生硬的感觉,使人感到亲切自然。例如:乔木或灌木以其柔软的枝叶覆盖室内的大部分空间;蔓藤植物,以其修长的枝条,从这一墙面伸展至另一墙面,或由上而下吊垂在墙面、柜架上,如一串翡翠般的绿色枝叶装饰着,这是其他任何饰品、陈设所不能代替的;植物的自然形态,以其特殊色质与建筑在形式上取得协调,在质地上又起到刚柔对比的特殊效果,通过植物的柔化作用补充色彩、美化空间,使室内空间充满生机。

2 商业空间景观化植物配置的现状及问题

2.1 室内植物设计单调、缺乏艺术性

现在的商业空间植物的配置大多运用盆栽形式进行点状、线状布置,其他的应用方式较少,与室内的建筑设计脱节。缺少考虑空间中适宜的植物种类及设计形式,在景观设计时缺少美学原理、生态学原理。对植物的种类、节奏、动态、均衡、重点、层次及色彩的搭配缺乏创造性。经对淮海路143家

8种业态的商铺的室内绿饰景观调查发现,有近50%的店内没有植物组合盆栽装饰,而拥有植物的店内,植物种类数量不超过5种的占了8成。商业空间绿化装饰设计与环境结合不自然,没有因地制宜,也就不能充分发挥室内绿化设计的最大功效。设计的单调性还表现在室内植物种类少,应用的重复利用率高。其实室内植物资源丰富,仅棕榈科就有210属约2 780种,已园艺化的有15~20属,但目前我们常用于植物设计的只占极少数,主要集中在棕榈科、天南星科、龙舌兰科、百合科、桑科、五加科6个科的43个属;使用最多的植物是棕竹、黄金葛、竹芋、蜘蛛抱蛋、散尾葵、龙血树、朱蕉、龟背竹、垂叶榕、袖珍椰子等。并且在设计中品种单一重复,未形成特色。

2.2 商业空间花卉在养护管理上缺乏科学性

由于商业空间绿化装饰所用的植物多是由苗木生产地直接引进的,刚引进到当地的时候需要一段适应期才能进行使用,然而经营者和消费者缺乏对植物生态习性的了解,常造成养护管理上的很多问题,如转盆不及时造成偏冠;浇水不当引起根腐、萎蔫或焦叶;施肥不及时或病虫害阻碍植物健康成长;叶面灰尘累积、枯枝败叶未及时清理等,都会有碍视觉感受,也不利于植物的正常生长。不仅造成观赏效果降低,而且会导致更换频率加快、植物的伤害及死亡,造成材料的浪费及经济上的损失。

2.3 注重观赏性,轻视环境效益

大多数植物使用者只注重植物的观赏价值,往往在选择植物品种的时候只看其外形是否奇特,颜色是否鲜艳。而轻视对植物环境效益的研究,其实植物的生态效益也是一种隐藏起来的价值。在一定程度上,某些植物的生态效益还远远大于其美学价值,只有在商业空间植物中正确选择功能植物,合理配置,才能最大限度地发挥室内绿化装饰的环境效益功能。所以在不同环境空间,选择适宜的功能植物,并将生态环境作为一个重要的指标,并应向客户宣传生态效益。

3 商业空间景观化的设计原则

商业空间设计是联系精神文明与物质文明的桥梁,人类寄希望于通过设计来改善人类自身的生存环境。人得益于植物绿化的,不仅仅是生态学意义上的功利,更有充满活力的形象,唤起人们对美的追求,对内心世界的慰藉。眼见绿色,心中便会泛起清新、舒畅的感受和无限遐想。商业空间环境中绿色有机体的存在,使环境也拥有了生命,富于灵气,充满"人情味"。植物绿化形态各异的形象,丰富多彩的颜色,千变万化的质地效果与室内环境的空间实体,与其他设备形成了趣味盎然的对比,以富含生命的自然美,增强了空间的感染力。

3.1 生态性原则

商业空间植物配置首先应领悟一种新的生态观念,其核心就是按照生态观念调整人类的行为模式。商业空间植物配置的前提是:"一方面满足消费者的基本要求。另一方面,商业企业应当对自身的成本加以控制,以最低限度的成本和管理满足消费者的基本要求"。因此,一是要植物配置无害化。无害化是指植物对商业空间环境的无害和对人的无害。其表现在植物配置设计之前应进行植物种类评估,设计建成后测试调研对商业空间的各方面影响。二是植物配置功能化。其表现在商业空间植物配置对各种空间资源的利用,具体反映在循环性、重复性、智能性和功能性上。三是植物配置节能化。商业空间植物配置的科技含量重点体现在节能化上,重点表现在空间的利用,维护管理的简便和效果凸显等几个方面。

3.2 舒适性原则

人类机体对外界环境的主观感觉是通过人的身体、眼睛、耳朵等感官系统对环境的生理感知进而引起的心理感受。人的舒适感是在各种不同环境条件下人生理与心理均达到愉悦的感受,在餐饮商业空间中主要有触觉、视觉、听觉等方面。

1)触觉舒适性

通过人体触觉来感知客观事物及空间是人们体验环境的重要方式之一。对于商业空间环境来说,触觉的感知主要是通过空间中不同材质的变化来提供给人以相应的信息,使人对空间环境的变化作出判断,不同材质的改变还能对空间进行划分。因此,通过触觉的方式,不同材质给人的心理感受也是创造人性化空间的方式之一。而在合适的范围内创造出具有一些不定性的空间,能够满足人的好奇心理的体验,引导人们的进入及行进流线,即我们常说的"趣味空间"的作用。人在感知体验空间环境时所使用的5种基本感知方式并不是割裂的、单独的,而是综合在一起通过相互作用,产生一个对空间的整体信息的认识。

2)视觉舒适性

购物作为现代人的休闲活动之一,需要一个舒适的视觉环境,由阳光、植物、水景、假山等元素组成,加上柔和的灯光、和谐的色彩组成舒适的景观环境,从而满足顾客在闲散状态下休息的需要,促进消费行为的发生。

商业空间设计要从材质、色彩、灯光布置以及座椅的摆放等综合考虑,创造优雅、静谧的视觉环境,同时应充分满足人们回归自然的感受,布置充足的绿色植物、水体,极力营造丰富自然的室外视觉空间感受。商业空间的宜人化设计,要以人性化的尺度分割空间,使消费者既能体会到大空间的豪华与乐趣,又能体会到小型室内空间的宜人与亲切,而且这种大小尺度空间的交替也有利于缓解人们的视觉疲劳,提高整个空间的视觉舒适性,甚至会产生一种亲近自然的舒适。

3)听觉舒适性

人类修建建筑的目的之一就是将自己的居住环境与外界隔离开来,避免室外声环境和室内声环境互相影响是很有必要的。生态建筑要求将声环境融入设计中,通过对背景噪声进行评价及各种有效措施,为使用者提供良好的声音环境。

一般情况下,从人的心理需求的角度出发,噪声小,能够远离城市喧闹环境的建筑环境是人对建筑空间的主要要求。人进行活动的目的是放松心情,接近自然,因此就必须采取相应的措施来使人远离噪声,或是通过其他方法对其进行覆盖。例如,在人漫步于商场内部,当走进有喷泉、植物等视觉焦点的空间环境时,人的心情便会变得更加愉悦,不会被嘈杂的声音所影响。这不仅是由于喷泉、植物所创造出的视觉焦点的作用,还包括了喷泉等水体的水声对噪声的覆盖和植物对声音的反射和吸收。由于人具有亲自然性,自然的形态,声音及触感都会使人产生心理上的愉悦,人们会专注于享受自然带来的感受而忽略了被其掩盖的噪声。因而在商业空间中,通过对喷泉、植物等细部元素的合理运用,就能创造出带给人美好感受的人性化空间。

3.3 文化性原则

传统的营销模式中,客户只是被动地接受企业的理念和产品。自己主动想了解的部分则很难获取。与注重产品特色、功效的传统营销相比,体验营销完全从消费者的感官、情感、思考、行动和联想出发,充分调动消费者消费时的理性与感性层面,刺激消费者的感官和情感,引发消费者思考、联想,并使其行动和体验,并通过消费体验,不断地传递品牌或产品的利益价值。消费者在购物体验过程中,品牌的体验性是吸引顾客的唯一方法。因为,商业空间的最大作用就在于,通过身临其境的方式让消费者更加深刻地了解一个品牌的产品和服务带给他们的价值,引起消费者购买动机乃至购买行为。例如走进k11体验店从看到门口标志开始就给予人们一种时尚感。显著不张扬的品牌标志、自然生态的装饰风格、"才貌双全"的导购小姐、精心布置的情景平台、科技领先的概念产品,就会将消费者带入一个美轮美奂的"k11世界",以此来增加品牌的体验价值。而好的体验更重要的是来自对于"城市山林"的营造。一组植物景观、一汪水体、一片白云、一种生活场景的适时出现,往往都能影响一个消费者对这个商场的看法,更能影响一个购物者的情绪。随着商场从购物场所功能到约会遛弯等社交功能突出的转变,"体验"也已不是简简单单加大餐饮、休闲娱乐的比例,而应该是要满足消费者"来得了、留得下、逛得爽"的场所。而要满足消费者的体验需求,商业空间的生态特色尤为重要。

4 小结

淮海路商圈作为时尚的潮流,虽然店内金碧辉煌,但缺少一份生机与活泼,其景观营造方面还有很大的空间可挖掘。而科学的植物配置无疑可弥补这一不足,商业空间中设计创造一种"城市山林",可使消费者在嘈杂的工业文明中获得一份意外的宁静。

地下空间生态化问题的探讨

张馨之

(上海交通大学农业与生物学院景观系)

摘要:随着经济和社会的发展,越来越多的地上空间资源被开发利用,不免存在着消耗殆尽的危机,因此,地下空间的开发与利用正成为人们密切关注的问题。地下空间也逐渐成为城市交通、购物、文化、娱乐、餐饮等工作与生活的重要场所。本文以地下空间的开发利用为基础,提出城市地下空间开发中生态化的积极作用以及可持续地发展利用地下空间的重要意义,以期对城市地下空间开发利用有所参考。

关键词:地下空间;生态化;生态要素;世博园区

1 地下空间

1.1 定义

关于"地下空间"的定义,大体上可以分为两类:一类是根据介质的不同、从资源开发利用的角度来进行定义的,可以称之为"广义地下空间",可具体表述为"相对于以空气为介质的地面以上空间即地上空间而言,将以岩土和地下水为介质的地面以下空间,定义为地下空间"。另一类是根据"实体"与"空间"的差别,从实际工程应用角度出发来进行定义的,可以称之为"狭义地下空间"。众所周知,地球表面以下是一层很厚的岩石圈,平均厚度33 km。岩层表面风化为土壤,形成不同厚度的土层,覆盖着陆地的大部分。岩层和土层在自然状态下一般都是实体,在外部条件作用下才能形成空间。因此,"狭义地下空间"的定义可具体表述为"在地表以下岩层、土层或水体中天然形成或人工开发而成的空间"。

1.2　开发利用地下空间的作用

开发利用地下空间的作用极大。概括而言,有以下几个方面。首先,开发利用地下空间节约了建筑用地,提高了国土综合利用水平,为子孙后代留下相当可观的土地资源。其次,增强了城市基础设施的能力,减缓了地上空间交通、人流量等压力,为城市发展和市民生活提供了便利条件。再次,充分利用地下热能,减少燃料消耗,节约了能源。再次,增强了城市防护和抗毁功能,为市民提供了非常时期的生存之地。最后,为特殊需要的工程提供了理想的超静、恒温的环境和条件。总而言之,开发利用地下空间为社会创造了显著的战备效益、社会效益和经济效益,促进了国民经济的发展。

2　地下空间的生态化

2.1　定义

地下空间的生态化是指通过地下空间中生态元素的导入,丰富地下空间景观的营造形式,并对地下空间的环境等起到调节、平衡等作用的一种方式(见图1)。地下空间的生态化有以下目的:第一,通过各种生态化技术的采用和人性化的设计,实现地下空间内部的生态化。第二,通过地下空间的开发为地面提供更多的绿化和开敞空间,实现地上与地下空间生态化的连续性和一体化。

图1　地下空间的生态化

2.2　地下空间生态化的意义

首先,任何空间的开发利用都受到自然环境的约束和限制,地下空间也不例外,因此在开发利用地下空间时必须遵循生态学规律,重视地下空间中生态环境的影响,综合多方面因素,朝生态方向发展,以适应未来地下城的新趋势。

其次,地下空间的生态化完善了城市生态系统,将地上部分生态设计的现有经验引入地下空间,并根据地下空间的特殊性进行生态设计创新,最终将两者结合与互补,实现城市生态系统的完整化。

最后,地下空间生态化可以使地下空间的景观形式更富创意和美感,利用效果更加舒适和有魅力感,吸引的人流量会呈增多趋势,人们在地下空间的购物、休闲等活动时间将越来越长。这将带来地下空间商业利润的不断上升,在此基础上良性循环,业主对导入和更新生态要素的行为也会随之增多。

无疑既会促进对城市地下空间的利用,也会拉动地下空间的经济效益。

2.3　地下空间的生态要素

1)植物景观

无论是在室内空间还是在室外空间,植物都是柔和视觉线条最好的景观元素。地下空间的规划应选择耐阴性强的植物,通过富有层次感的植栽设计,使地下空间的环境更加清新自然(见图2)。此外,还可结合春节、圣诞节等节日搭配适时花卉植物,以增加节日的气氛。

2)山石水体

由于受到地下空间的限制,大型山石、水体等生态因素不能直接被引入地下空间,因此可以模拟或微缩山石水体景观,随空间的层次而加以变化,经由小型水体设计搭配水生动植物及山石景观,或将山水结合植物进行造景,亦可依环境需要对山石或水体作单独的设计,营造一幅自然山水长卷,丰富地下空间的生态景观。

3)光与空气

地下空间相对密闭,易给人紧张感和压迫感,光和空气这两个自然要素的引入,可以很好地减缓封闭空间带给人的不舒适,增强安全感。同时,光可以调节温度,呈现季节性,流动的空气带给人通透感,有舒适和滋润的作用(见图3)。

4)风景画

在地下空间的局限下,生态要素的引入有限,而风景画可以很好地弥补生态景观的缺乏,风景画模拟自然,有空间装饰效果,可以起到色彩过渡缓和的作用(见图4)。

图2　地下办公空间的植物景观

图3　仿树形的地下商场的采光营造通透感和生态感

图4　地下酒庄采用风景画模拟自然,带来舒适感。

2.4　地下空间生态化的影响因素

1)开发意识

地下空间的开发经营者对生态要素导入效果的期待及开发者对生态概念元素运用的理解,是决定生态要素能否导入地下空间的积极因素。通过一些调查发现,使用者的心理都期待导入生态要素后能呈现季节感、景观效果、舒缓压力等效果,以及装饰性上随着季节变更而改变,能不断地有新颖感和季节气氛。就开发者而言,他们重视季节变化、过节效应在空间上呈现季节感的效果,这种意识显然是想通过商业设施中的季节感来提高商业利润,商业意识成为直接因素。相对而言,开发者对于在地下空间中如何缓和心理压迫感、闭锁感,如何更多地导入生态元素,营造舒适空间的意识则成为间接因素。

　　2)开发、运行、管理资金

　　通过分析发现,地下空间导入生态要素的影响因素还有投资资金及管理费用的问题。简而言之,对于企业而言,如果没有对企业利润产生直接影响的投资都会规避。从投资和产生的效果来比较,也无法直接判断投资导入生态要素和产生的利润效果是否成正比。如在空间利用上若导入水的元素,则需考虑水源和循环装置等资金,若引入自然光,则必须考虑扩大施工工程。总之,城市地下空间导入生态要素需要较多资金,这成为影响地下空间生态化发展的一大重要因素。

　　3)安全性的考虑

　　地下空间设置的客观性及地下空间的闭锁性,导致火灾等灾害的危险性较高。加之地下空间中人们的活动多而杂,以及容易起火的餐饮店和可燃性较高的服饰店都混合在一起,灾害时的危险性非常大。国外在地下空间发生大事故的案例也不少。因此在这样的背景因素下,为确保地下空间的安全性,对地下空间在防灾上的规则制定是非常必要的。这样,地下空间某些场所的空间变化就很难被打破。甚至,为确保灾害发生时要有避险通道,往往规定在某些通道上不能设计座椅、摆设大型植物等。因此,为避免地下空间场所的沉重感、压迫感上升,我们要以安全为重,在场地允许的基础上导入生态要素,来营造一个有舒适感,且景观层次丰富的地下空间。

3　案例分析

3.1　上海2010年世博会园区地下空间生态化规划

　　世博园地下公共空间的开发主要包括步行交通、商业、景观、绿化、展览、休闲等功能空间,此外还有一定面积的停车和仓储空间(均设置于周边永久建筑地下室),通过对这些功能空间的合理布局与生态化设计,形成一个大型的地下综合体。考虑到世博会期间交通流量需求激增的特殊情况,园区地下公共空间内的各功能设施相互依存关系应定位为:"交通功能为主、商业休闲为辅、注重生态与人文意象的和谐"。

　　1)景观节点的生态化

　　地铁广场是从地下进入世博园区的唯一入口,因此广场内部的设计将给游客带来园区规划设计的第一印象,因此该处的景观设计有着举足轻重的作用。地铁广场主要创造蓬勃大气、宽敞舒适的空间体验。顶棚设置多处大型天窗自然采光,辅以柔和的人工照明,并悬挂世博宣传彩带,广场内部设置大型层叠状的景观水体,引入绿色植物以及墙面绿化铺装,以此来营造一种亲近自然的生态、宁静、优雅而又不失喜庆的氛围。

　　中央地下广场位于世博园核心区观景平台中心,又称"水广场",是园区庆典的主要场所之一。它极好地实现了地上、地下空间功能及景观的连续性和一体化。在该广场中心设置了象征上海市花的白玉兰雕塑,通过机械和电子设备控制使该雕塑每相隔2个小时整点伴随着电子音乐和报时系统开启,使其成为园区内一道主要风景,同时在广场中心设大型音乐喷泉水池,水池正中央的一支喷泉可以在上部"白玉兰"开启时喷出世博大道,成为"白玉兰"中心的"花蕊",在广场周围呈正方形均匀布置4处旋转型垂直交通扶梯直通世博大道,每个扶梯中心设圆形透明水柱,柱内养殖绿色海洋植物和各种海洋景观鱼类。这些仿生设计及灵动水景观的设计,共同构成了该广场的独特生态风景(见图5)。

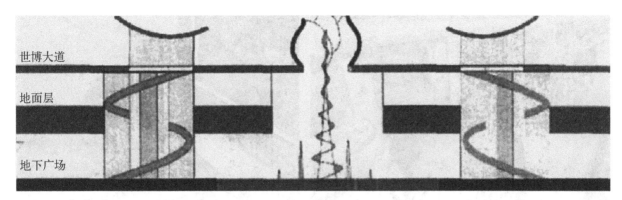

图5 中央地下广场节点剖面

商业休闲广场主要以商业休闲活动为主,该区域范围较大,可将内部分为3个节点广场,由于该区域人流量大,可能出现大量游客滞留的情况,因此为了便于游客的疏散,中心处的主题景观营造占用了较小的广场面积,但其在注重商业性的同时也营造了相对的生态景观。如将地面上方邻近区域的景观水体沿左侧墙壁以瀑布形式引入地下空间,增强地上、地下空间的连续性和趣味性,而整个墙面的水体也为购物、餐饮、休闲的游人提供了一个亲近自然的绿色环境。

2)整体环境的生态化

园区地下公共空间内部除各节点广场的主题景观外,在地下空间内也散布着路面水体、墙壁瀑布、主题壁画、大型植物以及墙面绿色植被铺装等生态型装饰,地下空间顶棚天花以不同的节点主题为背景进行设计,并悬挂五颜六色的"EXPO"飘带以营造世博会喜庆的氛围。通过不同景观与装饰的设计体现世博会"和谐"、"生态"的理念(见图6)。

通风方面,由于园区浦东段沿着世博地下街方向地面高差较大,因此在地下整体通风设计上可以通过地下空间的几个主要出入口之间地面高差造成的气压差组织自然通风以最大限度地降低能耗,并与机械通风相结合,保证地下空间内部的空气质量,在地下空间内部的局部通风设计中,将利用地下街直通世博大道的自然采光井作为局部通风的空气流通出入口。

地下空间内部的采光设计将以自然采光与人工照明相结合的方式进行。采光井将通过地

图6 世博主题馆地下空间的生态化

下街顶部中心轴线直通世博大道层,采光井在世博大道上的布置位于世博大道中轴线上散布的小三角。整个地下空间自然采光开窗面积占地下空间总面积的比例约为10%。

3.2 台北市地下空间的景观生态设计

台北铁路地下化与捷运站空间为景观营造提供了很大的空间。早期地下街以宽敞明亮的人行步道为主,设计风格简约,过渡空间采用简单的水景层次,并提供两旁的空间供艺术家或设计专业的学生进行作品展览(见图7)。最新开发的龙山寺地下街,已不同于以往单调的商业街,设计中增加了许多景观及生态元素。

位于台北市万华区的龙山寺是台北著名的古老庙宇之一,香火鼎盛,是台北居民相当信仰的一座庙宇。龙山寺地下街的规划融入了龙山寺的历史元素,在进入地下街的楼梯两旁设计了大幅的石雕壁

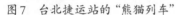

图7　台北捷运站的"熊猫列车"　　　　图8　台北龙山寺地下街的生态景观

画,细述龙山寺的历史。地下街内的水景也依照风水的理念进行规划设计。为了丰富地下街的生态景观,地下街内还设有大型的生态展示鱼缸与小型的水体设计,通过对灯光与水体的结合,创造出丰富、明亮的地下街(见图8)。

4　结语

在快速的城市化进程中,城市空间已不敷使用,在规划中必须采用立体化发展的方式,创造新的可持续空间,因此地下空间的开发与利用成为一个非常重要的课题。但假如在开发利用地下空间时违背生态学规律,忽视对生态环境的负面影响,那也会走入歧途、受到大自然的惩罚。因此在地下空间开发利用中,必须综合多方面因素,注意地下空间的生态化与可持续发展,以更加合理的规划创造地下空间的价值,使地下空间能够更全面地被利用,从而提供更舒适的环境,带动经济更好、更快地发展。

基于视觉感官性体验的地下商业空间中
植物配置方式的探讨

杨　莉　张建华

(上海商学院旅游与食品学院,上海201400)

摘要: 城市地下空间的开发利用是一种必然的趋势。而在地下商业空间迅速发展的同时,如何进行合理适宜的植物配置便成为其中一个问题。本文通过对使用者视觉感官的调查发现,大部分人群认为在地下商业空间配置适宜的植物有利于改善环境质量,而观叶或观花植物、中国古典式风格、植物与水体结合及四季变换等手法得到大多数人青睐。据此提出了结合视觉感官体验的适宜地下商业空间植物配置的相关建议。

关键词: 地下商业空间;植物配置;视觉感官

1　引言

随着经济的快速发展,城市化的程度也在不断提高。与此同时,人们也将面临交通拥挤、人口密集、环境污染等诸多问题。而城市地下空间的开发利用则是一种必然趋势。其中,相应的植物配置是地下商业空间相对于地上而言比较薄弱的部分。对于我国的地下商业空间,一种是在高楼大厦的下面,通过充分利用地下室建造一些大卖场和超市;还有就是紧随地铁的发展,通过地铁里的众多通道,形成商铺;此外,还有利用防空洞,变成地下商城等。我国的地下商业空间发展现阶段还不够成熟,但是对于地下空间环境的关注已经成了热点问题。

针对大型商业空间环境,国内外也做了许多相关研究。1982年,唐璞的《地下空间环境设计初论》,属于我国较早前的关于地下空间环境设计类的研究。1998年,王保勇和束昱的《城市地下空间环境设计中人的因素的考虑》,从使用者的角度,特别是从使用者的心理角度出发,提出了在城市地下空间环境设计中的一些基本原则和对策,并结合工程实例予以说明。2010年,林小峰以日本名古屋市中心"荣"地下空间的综合开发为例,图文并茂地说明了营造地下空间绿化环境的方法,并介绍了2010上海世博园中世博轴的设计对其空间组织及景观营造的借鉴及运用。现代城市地下空间的开发利用,通常是以1863年英国伦敦建成的第一条地下铁道为起点,进入20世纪后,一些大城市普遍陆续修建了地下铁道,城市的地下空间开始为改善城市交通服务,交通的发展又促进了商业的繁荣。自20世纪60年代初至70年代末,城市地下空间的开发利用建设进入一个高潮,在数量和规模上发展很快。日本东京、大阪的地下商业街,美国曼哈顿的高密度空间的出现,都是在这一时期,以1973年石油危机为转折点。从70年代中期起,发展势头渐趋平缓。国外城市地下空间的开发利用成就较高的是日本、美国、欧洲等发达国家。从中不难发现在现今的大部分地下商业空间中,植物配置的作用在很大程度上仅仅只是起到点缀装饰的作用。而在地下商业空间中,人们身处其中产生的最直接感受就是视觉感官。通过视觉感官,人们可以接收到所传递的很多信息。因此,探索人们在地下商业空间中对于植物的生理、心理方面的感受,从而结合视觉感官设计适宜的地下商业空间植物配置,创造出舒适、宜人的景观环境就具有一定的现实意义。

2 研究方法

本研究采用的是问卷调查方法。问卷的设计,主要就地下商业空间中关于植物配置的因素提出问题(见附表),并界定研究范围、调查对象、问卷的发放方式。调查问卷共15题,采用不记名的方法,以单项选择为主,根据选项选择。主要由3部分组成,分别为受访者基本特征、受访者对地下商业空间的基本感受以及受访者对植物配置的视觉感官感受。在调查问卷投放地点的选择上,选取了上海几处比较新且具有代表性的大型地下卖场以及地下商业街,从而获得较新的数据和资料,使调查结果更具准确性和可靠性。通过调查问卷的方式,了解受访者对地下商业空间在植物配置方面的视觉感官、感受及地下商业空间使用者对其环境的评价。

基于对问卷调查的数据处理和分析,从而初步得出影响地下商业空间植物配置的因素,并对产生的各种因素进行分析说明,提出现阶段地下商业空间在植物配置方面所存在的不足以及改善问题的方法。

3 结果与分析

本次调查共发放问卷200份,其中回收有效问卷197份,有效回收率为98.5%。问卷发放时间为2013年12月21日至22日。受访者中,男性占36.5%,女性占63.5%。受访者的年龄分布主要集中分布在25岁以下,占69.04%(见图1)。受访者的职业分布则以在校学生与公司职员为主(见图2)。

3.1 受访者对地下商业空间的基本感受

在调查中发现197个受访者中,"从不"和"天天去"地下商业空间的频率相对较少,分别占4.06%

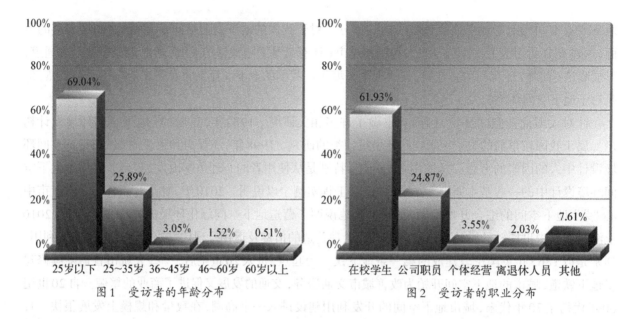

图1 受访者的年龄分布　　　　　　图2 受访者的职业分布

和0.51%，而几乎不去的频率为19.8%，经常的频率为9.14%，大部分受访者表示偶尔去地下商业空间，所占的比例为66.5%。一般会选择周末或节假日去地下商业空间游逛。而经过调查，受访者对地下商业空间所放置的植物表示满意的占21.32%，表示不满意的占78.68%。从中可以发现大部分的人对于现今地下商业空间的植物配置表示不满意，希望其能够进行一定的改善。89.84%受访者认为在地下商业空间进行植物的种植与摆放是相对重要的，仅有10.16%的人认为其不重要。其中有76.14%的人认为放置植物在地下商业空间起到的作用是净化空气；其次是美化环境，占60.41%；而认为舒缓压力则占51.27%，引导视线的占26.9%。

3.2 受访者对植物配置方法的感受

在视觉感官上，受访者中喜欢观叶植物的占73.6%，喜欢观花植物的占41.62%（见图3），这两者所占的比例较高，说明了大多数的受访者更青睐于传统的观花观叶植物。相比较而言，选择观果植物和观枝干植物相对较少。并且大部分的受访者选择了绿色为主、其他颜色少量的设计色调，占77.66%；而选择多种颜色混搭的占了17.26%（见图4）。在设计风格上，受访者中喜欢中国古典式风

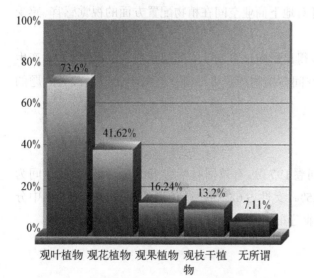

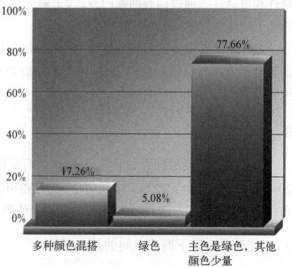

图3 受访者对观赏类植物的喜爱类型　　　　　图4 受访者表示喜爱的设计色调

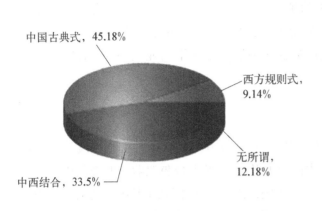

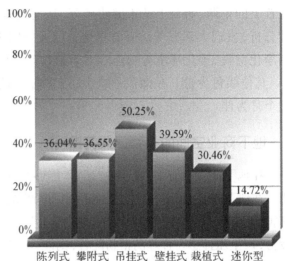

图5 受访者在地下商业空间喜爱的设计风格类型

图6 受访者在地下商业空间喜爱的植物摆放类型

格的最多,占45.18%;其次为中西结合,占33.5%;而选择西方规则式风格的则为9.14%(见图5)。由此可见,大部分对于中国传统的风格比较偏爱。因此在设计中,可以考虑加入适当的中国元素。在摆放类型上,有一半的受访者表示喜欢吊挂式的植物摆放,占了50.25%;相比较而言,选择迷你型的较少,只占14.72%(见图6)。对于植物摆放,受访者几乎接受各种类型,但迷你型的选择人数较少。可能在地下商业空间中,迷你型相对的不太适宜,关注度较小。

3.3 受访者对植物养护的感受

统计表明,受访者中超过一半的人选择3个月的时长进行植物更换,占了57.87%。而其次为一个月,占15.23%(见图7)。体现出一般在地下商业空间中,人们更倾向于能够看到植物的四季变换。在设计过程中,可以每季换一个主题,防止人们产生视觉疲劳。而在植物搭配上,受访者中有接近一半的人喜欢植物与水体结合的搭配,占了41.12%。其次,是与雕塑小品结合,占23.86%(见图8)。在地下商业空间中,与植物搭配的元素出现多元化的趋势,植物可以和各种元素搭配结合,从而营造一个舒适宜人的环境氛围。

通过对地下商业空间视觉感官性体验的调查问卷,归纳了影响地下商业空间植物配置的诸多因素。因此,通过分析调查问卷数据,结合现今地下商业空间植物配置所存在的问题,如植物

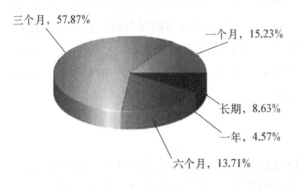

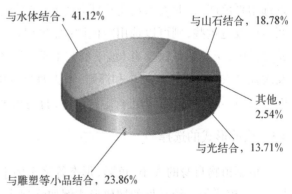

图7 受访者在地下商业空间偏爱的植物更换时长

图8 受访者在地下商业空间希望与植物搭配的元素类型

配置上的单调、布局上的不够明确等，从而创造使人更加舒适宜人的地下商业空间环境。通过统计分析，发现大部分受访者看重地下商业空间中的植物配置，希望其能有所改善，认为它能够起到净化空气、美化环境等功能。对于植物配置较偏爱中国古典式，并且视觉感官上喜爱以绿色为主，其他颜色少量。在摆放形式上，可多种形式相结合交替摆放于地下商业空间中，更换周期以三个月为佳。

4　地下商业空间的植物配置策略

在地下商业空间中进行植物配置，能够起到净化空气、舒缓压力、美化环境、引导视线等功能作用。在地下商业空间中布置植物，不仅可以调节室内的温度及湿度，而且能够吸收一些空气中含有的有害物质，从而净化空气。人们在地下商业空间中购物、娱乐、饮食，长时间处于其中难免会产生视觉疲劳，产生压抑感。合理的植物配置，则能改善这一不足，使人在视觉上感觉舒适愉悦。如蒙特利尔地下城空间中，通过透明顶棚引入自然光线从而减少了人们处于地下的压抑感；引入自然植物，在净化空气的同时也增进了人与自然的联系。

4.1　设计风格的选择

植物配置的设计风格主要有中国古典式、西方规则式以及中西结合。在调查问卷中，有将近一半的受访者表示喜爱中国古典式，这很大程度上是受到了中国传统文化的影响。因此，在植物配置中可以多运用一些中国元素，会更受喜爱。当然，在吸收外来文化的过程中，中西结合也是一种良好的发展趋势。总之，在设计时要考虑到文化对于人们的影响。位于法国巴黎的列阿莱（Les Halles）广场充分利用其优越的交通条件以及传统的商业文化，在广场下建成了融商业、文化、交通、娱乐、休闲、体育等功能为一体的地下综合体。对于其周围由钢结构玻璃罩而组成拱廊的下沉广场，人们通过自动扶梯以及阶梯，能够很方便地进入下沉广场和地下空间。此外，周围历史性建筑美丽的轮廓被下沉广场的设计与其开阔的绿化带共同有力地烘托出来了。而2010年中国世博会的中国国家馆的设计就极富中国元素，展现了"东方之冠，鼎盛中华，天下粮仓，富庶百姓"的中国文化精神与气质。在地下商业空间的植物配置中，也可以采用这样的富有中国元素的设计。

4.2　色调的选择

对于植物的花、叶、果实和枝干，其色彩十分富于变化。关于植物配置的色彩搭配，往往丰富多彩，而人们主观上更偏爱绿色。一般在植物配置中，会出现一个占统治地位的主色调，通常将其称之为底色或背景色。不同的空间位置、不同的功能需求，应搭配不同的色彩。比如在过道这种地方就可以选用暖色调，以此表示欢迎并且会使人产生舒适感。而在一些相比较狭小的空间内，为了能够使空间显得较宽敞些，则可以选用冷色调；如果想要活泼一点的空间，那就可多用暖色调。比如在早期地铁建设中，莫斯科地铁享有"地下的艺术殿堂"之美称，其采用色彩丰富的花岗石、大理石、彩色玻璃及陶瓷镶嵌出各种壁画装饰和浮雕，使人身处其中美不胜收。对此，地下商业空间中的植物配置也可以考虑用不同颜色的植物进行组合设计，打造出美的景观。

4.3　摆放形式的选择

根据植物自身的大小、色彩、形态等诸多因素，其摆放的形式也相应地会有所不同，如陈列式、吊挂式、栽植式等。较常见的摆放形式例如陈列式，它能够起到组织空间，区分空间不同用途场所的作用。在商场中经常能看见陈列式摆放的植物，其视觉上较容易被人接受。而像过道或是墙面这些地方,则可采用壁挂式或攀附式来进行植物的摆放。在地下商业空间中相对较大的空间内,可以结合天花板、灯具等进行吊挂式的摆放形式,能够改善人工建筑的生硬线条给人所造成的单调与枯燥,从而营造出生动活泼的空间立体美感,并且能够充分利用空间,可谓"占天不占地"。此外,不同的摆放形式还能具有暗示和引导空间、点缀和丰富空间等作用。

4.4 搭配元素的选择

好的植物配置不光以植物为搭配,而是结合多种元素,富有变化。通常植物会和水体进行搭配,而水体在地下商业空间的利用和维护也相对较简单便捷,如叠水、喷泉等形式。植物和水体的结合,不仅视觉上美观自然,还能给人以动感,增添情趣。如日本大阪虹地下商业街,其在长达800 m的主通道的各节点上组织了5个各有主题的广场,分别为光之广场、镜之广场、水之广场等。其中,在水之广场,利用灯光及喷泉水的各种变化,从而形成两道人工彩虹,成为了该地下街的重要标志。此外,植物和山石的搭配也较为常见,尤以自然式最为普遍,带给人中国传统的自然式园林景观感受。在现代商业空间中,常常能够看见山水结合植物进行的景观设计小品。另一方面,随着科技的不断发展,一些超现代的元素也被尝试着与植物搭配,给人耳目一新的视觉体验。

4.5 养护管理的要点

在处理好植物配置的色彩搭配、摆放形式等问题后,其养护管理也值得关注。处于地下商业空间中的植物,不可能一成不变,那样很容易会使人产生审美疲劳。而盆栽等形式也便于植物配置的更换。通过调查发现,近半成的受访者喜欢以三个月为时长的更换周期。对于植物的观赏,往往是通过其花、叶、果等不同的形状、色彩与质地的变化,而这些变化往往根据季节的不同而有所变化。根据植物摆放地点环境条件的差异性,设计适宜其环境条件而生长的植物,从而进行植物配置。对此,可以每季设计不同的植物配置,营造季节更替的氛围,以满足人们的审美需求,也便于更好的养护管理。此外,植物品种的选择也要考虑,如耐阴植物、耐干旱植物的选择等。对植物的养护,还要考虑到光照、温度、湿度等问题。

5 结论

在地下商业空间的不断发展过程中,人们将不再满足于现有单调的地下商业空间植物配置,而是更多地考虑如何运用各种元素来设计出更符合人心意的景观环境,满足人们对自然的需求。因此,在植物的选择和搭配上也有了更深入的考虑。虽然现阶段地下商业空间的植物配置还不够完善,但结合人们在地下商业空间中的视觉感官性体验,探讨设计和营造出满足人们生理及心理需求的植物配置,将为构建舒适、美观、宜人的地下商业空间提供一定的帮助。

附录

视觉感官在地下商业空间中对植物配置影响的调查问卷

您好!非常感谢您在百忙之中参与本次调查!本次调查仅作学术研究之用,以完全匿名的形式进行,对于您所提供的信息将会完全保密。再次感谢您的合作!

1. 您的性别　男□　　女□
2. 您的年龄　25岁以下□　　25~35岁□　　36~45岁□　　46~60岁□　　60岁以上□

3. 您的工作　在校学生□　公司职员□　个体经营□　离退休人员□　其他□

4. 您去地下商业空间的频率是

从不□　几乎不去□　每周一次□　每周三次以上□　天天□

5. 您对现今地下商业空间中所放置的植物感觉如何

很满意□　满意□　一般□　不满意□　很不满意□

6. 您认为在地下商业空间中进行植物的种植和摆放等

重要□　较重要□　一般□　较不重要□　不重要□

7. 您认为放置植物在地下商业空间起到的作用有

净化空气□　舒缓压力□　美化环境□　引导视线□　其他□

8. 您更喜欢在地下商业空间中看见哪种观赏类植物

观叶植物□　观花植物□　观果植物□　观枝干植物□　无所谓□

9. 您更喜欢哪种风格的植物设计

西方规则式□　中国古典式□　中西结合□　无所谓□

10. 哪种颜色的植物会让你感到舒服

红色□　橙色□　黄色□　绿色□　蓝色□　紫色□　白色□　黑色□　其他□

11. 您觉得地下商业空间关于植物的设计更适合怎样的色调

多种颜色混搭□　绿色□　主色是绿色,其他颜色少量□

12. 您希望在地下商业空间看见的植物摆放类型有

陈列式□　攀附式□　吊挂式□　壁挂式□　栽植式□　迷你型□

13. 您希望在地下商业空间中能够看到植物的地方是

出入口□　通道□　门厅□　楼梯□　拐角□　其他□

14. 您希望在地下商业空间中看到的植物更换时长是

一个月□　三个月□　六个月□　一年□　长期□

15. 您希望在地下商业空间中与植物搭配的元素是

与山石结合□　与水体结合□　与雕塑等小品结合□　与光结合□　其他□

商业空间地下停车场环境质量评估及植物配置对策

朱奇玉　滕　玥

（上海商学院旅游与食品学院,上海201400）

摘要: 本文针对商业空间地下停车场内的环境质量影响进行了现场监测研究,主要测定地下停车场内不同时间段及不同位置的CO_2浓度,空气负离子含量及悬浮颗粒指标,与室外平均指标及环境空气质量评价标准进行对比分析,数据表明地下停车场内空气质量不佳。根据地下停车场这一特定环境,从植物的生长习性和生态用途两方面来筛选上海常用的室内植物;分析地下停车场内的植物配置原则及配置形式,从而尝试在商业地下停车场中(以上海中山公园龙之梦地下停车场为例)进行合理的植物配置,以达到改善地下停车场内空气质量的目的。

关键词: 地下停车场;环境质量;植物配置

随着我国经济的快速发展，人民生活水平的不断提高，城市交通中使用的中小型汽车数量飞速增长，就上海市而言，在2012年末，汽车保有量已破二百万大关，跃居全国第五。

目前，上海市区主要以建设地下停车场来解决停车难问题。通过对一些具有代表性的地下停车场的专项调研了解到，在通风条件较恶劣的地下停车场中，短时间就会感到头晕、头痛、恶心、呼吸困难。因此，地下停车场环境质量的优劣直接影响到人的身体健康。如何让人们既享受到经济发展后的交通便利，又能有效地降低地下停车场内污染物排放对环境及人体的危害，越来越成为摆在各级环境保护工作者面前的严峻问题。

本文将植物设计引入商业空间中的地下停车场，通过绿色植物的合理种植，选用能够净化汽车尾气所排放的有毒有害气体（CO、碳氢化合物、氮氧化合物、铅的化合物及颗粒物等）的植物，并且适宜生长在地下停车场这一特殊环境中的植物来改善地下停车场的空气质量问题。因此，为了解决商业空间地下停车场中的空气质量问题，合理运用植物景观是综合考虑"环境质量、生态美观、可持续发展"等要素的最佳途径，必将成为商业空间地下停车场设计的一种新趋势。

1　研究方案

1.1　监测方案

1）监测点设置

选取上海3处商业空间（环球港、港汇广场、中山公园）地下停车场的3处不同位置（A：地下停车场出/入口处、B：地下停车场一处封闭角落、C：地下停车场靠近排风口处）。

2）监测时间

选取一个普通工作日及一个客流量集中的休息日（周六或周日）。测定时间段选取车流量不同的上午营业时间（8：00~10：00）午间（11：00~13：00）和晚高峰（17：00~20：00）3个时段。

3）主要监测项目

利用实验仪器测定商场地下停车场内不同位置的CO_2，空气负离子含量及悬浮颗粒指标。

4）监测仪器

二氧化碳监测仪（ZG106A-M）、AIC系列空气离子测定器、PM2.5采样器。

1.2　数据分析

根据GB/T 18883—2002空气质量标准和GB 2095—2012环境空气质量标准，对于CO_2以及粒径小于2.5μm颗粒物（PM2.5）的等级评价标准制作环境空气质量评价标准表（见表1），其规定标准与国家要求符合一致（浓度限值中一级为空气质量优，二级为空气质量良）。由于国家规定相关空气质量标准中未将负离子量作为检测项目，故表1中不涉及负离子量评价标准，只对其变化趋势作出分析与比较。

表1　环境空气质量评价标准表

序　号	检验物项目	平均时间	浓度限值		单　位	评价标准
			一级	二级		
1	CO_2	24小时平均	1 000	1 500	ppm	GB/T 18204.24
2	粒径小于2.5μm颗粒物（PM2.5）	24小时平均	35	75	μm/m³	HJ618
3	负离子	24小时平均	/	/	lons/cm³	/

2 结果与分析

2.1 CO₂浓度监测结果与分析

图1为同一时间段不同监测点CO₂浓度平均值。从图1来看：停车场入口处的CO₂浓度最大，空气质量最差，平均值无法达到国家环境二级标准，这是由于入口处虽空气与外界交流较好，但汽车密集来往或是停留的出入口排放出大量CO₂，可见CO₂浓度受汽车尾气影响较大；停车场一处封闭角落相比出入口情况有些许好转，可仍未达到国家环境二级标准，这是由于虽然此处车流量不大，但封闭环境内空气无法与外界对流通畅，导致空气质量较差；停车场靠近排风口处的CO₂浓度相较于其他两处监测点有明显下降，这是因为此处不但车流量较小且空气能与外界及时交流。综上所述，地下停车场内整体空气质量较差。

2.2 PM2.5浓度监测结果与分析

图2为同一时间段不同监测点PM2.5浓度平均值。停车场入口处的PM2.5浓度最大，空气质量最差，数值远超国家环境二级标准，这说明PM2.5浓度受车群活动影响较大；停车场一处封闭角落相比出入口情况有些许好转，可仍远超国家环境二级标准，这是由于虽然此处车流量不大，但是封闭环境内空气无法与外界交流通畅，导致空气质量较差；停车场靠近排风口处的PM2.5浓度相较于其他两处监测未有明显的下降，虽然此处车流量较小而且空气能与外界及时交流，但上海整体空气质量较差，所以3处监测值都远超标准情况，而从图中的平均值可以看出，地下停车场总体PM2.5浓度平均值明显偏高，空气质量十分差。

2.3 分析小结

（1）地下停车场空气质量总体偏差，无论CO₂浓度还是PM2.5浓度都超过国家空气质量标准。负离子量由于未在国家空气质量标准里给出参照值，但几乎不变的数字表明汽车尾气对空气中负离子量影响不大，而停车场内负离子量极小，难以对吸附汽车尾气起到净化空气质量的作用。

（2）地下停车场排风口处由于与外界空气良好的交换，CO₂浓度以及PM2.5浓度相比较停车场其他地点稍低。这说明高密度的车群和不完全的通风可能是造成CO₂浓度以及PM2.5过高浓度的主要原因。

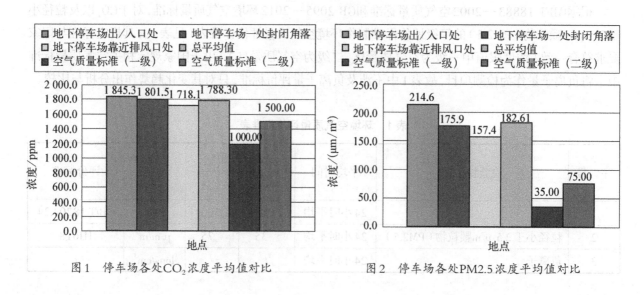

图1 停车场各处CO₂浓度平均值对比   图2 停车场各处PM2.5浓度平均值对比

（3）随着营业时间的推移，人流量的增加，有明显的从早到晚累积增加的趋势，并在晚上人流量高峰期相应出现CO_2浓度以及PM2.5浓度最大值，人流量与空气中的CO_2浓度以及PM2.5浓度基本上呈正相关性。人群活动集中是影响地下空间CO_2浓度以及PM2.5浓度的一个重要因素。

3　商业空间地下停车场植物配置研究

3.1　适宜种植在地下停车场内的植物

针对地下停车场的环境条件以及净化尾气污染物的作用效果，下面主要从植物的生长习性以及植物的用途两方面来对植物进行筛选。

1）按照植物的生长习性来筛选植物

地下停车场依靠人工光源为植物提供所需的光照强度，没有天然的雨水灌溉，封闭环境内水分因子较少，湿度较低，这些不良的环境因子都决定着植物能否在其中存活与生长。

根据植物生长条件的限制因子（光照、湿度、温度）及地下停车场的特殊环境，列举出以下几点适合生长在地下停车场的植物习性：

（1）耐阴性：地下停车场在阴冷潮湿、无通风设施的位置，没有阳光直射，因此在其中配置植物，需要选择喜阴或耐荫植物，对阳光要求不高，适合生长在室内光线偏低之处。

（2）耐旱性：地下停车场没有室外天然雨水的直接灌溉，因此只能依靠人工浇水方式来满足植物对水分的需求。但人工浇水毕竟不能时时刻刻满足植物的水分吸取量，因此要选择具有一定耐旱性的植物来种植。

（3）耐贫瘠、须根多：地下停车场内没有大自然的天然养分供给，只能依靠适量的土壤和水分来生长，所以我们要选择耐贫瘠，须根多的植物进行种植。

（4）体量小、根系浅：在地下停车场这一有限的室内空间内，没有大量种植土壤的空间，因此要选择体量小的植物，如盆栽、盆景、悬挂类植物，根系浅不需要太多土壤来生长的植物。

2）按照植物的用途来筛选植物

（1）具有净化能力：汽车尾气的排放是停车场内空气污染的主要来源，通过种植对汽车尾气主要毒害气体（CO、碳氢化合物、氮氧化合物）有吸收净化作用的植物，来改善地下停车场内的环境污染问题。

（2）具有滞留转换能力：选择对毒害气体具有滞留和转换能力的植物种植在地下停车场内，也能够起到改善空气质量问题的作用。

综合上述两点条件，对上海常用的室内植物进行筛选（见表2）。

表2　上海常用室内植物筛选标准表

符合程度（星级）	筛选生长条件				筛选用途条件			
	耐阴性	耐旱性	耐贫瘠、须根多	体量小、根系浅	汽车尾气毒害气体	吸纳烟尘、悬浮颗粒	其他室内有害气体	增加负离子浓度
☆	不耐阴、需要充分阳光照射	不耐旱，需要湿润、排水良好的土壤	不耐贫瘠、喜肥沃土壤，须根	体量大、根系深	只满足任意一个筛选条件			
☆☆	半耐阴	半耐旱	稍耐贫瘠。	体量适中。	满足任意两个筛选条件			

（续表）

符合程度（星级）	筛选生长条件				筛选用途条件			
	耐阴性	耐旱性	耐贫瘠、须根多	体量小、根系浅	汽车尾气毒害气体	吸纳烟尘、悬浮颗粒	其他室内有害气体	增加负离子浓度
☆☆☆	喜阴植物、耐阴、不需要强烈的阳光照射	耐旱	耐贫瘠、须根多	体量小、根系浅	满足任意3个或以上筛选条件			
筛选方式	对上海常用室内植物（50种）在生长习性4个条件中进行评级				经过生长条件筛选后，对其中能够在地下停车场内生长的植物再进行用途的评级			
筛选标准	对同时具有2颗☆及以上的植物选为适应在地下停车场生长的植物				淘汰不符合任意一项筛选条件的植物。对吸收及净化能力进行评级，在地下停车场植物配置时，可多利用3☆植物来种植			

综合对植物生长习性及植物用途两方面的筛选，适合配置在地下停车场内的植物有：散尾葵、海芋、马拉巴栗、鹅掌柴、垂枝榕、绿萝、肾蕨、铁线蕨、西瓜皮椒草、鸟巢蕨、春芋、一叶兰、蔓长春花、常春藤、吊兰、广东万年青、鱼尾葵、虎尾兰、金山棕。

其中生态用途最佳的植物有：一叶兰、常春藤、吊兰、虎尾兰、广东万年青。

3.2 地下停车场植物配置原则与形式分析

在地下停车场中进行植物配置必须考虑到地下停车场的功能要求、视线位置及环境等因素。配置主要兼具畅通、环保、生态的原则，注重垂直层面立体景观的布局，达到改善地下停车场空气质量的同时，展现出地下停车场绿色环保的配置理念。

结合地下停车场的配置原则，植物应用于地下停车场绿化装饰有多种形式，例如：盆花摆放、墙体的壁饰设计、空中的植物垂吊等。考虑地下停车场不同方位的功能和大小，选择不同的种植形式。

1）地面盆花摆放

在地下停车场中，要做到适地摆放植物。依据畅通性原则，不能在行驶道、拐弯处、停车空间摆放盆栽，可选择地下停车场至商场处的入口人行空间进行绿化装饰。

2）墙体壁饰设计

充分利用地下停车场的垂直空间进行植物景观的营造，让地下空间更有立体感和深度感。壁饰可以柔化墙体建筑线条的生硬感，同时在地下停车场中也起到视线引导的作用。

嵌壁是将墙壁凿出不规则的自然空洞，然后把容器连同栽种的花卉嵌入其中，或直接在空洞里填入泥土，栽植花卉；也可在墙上安置经过精细加工涂饰的多层隔板，形成支架摆设各种观叶植物。在地下停车场中，可选择的嵌壁植物有：绿萝、吊兰、常春藤、蕨类植物等，形成层次分明、错落有致的立体景观（见图3）。

贴壁是在地下停车场的立柱上进行植物造景。利用攀援植物，如常春藤，攀援墙体向上生长，柔化生硬的墙面（见图4）。

3）空中植物垂吊

利用地下停车场的上层空间进行垂吊花卉的设计。垂吊花卉可以改变停车场生硬单调的景观空间，让人们产生回归自然的感觉。在停车场内悬挂植物要注意到车辆高度对空间的限制。也可在壁

图3　室内植物嵌壁设计 图4　室内植物贴壁设计

面、廊柱上进行植物吊挂。可选用的植物有：吊兰、常春藤等。

3.3　地下停车场植物配置实例研究——以上海中山公园龙之梦地下停车场为例

在地下停车场空气质量监测与评估的3处场所中，选取龙之梦地下停车场进行植物配置模式的研究。结合上述配置原则及配置形式，对停车场分区进行植物配置，从而形象地展现植物设计引入地下停车场后的效果。

1）商场入口空间

以中山公园龙之梦地下停车场商场入口空间为例（见图5），在进入商场的电梯等候区域中，车辆是无法行驶与停靠的，此处光线充足，盆栽植物的配置即具有生态性，也美化了路口空间，为顾客营造了愉悦的心情（见图6）。

2）车辆及人群通行空间

在停车场中，有许多广告牌贴于通行空间的墙体上（见图7），这些位置通常有明亮的灯光照射，如果将植物的壁饰设计配置此处，可种植蕨类植物、常春藤、绿萝等，形成错落有致的立体景观（见图

图5　商场入口空间现状 图6　商场入口空间盆栽摆放

8）。同时，在不被利用的架空空间中（见图9），配置空中植物垂吊绿饰，形成错落有致的架空植物景观（见图10）。

　　3）车辆停放空间

　　在车辆停放空间中的立柱上同样可以配置壁饰植物来美化地下停车场空间。将原本的广告牌替换为贴壁植物（见图11）；也可种植垂吊植物，如吊兰、绿萝等；或是在立柱周围种植攀援植物，不妨碍车辆停放的同时，柔化了生硬的墙面（见图12）。

图7　通行空间广告牌

图8　通行空间嵌壁植物设计

图9　通行空间现状

图10　通行空间垂吊植物设计

图11　立柱贴壁植物设计

图12　立柱垂吊植物挂壁设计

4 结论

通过对地下停车场内空气质量的实地检测与分析，可以看出CO_2及可吸入颗粒物PM2.5是地下停车场空气质量环境不佳的主要原因，其大部分污染来自汽车的尾气排放。在地下停车场排风口处的空气质量要较好于封闭环境处的空气质量，工作日车流量较小的空气质量要优于双休日车流量较大的空气质量。上述两点也说明了与外界空气交换是否良好以及车流量大小是影响地下停车场空气质量的两个客观因素。

本文通过数据采集及分析，给出了适合种植的绿色植物及配置意见，在不同方位搭配具有净化、滞留转化能力的植物以改善地下停车场的空气环境。本课题的研究还只是从分析及理论层面得出结论并提出建议，还有待以后进一步的学习和研究。

植物对地下商业街环境质量影响的研究
——以香港名店街为例

孙境远 黄诗茹

（上海商学院旅游与食品学院，上海201400）

摘要：21世纪以来，地下商业街的应用逐渐成为热潮。但是地下商业街内恶劣的室内空气环境质量已然成为急需解决的问题。在地下空间中增添绿色植物，是为了营造一种更为和谐、更符合生态条件的环境。可以在一定程度上消除人们对于地下空间中封闭环境所带来的压抑感和不健康的空气。本文通过文献查阅以及进行实验来对比筛选出3种植物：吊兰、虎尾兰、白掌，用以植物配置。选取3个有代表性的地下商业街进行现场勘测得出地下商业街的湿热环境质量，并以香港名店街为例给出景观对策：组合绿化的形式、垂直绿化等。

关键词：地下商业街；空气质量；植物配置

1 绪论

1.1 课题研究背景

当代社会，人类所遭受的污染越来越多。在经历了"煤烟污染"和"光化学污染"之后，人类又开始受到"室内空气污染"的毒害。据统计，现代人有80%的时间都是在室内度过的。21世纪以来，我国对于地下空间的运用，更是增加了室内空气污染的几率。许多公共建筑、商业建筑、民用建筑都最大限度地利用了地下的空间。而地下商业街更是在这个商业社会中最为普遍的。特别以上海这座城市为例，许多地铁站的出口都会连接着地下商业街。地下商业街逐渐成为热潮，究其原因有3点：一是人防工程平战结合的使用需要；二是地面土地资源短缺；三是城市交通恶化不得不从地上商业街过渡到地下商业街。

现在的地下空间都是由交通、商业及其他文娱设施共同组成的相互依存的综合建筑体。而大多数的地下建筑大都是依靠电来照明和通风，从而导致了地下空间的空气质量存在着很大的问题。空气的不流通,没有阳光直接的照射以及地下空间内存在着许多的化学物质、各类粉尘。特别是地下商业街,人流量大,地下商品集中,都使得地下空间的空气质量恶化。对于环境质量有着越来越高要求的现代社会,公共空间特别是商业空间的环境质量与客户的满意度有直接的联系,与销售额成正比。所以创造一个良好、舒适的商业环境是十分必要的。

1.2 国内外研究现状

1）国外研究现状

对于专门研究地下商业街空气质量的文献并不多见,所以我们可以通过对于一般室内空气质量的研究进行对比参考。国外对于室内空气质量的研究在20世纪上半叶已经开始,采用科学的方法进行研究。许多机构甚至斥巨资专门建立实验室来研究空气质量。如美国劳伦斯伯克利实验室、丹麦理工大学的室内环境。国外对于室内空气品质的研究主要致力于建筑物综合征的成因和预防、室内空气质量与人类的健康、公共建筑室内环境数值模拟值等。

1967年,丹麦技术大学的Fanger教授在Kansas州立大学的实验数据的基础上建立了著名的热舒适方程式。Fanger教授在研究人体热舒适领域取得了令人瞩目的成绩。在1970年,他还提出了个性化送风,这个方法对改善室内空气质量有很大的帮助。

在室内环境数值模拟方面美国麻省理工比较突出。Srebfic J和Chen Qinyan通过采用CFD技术进行了对室内空气流动的简化模拟,室内外空气流动的大涡模拟等。并且对室内通风换气、污染物的散发进行了研究。

芬兰Kyosti Lehtomaki等人对于地下人防工程进行了分析研究,并对于地下空间的热环境和影响空气质量的主要因素进行研究,并提出了改善的措施。

2）国内研究现状

在室内空气质量的研究上,我国起步较晚,虽然研究工作展开较为迅速,但总体还是处于初级阶段。我国在室内空气质量的研究集中在以下几点：① 制定全面科学的室内空气质量标准；② 污染源控制；③ 室内各种污染物的监测方法；④ 建筑物综合征以及污染物对健康的影响、空气净化技术。

我国目前已有一些院校和科研单位从室内环境质量的不同方面进行了研究。其中清华大学、同济大学、湖南大学在这方面研究比较多。

同济大学的沈晋明、龙惟定教授对建筑病态综合征进行了探讨,并提出了改善室内空气质量的方法。还阐述了空调通风系统对于改善空气质量的正面作用,也提出了消除负面作用的一些措施。

对于地下商业街的空气质量的研究国内能参考的文献比较少,但是也有在这一方面作出突出贡献的研究。如宋翀芳分析了一般地下建筑的传热特性,并建立了数学模型；刘浩运用了灰色系统评价法对哈尔滨某处的地下商业街空气质量进行了评估；李茜用CFD对地下停车库的CO浓度进行了模拟。

2 地下商业街内主要污染物及其对人体的危害

2.1 室内污染现状

地下商业街的环境通风条件不会像地上空间那样,所以容易造成各类物质在地下空间的堆积。据很多消费者反映,在地下商业街逛的时间一长,人就容易感到头晕、胸闷、呼吸不畅等。这都是因为地下商业街中的空气质量较差。而地下商业街中污染物种类繁多,来源甚广,如表1所示。

表 1 室内空气污染源及污染物质

室内空气污染源	室内空气污染物质
香烟烟雾	CO、可吸入颗粒物、有机污染物
溶剂、油漆、化妆品、胶水、杀虫剂	甲醛、挥发性有机化合物（VOCs）
人群活动所产生的污染	CO_2、臭气、细菌、病毒
日用品、家具和建筑材料	O_3、有机物、颗粒物质
厨房燃烧器、取暖器等	CO、Nox、有机物、颗粒物质

除了室内装饰材料本身会含有各种污染物，室内空气的不流通的也会增加污染的严重性。

2.2 室内污染物对人体的危害

人们将室内环境造成的各种不适包括头痛、眼鼻和喉部疼痒、干咳、皮肤干燥发痒、头晕恶心、注意力难于集中和对气味敏感等症状，统一概括为病态建筑综合征（Sick Building Syndrome。SBS）。室内的污染源繁多，我们就讨论几种常见的室内污染物以及它的来源、性质和危害。

1）二氧化碳（CO_2）

二氧化碳主要来源是各种染料燃烧的生成物和人体新陈代谢呼出的气体。在相对密闭的环境中，二氧化碳的含量一旦超过正常值人就会感到疲倦、烦躁。

2）甲醛

甲醛是一种重要的有机原料，是一种无色易溶的刺激性气体，应用广泛。甲醛在室内装潢中大量运用。

3）苯系物

苯是室内挥发性有机物的一种，它是无色具有特殊芳香味的液体。各种油漆、涂料、胶黏剂中都含有各种类型的苯系物，是室内环境的主要污染物之一。

4）总挥发性有机物

总挥发性有机物（TVOC），是指在实验条件下，各类挥发性有机物的总和。种类繁多，且不稳定。通常来自涂料、黏合剂及各种人造材料。

2.3 室内污染的防治方法

对于空气中污染物的防治方法，其实归纳总结就只有两点。一是减少污染物自身的排放量，二是减少空气中已经释放的污染物的含量。

对于净化空气中的污染物，有以下几个方法。

1）通风换气

空气的流通对于污染物的稀释有明显的效果，但是对于地下商业空间来说，通风换气只能依靠于排风口，有很大的局限性。

2）吸附法

吸附法，就是利用一些可以吸附这些污染物的物质。像众所周知的活性炭。还有活性炭纤维、硅胶、沸石等有吸附能力的物质。

3）植物净化法

通过植物自身的新陈代谢分解有毒害物质。效果明显，有效持续时间长，不用更换。而且在室内环境放上植物不仅可以净化空气,还美化环境。是一种绿色环保、可持续发展的净化空气的方法。

3　地下商业街环境质量测评

3.1　地下商业街普遍环境

地下商业街的环境质量,因为其建筑选址的特殊性从而导致了地下空间的空气质量大多是湿热的环境。

地下商业街处于地下,建筑周围都是岩石或是土壤这种有较好热稳定性的介质。因为在地表以下一定深度,土壤或岩石的温度(简称地温)就趋于恒定,不受大气温度变化的影响。据资料显示,在我国处于地表以下8~10 m,地温就趋于恒定,长江流域在17℃左右、华北地区在15℃左右、东北地区在10℃左右。虽然地温是恒定的,但并不代表地下空间的温度也是恒定的。因为室内空气的温度还受到引入空气温度的影响。但由于地下商业街相对于地上建筑来说,相对于封闭,所以也就更容易将引入的室外空气调节到适宜的温度。

地下建筑还有一个特点就是容易潮湿。引起潮湿原因可能是:工程渗漏、工程散热、人员散热、自由水面、结露及外界潮湿空气进入等。在日常生活中,特别是像地下商业街这般人流量密集的地方,人员的呼吸、排汗以及饮水等行为等都会向空气中散湿。特别是在夏季的时候,外界潮湿的空气进入地下建筑,大大增加了地下建筑的湿度。如果温差太大,还会在墙壁上结露,形成凝结水。其次,地下建筑内的水箱、水池、各种自由液面都会向空气中散湿。由于地下建筑的封闭性,在这样的环境中对于散热散湿都有一定的阻碍。据研究表明,空气中的湿度大于60%时人就会感到不舒服。在50%~60%之间的湿度是对人体健康最有利的湿度。

3.2　地下商业街基本情况介绍

为了研究上海的地下商业街的空气质量的情况,我们小组选择了3处较为有代表性的地下商业街作为实验对象,分别为香港名店街、美罗城的五番街、芮欧美食街。香港名店街是位于上海人民广场地下的一条商业街,大多经营服饰、化妆品,人流量较多。在双休日、节假日更是会吸引一大批的顾客前来。而位于上海肇嘉浜路1111号的美罗城是一家购物娱乐中心,在美罗城地下一楼的就是五番街。五番街90%的日本品牌,覆盖了小吃、饰品、美妆、家居、服饰、快餐。是喜爱潮流的年轻人的必到之处,成为了上海消费的新地标。在上海静安区的精华地段的芮欧百货的地下二层就是芮欧美食街。这里的消费方向就十分明朗,聚集了全球多个知名美食品牌,将中式、日式、韩式、越式、意式,美式等各国美食收入囊中。这3个地下商业街都是人流较密集的地方,为了得到更科学的数据,选择了工作日和双休日两种时间段进行测量。

3.3　仪器选择及实验方法

在此试验中,由于仪器的限制,我们组主要选取了温度、湿度、负离子、二氧化碳这4项指标。

这里的实验主要就是通过测定上述数据来得出地下商业街真实的空气质量。为了得到商业街整体完整的空气质量数据,我们在每个商业街的不同的地点进行数据采样。除了选择地下商业街内部的空气质量数据,我们还在出入口、通风处进行采样,混合了地上空间的气体,是否会有差别都是需要考虑的因素。

3.4　数据

分别用了两天的时间完成了这次数据的采集。3个商业街,共分为12个测试点。数据如图1所示。

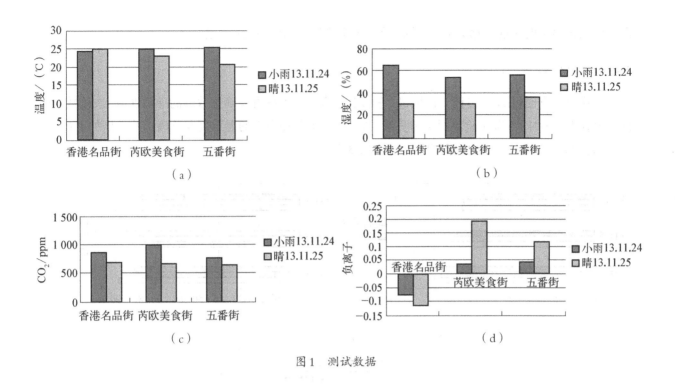

图1 测试数据

3.5 数据分析

从图1（a）中可以看出，地下商业街的室内温度普遍要比室外高10℃左右。室外的天气状况并不影响室内的温度。但对湿度有很大的影响。见图1（b），11月24日下雨，地下商业街内的湿度都50%~60%，但只相隔一天，在11月25日晴朗的时候，地下商业街的湿度就只有30%~40%。可见室外的湿度会影响到地下室内的湿度情况。

在选择二氧化碳的测试点的时候，在人流密集的地方、空气较流通的地方、或是人流量常年比较平均的地方都有采样，力求数据的严谨性。结合图1（c）和（d），可以发现空气中二氧化碳含量越高，空气中负离子含量就越低，甚至会产生正离子。人体的血液是呈弱碱性的，但体内正离子含量变多时，血液逐渐呈酸性，会引起头痛、不舒服血压增高，并影响判断力和注意力。而负离子使空气中的水滴分裂成更小的水滴时，每个分裂后的水滴本身带正电，并使周围的空气得到负电，形成负离子。负离子可以调节人类的中枢神经活动，改善大脑机能和肺部换气功能。负离子对很多提高免疫力、感冒、支气管患者都有益处，被称为"空气中的维他命"。地下商业街中人流量多，二氧化碳的含量不可避免地会超标，所以要通过一些手段来制造出适量的负离子改善地下商业街的空气质量。

4 植物净化空气的研究

4.1 材料与方法

为了了解哪些植物对于改善空气质量有一定的效果，通过网络、图书馆查阅了许多文献。植物都会通过光合作用吸收二氧化碳、通过蒸腾作用释放氧气和水分。依靠植物的蒸腾作用，水分子蒸发到空气中释放出负离子。负离子能够消除空气中的污染物质，被人体吸收后能调节人体平衡，缓解压力。通过文献的查阅，选取了对于净化空气比较有代表性的3种植物：虎尾兰、吊兰和白掌。

为了能得到较为精确的实验数据，要将植物放置于密闭的容器中，相隔固定的时间测量一次它的温湿度及负离子的含量。此次实验分别用了3天来测试植物的各方面数据。

4.2 实验数据

每次测数据时每隔30秒读一次数,取它的平均值。为了尽可能确保数据的准确性,每次读数的时间间隔在1个小时。3次实验分别相隔两天。虎尾兰、吊兰和白掌的温湿度及负离子的数据如下:

(1) 2014.2.28 阴天 室温: 20.02℃ 湿度: 83%

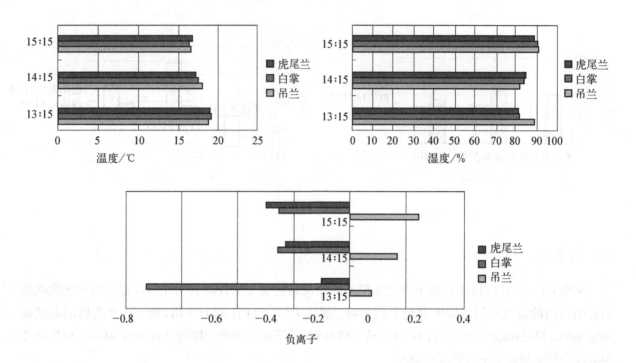

(2) 2014.3.3 晴 室温: 33.2℃ 湿度: 47%

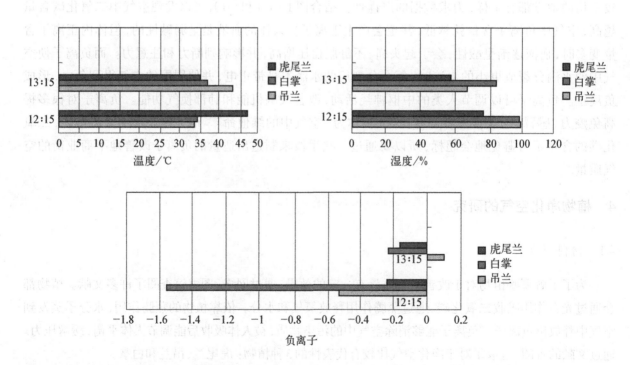

(3) 2014.3.6 阴有雨 室温: 19.82℃ 湿度: 77%

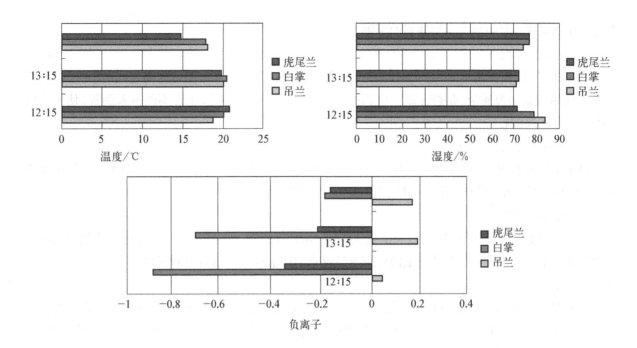

4.3 数据分析

因为实验是在暖棚里进行的,所以温度这一部分的数据在晴天的时候只能用以参考,有一定的偏差性。像湿度的话,只要是保持植物的生命力,没有阳光长时间的直射,植物的湿度还是比较适宜的。而从4.2节的负离子的数据中,可看出3种植物白掌释放负离子的能力最强,吊兰最弱,而且有很大的不稳定性,有时候甚至会产生正离子。这个结果也可能与实验的时候空气不流通,造成容器内的环境闷热引起的。但就从实验结果来看,白掌除了能吸附空气中的污染物质,对于生成负离子也有一定的成效,可以在地下商业街的环境配置中给予大量运用。虎尾兰与吊兰也可以搭配使用,从而增加植物的层次感,丰富空间。

5 植物对美化地下商业街环境的设计对策

5.1 植物在地下空间中的效果与作用

在地下空间中增添绿色植物,是为了营造一种更为和谐、更符合生态条件的环境。可以在一定程度上消除人们对于地下空间中封闭环境所带来的压抑感和不健康的空气。植物在地下空间中的效果有以下几点效果与作用:

（1）在视觉上增加地下空间的地面感,减少人们的心理落差和不良反应。

（2）组织和引导空间,有助于空间的自然过渡、空间分隔与导向等。

（3）增加异质性和亲切感,丰富地下空间的表现力,满足人们回归大自然的心理。

（4）可以调节精神、放松心情,对调节视觉、消除疲劳有独特的作用。

（5）能调节空气质量、调节温度、吸收噪音,提升地下空间的环境质量。

从以上5点我们可以看出,植物在地下空间中的运用是值得推广的。对于我们研究的,如何改善地下商业街中的空气质量也是有依据的。

5.2 植物在地下空间中的景观设计原则

在选用植物造景时,我们都要遵循必要的设计原则。在地下空间中,因为其建筑环境的特殊性,在进行植物景观设计时也有需要注意的原则。

1）安全性原则

其实这一点，在任何地方、任何时间都是需要去遵循的。要注意空间与空间之间的引导与分隔。安全设施的摆放是否齐全、是否显眼。植物的造景只是为了美化环境，千万不能本末倒置，使植物成了阻碍安全的绊脚石。

2）舒适性原则

利用植物吸收噪声、空气中的污染物质。还可以选用能够自动调节空气温湿度的植物。用植物来改善其空间环境，增强其空气的流通性，获得宜人的空气质量。

3）艺术性原则

地下空间景观环境的创造，不仅要满足人们基本的生理需求及心理需求，而且更应该创造出高层次的文化艺术享受。艺术性在植物上的体现就是色彩的搭配以及植物造型的摆放。

4）人性化原则

任何景观都是为人而设计的，而人的需求并非完全是对美的追求，真正的以人为本应该要首先满足人作为使用者的最根本的需求。植物景观的创造必须符合人的心理、生理、感性和理性需求，在此基础上力求创造环境宜人，景色引人。让植物景观与环境融为一体，相辅相成，达到愉悦人内心的效果。

5）和谐性原则

景观设计元素与环境的和谐，设计是为了美化环境，突出环境的美感，增加舒适度。切忌喧宾夺主，或是本末倒置。不可一味地追求设计的标新立异，而忽略环境本身的大概念。景观设计是为了锦上添花，让前来活动的人感到舒心和归属感。

5.3 植物在地下空间中的景观设计方式

而在地下空间内进行植物景观设计，有很多的局限性以及需要考虑的地方。地下空间不像地面空间那样，有大面积的土壤，而且高度也有限制。通过种种考虑，有以下4种环境绿化的方式。

1）固定种植池绿化

因为在地下空间种植绿化，必须要考虑建筑本身的承重力。还需要考虑是否能解决快速排水的问题，否则植物就很容易烂根。所以固定的绿化池在地下空间中是一种可行的方式。可以种植一些低矮的灌木，或是悬垂、匍匐的绿化。

2）立面垂直绿化

这一方式的绿化，在如今土地越来越珍贵的时代中，会渐渐成为一种潮流。在地下空间中一样适用。垂直绿化不仅占地面积少、见效快、绿化成活率高，而且还能增加空间的艺术效果，使环境更加整洁美观。还可以改善生态环境，使地下空间更富有立体感。

3）移动容器组合式绿化

这一种形式的绿化就在现在的地下空间中最为普遍。就像是我们去实地调研的香港名店街、五番街、芮欧美食街，所能看到的绿色，大部分就是这种类型的绿化。独立的植株，利用不同的高度进行摆放。根据季节的不同进行植物更换，营造季节、节日的氛围。但是缺少让人眼前一亮的吸引力。

4）容易种植的水体绿化

在地下空间中，只要有盆、钵、瓶。都可以用来种植一些比较容易成活的，对光照要求不那么严格的水生植物。增加了植物的多样性，丰富了空间的质感。在一定程度上也能调节地下空间中空气的湿度。

5.4 地下商业街环境的设计对策

从理论回到实际案例当中,对于作为调研对象的3个地下商业街,其中两个是购物娱乐的商业街:香港名店街和五番街;还有一个是专门消费美食的芮欧美食街。就以香港名店街为例,因为它建成的时间比其他两个商业街早,在空气质量方面并不像后者考虑的那样完善,所以以它作为修改案例比较有示范性。并结合试验得出的数据,研究一下几种能够净化地下商业街空气质量之余还能美化环境的方法。① 尽可能多增加一些与外界接触的空间,类似于出入口,或是可能的情况下用玻璃代替水泥墙壁,增加亮度以及阳光照射的范围。毕竟人造光是无法完全代替自然光的。植物的生长也离不开自然光的照射。② 在空间节点上,适当增加植物。像是出入口、转弯处、商业街的衔接点,都可以用植物池的配置方式。根据空间尺度的不同,还可以选择用组合式的绿化。还可以适当与水景相互搭配利用。效果如图2所示。③ 多利用垂直绿化的配置方式。在建筑的承重柱上,用攀缘类的植物,或是利用架子将植物垂直摆放。节省空间,增加美感。丰富景观层次。也可以改变建筑的表层质感,柔化视觉。垂直绿化可以作为空间的隔断,也可以大面积使用。是值得推广的一种植物配置方式。效果如图3所示。④ 增加商业街中的水源。可以种植一些水生植物,增加空间中的湿度,也增加了植物的多样性,丰富了视觉的享受。

图2 植物效果图　　　　　　　　　　　图3 垂直绿化效果图

上述几种植物配置方式中,可以大量运用之前我们通过实验筛选出的几种植物。吊兰、虎尾兰和白掌都是十分适合地下商业街这种湿热的环境的植物种类。对光照要求没有那么严格,还可以吸附空气中的有害物质。在植物配置中,都可以用作基础植物来搭配其他的植物种类。当然这几种对策都可以运用到各个地下商业街中。现在地下商业街的开发越来越普遍,而管理好地下环境尤为重要。地下商业街本身环境质量就相比地上有很大的局限性。管理好地下商业街的环境质量对于地下空间的可持续发展有重要意义。让地下空间不仅仅只是闷热潮湿的空间,让它变得更有归属感、更有亲和力。

6 总结

现今地下商业街的广泛应用已然成为一种趋势。营造一个舒适的空间环境也是重中之重。在这一方面,日本作为先驱有值得我们学习的地方。日本在1957年建造了世界上第一条地下商业街,而日本的虹地下商业街是当时日本国内最长的一条商业街,它兼有商业中心、铁路中枢和游览胜地三大功能。其商业街内道路曲折有致,路心有花圃,店前有树木,交汇处有群雕,拐角必有喷泉,甚至有小桥流水、飞泉瀑布等景致。日本的地下商业街有充足的光源,光线柔和,有充足新鲜的空气,适宜的湿度和温度,没有地面上的车辆、噪声和灰尘,比地面上更舒适。

地下商业街一般都有着交通枢纽、商业中心的功能,对它的规划设计也显示了一个城市的发展。追求绿色健康、舒适和谐的生活环境是现代人的向往。所以改善地下商业街的空气质量、美化环境达到视觉上的享受,都是刻不容缓的。用绿色植物提升地下空间的品质,使其更有吸引力和亲切感。

上海商业广场中的植物配置研究

金茜琳 郁金标

(上海商学院旅游与食品学院,上海201400)

随着商业形态的不断发展,对广场的景观要求也不断提高,植物多样性也趋于丰富,对商业广场植物配置也提出了新的挑战以适应商业形态变化,国内外的商业广场植物配置也逐渐出现了新趋势。如今上海的商业广场在植物配置方面的手法日趋成熟,在提高商业广场景观设计与植物配置方面采取了许多行之有效的具体办法,值得借鉴和参考。但在这其中也有一些不足之处,为了提高本市的植物配置水平,针对上海市的几个主要商业广场进行了随机与典型调查。

1 调查区域概况及调查研究方法

1)调查区域概况

上海气候条件属于亚热带湿润季风气候,四季季相分明。以上海主要的6个商业广场为对象进行调查,广场定位皆为时尚购物广场,如表1所示。

表1 上海6个主要商业广场简介

广 场 名 称	地 理 位 置	周 边 建 筑
来福士广场(Raffles City)	西藏中路268号	紧邻人民广场和南京路步行街,靠近上海市博物馆和上海市政府
梅龙镇广场(Westgate Mall)	南京西路1038号	与中信泰富广场和恒隆广场形成静安"金三角"
中信泰富广场(Citic Square)	南京西路168号	毗邻梅龙镇广场、锦沧文华酒店等五星级豪华酒店
恒隆广场(Plaza 66)	南京西路1266号	与中信泰富广场、梅龙镇广场比邻
久百城市广场	南京西路1618号	南临繁华的南京西路,东与上海机场城市航站楼相连
越洋广场(Reel)	南京西路1600号	与静安公园、南京西路商业街相邻

2)研究方法

乔木及独立成株的灌木、花卉采用每木调查法,单位为"株";分散成片的灌木、花卉、草本等采用面积总和法,单位为"m^2"。根据实地调查,汇总6个广场中的所有植物,计算植株总数与面积;进行植物乔灌比、生态习性、季相变化、频度与配置形式等分析。

2 结果与分析

1)商业广场植物景观多样性分析

据统计,在这6个广场中植物应用种类共43种,其中乔木类10种,占全部的23%;灌木类20种,占全部的47%；藤本类1种，占全部的2%；花卉类8种，占全部的19%；草本类4种，占全部的9%。木本植物共30种，占所有植物的70%。

这些植物共涉及29科41属，其中应用木樨科、木兰科、蔷薇科的植物较多，分别是4种、4种、2种。由此可见木本植物是上海主要商业广场环境绿化的主体，藤本植物与花卉的应用略显单薄。

由表2可以看出，中信泰富广场的植物种类达到29种，为最多，恒隆广场次之（25种），久百城市广场与越洋广场的植物种数相对较低，分别为15种和9种。由此可见，上海主要商业广场的植物种类应用的多样性不足且乔木层植物种类单一，灌木层的植物种类较之丰富，如中信泰富广场的灌木层种数高达17种。

表2　上海主要商业广场的乔灌层种数比较

广 场 名 称	植 物 种 数		
	总　　计	乔　木　层	灌　木　层
来福士广场（Raffles City）	24	3	14
梅龙镇广场（Westgate Mall）	23	2	16
中信泰富广场（Citic Square）	29	3	17
恒隆广场（Plaza 66）	25	5	12
久百城市广场	15	5	4
越洋广场（Reel）	9	3	3
平均值	20.83	3.5	11

2）商业广场植物景观生活型分析

据统计，6个广场共有乔木10种，灌木20种，其中，常绿乔木7种，落叶乔木3种；常绿灌木14种，落叶灌木7种。从图1可看出，乔灌种类比最高的是越洋广场（1.5），其次是久百城市广场（1.25），虽在乔木、灌木配置中种类比较均衡但乔灌种类太少。梅龙镇广场（0.17）与中信泰富广场（0.21）的乔灌木种类比较低，表明这两个广场的灌木种类应用较多而乔木种类相对较少。可见上海主要商业广场采用的灌木种类较为丰富，而乔木种类较少。

在乔灌木数量比方面，梅龙镇广场与中信泰富广场的乔灌比数量约为0.1，可见群落结构设计不太合理。说明灌木的应用在数量上比乔木的应用更具优势，植物群落下层空间丰富。

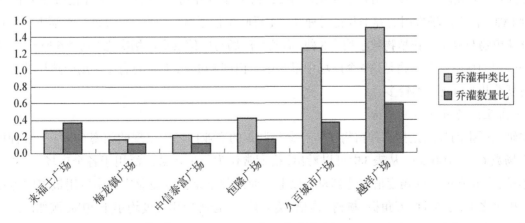

图1　不同广场的乔灌比

在这6个广场中植物种植数超过100株的有梧桐、洒金桃叶珊瑚、紫叶小檗、冬青等。

3）商业广场植物常绿落叶比分析

据统计，如图2所示，来福士广场、久百城市广场等的常落种类比（常绿树种/落叶树种）均大于3，远远高出其他广场。在常落数量比方面，中信泰富广场与越洋广场均大于4，可见这两个广场的常绿树种应用较多，而落叶树种运用较少。相比之下，其余4个广场的常落数量比约为2，可见常绿树种与落叶树种运用较均衡，季相变化明显。越洋广场的落叶灌木层几乎缺失，四季常绿，无季相变化。而中信泰富广场与恒隆广场的常绿树种与落叶树种比约为1.8，说明这两个广场的常绿树种与落叶树种应用较为均衡，前者常落数量比在1.7左右，季相变化明显。而后者常落数量比约为4，显然常绿树种数量远远大于落叶树种。

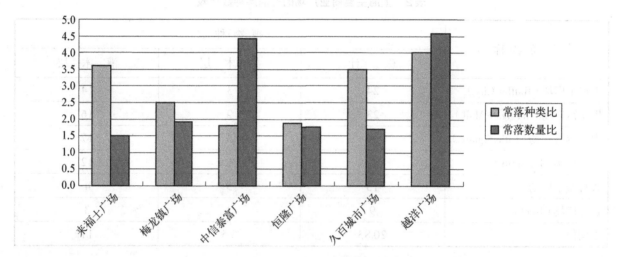

图2 不同广场的常落比

4）商业广场植物生态习性分析

上海适生树种基本要求是喜光耐寒。须耐移植，水平根系发达，具有抗污染与耐污染性。适应中性环境，土壤偏碱性土。具备对常见病虫害的抗性，抗风能力强且管理粗放。

据统计，来福士广场、中信泰富广场、恒隆广场等应用的喜光植物为20种或以上，中信泰富广场甚至高达25种，喜光植物应用最多。偶有广场种植一到两种喜荫凉的植物。可见上海主要商业广场均以种植喜光植物为主。

5）商业广场开花植物分析

在这6个商业广场中共使用春季开花树种22种，夏季开花树种11种，秋季开花树种5种，冬季开花树种1种。恒隆广场应用的春季开花树种高达10种，中信泰富广场次之为9种。来福士广场运用的春季开花植物与夏季开花植物数量均为8种，梅龙镇广场与中信泰富广场次之（均为6种）。此外梅龙镇广场应用的秋季开花植物是这6个广场中最多的。由图3可见，上海的商业广场中选用的春季开花植物与夏季开花植物种类较多。

6）商业广场植物频度分析

本研究所指的频度是指某种植物在所有参与调查的商业广场中出现的频率（$F=（\sum$某种植物出现的广场数$/6$）$\times 100\%$）。从表3中可以看出，梧桐常作为行道树被广泛用于各个广场。小叶黄杨、紫叶小檗、金叶女贞等的频度值也达到80%以上。而沿阶草是如今商业广场中应用最多的地被植物之一。相比之下，孝顺竹、五角枫、桃树、枸杞、美人蕉、金桂等应用频度均小于20%，例如广玉兰在中信泰富广场多采用在入口处孤植，以引导市民进入广场；再如美人蕉、枸杞等花卉，主要是为了与三色

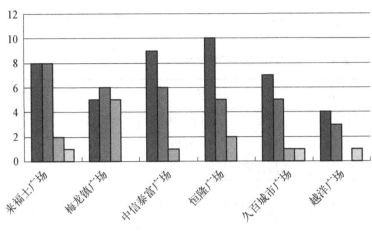

图3　不同广场开花植物数量

堇、月季等混合种植,形成缤纷的色彩变化。

表3　上海商业广场植物应用频度分析

应用频度	乔 木 类	灌 木 类	藤 本 类	花 卉 类	草 本 类
80%<F≤100%	梧桐	小叶黄杨、紫叶小檗、金叶女贞		矮牵牛	沿阶草
60%<F≤80%		苏铁、洒金桃叶珊瑚		非洲菊	麦冬
40%<F≤60%	银杏、香樟	圆柏、迎春、冬青、大叶黄杨		月季、一品红、三色堇、大丽花	
20%<F≤40%	棕榈、紫荆、西府海棠、女贞、加拿利海枣、桂花、垂丝海棠	山茶	常春藤		蕙兰
F≤20%	孝顺竹、五角枫、桃树、桑树、乐昌含笑、金桂、广玉兰	五针松、构骨		美人蕉、枸杞	萱草

由此可见,上海主要商业广场对乡土树种的应用较少,例如香樟的应用频度仅为60%以下,山茶的应用频度为40%以下,不同植物间应用频度差异较大。

7）商业广场植物色彩应用分析

广场中色叶树种主要包括春色叶树种、秋色叶树种和常色叶树种,其中春色叶树种主要有垂丝海棠、桂花、香樟;秋色叶树种主要有银杏及常色叶树种紫叶小檗、金叶女贞、洒金桃叶珊瑚等。

调查表明6个广场中的色叶树种达16种,占所有树种的53.33%,其中春色叶为23.33%,秋色叶为13.33%,常色叶树种占16.67%。以上数据显示广场中色叶树种应用占所有植物的一半以上,但是很多是群落下层的小型灌木,乔木较少,看不到明显的季相变化特征。

8）商业广场植物配置形式与手法分析

（1）商业广场植物配置形式分析。

由表4得出,乔木的配置形式主要作为行道树进行列植,或在各入口处对植起到引导作用,或以孤植、盆栽等形式修剪成型以供人观赏为主。灌木的配置形式主要以列植、丛植、群植等形式为主。

表 4 商业广场乔灌木配置形式

	孤　植	对　植	列　植	丛　植	群　植	盆　栽
乔木	加拿利海枣	香樟	女贞	加拿利海枣	孝顺竹	
		银杏	梧桐	棕榈		
		广玉兰	乐昌含笑			
			香樟			
			银杏			
			桑树			
灌木	苏铁	小叶黄杨	山茶	洒金桃叶珊瑚	洒金桃叶珊瑚	小叶黄杨
	西府海棠	五针松	大叶黄杨	金叶女贞	小叶黄杨	圆柏
			桂花	苏铁	珊瑚树	
			冬青	变叶木	紫叶小檗	
			小叶黄杨	垂丝海棠	金叶女贞	
			金桂	紫荆	大叶黄杨	
			圆柏	桂花	冬青	
			桃树	五角枫	构骨	

（2）商业广场植物配置手法分析。

对这6个商业广场进行调查发现植物配置手法主要有以下几点，在来福士广场次入口处对植苏铁，给人以均衡感，对广场的入口及其周围景物起到了很好的引导作用。广场中一大亮点是攀缘植物的造景形式，将常春藤与一品红混合种植于圆柱形容器中（见图4），解决了在没有养护条件下的地段的绿化和美化问题，但要注意保持种植容器的锁水性和透气性，并加强人工管理。容器种植按照行道树间距布置栽植容器，丰富街道的空间景观。

在一楼星巴克的门口，常春藤又作为覆盖层点缀了变压器，利用设施防护景观绿化保证了市民安全和工作需要。广场中另一大亮点是采用紫荆与矮牵牛混合种植于圆形花盆中，用支杆撑起仿成树冠为圆球形的灌木形态，富有新意（见图5）。

在中信泰富广场，主入口处广玉兰对植，同时采用树池种植乔木的形式来美化环境，树池（见图6）中间散落着碎木片，使生态效益大大增强，弥补了商业街景观的不足。同时在广场转弯处孤植一棵冠幅约为2.5 m的垂丝海棠（见图7），树形经过修剪成圆形，与连翘、紫叶小檗、女贞、小叶黄杨、麦冬等配合在一起种植，配合层次鲜明，颜色由深到浅过渡，视觉效果强烈。仿自然界的群落结构，将乔、灌、草、花卉有机结合，形成复合结构的稳定人工植物群落。

在恒隆广场，花坛的植物种植布局多以曲线形式出现，花池边缘设计很宽，考虑到客流高峰时人们的休息要求。花池的高度一般控制在450 mm左右，尺度应根据街道的长度与宽度合理进行确定。同时在墙面运用了垂直绿化（见图8），采用了人工草皮铺满了整个墙面，另外在草皮上放置了金属质感的三角形模板，在阳光的照射下显得熠熠生辉，烘托了恒隆广场的金碧辉煌之感。为了增加传统商业广场的活力与生气，草坪中还有商人形态的雕塑与呈曲线形的灌木丛混合在一起。与整条街道的风格相协调，折射出现代都市的缩影（见图9）。

图4　容器种植

图5　仿灌木型混合种植

图6　树池

图7　仿自然界群落结构

图8　垂直绿化

图9　灌木丛与雕塑

　　随着生活节奏的加快，许多市民只能在夜间购物或进行娱乐活动。因此将商业活动延续到夜间是商业广场成功的一个重要战略之一。运用各类灯光照明工具创造良好的夜间环境形成富有吸引力的夜间街道景观。同时运用节能技术降低能耗，通过灯饰照明的设计组合，形成疏密有致、主次分明的连续性夜间景观。

3　对策分析

3.1　市民对商业广场植物配置的看法

　　针对来福士广场、梅龙镇广场、中信泰富广场、恒隆广场等6个广场植物配置方面的问题作者进行了一次随机调查，采用问卷形式，调查对象主要面向年轻人，划分为在校学生与上班族，所占比例各一半。

　　（1）问题1：针对上述6个广场对其周围环境最满意的是哪些？

　　由图10可见，选项D恒隆广场最高，占29.17%；选项A来福士广场次之（25%）。由于这两个广场

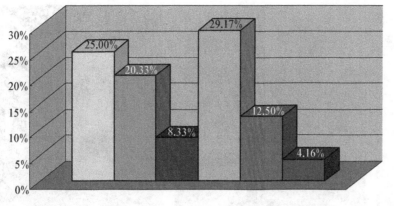

图 10　问题 1 统计结果

主要面对年轻的时尚人群，交通十分便利。选用植物多样性丰富，植物配置合理，成为在校学生与上班族爱去的广场。

（2）问题2：针对6个广场的植物配置方面进行调查。

由图11可见，选项B "较好，植物颜色不是很多且种类较少，但长势良好没有病虫害" 最高，占51.72%。通过统计数据显示对植物配置评价较好占大多数，民众普遍认为植物颜色不丰富但是长势良好没有病虫害，说明对于养护工作的展开较有成效。调查同时作者正好看见梅龙镇广场的养护工人正在进行植物的防冻处理，为冬天的到来做准备，说明对植物养护的重视程度。

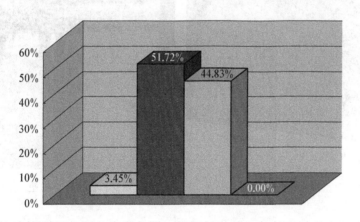

图 11　问题 2 统计结果

（3）问题3：对于如今的商业广场的植物配置手法日趋成熟的今天，还缺乏什么因素？

由图12可见，选项B "植物种类少，相同植物种植太多" 最高，占28.36%，选项A "手法雷同，布置方法类似缺乏新意" 次之（26.87%）。市民普遍认为目前的商业广场在植物应用手法比较单一，彩色叶树种虽然应用较多，但是季相变化不明显。

最后调查了一下当代年轻人对商业广场的期望，希望看到的植物包括兰花、红掌、腊梅等。要求植物造型精致，修剪要富有新意；植物要实用美观，多种植一些可以净化空气的植物来排污染、排二氧化硫等有毒气体；多利用国内本土植物，利用适当的种植方式发挥出本土植物的优势。

3.2　商业广场植物配置手法的不足

上海商业广场植物配置手法的不足存在以下几方面，一是草坪养护不当。二是变压器等设备裸露在外，与背景植物产生违和。三是植物的单一性是诸多广场的共同问题，成片的运用小叶黄杨、紫叶

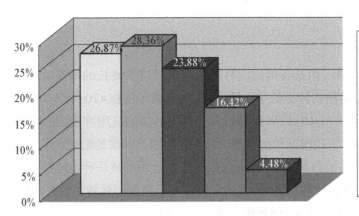

A 手法雷同，布置方法类似，缺乏新意

B 植物种类少，相同植物种植太多

C 植物色彩单一，没有视觉冲击

D 养护不到位，管理方面稍欠缺

E 引进外国物种，使得国内物种长势处于劣势

图12　问题3统计结果

小檗、洒金桃叶珊瑚等植物。四是选用芳香类植物较少。

3.3　商业广场的植物配置建议与讨论

个人认为商业广场主要是给人们提供一个愉快的购物环境和餐饮场所，应充分考虑人们购物休闲的需要，因而在广场的绿化上要根据广场自身的特点来进行植物配置。在植物造景时应根据休息小品设施，体现四季变化的观花、观叶、观果植物。除传统的绿化林荫道外，广场绿化应以灌木为主，使这些绿色与现代建筑形成感官刺激，色彩、动静的对比。此外，多种植时令花卉，既能绿化和美化广场，又能净化空气。

1）植物景观要科学性与艺术性高度统一

植物景观是科学性与艺术性的高度统一，既要考虑植物的生态学特性、观赏特性，又要考虑季相和色彩、对比和统一、韵律和节奏以及意境表现等问题。园林植物造景，一方面是各种植物相互之间的配置，考虑植物种类的选择、树群的组合、平面和里面的构图、色彩、季相以及意境，另一方面是园林植物与其他园林要素相互配置。其功能主要表现为美化、改善和保护环境等功能。例如行道树以美化和遮阴为主要目的，配置上应考虑其美化和遮阴效果；商业广场的功能是分散人流，在植物配置上应考虑其组织空间的分割与促进消费的效果。

2）根据植物生长习性合理配置

在植物景观中，多种植物生长在同一环境中，种间竞争普遍存在，必须处理好种间关系，因地制宜，植物在生长发育过程中，对温度、光照、水分、空气等环境因子有着不同的要求。比如苏铁在上海露地栽植时，在冬季应采取稻草包扎等保暖措施，以防止低温而冻坏。

3）植物配置要美观且实用

植物配置应美观且实用，并近期与远期相结合，预先考虑园林植物尤其是季节、气候的变化，并注意不同配置形式之间的过渡、植物之间的合理密度等。另外多种植一些对污染气体、有毒气体等有抗性的植物，可以净化空气，有防尘、防风、降低噪声等功能。

4）注重物种与造景形式多样性

生态园林的意义就是物种多样性和造景形式的多样性，形成稳定的植物群落。多采用色叶树种，随着季相变化市民可以在不同季节看到不同的景致。从造景形式多样性的角度，除了一般的植物造景外，垂直绿化、屋顶花园等多种造景形式都应该被重视。

5）植物配置注重地方特色

最后植物配置应当注重地方特色，多选用本土植物，不但可以节约成本，而且本土植物最能适应当地环境，形成地方特色，一味地采用外国物种有时只会背道而驰。

4 上海商业广场植物配置的展望

我国虽有着"世界园林之母"的称号，但是我国的园林植物造景经过了漫长的停滞阶段，与发达国家形成了明显的差距。主要原因一是植物种类的单一性，我国现有高等植物470科，3 700余属，约3万余种，为全世界近20万种高等植物的1/10，位居世界第三。但就目前的应用来说，植物种类太少且单一。对于种植资源的开发力度不够是我国园林植物贫乏的主要原因。其次是园艺水平较低，尤其是草坪和花卉始终缺乏新品种。最后是植物景观单调，在植物配置中运用的植物种类略显单薄，不能构建出丰富稳定的植物群落。植物造景设计理念欠缺，某些广场借鉴了西方园林的种植大片草坪的技术，实际在我国是不适合的，要符合大众的口味，做到雅俗共赏。所以在植物景观的营造方面要充分吸收融合中外园林的造景手法，既要借鉴古典园林中的人与自然和谐相处的手法又要借鉴西方园林营造大面积草坪的手法，形成一种简洁现代的风格。

对于现今的城市景观设计，在环境绿化问题上，大多数的景观设计往往侧重于以构筑物为主的硬质景观，而忽视了绿地林荫一类的软质景观。个人认为可以多采用缓坡的方式，将平面转换为立体，从而强调了景观的立体化。为使土地利用率达到最大化，尽可能提供更多的活动场所，可以变平地为起伏地、设置多层活动平台等立体化环境。在同一块地上，采用乔、灌、草共同种植的种植布局。景观立体化是现代及未来景观规划设计的总体发展趋势。在景观规划设计中考虑植物季相变化，促进生态系统发展等，保留和利用现有构筑物，使城市景观设计能够设计出体现人文思想、人性化、本土特色的规划设计。

绿地植物配置减噪效应的探讨
——以陆家嘴中心绿地为例

陆春芳　张建华

（上海商学院旅游与生态学院，上海201400）

摘要：随着社会的发展，商业空间噪声污染问题日渐突出，在交通噪声严重的区域建设城市化绿化越来越普遍，但商业区的生态绿化往往被人忽视。商业区的噪声污染问题与日俱增，在生态和景观上，中心绿地的适宜的植物配置是城市商业空间生态环境改善的有效措施，对于改善声环境质量、创造和谐景观具有显著的效果，然而中心绿地对于商业广场声环境的改善的研究还十分广阔。

本文针对陆家嘴中心绿地进行噪声测量，研究不同距离、不同高度以及植物群落对减噪的效果，对比观察它对于降低噪声的效果是否显著，不同高度、距离中心绿地的空间减噪效果是否都相同，从而分析最适合中心绿地的植物搭配方式并提出：① 配置合理绿化结构；② 通过增加垂直绿化来丰富商业空间绿化景观；③ 搭配不同种类的植物丰富绿化，如降噪效果明显的大叶植物；④ 融入艺术性与文化性的元素使整体配置更美观。此外，通过对比中心绿地与无茂密植被包围的国金中心，证明绿地对于噪声衰减的重要性；为有效减缓商业空间中的噪声污染，增强声屏障的建设是最实际的措施之一。

关键词：噪声污染；生态绿化；绿地减噪；植物配置

1 绪论

随着经济的发展，城市商业空间的建设规模也越来越大，而商业区往往位于城市中心，并且作为城市生产和发展的促进因素,一直都是城市中最活跃的地段,也是城市中休闲活动聚集区域。集办公、美食、购物、娱乐、旅游于一身的商业空间中充斥着滚滚人流与川流不息的车辆,这不仅加重了交通堵塞,也严重影响了商业空间的环境质量,特别是在声环境中,嘈杂的汽车笛鸣声不绝于耳。因此,商业空间道路交通的噪声污染也成为目前城市中一个突出的问题。削减交通噪声污染的途径主要有两大类,一类是从源头削减交通噪声的产生,如改善机动车性能,减少发动机噪声及排气噪声的产生量,道路采用沥青路面等;第二类是在噪声传播途径上削减或吸收噪声,如设置声屏障、种植绿化带等。从经济与生态角度出发,城市绿地是缓解道路交通噪声污染、提高城市环境质量的重要措施之一。

国外对于绿化降噪的研究从20世纪30年代开始,国内的相关研究要稍迟于国外,是从20世纪70年代末开始的。到目前为止,国内外对植物降噪的研究主要是讲植物隔声的原理以及声音衰减的频谱特征,很少有提到绿地在商业空间中降噪的现实意义及其发展之路。早在1963年,Empleton的研究就表明林带具有降低噪声的功能。植物降噪主要是由于叶振动消耗长波声能、同时对短波声能产生衍射的结果。不同形态植物的降噪能力差异很大。植物群落的降噪效果差异更大,不仅和组成植物形态有关,更是复杂的群落内部结构(如层次、高度、冠幅等)影响的结果。以往同类研究主要侧重绿地外部长度、宽度、高度以及相对于声源的位置对降噪效果的影响,且涉及绿地一般由单一植物组成,很少涉及绿地群落内部层次结构及多种类配置的影响。2006年郑思俊在《城市绿地群落降噪效应研究》中对比了不同植物类型的隔声效果并分析了其影响因子,发现在长势相同、密度相似的条件下,阔叶树种的隔声效果优于针叶树种。研究分析植物反射和吸收声波的原理是当声波经过植物时,使枝和叶产生阻尼振动,最终转化为其固有振动频率,导致噪声衰减。此外,还提出地形的起伏也是有明显的降噪效果的;1973年Aylor认为,植物对噪声衰减是由于植物茎、分枝和叶的散射作用引起的。但是散射作用不能很好地解释特定频率下的噪声衰减峰值现象,而袁玲则在2008年10月通过不同季节下对生长茂盛期和落叶期关于其内部构造特征及外部形态的不同对植物降噪衰减频谱特性的影响进行了研究,其结果显示植物内部结构与不同频率段的噪声衰减量有关,低于500 Hz频段的噪声衰减量取决于叶片结构与数量;500~2 000 Hz噪声衰减量取决于叶片结构与数量;2 Hz以上频段则取决于树的高度和树冠顶端叶片结构和数量。关于绿化对交通噪声的缓解问题,公路绿化已相当普遍,1972年Aylor、1981年Krag、2007年杜振宇对绿化林带内噪声的传播规律和不同植被降噪效果在国内外都有了一些相关研究报道。2009年郭小平在《绿化林带对交通噪声的衰减效果》中对路侧林带降低实时交通噪声的效果进行定位测量,并将交通噪声人工编辑为不同频率的噪声,在远离交通噪声的林带中进行模拟试验,测定林带对不同频率噪声的衰减效果。结果表明:林带对交通噪声衰减有一定作用,其作用随能见度增大而降低;林带降噪效果随林带宽度增大而增大等。

国内外的研究多从不同类型绿地降噪量着手,几乎没有研究对比同一商业空间有绿地区域及无绿地区域的噪声影响情况。而国外则偏向于植物和绿地对噪声吸收和阻挡效果的机理研究。因此,在交通噪声严重的区域建设城市化绿化越来越普遍、但商业区的生态绿化往往被人忽视的今天,研究中心绿地对于商业广场声环境的改善就具有一定的积极意义。

2 材料与方法

1)材料

陆家嘴街道位于上海市浦东新区的西北部,东起浦东南路、泰东路,南沿陆家渡路,西部和北部紧靠黄浦江,占地28 km²,与浦西外滩隔江相望,是上海经济、商务办公等活动最为活跃的地区之一。陆家嘴金融贸易区位于中心区域,占地1.7 km²,汇集大批金融机构、外资银行、要素市场、跨国公司的总部以及地区总部。随着陆家嘴经济投资环境的提升,此处成为了一个为提供集休闲娱乐、调节身心、商务洽谈于一身的理想商业空间。

2）方法

实验仪器：测定仪器选用HS6298B噪声频谱分析仪，仪器量程为35~130 dB（A），测量中每个测点连续测定10 s采样，取平均值。

图1　螺旋形分布测点

实验方法：运用等高线法，在商业空间各个时间段测定距离地面不同高度的噪声，根据距离中心绿地不同地点进行测量，画出纵向变化曲线进行比对。在道路空地，将机动车声源固定在人行道边（见图1）。

（1）在中心绿地内设置测定样线，在距离声源1 m处，高度0.6 m处设第一个测点，使用两台仪器置于等高处（0.6 m）同时测量，并重复3次取平均值。再分别测量距离声源1 m处，高度为0.6，1.2，1.8 m的数据；第二测点设置距离声源10 m处，分别测量不同高度的数据，第一台仪器位置不变，同时测量第一个测点和第二个测点的数据，根据第一个测点数据的变化进行记录。依次测得距离声源不同距离处的数据。

（2）在绿地外围道路边同样方法测得不同测点的数据。

（3）国金中心（无绿地区域）道路边的噪声数据。

（4）测量时间段：9∶00 a.m.　　依据：上班高峰期，人流、车行量大

　　　　　　　　　12∶00 p.m.　　依据：午饭时间段，步行人流量大

　　　　　　　　　15∶00 p.m.　　依据：上班时间段，人流量减少

3　结果与分析

3.1　中心绿地降噪效果

1）中心绿地内部与外部的噪声对比

通过实验测量数据（见表1）发现，中心绿地对于陆家嘴周边商业空间的降噪效果有显著效果，且中心绿地内部与外部的噪声分贝数差异较大。以中心向四周发散型为射线进行分析可以看出，中心绿地外围靠近马路的测点分贝数在人流高峰期平均值达到82.7 dB，噪声衰减值在5~6 dB；而随着测点靠近绿地内部，噪声值呈下降趋势，可使噪声减少20~25 dB，比外围测点衰减幅度大10~15 dB。空旷地和植物群落对噪声的衰减是有差异的，同样在距离地面0.6 m的高度，绿地外部U点的分贝数达到81.8 dB，而辐射半径仅差0.5 m的绿地边缘M点比U点衰减噪声21 dB，由此证明城市绿地中的地被和灌木在降低噪声的生态效应上明显高于裸地。

表1　绿地各测点的噪声分贝数

测定位置	U	P	R	I	X	测定位置	Y	F	R	K	V
噪声/dB	83	58.6	64	60	82.8	噪声/dB	82.8	58.8	64	60	83.1
测定位置	V	K	R	D	A	测定位置	W	L	R	D	A
噪声/dB	83.1	60	64	57.1	66.8	噪声/dB	82	62.5	64	57.1	66.8

2）不同高度、不同距离的噪声分贝数的比较

在流动混合噪声源作用下，垂直方向不同高度的分贝在近地面0.6 m处为最低值，随着高度的上升，分贝逐步上升，在绿地内部距地面1.8 m处达到最高值；而在绿地外围近地1.2 m处的分贝数与1.8 m相差不到1 dB，说明靠近马路的区域噪声大部分来自来往的车辆，在距离1.2 m高程范围内可直接接收到汽车鸣笛声，1.8 m的范围由于高程相对较高，一些直达的噪声源被行道树的叶片遮挡住，噪声减弱，与1.2 m高程所接受到的分贝数基本持平。而绿地内部区域的噪声相对减弱明显，由于中心绿地有大面积的草坪与地被植物，近地0.6 m处噪声最低且在同一辐射线上较马路区域的测点低15~20 dB，越是稀疏的植物所接收的分贝越大；绿地中1.8 m的高程范围没有茂密的枝叶阻挡、吸收噪声，因此是测定高度中分贝最高值的范围。

噪声的传播能量随着传播距离的增加而减少，噪声和传播的距离是与通过的障碍物有关的，在距声源不同范围内噪声随距离的增加而衰减。从螺旋形数据中可以看出噪声较低的分贝范围分布在内圈半径小的区域，随着半径的增大，分贝也随之上升。同一射线、同一高度上的测点X和测点I分别距离马路噪声源1，20 m处同时进行测量，I点噪声明显降低近38%；对于同处于绿地边缘的A点与B点仅相差10 m的距离也存在噪声的差异，差值约在2~8 dB间，A，B两点位于绿地入口处，植物以樱花、紫薇、扶芳藤为主，在测量阶段不属于花期且叶片有明显掉落情况，所以该测点都处于植被稀疏范围，所得出的数据有力地证明了噪声的传播是随着距离的变大而减弱的，距离噪声源越远，噪声越低。另外绿地外围植物以桂花、银杏为主，冬季雌株叶片脱落，枝条干秃，影响了外围测点对降低噪声的效果。

如图1所示，6条射线在R点重合，测点分布在射线上，把他们拼接成4条直线，测点与测点之间距离不尽相同，从图2的噪声变化情况来看，4条直线变化情况差不多，直线①的变化起伏最大，其次是直线②，其他2条直线相对较缓。噪声起伏最大的直线上的测点距离等长、分布均匀，相同长度的直线上测点与测点之间的距离变长，噪声变化起伏也随之变大；而起伏较平缓的测点距离分布不均，靠近外围的两个测点距离较短，因此曲线中段的起伏趋于平坦。由此可见，距离的分布也是影响噪声起伏的重要因素。

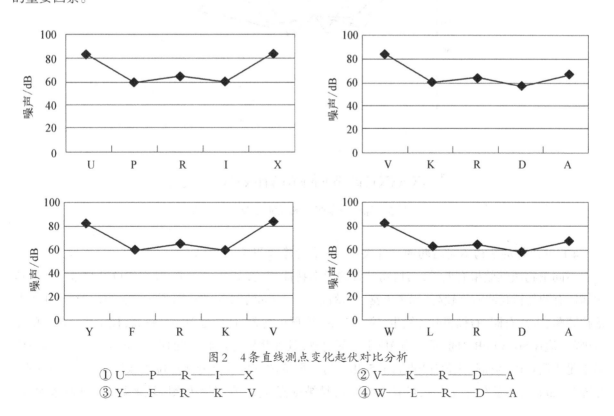

图2　4条直线测点变化起伏对比分析

①U—P—R—I—X　　　　　　②V—K—R—D—A
③Y—F—R—K—V　　　　　　④W—L—R—D—A

3）不同区位不同植物群落对降噪的影响不同

空旷地和植物群落对噪声的衰减是有差异的，且植物配置形式不同也有衰减差异。从螺旋分布测点的噪声起伏分析中发现曲线图走势都成"W"形，然而每条辐射形上的植物群落不同，"W"形的波动也不同，由此可得出以下结论：

（1）噪声值>80 dB（A）：U点、V点、X点、W点都是绿地外围的点，靠近车道的空旷地植物稀疏，人行道每隔10 m一棵行道树，香樟高约4~5 m，无法吸收反弹来往车辆的噪声，因此分贝数值偏高。

（2）噪声值在60~70 dB（A）：R点湖边区域的植物配置为柳树，植被层次薄弱，但其位于绿地中心，噪声值不会太高，而对比周边配置测点相对分贝突出；A点的植被较为丰富，乔木有紫薇、樱花、香樟以及地被植物扶芳藤，由于测点位于出口处，离声源较近，丰富的植物层次有效阻挡了直接噪声。

（3）噪声值≤ 60 dB（A）：分贝数最低的测点D靠近绿地中心且低矮植物较多，地被有红花酢浆草、麦冬，灌木有小叶黄杨、鸡爪槭，乔木以浓密雪松为背景，有明显隔断声源的效果；测点F与P数值接近，从距离上看离声源的远近相差不多，植被量也接近，两侧点的地被和乔木分别都以扶芳藤、银杏为主，F点配以桂花，P点配置石榴，桂花以群植的形式使植物层次更紧实，因而降噪效果略胜于P点。

从不同植物群落的噪声值对比可知，辐射线上的植物配置、植物层次不同对噪声起伏的变化有影响，从图3中可看出，直线①最陡，因为从此直线上各测点的植物配置来看，U点位于外围，是噪声值最高的点，P点植物种类多样，乔灌木结合，大量吸收噪声，在低声值范围，而直线另一端点A测点任处于绿地范围，因此噪声值比起外围点低约10 dB。由此可见，植物群落越丰富，反弹和吸收噪声的能力越强，降噪效果越好。

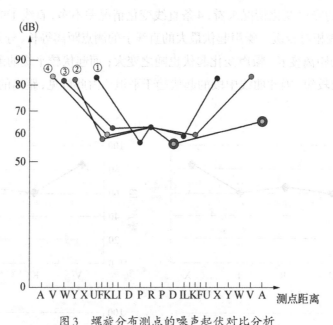

图3 螺旋分布测点的噪声起伏对比分析

4）同种复层结构不同植物的叶片大小、绿量对降噪影响的对比

不同植物减噪效果有差异，与植物配置的形态特征相关，如叶片大小、叶面积以及绿量。在绿地边缘区有两处植物浓密度较高、绿量丰富、群落高度约2.5 m的测点，如图4所示，测点O，P两点相隔群落扶芳藤、大片石榴，石榴树叶片簇生，宽1~2 cm，因群植配置，使此处封闭度较高，位于群落内侧的测点P噪声值在56~59 dB之间，而测点O位于群落内侧，其外侧植物是4 m高的银杏、散植的桂花，绿量明显不足于测点P，因而噪声值比P点高了5 dB。另一群落浓密度较高的测点位于绿地南入口S、T两点，相隔2.5 m的高大灌木法国冬青，叶长7~13 cm，植被浓密度高，在绿地边缘区域来看绿量相对较大，法

国冬青内侧点T噪声值在59~62 dB,外侧S点约60~66 dB,S点外侧便是绿地围栏,植被仅有桂花和麦冬围合,噪声衰减量非常低。

再对比P点和T点数据,发现前者的噪声要较低于后者,除了地理位置的关系外,也与植物配置的形式有关,植物种类多样、层次丰富的点能有效阻挡声音的传播,隔声效果强。综合绿地外围植物配置发现存在不合理之处,围合植物绿量少、植被封闭度不高,噪声值与声源噪声相差不大,而绿地中绿量、叶片面积大的测点噪声值相对声源差异大。绿地中的植物对声波具有吸收作用,植物本身是一种多孔材料,茂密的枝叶可以减少声波的能量,使噪声减弱,

图4　植物浓密度较高的测点位置

尤其是当形成郁闭的绿带时,则可以使噪声产生有效的衰减。因此,在设计降噪植物配置时,应先优先考虑使用叶面积大、浓密的树种。

3.2　中心绿地与国金中心绿量不同对降噪效果的比较

在同一商业区内,位于陆家嘴中心绿地西南方向的国金中心与绿地仅隔一条马路,它是汇集了购物、美食、休闲的商业空间,其噪声源主要来自交通噪声和人群活动噪声。通过测量国金中心下午15:00外围人行区的噪声,对比同一时间段中心绿地的数据,发现国金中心人行区的噪声高于绿地外围人行区4%~13%,而相比绿地中心的噪声明显更高,约为15%~26%。从噪声值的差异证明中心绿地在周边商业空间中的降噪效果还是很明显的。

同样是人、车流量大的商业空间,中心绿地与国金中心噪声的不同主要决定因素还是在于绿量。中心绿地占地面积大且植物种类丰富,乔灌木与地被的结合在竖向与横向上的降噪效果都比国金中心要好,国金中心的植物配置多为观赏而设计,缺少了生态性,人工修建的形态、低矮的花坛更着重于图案化的配置,从缓解噪声环境质量上来说,效果远不如中心绿地。因此,中心绿地在这个空间中的存在是至关重要的,陆家嘴金融中心充斥着商业化的快速节奏,嘈杂的环境质量需要这样一个"绿肺"来提升环境,提供一个使人舒适、平静的良好环境。

4　大型商务聚集空间减噪策略

通过数据分析从已得出的结论发现中心绿地对于降噪是有效果的,但整体绿地的降噪效应不平均,甚至同处于绿地外围的不同测点降噪效果也不同,说明中心绿地声屏障薄弱,还存在不足之处。在进行商业空间绿地的植物配置与设计时应考虑自然与人工声屏障的结合。

绿地的隔声效果主要是因为植物枝繁叶茂的树冠部分反射和吸收噪声,使其有效隔离噪声的传播。单纯由高大乔木组成的群落,在树冠以下缺少叶片的遮挡而使噪声直接穿透进来,隔声效果自然较差;同样,单纯由灌木、绿篱和地被植物配置的群落在高于群落的部分缺少叶片遮挡,降噪效果也不好。因此,为打造一个减噪效应强的绿地空间,绿化配置结构应采用乔灌木、地被等层次丰富的结构,使群落的封闭度提升,特别是在外围距离声源越近,越需要配置复层结构的植物,然而也不能完全遮住绿地内的视线,使植物纵向的每个层次都有茂密的枝叶。绿地外的道路两侧是直接与声源相接触的区域,此处建立合理的绿化带,种植枝繁叶茂、抗性强、叶片厚、生长健硕的绿篱,可以有效降低噪声对环境的污染。

绿地除了能够降低噪声污染，还能提高整个空间的品质，由绿树鲜花所构建的优美景观，给人们创造了一个放松、自然的休闲空间。在听觉上，良好的植物配置有效地降低了嘈杂的噪声带来的干扰；在视觉上打造出观赏性的空间，风景优美的绿地能使人心理上感受到安静，也能从心理上增强了对环境噪声的容忍度。在这个发展越来越快速的社会中，我们在钢筋混凝土的现代建筑里办公、生活，当疲惫的身心置身于美景中，人们常常会被自然景色所吸引，欣赏鲜花和绿草、感受微风吹过叶片发出的互动声、聆听树上婉转的鸟鸣，在鸟语花香的环境中会忽略周边的嘈杂。在测量噪声时，树上的小鸟时不时会鸣叫，使分贝数略有上升，然而身处绿地中会觉得鸟鸣声更显得此处的幽静，"蝉噪林愈静，鸟鸣山更幽"形容的大概就是这样的环境吧。

景观中的植物配置好坏直接影响了空间的质量，成功的植物配置创造优美的景观效果，使生态、经济、社会三者效益并举。商业景观绿地的植物配置在于优美自然的风景以及宁静的氛围，而这些都是靠植物的形态、叶片大小、绿量、季相变化等因素来决定的，层次丰富的群落能有效提高空间质量，无论是噪声还是空气污染都能被植物有效吸收。

此外，类似国金中心的商业空间不同于中心绿地不适合种植大量的乔灌木，在人行道和商业广场空间，怎样利用有限的空间打造生态的商业场所是值得我们思考的。如今垂直绿化的运用越来越广泛，有立交桥、高架桥及山石护坡绿化。面对城市商业空间寸土寸金的局面，导致绿化面积不达标，造成空气质量不理想，城市噪声无法隔离的难题，发展立体绿化将是绿化行业发展的大趋势。城市立体绿化是城市绿化的重要形式之一，是改善城市生态环境，丰富城市绿化景观重要而有效的方式。发展立体绿化，能丰富城区园林绿化的空间结构层次和城市立体景观艺术效果，有助于进一步增加城市绿量，减少热岛效应，吸尘、减少噪声和有害气体，营造和改善城区生态环境。对于国金中心附近的商业空间来说，墙面绿化和屋顶绿化是垂直绿化中占地面积最小却能使绿化面积最大的一种形式。而它又可以实现自然景观与人文景观的和谐融合，形成具有艺术审美特色的场景。因此，商业经营模式需要景观体现，也需要生态环保；同时景观的低碳也降低了商业经营模式的成本，促进其可持续发展。商业空间立体植物的塑造可达到商业空间人文化、生态化、休闲化的目的。

帕特里克·布兰克（Patrick Blanc）是著名的法国植物学家，他用绿色植物覆盖了8层楼高的英国伦敦雅典娜酒店，使其成为了一座壮观的空中花园。大胆的创意与设计使这座空中花园闻名世界，其加工手法也值得我们借鉴。这座绿色公园由1.2万棵绿色植物组成，宛如一座脱离了引力限制的空中森林。布兰克在建筑表面的围墙上铺设了一层铝制框架架构起固定作用，然后在铝层上又加上了一层塑料，最后在塑料表面铺上了合成纤维毛毯以便植物能够扎根。同时，嵌于建筑表面的灌溉系统也能够为植物提供溶液肥料以及水分以供其生长。

刘光立在研究"垂直绿化及其生态效益研究"时曾提出不同生态环境条件下和对植物不同的生态功能性要求的垂直绿化应选择的植物：在道路、工厂等污染较严重的地区配置垂直绿化，最合适的植物是油麻藤，其次可选择木香；生产精密仪器的现代企业绿地，垂直绿化植物以木香为首选，可结合大面积的爬山虎墙面绿化，因此，商业空间中垂直绿化最适宜选用的植物应是木香与油麻藤，一般垂直绿化植物资源有100种，为打造艺术性的景观，可加入紫藤、牵牛花、爬藤蔷薇等进行设计，而靠近地面的阴影不适合亚洲荨麻的生长，高度上升后可选择常生长在悬崖边抗风吹的植物。

植物是园林景观的重要组成要素之一，是园林里最有变化的景观，凭借它们构成的园景随着季节和年份的推移而有多样性的变化。就是在这些变化中，植物赋予了园林丰富的文化内涵。园林植物配置不仅要具有科学性，而且要讲究艺术性。随着社会的不断发展，文化的地位愈见举足轻重，人们对环境的生活品质的要求也在不断提高。在园林景观设计中，合理的利用植物文化性能够体现整体环境的文化氛围。

陆家嘴金融贸易区是开发、开放浦东后,在上海浦东设立的中国唯一以"金融贸易"命名的国家级开发区,它的发展象征着上海的成长与进步。白玉兰花大而洁白,开放时朵朵向上。选择白玉兰为上海市市花,象征着一种开路先锋、奋发向上的精神。因此在植物配置与设计其文化时,可以考虑选用图案化的形式,用象征性的植物、雕塑配置出商业区大气、活泼、休闲的氛围。结合中心绿地状似浦东新区版图的水体,用低矮的灌木、地被植物、草本花卉、草坪,通过季相变化打造简洁、自然的中心绿地。

浅析购物中心内不同空间类型植物景观配置
——以上海港汇广场为例

周瑞麒　张建华

(上海商学院旅游与食品学院,中国上海 201400)

随着人们生活水平的不断提高,满足人们不同类别需求的各种类型商业空间孕育而生。现代的商业中心已经不单单是买与卖的场所,而是集中了购物、休闲、餐饮与娱乐等活动的综合性商业空间。在这样一个相对封闭、密集的空间里,室内植物作为钢筋水泥的调和物渐渐出现,它不仅丰富了景观的种类,也为室内的商业景观增添了一份生态效应。

关于商业空间的植物景观设计问题的研究相对较多。随着人们对于景观的需求越来越高,也就越发重视商业空间的植物景观打造。在国外,商业空间内部的植物景观已经可以为空间功能服务,相应出现了绿色中庭、绿色儿童休息区、绿色用餐区等。但对于商业空间内部不同功能的附属空间的植物景观配置的研究还处于起步阶段。目前也有学者对于商业空间的植物景观配置进行研究。2000年,陈昕,金荪敏在室内景观植物应用的现状及发展对策中针对南京、上海、苏州、无锡等地的商业空间景观植物应用提出建议,指出室内景观植物应用中存在的问题:品种重复、规格不齐、配置缺乏科学性及艺术性、生态意识不强等。2011年,刘志高,邵伟丽,张秀芬在上海市商业空间室内植物景观分析中,对上海的18处商业空间进行调查分析,最后给出建议应增加室内植物种类、丰富栽培观赏形式、打造室内植物特色景观。但是对于商业空间内部的附属功能空间的植物景观配置的研究相对较少。故本研究试图通过研究目前购物中心的空间类型以及不同空间类型的特点,来找到各个合适的植物景观配置。同时通过简单的二氧化碳、PM2.5和负离子的含量检测,来了解不同空间内所含有的三类对于空间空气质量具有影响的气体的含量,从而挑选出适宜的具有空气净化效果并且也能够适应该环境生长的室内景观植物。通过这些经过筛选的植物进行植物景观的设计,来营造一个更健康、更生态的商业空间,使人们可以在购物的过程中感受到绿色和生态就在身边。并以商业空间内部空间为研究对象,尝试以不同空间类型特征来配置植物景观,打造一个更生态化的商业购物中心。

1　材料与方法

方法:研究对象为上海市徐汇区港汇广场内部的3个不同类型的空间,分别是开敞性空间——商场中庭、过渡性空间——商场入口处、融合性空间——商场上下楼梯口。在这3处空间设置3个监测点,来检测空间内部的二氧化碳、PM2.5的含量。同时要保持当天的购物中心内部的人流量疏密程度保持一致。并以GB/T 18883—2002空气质量标准和GB 2095—2012环境空气质量标准中对于二氧化碳（CO_2）以及粒径小于2.5 μm颗粒物（PM2.5）的等级评价标准为评价依据（见表1）；而空气中负离子含量由于没有具体的国家标准所以在实验分析中只做了数据对比。

表1　环境空气质量评价标准表

序　号	检验物项目	平均时间	浓度限值		单　位	评价标准
			一级	二级		
1	二氧化碳（CO_2）	24小时平均	1 000	1 500	ppm	GB/T 18204.24
2	粒径小于2.5 μm颗粒物（PM2.5）	24小时平均	35	75	μm/m³	HJ618
3	负离子	24小时平均	/	/	lons/cm³	/

器材：二氧化碳监测仪（ZG106A-M）、AIC系列空气离子测定器、PM2.5采样器。

2　实验结果与分析

1）不同空间二氧化碳含量均值比较

如图1所示，不同空间之间二氧化碳的数值含量不同。商场入口中庭的二氧化碳均值为805 ppm，商场入口处的二氧化碳均值为646 ppm，上下楼梯口的均值为842.5 ppm。其中商场内部的上下楼梯口的二氧化碳含量最高，比商场中庭处二氧化碳含量高出4.45%，比商场上入口处高出30.42%。这3项数值所显示的平均值可以在一定程度上代表了整个购物中心的二氧化碳含量的综合情况，与标准表内相比，整体情况是属于低于一级指标的，说明整体的空间二氧化碳含量水平比较低。在对比中，上下楼梯口作为一处共享空间，上下两层间的空间体积相对中庭而言较小，且对比入口处而言空气流动量较低，所以在此处的二氧化碳的含量是比较高的。商场中庭是整个购物中心中空间最大的，具有一定的空气流动能力，同时这里的植物景观可容性也是最大的，这也影响其二氧化碳含量较低。商场入口处作为连接商场内部与外部的空间，具有最大的空气流动能力，同时也具有最大的人流量，空气流动帮助二氧化碳的含量有所降低。所以通过比较可以发现在相同人流量情况下，不同空间的二氧化碳值是上下楼梯口这样的共享空间最高，商场中庭其次，商场入口处最低。可以通过这些数据，有针对性地设计植物景观。

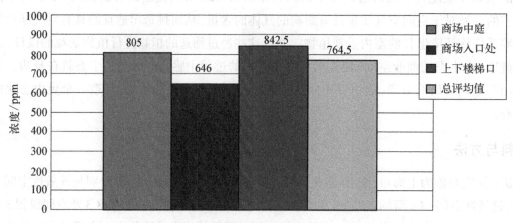

图1　相同人流量不同空间二氧化碳均值比较

2）不同空间PM2.5含量的均值比较

如图2所示，在不同空间之间，同样人流量的情况下PM2.5的含量不同。商场中庭的PM2.5的含量为49.5 μm/m³，商场入口处的PM2.5的含量为35 μm/m³，商场上下楼梯口的PM2.5含量为43.2 μm/m³。其中商场中庭的PM2.5含量最高，比商场入口处的PM2.5含量高出41.43%，比商场上下楼梯口的PM2.5含量高出10%。这3项数值所显示的平均值可以在一定程度上代表了整个商场的PM2.5的含量综合情况，与标准表内相比，总体的均值情况在一级与二级之间，鉴于在测量期间上海是长期雾霾情况，PM2.5的含量比较高，形成了空气污染，也影响到了室内的PM2.5的含量。在对比中，商场中庭的PM2.5的含量是最高的，鉴于商场中庭的人群长期停留量比较高，整个空间的体积较大所以PM2.5的含量最高。商场内的上下楼梯口与连接商场内外部的商场入口处因为具有一定的空气流动性，所以其PM2.5的含量也会较低。通过数据的分析可以发现，在购物中心中开敞空间的PM2.5的含量是最高的，其次是共享空间，再次是过渡空间。

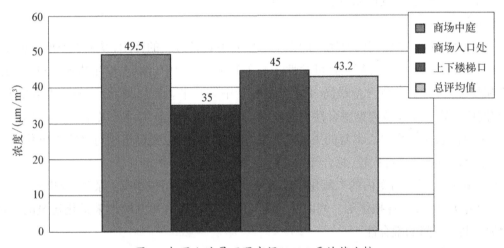

图2　相同人流量不同空间PM2.5平均值比较

3　购物中心不同空间植物配置要点

3.1　植物种类的选择

在商业空间内部主要分为3类空间，也就是上述实验中的开敞空间、过渡空间和共享空间。在植物选择上也应该从3类空间的特质出发。

1）开敞空间

整个商业购物中心之中，开敞空间是购物中心中面积最大的空间。当然开敞程度与建筑本身有关，取决于平面与侧面之间的关系。决定空间开敞程度的也就是周边的环境、功能的需求、购物中心的定位、人流的定位。因为开敞空间的外向性，空间本身的私密性和限定性较低，所以能承载的人流量较大。在购物中心中的开敞空间大多为中庭和购物中心的休憩场所。在商业空间的二氧化碳和PM2.5含量测试中，二氧化碳含量较其他两类空间少，PM2.5含量则为最多，同时因为空间整体是在室内而言，开敞也是相对于其他两类空间，整体处于一个缺少光照和水分等植物生长中不可或缺的元素，所以在植物选择上优先选择具有净化和拂尘功能的室内景观植物，组成一个生态性和环保性的植物景观。

具有拂尘性和转化性的植物可以吸附空气中的悬浮物和灰尘，从而也可以改善整个中庭内部PM2.5含量过高的问题，常用的此类型植物有：兰花、桂花、腊梅、花叶芋、棕榈、铁树、芦荟、菊花等。

2）过渡空间

就购物中心而言，其过渡空间一般是指室内空间与室外空间两者的过渡空间。这样的过渡空间的设计及尺度往往由建筑设计者来定义。因为连接了建筑的内部与外部，所以决定了整个过渡空间是商业空间中人群流动、空气流动规模最大的空间场所。整个过渡空间的设计上应该以引导和疏导性为主，不能设置过多的平面布置的景观，而应该明确地突出空间内的过渡走道。在上述实验中，过渡空间的PM2.5和二氧化碳含量均处于中等水平，进一步说明了其空间的流动性，从而在植物的选择上应该以畅通性为原则，根据空间大小来调制植物景观体量大小，以保证整个空间的畅通性和可达性。鉴于购物中心的人流量应该注意为人流开辟通道留下空间，以保证在改善环境的同时可以保持整个商业空间的内部人流流通。所以在过渡空间中的植物景观选择体量小、根系浅的类型，同时也保证了植物生长器皿的体量也不会违反畅通性原则。

体量小、根须浅的植物可以在狭小的容器中生长，同时也可以发挥其生态作用，常用的此类景观植物有：一品红、一叶兰、红花酢浆草、吊兰、虎尾兰等。

3）共享空间

有别于过渡空间，共享空间同时属于两个空间但并不具备过渡的作用，从而在空间界限上比较的模糊。共享空间的特点是灵活、复杂且可塑性强。在上述的实验中可以发现在共享空间中，正因为空间的重叠和复杂性，二氧化碳含量最高、PM2.5也处于中等水平。所以，结合空间特性和实验数据得出，共享空间中植物选择应该遵循融合性为原则，让景观植物与建筑本身可以互相映衬融合。在颜色上、用材上也要注意与购物中心本身的主题和变化相呼应，同时也要以植物对吸收二氧化碳、碳氢化合物、碳氧化合物的能力进行比较，综合筛选适宜的景观植物。

释氧固碳的植物可以对室内的二氧化碳有效地化解，此类常用植物有：绿萝、合果芋、橡皮树、泡叶冷水花、短叶虎尾兰、蜘蛛抱蛋等。同时，此类观叶植物可以利用其叶形来柔化建筑的硬性线条，进一步增加了共享空间的融合性。

因为3类空间共同属于室内商业空间，所以在挑选植物上也应该注意3点：首先为耐阴性。在整个购物中心中，虽然在建筑设计上，会给建筑留有很多的光照区域，但通过玻璃对于阳光的阻隔，光照强度的降低，很难给予植物生长所需的光照。同时作为室内植物景观，会被布置在楼层间或楼梯转角处等不见日光的地点，所以对植物的耐阴性要求较高。常作为植物景观的耐阴植物有八角金盘、洒金桃叶珊瑚、狭叶十大功劳、吉祥草、鸢尾、常春藤、一品兰，以及蕨类植物等，同时应该注意植物的生长状态要经常更换和复壮，来保持植物的生长状态和观赏性。其次为耐旱性。植物生长过程中往往需要大量的水分，但作为购物中心而言，没有天然的雨水来提供水分以供植物生长，所以在植物的选择上，应该考虑耐旱性的植物。同时，不需要频繁浇灌水分的植物，对于后期的保养以及管理又有很大的好处。目前在植物景观中被利用比较频繁的有金琥、龙舌兰、芦荟、景天、莲花掌、生石花等。第三为耐贫瘠性。购物中心内的大部分面积被商铺和设施所占用，在商场内开辟转为植物生长所用的场所的可能性很低。所以对于植物的耐贫瘠性要求很高，可以自身通过须根来吸收仅有的花盆内的养分。同时这样的选择也可以降低在后期对于购物中心景观植物的养护费用。

3.2 植物配置方式

1）开敞空间

开敞空间本身的私密性和限定性较低，所能承载的人流量较大。在购物中心中的开敞空间大多为中庭和购物中心的休憩场所。在实验数据中分析，开敞空间对于二氧化碳的承载量居中，但是对于PM2.5的含量较高，针对以上情况可以利用以下几种方式来配置植物景观。

（1）主题式景观配置：在购物中心内作为空间最大的场所，商场中庭可以作为商场活动的举办场所，称得上是商场的中心。在这样视线集中的场所，可以根据商场本身的营销方案和活动策划，进行主题式的景观配置，可以利用不同颜色的盆栽景观搭配给人以四季的感受。也可以运用季节性十分明显的景观植物来搭配使游客体会到不同地方的景观特色。主要配置方式可以利用开敞空间本身容积大的特点，利用空间的平面空间。通过在地面摆放花盆的方式，建立起有序的景观带，来诠释商业策划中的主题。同时也应该注意不同盆栽植物的生长特性和形象特征，可以组合出高低不同、色彩不同、叶形不同的植物盆栽景观，从而进一步表现出策划主题中所代表的直观感受。

（2）环绕式景观配置：在可用的开敞空间中，有排序型的布置景观植物，让景观植物在游客周围布置出一处虚空间，体会自然的怀抱。也可以使得建筑本身的沉闷和压抑感有所缓解。主要配置方式可利用整个购物中心内部的垂直面进行植物景观的打造，营造环绕式的植物景观，这样也可以使得整个购物中心更有立体感和深度。在柔化建筑线条的本身，也可以使游客更好地融入环境。

垂直面绿饰主要有几个形式：壁挂、嵌壁、贴壁等。壁挂的方式是通过将植物种植在垂直绿化专用的器皿中，通过挂在建筑的柱体和墙面上作为一种植物景观。可以起到很好的柔化建筑线条的作用。也可以使得整个建筑的垂直面更具有生机。常见的壁挂植物有绿萝、吊兰等。贴壁是指利用攀缘植物的生长特性，在建筑面的底部播种，使得攀缘植物顺着建筑面而向上生长，可以起到柔化建筑线条、赋予空间生机的作用。嵌壁则是一种利用前面的可塑性来打造植物景观的方式，往往是通过自行开创可用的墙面空间，把植物通过器皿种植于空间内。可以是悬挂式、也可以通过隔板来摆放。在不占用本身购物中心内空间的同时，做到自辟空间，形成一面绿墙。

2）过渡空间

过渡空间连接了建筑的内部与外部，所以决定了整个过渡空间是商业空间中人群流动、空气流动规模最大的空间场所。整个过渡空间的设计上应该以引导和疏导性为主，不能设置过多的平面布置的景观，而应该明确突出空间内的过渡走道。因此，这一类空间一般采用引导式景观配置的方法。就过渡空间而言，整个植物配置的特点应该以对于人流的引导和疏散为主。在设计手法上应该使用具有连续性的线条把平面布置的植物景观联系在一起，给人以一种方向感和指引感。首先选择具有畅通性的室内植物景观，利用植物景观本身的叶形和叶片形式实现引导。同时，应该挑选具有线条感的植物景观器皿，将其摆放在过渡空间内走道的中央，或者是两旁。以此突出过渡空间本身的特性，引导游客依循着植物景观所组建的景观通道行走，在需要人群疏散时，也可以发挥一定的作用。

3）共享空间

共享空间属于两个空间但并不具备过渡的作用，从而在空间界限上比较模糊。共享空间的特点是灵活、复杂且可塑性强。在设计上，共享空间具有多种的处理方式，可以做到大小互相融合、动静互相融合。在这样的融合背后却又很好地包含着不同空间之中的特点。通过多变的手法，所设计的共享空间往往可以使人从静止的单一空间中脱离出来，感受到整个氛围的运动感。一般采用融合式景观配置方法，可以针对共享空间的空间特点，应该利用植物本身软化空间界限的作用，来很好地融合两个空间。同时也可以使用一些柔性景观素材，把植物与光、水、结合，进一步柔化空间的界限。配置时可以在商场上下层的入口处，摆放以观叶、悬吊为主的植物，来牵扯共享空间中空间的界限。同时可以运用植物与水相结合，形成盆栽瀑布景观，加上灯光的渲染，使人可以感受到和谐的购物氛围。

4　小结

本文首先通过对于购物中心中不同空间的特质进行分析，了解不同空间的功能性，可以发现在购物中心中，开敞空间、过渡空间和共享空间彼此之间的特点都不同，所需要的植物景观也不同。再者通过了对3部分空间的空气中二氧化碳含量、PM2.5含量和负离子含量的测量，来了解3类空间对于植物净化需求的不同。可以针对含量较高的植物来挑选具有空气净化作用的植物进行植物景观的布置。针对不同的空间类型提出了4种配置形式以及4种常用的配置方法来应对整个购物中心的植物配置问题。

上海南京路商铺入口植物景观现状及分析

汪敏慧　李雅娜　张建华

（上海商学院旅游与食品学院，上海201400）

摘要：商业街是人流聚集的主要场所，是城市空间的重要组成部分。商铺入口作为视线焦点，具有标志性作用，而使用精心设计的植物景观点缀商铺入口，可以起到画龙点睛的美化作用。本文通过对上海南京路步行街商铺入口处植物景观现状的调研分析，提出了针对各类商店设计植物景观的建议。

关键词：南京路；商店入口；植物景观

商业街是人流聚集的主要场所，因商业店铺的集中而形成了室外购物、休闲、餐饮等功能空间，然而随着时代的发展，现代意义上的商业街必然会呈现多样化、复杂化、科技化和人性化的特征，其概念也会产生更多的不同解释和外延。

上海南京路步行街作为上海百年的商业街，位于上海市黄浦区，西起西藏中路，东至河南中路。在设计风格上学习借鉴国外商业街建设的成功经验，充分展现上海作为国际大都市的形象特色，继承和延续南京路商业街的历史文脉，以人为本，运用现代的设计理念和技术手段来创造。南京路步行街的建设体现时代特征、中国特色、上海特点，把南京路建成集购物、旅游、商务、展示和文化五大功能为一体的全天候步行街。

作为商业街的组成部分，商业街上各商业业态的设计风格既有整体商业街的统一性又存在不同业态之间的特殊性。商业街中各商业业态入口处的景观是商业街景观的重要组成部分，也是商业业态品牌与文化的显著体现，本研究以上海南京路步行街为例，调查南京路步行街两侧的61家商铺，并且对于不同的商业业态进行分类与研究，就各商业业态入口处的植物景观设计现状进行分析，以助于创造具有突出商业品牌效应与文化特征的商业入口景观。

1　植物景观在商业业态中的作用

植物造景从来都是景观设计中不可或缺的重要部分，美丽的植物不仅可以作为硬质景观的配景，也可以独立形成良好的景观点。植物景观的作用就是利用自然界的植被、植物群落、植物个体所表现的形象，通过人们的感观传到大脑皮层，产生一种实在的、美的感受和联想。

（1）时序景观：随着时间的推移和季节的变化，植物景观可以利用对应的季相特征为商业业态空间带来不同的时序景观，令人感受不同的时令变化。如百联入口处的花坛以瓜子黄杨、红花檵木、构骨、杜鹃和山茶的搭配，在不同时节中展现植物不同的季相变化，给予顾客动态的美感。

（2）空间变化：植物景观具有构成空间、分隔空间、引起空间变化的功能，能够为商业业态带来空间上的变化,使设计风格多样化,整体提升了商业业态的品位与格调。恒基名人广场的入口非常好地体现了这种变化,在入口处选择圆形的盆栽设计,在分流的同时也为方正的商业入口处增添了几何式的空间变化。

(3)吸引人气:人对于美的追求自古有之,对于美丽的事物总是趋之若鹜。各商业业态在入口处配置美丽的观赏植物,不但能够美化商业空间,而且吸引更多的顾客进入自家的商业空间进行消费。成功的植物景观就能带动人气,人气就是各商业业态盈利的关键所在。在南京路步行街上,星巴克门前的植物景观,利用花叶蔓长春+彩叶草+矮牵牛的搭配(见图1),营造出春意盎然的景象,柔化了店面的硬质景观,成就了顾客在此停留、消费的心情。

(4)商业理念:商业业态的整体风格形式是商业理念的体现形式,通过建筑的风格以及景观设计就能让顾客轻而易举地感受到商家的商业理念。植物景观不但在切合整体建筑风格上容易操作,在表现商业业态的理念与风格方面,相比硬质景观更加容易让顾客理解并接受。如品牌化妆品innisfree的招牌选择了垂直绿化的形式(见图2),吸引顾客眼球的同时也表明其产品纯天然的理念,在顾客心目中留下了直观的商业理念。

图1 星巴克入口植物景观　　　　　　图2 innisfree入口植物招牌

(5)生态效应:植物是地球上最能代表自然生态的物种。在商业业态入口处放置植物景观在美化环境的同时可以给予顾客生态的感觉。在给予顾客生态暗示的同时可以让顾客产生一种身处自然的舒适感。这种舒适感可以提升顾客消费时的心情,增强顾客的购买欲,最终为商业业态带来盈利。第一食品商店在入口处对植摆放马拉巴栗,给予顾客四季常青的景观效应,无形中也为顾客带来了生态感觉。

总而言之,成功的植物配置可以通过巧妙地利用植物的形体、线条、色彩、质地进行构图,并且通过植物的季相及生命周期变化等一系列的艺术化植物造景手法,构成一幅生动写实的动态美图,丰富商业业态入口处植物景观的色彩和层次,形成多样化的观赏空间,营造不同的景观效果,为商业业态的风格、特色增色添彩。

2 南京路商业业态商铺入口处植物景观的现状与分析

1)商铺入口植物景观概况

入口是视线的焦点,有标志性的作用,是内与外的分界点,往往给人留下深刻的第一印象,通过植物景观的精细设计,大大加强入口的美化,起到画龙点睛的作用。

通过调研位于上海南京路步行街两侧的60余家店铺,数据显示33%的商业街各业态入口有植物景观，67%的入口没有植物景观。一些商铺考虑到在入口处增加植物景观，为顾客营造一个休闲舒适的购物环境，以达到吸引顾客消费的目的。但绝大部分商铺入口没有植物景观，可能原因一是商铺面积较小，简化商业入口景观布置，避免入口显得逼仄；二是为突出经营的产品，避免遮挡顾客视线，没有布置植物景观；三是商家对于植物景观的重要性认识不深。

　　商业店铺入口具有植物景观的店铺中，百货类与金饰类商铺采用植物景观的比例远远高于服饰类与食品类的商铺，占到各商业业态总数的70%，食品类和服饰类的商业空间入口处有植物景观的比例较低。金饰珠宝属于奢侈品，经营这些商品的商铺为了给顾客一种高端大气的档次感和品牌的信任感，在店面布置上投资大，入口大部分都有植物景观。百货类大多以大楼大厦的形式出现，商业建筑的入口是聚集人气的关键所在，开敞大气的入口布置显得非常重要，因此这类商业业态也比较注重入口的植物景观布置。食品类的商铺更加注重商品本身的色香味，商业入口往往是让顾客直接看到商品，来吸引顾客购买。服饰类商铺则以潮流新款以及商品打折促销来吸引顾客消费，因此商铺入口也充斥着广告或促销信息，植物景观很少能占有一席之地。

　　2）商铺入口处植物种类及应用形式概况

　　步行街入口处室外部分地栽和盆栽的方式均有应用，室内部分主要采用盆栽的方式。其中盆栽应用形式的占82%，花坛种植形式占15%（见表1）。这主要是受到商业街各业态入口处的空间大小及布局的限制。盆栽相对比较节约空间，便于养护管理或是植物更换。小型花坛也有节约空间，柔化建筑的硬性线条的优点。

表1　南京路各商铺入口处植物应用形式

序号	商铺	业态	入口处				电梯口			
			植物名称	数量	应用形式	布置形式	植物名称	数量	应用形式	种植形式
1	第一百货	百货	广东万年青	8盆	盆栽	两列对称摆放	鸭脚木+黄金葛	1盆	盆栽	单独摆放
							广东万年青	3盆	盆栽	单独摆放
2	东方商厦	百货	香花槐	2盆	盆栽	对称摆放	兰屿肉桂	2盆	盆栽	对称摆放
			瓜子黄杨	两丛	花坛	两排对称种植	广东万年青	5盆	盆栽	单独摆放
3	华联商厦	百货					袖珍椰子	1盆	盆栽	单独摆放
4	恒基名人广场	百货	香花槐+黄金葛	2盆	盆栽	对称摆放	一品红+一品黄	4盆	盆栽	对称摆放
			苏铁+草	苏铁一棵	花坛	单边种植	一品红	若干	盆栽	单独摆放
5	353广场	百货	红掌+白掌	2丛	盆栽	对称摆放	竹芋	1丛	盆栽	单独摆放
6	永安百货	百货	袖珍椰子	4盆	盆栽	对称摆放				
			桂花+麦冬	桂花一棵	花坛	单边种植				
7	百联	百货	苏铁	2盆	盆栽	对称摆放				
			瓜子黄杨+红花檵木+枸骨+杜鹃+山茶	若干	花坛	单边种植				

（续表）

序号	商铺	业态	入口处				电梯口			
			植物名称	数量	应用形式	布置形式	植物名称	数量	应用形式	种植形式
8	老庙黄金	金饰	马拉巴栗	2盆	盆栽	对称摆放				
9	周大福	金饰	马拉巴栗	1盆	盆栽	单独摆放				
10	老凤祥	金饰	马拉巴栗	2盆	盆栽	对称摆放				
11	朵云轩	文化用品	巴西木	2盆	盆栽	对称摆放				
12	明牌珠宝	金饰	马拉巴栗	2盆	盆栽	对称摆放				
13	第一时装	服饰	竹芋	数丛	花箱	单独摆放				
14	培罗蒙	服饰	散尾葵+观音竹	各2盆	盆栽	对称摆放				
15	innisfrel	服饰		数丛	垂直绿化					
16	美特斯邦威	服饰	草地	1片	花坛	单边种植				
17	第一食品	食品	马拉巴栗	2盆	盆栽	对称摆放				
18	新雅菜馆	食品	蝴蝶兰	2盆	盆栽	对称摆放				
19	星巴克	食品	花叶蔓长春+彩叶草+矮牵牛	数丛	盆栽	不对称布置				

入口处植物景观首先要满足功能的要求，不阻挡视线，以免影响人流的正常通行。因此，入口的植物景观的位置往往是入口两侧的角落。其中对称布置占到75%，单侧布置占20%（见表1）。盆栽的放置形式主要是对称放置或者是对称的两列或两排放置，花坛的种植形式主要是对称两排种植。这种对称的种植或摆放形式可以衬托建筑入口，起到引导的作用。入口植物景观也有单侧布置的形式，这可能是由于空间位置的限制，比如一边靠近步行街主干道，为不影响同行，故不设植物景观。

配植和应用方式被空间局限，不够丰富。商业空间寸土寸金，在入口处又是迎来送往的重要位置，占用过多空间营造植物景观较为不合理。目前商业街入口处景观主要采用的是小型花坛或是盆栽种植的形式，主要占用的是水平地面空间，对于垂直空间则未能加以利用。目前栽培的方式也以土培或是栽培基质为主，缺乏变化。

大多入口处植物景观缺乏自身特色。许多店铺选用了有好寓意的植物，比如发财树（马拉巴栗）、富贵树（香花槐）、广东万年青等植物，在美观的同时取其发财富贵的美好寓意。但是不同经营类型的商铺选用的植物大同小异，无法突出自身的特性。

目前应用与于商业街商铺入口处的植物主要有17种（见表2），序号按照应用频率从多到少依次排列。常用植物分属在13个科17个种中，其中天南星科和棕榈科的植物应用较多。马拉巴栗、黄金葛、袖珍椰子应用最多，它们的叶形别致，姿态优美而受到许多商家的欢迎。马拉巴栗在南方被誉为"发财树"，树姿优雅，树干苍劲、古朴，车轮状的绿叶平展，枝叶潇洒婆娑，观赏价值高（见图3）。由于黄金葛的茎蔓生长速度较快，人们常做柱藤式栽培，即在花盆中央竖立支柱（见图4）；也有把绿萝栽植于花盆中，让其茎蔓悬挂而下，如同绿帘，别具风趣。袖珍椰子株型酷似热带椰子树，形态小巧玲珑,美观别致,使室内呈现迷人的热带风光(见图5)。

表2　上海南京路商铺入口植物种类

序号	植物名	科　属	学　名	生长习性	观赏特性
1	马拉巴栗	木棉科瓜栗属	Pachira macrocarpa	喜温暖湿润的环境,耐阴性强	观叶
2	广东万年青	天南星科广东万年青属	Aglaonema modestum Schott	喜半阴、温暖、湿润、通风良好的环境;忌阳光直射、忌积水	观叶、观花
3	袖珍椰子	棕榈科墨西哥棕属	Chamaedorea elegans	喜高温、高湿及半阴环境	观叶
4	竹芋	竹芋科竹芋属	Maranta arundinacea Linn.	喜高温多湿的半阴环境,畏寒冷,忌强光	观叶
5	一品红	大戟科大戟属	Euphorbiapulcherrima Willd	喜光喜温暖湿润环境	观叶
6	瓜子黄杨	黄杨科黄杨属	Buxus sinica	耐阴、喜光喜湿润、耐寒	观叶
7	苏铁	苏铁科苏铁属	Cycas revoluta Thunb	喜强烈的阳光、温暖湿润的环境,不耐寒	观叶
8	黄金葛	天南星科喜林芋属	Scindapsus aureus	属阴性植物,忌阳光直射,喜散射光,较耐阴	观叶
9	香花槐	豆科香花槐属	Robinia pseudoacacia cv.idaho	喜暖、耐湿,但畏寒、忌烈日暴晒	观花、观叶
10	巴西木	百合科龙血树属	Dracaena fragrans	喜光照充足、高温、高湿的环境,亦耐阴、耐干燥	观叶
11	红掌	南星科花烛属	Anthurium andraeanu	喜温热多湿而又排水良好的环境,怕干旱和强光暴晒	观叶
12	散尾葵	棕榈科散尾葵属	Chrysalidocarpuslutescens	喜温暖湿润、半阴且通风良好的环境,不耐寒,较耐阴,畏烈日	观叶
13	棕竹	棕榈科棕竹属	Rhapis excelsa(Thunb.)Henry ex Rehd.	喜温暖湿润及通风良好的半阴环境,不耐积水,极耐阴	观叶
14	兰屿肉桂	樟科樟属	Cinnamomum kotoense	喜温暖湿润、阳光充足的环境,喜光又耐阴	观叶
15	蝴蝶兰	兰科蝴蝶兰属	Phalaenopsis amabilis	喜欢高温高湿、不耐涝,耐半阴环境,忌烈日直射,忌积水,畏寒冷	观花
16	桂花	木犀科木犀属	Osmanthus fragrans	喜温暖,湿润	观花
17	红花檵木	金缕梅科檵木属	Lorpetalum chindensevar.rubrum	喜光,稍耐阴,适应性强,耐旱,喜温暖,耐寒冷	观花、观叶

　　丰富多样的观赏特性是入口处植物景观多样化的前提。各种植物的枝、叶、花、果,有其不同的观赏性状,或以色彩取胜、或是姿态独特、或是香味诱人,互相构成入口处植物景观美的重要因素。从观赏特性来讲主要是观叶植物,占应用植物总数的88%,观花植物占应用植物总数的29%。观叶植物应用种类占室内常用观叶植物种类的20%,观花植物占常用观花植物1%还不到,应用的种类不够丰富。应用的植物种类上大多是绿色观叶植物,色彩单调,季相不明显。大多数商铺采用的是常绿植物,四

图3　马拉巴栗在商铺入　　图4　黄金葛在电梯口的应用　　图5　袖珍椰子在电梯口的　　图6　恒基名人广场电梯口
口的应用　　　　　　　　　　　　　　　　　　　　　　　　　应用　　　　　　　　　的一品红

季的植物景观都十分类似。有少部分商铺采用了能突出季节特色的植物,如恒基名人广场采用了圣诞花一品红来布置,提前让顾客感受圣诞节的喜庆氛围(见图6)。

3　商铺入口处植物景观利用的策略

3.1　丰富入口处植物种类

目前各商业业态入口处植物主要是观叶植物,从观赏性的角度来说还是有所欠缺的。导致这一问题的原因主要有两个:一是观叶植物普遍便于管理;二是现在市场上观叶、观花植物较为常见。为了提高商业入口植物景观的观赏性,丰富植物种类是很必要的。

在种类繁多的园林植物中,观果类的植物毋庸置疑具有极高的观赏价值。靓丽的果色、奇特的果形都显得格外诱人。除了突出的美化作用,观果植物还有丰收的寓意,这在商业空间中显得非常应景。可恰当应用的观果类植物:佛手、冬珊瑚、五彩椒、金桔、乳茄、珊瑚樱、石榴等,可以盆栽对称摆放的形式应用于入口处的两侧。植物除了有美化空间的功能,还有一个重要的作用,就是改善整体环境。而芳香植物的应用不仅能使空气质量得到提升,使整个商业空间更上一个层次,还能使顾客心情愉悦,从而促进消费。适宜应用的芳香植物有薄荷、藿香、小叶栀子、桂花、迷迭香等,可应用于大型商场入口处的休息区。相对于其他植物,攀缘性的植物即可攀援又可垂吊。在对空间的装饰性上有着不可替代的地位。攀缘植物具有和空间完美融合的能力,能有效增强空间的美观性和立体感。攀援能力较强的薜荔、扶芳藤、中华常春藤、地锦、金银花等可用于墙面的垂直绿化或者和其他景观小品的组合应用。

3.2　丰富植物景观应用,采取多样的配置形式

从调研的多种业态中可以看出,入口处的植物景观大部分都以盆栽对称摆放的形式出现。这种植物应用形式简单,但太千篇一律,没有吸引力,只起到一点点缀的功能,对整个商业空间的美化作用并不强。而植物作为一种天然的,可塑性强的装饰物,它的应用形式也是多种多样的。如果能合理创新地将植物和空间融合起来,能使被装饰的地方焕然一新,而作为商业性质业态的入口,能够吸引顾客的目光有着极大的意义。

另外,植物景观的规模与入口处不协调。有的商铺大门十分开敞大气,却在门口摆了两盆小型观

图7　BHV HOME入口的垂直绿化

叶植物,这两者十分不相称,就好像西装革履的男士打了儿童领结。有的百货大厦电梯口摆放的植物盆栽位置较低,人们的视线很少会注意自己脚边的事物,因此它们不容易被观赏到。

1)垂直绿化

在寸土寸金的商业街,大面积的植物景观很难实现,而垂直绿化的出现很好地解决了这个问题。商店入口处的垂直绿化既能节约占地面积和建筑完美融合,又能带来视觉上的冲击,营造与众不同、具有亲和力的公共空间景观。

垂直绿化非常适合应用在商业空间入口处的外墙上,如BHV HOME商店的入口便使用了垂直绿化(见图7),使整个空间富有生机和吸引力。商业空间中的垂直绿化不宜太过凌乱和花哨,所以在植物的选择上尽量选用生长缓慢、易修建的藤本或灌木,采用模块式或花槽倾斜放置式的栽培方式,达到整齐壮观的效果。

2)水培植物景观

目前商业空间入口处的园艺设施大多是采用最普遍的土培法,在观赏性上具有一定的局限性。而水培的植物景观在视觉上能带给人灵动明亮的感受,更有生命蓬勃的气息,如将水培植物景观放在入口处无疑能吸引人们的视线。水培法在商业空间中的应用具有很大的前景。具体应用形式:① 可将盆栽植物替换成用透亮的陶瓷或玻璃容器培养的水培植物,如荷花、龟背竹、君子兰等。② 将水培植物的容器和鱼缸合二为一,使植物和鱼共生,这种景观更具生命力。③ 将水培植物和其他景观小品结合,形成生动丰富,观赏性更强的景观。

3)切花、干花的应用

选择花朵美丽或是叶形、枝干、果实奇特的切花或干花作为瓶插或艺术拼贴作品摆放于商业入口,丰富入口景观使之色彩更加绚丽、变化更加丰富。切花由于易于更换可以根据时令或是商业活动打造适宜的植物景观,干花则不需要光照或是水分就可以保持一个美丽的状态,这些优点都有利于打造一个迷人的入口空间。

3.3　打造特色入口植物景观

入口处的植物景观相对其他空间的植物景观具有更重要的意义。对于任何业态的商业空间来说,盈利是最重要的目的。最直接产生影响的就是顾客对商业空间的第一印象,除了最基本的装潢,打造特色入口景观是最为关键的。而植物景观的应用在入口处景观中占有不可替代的地位。打造特色入口植物景观,可以从以下几方面入手:

1)植物与商业文化的交融

从调查的结果来看,很多金饰店都在入口处摆放了发财树(马拉巴栗),意在招财,还有的商铺在门口摆放平安树(兰屿肉桂),意在平稳,目的就是有个好的寓意。很多植物或是其名字本身都具有很好的寓意,迎合了商家的心理,在这点上相对其他普通的装饰物就有绝对优势。如金钱树、摇钱树、钱串子、鸿运当头、富贵竹等植物都是寓意财源广进的。

2)用植物景观来打造商业招牌

植物具有天然、柔和的特点,所以用植物做出来的标牌相比其他硬质材料的招牌更加具有亲和力和生命气息，迎合了这个社会现代人普遍崇尚自然的特点。这种自然式的招牌尤其适合宣扬天然、纯粹理念的化妆品品牌或是餐饮食品业等。例如路易威登在翻新建筑时采取巧妙植物景观布置，在旧墙面上覆盖具有路易威登特色的Logo的绿植图案（见图8），还可以定期更换新图案，这可谓是夺人眼球的活招牌。

植物是景观中唯一具有生命力的元素。植物有艳丽的花果、多彩的枝叶，它们为商业入口营造了赏心悦目的生态景观，成为商业入口景观中不可缺少的重要组成部分。加强对入口处植物景观的设计打造，丰富植物造景的方式方法，注重入口处植物景观的个性化，为空间入口处更添一抹自然色彩。

图8 路易威登的植物招牌

浅析植物在餐饮空间的作用

杨 青 黄诗茹

（上海商学院旅游与食品学院，中国上海201400）

"民以食为天"是人们口耳相传的一句话，它代表着人们对生活的基本要求。改革开放以来，社会经济快速发展，饮食的内容选择增多，选择就餐地点的考虑因素也发生了改变。为了适应市场，迎合人们的需求，就餐环境的要求越来越多，形式也越来越丰富，正逐渐偏向于精神享受。只有达到了人们对就餐环境的要求，才能在营销上获得成功。

为了适应现代化城市发展的要求，餐饮空间的呈现方式也发生了改变，从手推车、大排档、店面再到商场，渐渐融入城市综合体中。因此，空间类型也从开敞式、半开敞式到封闭式，另外所处的地方也有了地下商场、一楼和高楼层的区分。因此，餐饮空间的光照、湿度等涉及空气质量方面的因素也显得越来越重要。

1 植物对环境的作用

1）生态作用

植物给人的印象是自然、生态、健康和无污染。根据植物本身的特性，对环境有着重要影响是公认的空气净化器。① 植物在光照下进行光合作用，会吸收空气中的二氧化碳从而放出氧气，增加负离子浓度。② 植物通过蒸腾作用，可以增加空气湿度，一定程度上也能降低温度。③ 某些植物可以吸收二氧化硫、氟气等对人体有害的气体，同时吸附空气中的尘埃，还有杀菌的作用。④ 植物还有吸收和阻隔声音的作用。⑤ 某些植物具有防辐射作用。

利用植物净化空气有着其他方式不可比拟的优点：一是不消耗能源。市面上常见的净化空气的方式主要利用活性炭的吸附特性，制造出大同小异的产品。但是这种方式不仅要更换活性炭，而且使用过的活性炭会造成浪费和污染。二是有效时间长。植物只要还保持着生命体征，就能不断地发挥净化作用，属于自动型，并且不受电力的影响。三是无二次污染。植物是有机的、原生态的，并不会产生污染物，同时也不会产生辐射，对人体无害。

2）心理作用

在生活节奏日益加快的今天，人们长时间处于室内，对于大自然的渴望日益加重。因此在室内加入植物，参与到室内设计之中也成了未来室内设计的趋势。植物的生机勃勃带给我们大自然的感受，能让人平静、放松，在精神上得到享受。

悉尼工业大学有一项实验证明，植物能让人精神放松、减轻压力、保持清醒、增加注意力，并促使人们产生积极向上、乐观的情绪。同时，一些植物在历史的发展中被赋予了象征意义，如仙客来代表着对客人的欢迎等，让人联想到美好的事物，在心理上、精神上有着积极的影响。

2 餐饮空间的消费者喜好

为了更好地研究人们在餐饮空间中对植物的感官和需求，采用调查问卷的方式，共分发了300份问卷，收回有效问卷147份。结果表明人们选择餐饮空间的首选因素（见图1）是舒适的餐饮环境。

1）空间类型

调查中将餐饮空间分为4类：酒店、咖啡馆、快餐和茶饮。这里的酒店指的是比较大型高端的就餐场所。这种场所消费高、服务好、菜品精致、风格鲜明。咖啡馆指的是社交聚会的地方，人们聚集喝咖啡或茶、听音乐、阅读、下西洋棋或双陆棋的休闲娱乐场所。快餐是指由商业企业快速供应、即刻食用、价格合理以满足人们日常生活需要的大众化餐饮。具有快速、方便、标准化、环保等特点。茶饮指的是经营各种饮料和冷饮的店铺。结果表明，人们对餐饮空间的选择受环境影响最大，且不同年龄群的人偏爱的餐饮空间类型不同（见图2）。

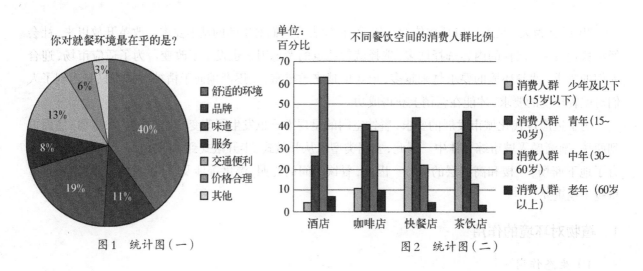

图1 统计图（一）   图2 统计图（二）

2）色彩

通过调查问卷中人们对色彩的感受分析，得出以下结果：① 所有调查人群都希望在就餐环境中看到植物；② 98%的人对于最喜欢的颜色，也会偏爱这个颜色的物品；③ 94%的人认为色彩对自己的生活影响大；④ 儿童到少年常去的餐饮空间色调偏向明亮丰富，青年消费人群常去的餐饮空间色调偏向轻松舒适，而中年到老人常去的餐饮空间偏向低调沉稳（见图3）。

根据调查结果，结合不同餐饮空间的特点，归纳总结得出：

（1）酒店适合深暗的颜色为主色，搭配橙、棕、蓝、紫等轻浅色可以营造出稳重、大气、神秘、庄重、

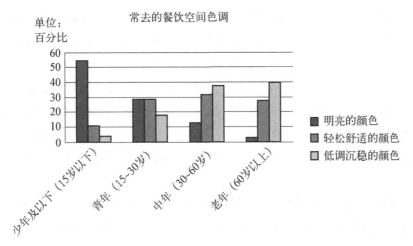

图3　统计图（三）

喜庆等氛围，金色、银色、红色可以彰显奢华尊贵。

（2）咖啡馆是十分休闲的设计，合理地使用颜色，可以让咖啡馆呈现出一种田园风情。而绿色、黄绿色、蓝色等清浅的颜色容易让人联想到自然，原木的纹路和黄棕色也能带来自然的气息。

（3）快餐店的色彩都是暖色调，这样可以促进食欲，黄色、红色的系列色对食欲的刺激较大。除此之外，简单的色彩搭配也受到大众欢迎，在白色基调打底下，红、绿、黄三种原色的交替搭配，用白色来突出多样的色彩，让人感觉明净。

（4）茶饮店多以对比色搭配为主，比如红与绿、白与黑等对比强烈的颜色，对比比较容易制造兴奋和刺激的感觉，激烈的冲突能迅速抓住人的眼球，给人深刻的印象。

可见将具有丰富色彩的植物放入餐饮空间中是人们喜闻乐见的，而室内环境的好坏可以依靠植物来营造，而且看到自己喜爱的颜色的植物，心情的愉悦度会大幅度提高。

3　植物在餐饮空间的应用

1）改善空气质量

根据植物其本身的特性，在空间中的生态作用，可以很好地净化空气。植物能吸收二氧化碳放出氧气、增加湿度、降低温度、提升空气中的负离子浓度，也可以吸尘杀菌、降噪和防辐射。

2）组织空间

（1）植物在组织空间的运用上具有不可忽视的作用，以它使用的分隔、引导和限定而成的空间有通透性，半遮掩的效果。

室内常用盆栽的摆放来达到分隔、引导和限定的目的。当盆栽排放成一排或者一列时，就具有了"线"的作用，成为餐饮空间中不同分区的界限。不仅能保持其原本的功能特征，而且不会破坏空间整体的设计风格和结构。

（2）植物的连续布置可以成为联系两个空间的媒介，达到空间相互渗透的效果。

在入口处可以摆放较大的盆栽，可以达到吸引视线、引起人们注意的效果。同时，也能将室内和室外连通，过渡自然。同样的，在室外悬挂植物，引导人们视线往外，借其景色，完成空间的延伸。空间的相互渗透和延伸，使得有限的空间无限扩大，提升并增强人们的视觉享受和精神享受。

3）改善空间感

视觉是人获取周围环境信息的首要方式。而通过植物能更多、更深地感受到环境，从而在生理、心理上获得更多的享受。

（1）一个空间的打造需要多种元素，在餐饮空间中硬质元素占大部分，这不免使得空间单调、粗糙。而植物的加入能丰富空间层次和点缀装饰背景。植物的多样性使得它的观赏性不断提升，在姿态、气味和色彩上来选择与餐饮空间相适应的植物搭配，能更好地突出空间特点。

（2）餐饮空间中的风格和结构是选择植物必须要考虑的因素。植物的色彩、大小、陈设，要符合空间的文化，风格要统一，使整个空间协调。除此之外，也可以利用植物的优美姿态、色彩多样、柔和的质感、自然的情趣来改善建筑的生硬和冷漠，让人感到亲切，拉近了彼此之间的距离。而现代化材料的硬与植物的软、材料质地的粗糙和与植物的细腻则形成了对比，更深地衬托出了空间的特点。

（3）在餐饮空间中，有一些剩余的地方可以使用植物进行填充和遮挡，如楼梯上下、墙角、窗台、转角和门口等。充分利用空间，尽可能多地加入植物，丰富空间层次的同时增加自然的感受。

4）渲染空间气氛

植物有着不同的色彩，在叶、花、果上都有体现。不同的餐饮空间也有着不同的色彩特点。颜色具有文化性，它可能与品牌文化有关，也可能与历史文化有关。利用色彩中不同的色调特点可以达到衬托的效果。比如植物的绿色属于中性色调，当它摆放在主色调为红、白、黄的空间时，可突出相应的色彩。

植物在历史文化中有着不可替代的作用，甚至成为了节日文化的特征。很多餐厅都会抓住机会，在节日的时候进行活动，积攒人气，打出知名度，而植物就能迅速地营造出相应的氛围，例如情人节的玫瑰花、圣诞节的圣诞树、母亲节的康乃馨等。

4   结语

人的生命与绿色同在，在餐饮空间设计中加入植物是现代化室内设计的趋势，也是人们对环境的基本要求。植物的融入，使得商业空间倾向自然、生态，营造更加舒适、健康的用餐环境。在提高室内环境质量的同时，增强人与自然的交流，表现了人们渴望回归自然的心态。室内植物配置将会成为室内装饰中不可或缺的一部分，受到更多的关注。

论都市园艺体验游娱项目建构

侯彬洁   张建华

（上海商学院旅游与食品学院，上海201400）

摘要： 都市园艺体验，作为一种由农业文化衍生的新生事物越来越受到人们关注。本文通过对都市园艺体验对象类型的分析，提出了以"新"为主，打造创意奇异型项目；以"育"为主，开创文化感受型项目；以"技"为主，开发科学技术型项目的未来都市园艺体验游娱项目发展对策。

关键词： 都市园艺；体验项目；游娱

"园艺"一词在《辞海》中的解释为"农业生产中的一个重要组成部分。指蔬菜、果树、花卉、食用菌、观赏树木等的栽培和繁育的技术"。园艺体验，作为一种由农业文化衍生的新型游乐项目，对城市现代高压人群的身心健康起到调节促进作用。然而，介于空间场地、栽培技艺、自然条件等因素的限制,使得我国现阶段都市园艺体验游乐项目仅局限于以下几个常见类型,我国的都市园艺体验有待更深层次挖掘开发。

1 都市园艺体验游娱对象类型

1)食用作物型

指农业栽培过程中的各种植物,包括粮食作物、经济作物、蔬菜作物、果类等。对于食用作物而言,都市园艺体验游乐项目以了解农作物生长过程为主,以收获食用素材为辅,在观赏之余更侧重作物的食用价值。典型的食用作物为樱桃、萝卜、番茄、黄瓜、茄子、辣椒、菠菜、南瓜、生菜等。选取农作物的特点为不受地区和季节限制、易存活、病虫害较少。以蔬菜为例,都市园艺食用作物的表现形式可分为生产式养殖大棚内的大规模蔬菜和袖珍蔬菜、盆栽蔬菜(见图1)、观赏蔬菜等集观赏性、实用性于一体的新型蔬菜。

2)观赏果蔬型

指观赏价值较高的水果蔬菜作物,根据观赏器官的不同可分为观叶、观果类型。观叶果蔬特点为叶色鲜艳多彩,如七彩菠菜、红叶生菜、细菊生菜、红甜菜头,观赏羽衣甘蓝、一点红(清香菜)、新西兰菠菜、薄荷叶、银丝菜、玉丝菜等;观果果蔬特点为果实造型奇特,如五彩辣椒、形如飞碟的南瓜、蜿蜒多姿的蛇瓜、迷你黄瓜、玛瑙番茄、袖珍草莓(见图2)、黄秋葵等;观赏果蔬型与食用作物型概念相近,但两者区别在于前者更具观赏价值且植株相对较小,适宜家庭、办公室等室内摆放,多以盆栽形式表现;后者观赏、食用双重功能具备,但更侧重食用营养价值,生产规模视种植用途而定。

图1 食用作物型——盆栽蔬菜　　　　图2 观赏果蔬型——袖珍草莓

3)花卉植物型

可用于都市园艺体验的花卉植物类型大致可分为木本植物、草本植物、室内观赏植物3类。其中,木本植物主要包括乔木、灌木、藤本3种类型。乔木主干和侧枝有明显区别,植株高大,大多不适于盆栽;灌木主干和侧枝没有明显区别,植株低矮、树冠较小,大多适于盆栽;藤本枝条不能直立,蔓生,通常设置一定形式支架使之附着生长。木本植物常见代表植物有月季花、山茶花、牡丹、杜鹃花、茉莉花、栀子花等。

草本植物包括一年生草本植物、二年生草本植物、多年生草本植物3种类型。一年生草本植物指从种子发芽、生长、开花、结实至枯萎死亡,其寿命只有一年(即在一个生长季节内可完成生活周期)的草本植物;二年生草本植物指第一年生长季(秋季)仅生长营养器官,到第二年生长季(春季)开花、结实后死亡的植物;多年生草本植物指生长周期较长,一般为两年以上的草本植物。草本植物常见代表植物有风信子、郁金香、水仙、万寿菊、石竹等。

室内观赏植物包括室内观叶植物、室内观花植物、室内观果植物3种类型。室内观叶植物只要观赏特征为叶片色泽、形态和质地,常见种类为蕨类、凤梨科、五加科等;室内观花植物主要观赏特征为花色艳丽、花形奇特或花香四溢,有些观花植物由于历史和传统文化赋予的内涵,为园艺栽培更增添了一份文化底蕴,如兰科花卉;观果植物主要观赏特征为奇特果形或艳丽色彩,常见代表植物为石榴、金橘、佛手、乳茄、万年青等(见表1)。

表1 都市园艺体验游娱对象类型

对象类型	对象细分		代表物
食用作物型	粮食作物	观赏、食用双重功能具备,但更侧重食用营养价值	水稻、玉米、豆类、薯类等
	经济作物		花生、芝麻、大豆、向日葵等
	蔬菜作物		萝卜、黄瓜、茄子、菠菜、生菜等
	果类		樱桃、草莓、苹果、梨、桃等
	其他		烟叶、咖啡、茶叶、当归等
观赏果蔬型	观叶果蔬	更具观赏价值且植株相对较小	七彩菠菜、羽衣甘蓝、红叶生菜等
	观果果蔬		五彩辣椒、迷你黄瓜、玛瑙番茄等
花卉植物型	木本植物	乔木	桂花、柑橘、白兰等
		灌木	栀子花、月季花、茉莉花等
		藤本	金银花、迎春花、连翘等
	草本植物	一年生草本植物	一串红、半支莲、刺茄等
		二年生草本植物	金鱼草、金盏花、三色堇等
		多年生草本植物	美人蕉、大丽花、鸢尾、玉簪等
	室内观赏植物	室内观叶植物	肾蕨、富贵竹、凤梨、龟背竹等
		室内观花植物	朱顶红、君子兰、玫瑰、国兰等
		室内观果植物	石榴、金橘、佛手、乳茄等

2 未来都市园艺体验游娱项目发展对策

现阶段都市体验游乐项目可分为观赏、体验、感受3大类。常见的典型项目为园艺博览会和园艺DIY。园艺体验着重"动手"参与,对于如何培养更多园艺爱好者、怎样使园艺动手体验更具吸引力、更有趣味性等问题需要从"新、育、技"3方面考虑着手,使游娱项目创新化、教育化、科技化,从而达到丰富都市园艺体验的目的。

2.1 以"新"为主,打造创意奇异型项目

从"生产—栽培—销售"(即生长发育阶段、繁殖栽培过程、销售加工后期处理)产业链考虑,打造一系列创新体验项目。

1）前期——新表现形式

对于生长发育阶段的园艺对象，即各类农作物（包括水果、蔬菜）和花卉植物而言，新表现形式大致可分为种植方式、品种类别两大类型。① 种植方式：现阶段种植方式无外乎苗圃式、棚架式、盆栽式、水培式4种形式。前两种种植方式适用于大面积农业批量生产（其游娱项目表现为后期采摘果蔬环节和养殖基地参观环节），为了增强视觉观赏效果、创新园艺体验过程，土壤基质的地理方位可从水平陆地移至垂直墙面，如采取立柱式、墙壁式、牵引式等立体种植方法形成的"蔬菜树"景观；盆栽式种植方式适用于个人兴趣培养，需借助花盆或其他外界容器进行种植，其改变方式可从容器、植株两方面着手。如创意盆栽的奇异化，容器可从陶瓷、玻璃、金属等常用材质更新至木质、橡胶、砖块等不常用材质，从球状、杯状、长方体等常见形状更新至人偶状、书本状、鞋状等奇异多变状等。植物可从选择各类仙人掌、多肉多浆类型到食用观赏两相宜的果蔬类型，从正常大小体积更新至袖珍微缩体积等。容器、植物的改变也可同时进行，两者互相协调融合，创意盆栽才会更有新意（见图3）；水培式种植方式的适用园艺对象为水生、湿生类植物，但结合无土栽培原理技术加工后对象可增加至原先土培的蔬菜（如空心菜、西洋菜、莲藕、水芹、豆瓣菜等），经过人为后期处理后对象可变为迷你版水培植物；② 品种类别：即在常见普通原品种的基础上通过嫁接、克隆、转基因等科学手法和栽培技术培育出特种新品或改良奇品。其特点在于高产、优质、抗病虫害、造型奇特等。如兰花难以进行遗传转化，经过转基因技术后的理想新品种既能保留兰花独有特征性状、改良兰花品种又能增加产量、抗病虫侵害能力从而扩大商业价值。

图3　创意盆栽：人偶状容器+迷你仙人掌和书本状容器+藤蔓类植物

2）中期——新组合形式

正如古语所云"一草一木一石，皆有生命，皆是精彩"，园艺对象的组合形式不单局限于食用观赏并存的果蔬、生态美观的植物，而应配合外部介质达到生境、画境、意境3境结合的效果。考虑生态科学性、经济合理性、功能综合性、种植目的性等因素，选取合适组合种类搭配，在变化与统一、节奏与韵律、对比与调和、创新与艺术等原则中均衡画境从而升华至灵魂、精神、文化层面的意境。如对于花盆，在原有单种植物基础上增加生态习性相近的植物花卉或水果蔬菜以丰富盆内景观，借助繁殖栽培技术和园艺体验者对美的自我理解可将一个破花盆演绎成一个植物小王国（见图4）；又如石子、木片、植物、泥土这些简单元素注入文化精髓组合而成的具有日式禅意的盆栽作品（见图5）等。当一个物体（生境）被视为生命看待，加之人为思想的倾注（画境），那它便成了一件艺术品（意境），这就是新

图4　盆栽内的植物小王国　　　　　　图5　日式禅意盆栽作品

组合形式的最高境界。

3）后期——新销售模式

传统销售模式为花鸟市场、田园菜地，园艺爱好者的体验仅从植物果蔬成型后开始，越过幼苗期直接进入生长期，使得园艺体验过程压缩。有些都市人群碍于时间和技术问题，对于种植过程中的播种、浇水、修剪、施肥、除草、杀虫等环节参与度不够，其中浇水、收获栽培过程占大多数。即使有相关园艺经验的园艺体验者也只能对某一或某些少数园艺对象进行小规模种植。面对这一问题，从网络虚拟到现实生活的"开心农场"可解决技术、时间两大阻碍，对于有兴趣者可体验更多园艺种植环节、生产属于自己的农作物，对于菜农可改变传统销售形式（销售自己种植的蔬菜→销售种菜的手艺），达到双赢的和谐局面。① 对于爱偷懒的园艺爱好者，可选择一些春天播种、秋天收获且平时护理较少操作较容易的农作物，如花生、玉米、白薯；② 对于没有经验的园艺爱好者，可向开心农场内专业农艺师咨询，获得免费技术指导；③ 对于没有时间的园艺爱好者，开心农场可推出托管服务，代为管理菜地（托管服务可包括播种、施肥、杀虫、除草、浇水、收获等一系列栽培过程）。

2.2　以"育"为主，开创文化感受型项目

1）针对食用作物型

食用作物型特点侧重可食用性和营养价值。作为农作物而言，"育"的主要对象为学生人群，表现手法为展示农作物生长各阶段状态（如选种、育苗、生长、成品阶段）、开设农作物专类园，旨在培养都市新一代对农业的认识，优点在于可通过亲眼所见、亲身接触感性地认识农作物、区分农作物，将书本上的农文化生动具体化；作为食物而言，"育"的主要对象是居家人群，表现手法为利用都市家庭住房空间（如屋顶、阳台、庭院、角落等）种植的家庭菜地，旨在体会"谁知盘中餐，粒粒皆辛苦"的真谛，优点在于在有限空间内还原农业生活的微缩场景、体验田园牧歌般的野趣生活并在收获期间可随时采摘无公害、有机健康的蔬菜作为食品素材来源（见表2）。

表2　原生态家庭农场——家庭菜园蔬菜简表

蔬 菜 特 点	蔬 菜 品 种
周期短、速生	小油菜、青蒜、芽苗菜、芥菜、青江菜、油麦菜
收获期长	番茄、辣椒、韭菜、芫荽、香菜、葱等
节省空间	胡萝卜、萝卜、莴苣、葱、姜、香菜等
易于栽种	苦瓜、胡萝卜、姜、葱、生菜、小白菜等
不易生虫子	葱、韭菜、番薯叶、人参草、芦荟等

2）针对观赏果蔬型

观赏果蔬型特点侧重观赏价值，其应用形式有两点：① 创意盆栽。区别于一般植物盆栽，创意盆栽选材对象为具有较高观赏性的水果、蔬菜，其组合选择多样、搭配形式丰富。由于盆栽体积小、占地面积有限，除室外大面积种植造景外也适合各类室内空间（如家庭室内、商务办公楼、餐厅、酒店、茶室等商业空间内）摆放；又选材新颖、易于管理，是都市园艺体验的一个良好载体，也是农元素在都市（商业）景观营造中的体现；② 园艺装饰小品DIY。园艺DIY店的开放满足城市人群"不仅爱看花，而且爱种花"的心理，其DIY选材对象为观赏花卉，而有些瓜果蔬菜也同样具有种植体验价值，园艺爱好者可通过自己的手、脑、心创作属于自己独一无二的创意装饰小品，并带回家作为空间摆设或赠送亲友。可以说，园艺DIY是农业元素在都市生活中的创新应用。

3）针对花卉植物型

花卉植物是自然界的恩赐，植物自身的光合作用可吸收二氧化碳、释放氧气，调节小环境气候，增加空气湿度，某些特殊植物还可起到吸收有毒有害气体、驱蚊杀菌等作用。现阶段对植物的利用无非空间造景、营造氛围，抑或是插花艺术、盆景造型爱好者的一个兴趣表现。花卉植物不仅可以培养人们对艺术美感的追求，更能激发城市人群对自然生态的向往，国外风靡的"园艺疗法"甚至对病人患者康复起到很大的帮助促进作用。园艺疗法对象为身体及精神方面有待改善的人群，它是一种借助植物栽培和园艺操作活动从社会、教育、心理、身体等诸多方面进行调整更新的辅助性治疗方法。对于高压都市白领、老年人、抑郁症患者等人群，可通过在自然环境中整地、挖坑、搬运花木、种植培土、浇水施肥等栽培手段消除不安心理、改善急躁情绪、缓解精神压力、加强身体素质；也可通过视觉（植物的色彩、叶花果的形状等）、触觉（植物花茎叶的质感）、嗅觉（植物的花香、果香）、味觉（植物结出果实的味道）、听觉（风吹动植物的声音、花开叶落的声音等）五感刺激身体感官，以"绿色"治疗手段达到复健养生目的（见图6）。

2.3　以"技"为主，开发科学技术型项目

无论是农作物或植物从一颗种子或是一株幼苗发育到一个成品，其生长栽培过程需要人为控制，否则很难较好存活。生长过程涉及内容：① 园艺生产用具，如栽培容器、铁铲、花洒、水桶、各类不同用途剪刀（整枝剪、采果剪、手工艺剪、高枝剪、绿篱剪、环割剪等）、各类不同用途锯子（修剪锯、高枝锯、折合锯、嫁接刀等）。② 园艺栽培手法，水分管理、温度管理、光照管理、基质管理（土壤、水体）、除虫技能、追肥疏苗技能等。③ 园艺培养技术，温室大棚培养、植物激素运用、嫁接繁殖手法等。对于缺乏园艺经验的都市人，除了亲身体验种植外，也可参观园艺方面的各类展馆，感受传统农文化与现代科学技术的结合。如每年举办的各地园艺博览会、园艺工具陈列馆、园艺栽培手法体验馆、园艺技术科教馆等。

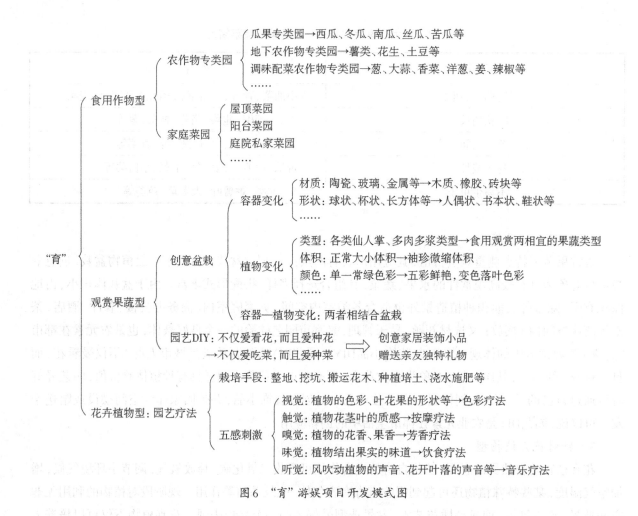

图6 "育"游娱项目开发模式图

3 总结

都市园艺体验游娱项目的构建是未来都市农业生态休闲产业建造的关键之一,都市人群通过园艺将城市生活与农业体验相结合,达到身心上的娱乐放松。本文提及的创意盆栽、现实版开心农场、家庭菜园、园艺DIY、园艺疗法等项目概念现阶段均有开发,但其挖掘深度、适用广度、时间长度仍有待考证和加强。现代都市园艺体验游娱项目的建设势必会为农元素在商业化高速发展的今天带来新的契机、开创新的奇迹。

园艺疗法在商务办公室内空间的运用

韩金竹　张建华

(上海商学院旅游与食品学院,上海201400)

园艺疗法起源于17世纪末的英国,随着社会的不断进步,其他诸如美国、日本等国家相继展开了对于园艺疗法的研究。近年来,随着园艺疗法的深入研究以及实践活动的迅猛发展,园艺疗法已成为当今社会备受人们瞩目的一项社会公益事业。随着其重视程度的不断增加,园艺疗法的运用也被广泛地应用于公共空间及室内空间之中。

园艺疗法（horticultural therapy）是一个具有广泛意义的术语，是指通过园内的环境以及对园艺的操作，使得置身其中的人们在身体以及精神方面得到全方位的改善。园艺疗法有别于以往通过药物及机械进行治疗的一般疗法，它主要以植物为主为人们提供治疗。园艺疗法包括治疗性的庭园（healing garden）设计和实质操作的园艺治疗活动。治疗性庭院设计主要通过植物散发出的负氧离子、叶色、花色、香味以及庭院景观对于人们的身体及精神状况带来一定的正面影响。实质操作的园艺治疗活动则是通过人们对于植物园艺的实践操作，在搭配出符合大众审美眼光的园艺景观的同时，也可达到锻炼身体、提高免疫力的情况，同时也可以树立起人们的自信以及成就感，于身体及心理达到双赢的效果。

随着社会竞争的日益激烈，人们常年忙于工作，终日坐于室内工作导致现代人们不但缺乏身体锻炼，而且在精神上也遭受着极大的压力。人们的身体如若常年不进行身体锻炼，其身体机能将会出现明显的衰退，从而导致生理功能的降低、精神萎靡、心理消极等。园艺疗法通过植物景观、植物色彩、植物散发的气味、负氧离子以及合理适度的园艺活动对人们的身心带来一定的疗效。通过园艺景观中不同植物呈现的不同色彩可以给人们带来不同的视觉刺激，不同的芳香植物带来的嗅觉刺激，不同质感的植物带来的触觉刺激，风吹树叶摩擦声、雨打芭蕉声带来的听觉刺激，这几种不同的感官刺激为人们带来静谧闲适的感觉体验，达到减弱和消除人们病情的效果，同时这种闲适的氛围可以为长期处于激烈社会环境下的都市人从紧张的节奏中解放出来，从而达到减轻压力的效果。

实际操作的园艺治疗活动作为园艺疗法的另一种主要治疗手段同样具备了多种治疗效果。通过人们对于植物的栽培种植以及对于花草盆栽的修剪，在消耗体力的同时，还可抑制冲动，久而久之有利于形成良好的性格，并且在面对有生命的花木时，人们在进行园艺活动的时候要求慎重并要有持续性及良好的种植时间安排，这将有利于培养忍耐力与注意力并且可以使得人们的行动具有一定的计划性，增强责任感，而这些正面的心理培养无疑对于商业工作者来说有着极大的有益作用。

1　园艺疗法于商务室内空间的运用形式

经过多年的园艺疗法的研究与发展，园艺疗法早已不再局限于公共园林及公共医疗机构之中，取而代之的则是更为广泛的应用，而商务室内空间的园艺疗法运用正处于发展阶段，而其发展对于社会中的工作人士将带来极大的正面效果，而其中商务室内空间的园艺疗法运用形式也有别于公共空间。

1）园艺治疗

商务室内空间的园艺治疗有别于公共空间的园艺治疗，它不能像公共空间一般设置大面积的园艺空间，以此提供人们足够的空间进行园艺栽培，商务室内空间只能通过小型盆栽来实现园艺治疗这一目的。在商务室内空间的员工公共休息处、公司走廊、大厅、员工办公桌都可设有大小不一的植物盆栽，通过员工平日对于工作桌及休息室内盆栽的栽培照料，可以达到园艺治疗的目的。常日的植物栽培可以使得常年处于紧张工作所积累下来的心理压力得到相应的舒缓，从而摆脱心理压力所带来的心理疾病，增强活力，使得室内工作者能尽快地忘却烦恼、疲劳并且加快入睡速度，使得精神更加充沛。定期的盆栽处理养护，可以使得人们在平日的行动中形成一定的计划性及责任感，同时共同进行植物栽培可以使得员工之间除了平日话题以外多出一项园艺话题，使得员工之间产生更多共鸣，促进交流，这样可以令人们之间产生更多的交流，更多的默契，从而提高其社交能力，培养更多的有用之才。不但是在商务楼之中，在酒店、商店中同样也可以达到这种效果，并且在利用植物对自己生活环境进行美化的同时，大力提倡室内工作者扫除落叶，摘除枯萎花朵还可以提高人们的公共道德意识。

园艺活动对于现今常年处于室内空间中的工作人员来说是极其重要的,经常性的园艺活动不但能舒缓人们的心理压力,还能形成良好的性格,同时经常性的园艺栽培还可以解决都市人们经常工作缺少锻炼的遗憾,达到强化运动机能的效果。因此,园艺治疗对于商务室内空间的工作人员来说是极其重要的(见图1)。

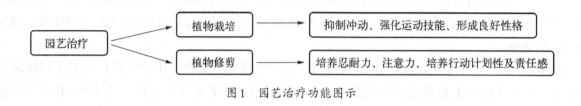

图1 园艺治疗功能图示

2)环境治疗

除了园艺活动可以达到治疗效果以外,植物本身同样可以达到治疗的效果即环境治疗。植物的叶色花色、散发出的香气以及触摸叶片枝干所带来的触感都可以达到一定的治疗效果。

（1）触觉刺激:作为商务室内景观园艺疗法的运用,对植物叶片、枝干、花瓣的触摸对于人们的感官刺激起到了一定的作用。诸如绒毛的叶片,光滑的、肉质的叶片、粗糙的树皮枝干等都将刺激到人们的不同感官,而这将为室内空间的人们带来一种仿若是置身于自然环境中的感觉,而这种体验和刺激将极大地舒缓人们因工作所带来的紧张和压力,从而达到缓解压力的治疗效果。

（2）视觉刺激:对于观赏植物对人心理和生理的影响,加柯勒(Jakle)认为颜色对人们感知周围事物有很大的作用。通过周边不同颜色的植物可以为商务室内空间的人们带来不一样的视觉体验,从而达到不同的治疗效果。日本早先对于植物和绿色景观的视觉性对人的心理评价的研究较为深入,通过测定人体眼球运动及脑波变化的方式,进行观赏植物色彩、形态对人心理影响的研究发现在绿色植物环境中男性 α 波/β 波的比值最高,对应身心最适状态,而女性在红色环境中比值最高,在黄、紫色环境中男女差别不明显,并且自然植物形态比人工形态更具有减少压力和促进放松的作用。由此可见,相对于人工形态景观,自然植物对于人们的视觉刺激更为有效,并且不同的色叶树种对于氛围的营造也会起到不同的作用,例如暖色调可以激起人们正面的思想情绪,冷色调则可以给人们带来祥和静谧的感觉,不同的感觉氛围对于缓解室内工作人员的内心压力将达到不同的效果。

现今有诸多研究围绕着园艺疗法展开,其中乌尔里希(Ulrich)、日本的山根及学者宫崎都对于植物观赏对人们的疗效进行了专业的研究,其中研究发现有花有色植物对于缓解人们压力和消除焦躁情绪有着极大的作用,并且还有助于培养人们的忍耐能力。由此可看出,在商务室内空间中运用园艺疗法的视觉治疗将对于常年处于办公室内有着极大压力的工作人员来说有着极大的作用,缓解压力、消除焦躁、培养忍耐能力无疑都将为商务室内空间的人们带来正面的治疗,并且这些也将提高工作人员的工作效率,因此在商务室内空间中运用园艺疗法是极其重要的。

（3）嗅觉刺激:环境治疗除了视觉刺激能够给人们带来一定的治疗效果以外植物所散发出的香气带来的嗅觉体验同样也有一定的治疗效果。植物所散发出来的香气可以在一定程度舒缓室内人们紧张的心情,营造舒畅的环境氛围。除了植物散发的香气可以令人们舒缓压力以外,植物散发出的负氧离子同样可以达到治疗的效果,相对于香气给人们带来的心理治疗,负氧离子则是对于人们的身体带来更为直接的身体治疗,对于室内空间植物较多的环境下,其负氧离子浓度将比一般室外环境要高,而这将达到降低血压、缓解肌肉疲劳以及提高新陈代谢的功能,对于商务室内空间中终日工作的人们来说有着极大的治疗意义(见图2)。

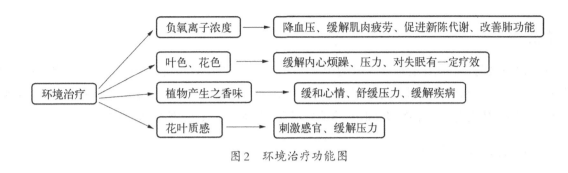

图2　环境治疗功能图

3）芳香型药用植物治疗

芳香植物在室内空间中运用极多,植物散发出的香气及负氧离子均对人们的身心有着极大的好处,然而单单缓解压力的植物香气并不能完全起到疗效的作用。园艺疗法在商务室内空间的运用应该更为全面广泛,为此芳香型药用植物的引入便可以一方面达到园艺疗法的效果,并且同时对于室内工作人员的身体健康起到治疗效果。如白术和川芎散发出的挥发物便有改善微循环、降低血压、增加脑血流量及镇痛、调节心血管功能、抗凝血的作用,快乐鼠尾草挥发物让人放松,对于神经紧张、虚弱、恐惧等身心症状有缓解的作用,罗勒的挥发油能安抚神经紧张、消除焦虑、疑惑等症状;薄荷的气味能疏肝解郁、兴奋中枢神经系统。众多的芳香型药用植物多可以以盆栽的形式设于商务室内空间之中不但能起到嗅觉、视觉、触觉的刺激,同时植物的挥发物对于人们的身体起到了治愈的效果。

2　结语

园艺疗法已不再局限于公共空间,商务室内空间同样可以作为园艺疗法的平台,为室内工作的人们提供健康的治疗,对于人们常年工作在压力下逐渐形成的诸多身心疾病,园艺疗法在商务室内空间的运用应该受到当今人们极大的重视。

基于绿量变化的安静空间植物配置对策
——以校园学习空间为例

陈　莹　张建华

（上海商学院旅游与食品学院,上海201400）

摘要: 室内绿饰设计已成为室内景观软装潢的重要组成部分,因地制宜的植物景观布局设计能够在不同的室内空间中,产生当下空间环境所需要的视觉效果。设计中除了植物的种类、形态和摆放布局以外,室内绿饰景观的绿量对于人在该空间下的心理状态变化有着重要的诱导作用。本研究以学习空间为研究场所,旨在寻找植物绿量的变化情况与在室内学习的受试者产生的心理状态之间的关联,研究结果表明,不同植物绿量和色彩种类数的学习空间,对人体心理产生的影响不同。当空间内的绿量达到0.8%左右时,处于该空间中学习工作的人达到了最佳的心理状态;单一的植物色彩布置或是多于3种的色彩布置都不利于使受试者产生平缓的情绪。依据此结果,本文提出了室内景观植物绿量和色彩种类配置的原则。

关键词: 绿量;室内绿饰;心理状态

1 绪论

绿量以及其与色彩的组合能够对人的视觉产生直接的影响,同时间接地产生心理影响,将这一抽象的概念通过实验和数据分析而得出定性结论,有助于探究在一般工作学习的空间下,如何更合理地布局植物绿量,从而提供一个能够降低人的烦扰程度,提高工作效率和学习效率的新思路。

1.1 室内绿色设计的重要性

图书馆阅览室是人群相对比较密集,同时人员流动量较大的公共场所,而室内观赏植物已经成为美化图书馆环境不可或缺的一部分,所以有必要对阅览室的绿饰进行全方位、多角度、多层次的考量与设计,从而营造一个有利于工作学习的环境,有助于提高师生的工作和学习效率。合理科学的室内绿饰设计可以吸引更多的读者,这不只是功能上的需要,同时更是读者精神上和心理上的需求。因此,在此次研究中,从图书馆整体环境出发,通过综合运用园林景观设计和艺术方法,使图书馆阅览室的内部环境达到统一和谐,为读者创造出一个良好的环境,这不仅仅体现了图书馆以人为本、知识至上的理念,还具有积极推动大学生成长成才的意义,对于促进当代大学生全面发展,发挥出其他教育方式所不可替代的功能。

1.2 绿量的概念

绿量,又称为三维绿色生物量(living vegetation volume),这一概念能够比较准确地反映出植物构成的合理性和生态效益,此前,对于绿量概念的定义大体有两种定义方式:一种认为绿量就是指绿色植物茎叶所占据的空间体积,从生态学以及植物茎叶两者的生理功能作为基本点来探究,通过对茎叶体积的计量来表示植物的绿量这一概念。另一种说法是叶面积学说,这一学说是根据植物的胸径、叶宽和叶长等数值综合计算来确定植株或植株群落的绿量。这一种绿量的计量方式需要研究人员测定每种植物的叶宽、叶长等数值后才能够计算出区域绿量,这一确定方式需要工作量巨大的先前调查,但是计算的过程较为简单,而且可以相对比较准确地反映出植物或者植物群落的生态功能,因此这一方法被广泛应用。本文以植物的体量大小为重要参数,以绿色植物茎叶所占据的空间体积作为衡量植物绿量的指标,即采用了三位绿色生物量研究了人眼直观感受到室内绿饰后的心理反应。

1.3 室内绿饰效应研究现状

随着生活节奏加快,工作压力增大,人们越来越注重对于工作学习的景观空间的绿饰设计,针对不同空间的特点与性质,选用不同种类的植物进行室内空间的美化。然而室内环境下绿饰数量的指标——绿量,对人体的心理、情绪和感受上有着同样的影响。绿量的变化对处于工作或学习状态中的人起到了稳定其情绪或是增加其烦扰程度的作用。国内外的诸多文献资料已经研究了关于植物对于室内环境所起到的各种积极或消极的作用。2011年阎莉瑾在《山西林业》发表的《浅谈园林植物色彩艺术》中提出使用绿色盆栽对于室内进行绿化并对室内低频噪声源进行遮挡之后,人的心理对低频噪声的烦恼度有较明显的降低。植物的线条和美的色彩能够带给人们心灵、感观上的愉悦,使人从视觉上直观地被植物的颜色与外形所感染激发内心的心理波动。2006年赵立曦在《浅析芳香植物在园林中的应用》中认为,合理地发挥芳香植物在植物配置中的作用,运用嗅觉感受作为视觉感受的有益补充,虚实相结合,可以使园林的艺术效果得到更加完美的展现。其他研究文献如梁英梅在2011年的《论室内植物绿化美化装饰》、姚鹏在2006年的《室内植物景观设计研究》、孟欣慧在2007年的《室内植物景观设计调查研究》、孙中和在2000年的《室内绿饰的配置艺术》等都涉及室内观赏植物的种类、色彩等方面对于改善室内环境的巧妙运用,可见绿饰的色、形、味几方面特征已经广泛地为人所重视、被人研究,并且使人受益。但是,涉及植物绿量的研究却尚为少见,人们直观的印象只停留于一个室内空间有或无植物的基本观点,至于具体在特定空间放置多少植物,在不同的空间摆放怎样类型的植物,或者不同的植物能够产生怎样的心理影响,这些问题都没有被仔细地研究和探讨,而解决这些问题对于室内绿饰空间的设计来说,能够起到至关重要的作用。本文所设定的研究空间为校园图书馆的阅览室空间,空间的特点由其空间用途所决定,即为在阅览室中学习的师生提供一个安静、舒缓与和谐的氛围,从而对人的心理状态起到一个平缓的辐射功能。

2 实验设计

1)实验材料

仪器:脑电波心理测试仪Pb-1

建模软件:sketchup 8.0

实验地点:上海商学院

研究对象:在校学生

2)实验方法

组织过程:随机选取在校学生25名,年龄层次为20~23岁。选取该年龄层的受试者是由于该年龄层和身份的受试者对于模拟的阅览室空间最为熟悉,对于该空间内绿量变化具有最为直观的感受。

研究方法:采用定向提问的方法,探究在室内空间下绿量达到多少的范围能对在阅览室内的人群产生最佳的稳定心理状态的作用以及在给定的空间环境下,怎样的色彩数量组合能够产生最佳的视觉和心理效应。

实验选用脑电波心理测试仪,实验所模拟的室内空间环境即为一个由sketchup建模而成的3D阅览室空间,如图1所示。该空间形象地创建了一个受试者平时工作学习所熟悉的环境,这有助于受试者产生一个较为准确的心理状态变化。在实验开始前告知受试者在即将观察到的5张硬质景观相同的

图1 sketchup建模下的图书馆阅览室

阅览室图片,观察空间中绿量的变化,感受哪一个空间最能使得自己心理舒缓,对该阅览室的喜好程度最高。在进行适度的语言引导后,在屏幕中播放在同一阅览室的5张空间图片,改变该空间内绿量,由0开始的初始值递增至空间容积的2%,记录25名受试者的脑电波心理变化波动曲线。

3 结果与分析

3.1 绿量对脑电波的影响

研究表明,当图书馆内的绿量达到0.4%~1.2%的区间,尤其在0.8%左右时,脑电波的峰值均数是最高的,也就是说,在该绿量下,图书馆中的同学感到在当下的环境中的学习最为舒适与平和(见图2)。通过研究在图3中的综合曲线趋势也能够发现,当绿量达到0.8%时,2 s内表示心理舒缓程度的曲线波动最为强烈。这个结论在图4的综合评分结果中也能得到印证,观察5个不同绿量的心理影响综合曲线后,不难发现受试者在绿量达到0.8%这个数值的时候,相对来说曲线起伏最明显,即心理的波动是最大的。

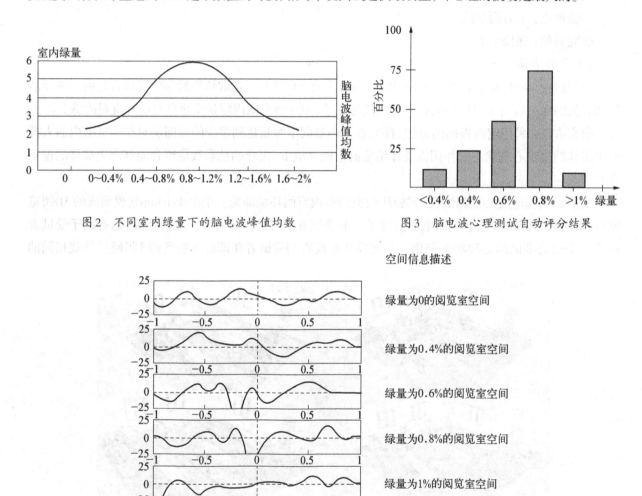

图2　不同室内绿量下的脑电波峰值均数　　　　图3　脑电波心理测试自动评分结果

图4　绿量心理影响综合曲线

因此,当空间内的绿量达到0.8%左右时,处于该空间中学习工作的人达到了最佳的心理状态。事实上,达到这一心理状态的要求与该空间的功能有密切联系,换句话说,该空间需要的绿量应该维持在一个较为固定的数值。这一系列适用于校园图书馆阅览室的数据以及分析结果,为某些需要安静氛围的空间进行绿饰设计提供了参考意见。比如说,城市中常见的博物馆同样可以借鉴这个研究结果,通过绿饰量的改变,为进入馆内欣赏展品的人们提供最适宜的欣赏环境。

当绿量达到0~0.4%与1.2%~2%这两个区间内时,受试者反应的脑电波波形显示平缓,结合实验开始前的引导性条件,该平缓的波形即表示对于该绿量环境下的图书馆空间不是一个适宜的绿量空间。对于需要一个心情平稳条件下进行活动的景观环境来说,显然具有适度的绿量空间相较于过多或是过少甚至没有绿化的情况下,更易于使人产生平静的心理状态。但是利用这一反面的结论可以适用于商场、体育场所、酒吧等娱乐性动态活动环境,使人产生一个更倾向于消费、活动、交谈的空间环境。

比较0~0.4%与1.2%~2%这两个区间,可以发现后者区间内人的舒缓程度要小于前者,可以推测的是当一个室内空间具有极少量的植物与具有相对较多的植物时,相对少量的植物能够比相对多量的植物给人带来更多的平缓度。通常意识下,植物能给人视觉舒缓的作用,然而这一结果揭示了植物的舒缓作用有赖于其适度的量,当过多的植物充斥于一个狭小的室内环境下时无法使人产生舒缓的心理状态,反而会使人感觉室内空间非常拥挤和压抑。这一数据倾向又与同等大小室外环境下的绿量形成相反的结论,心理学家已经研究指出,大自然的绿色植物在人视野中当占到25%时,人的精神尤为舒适,心理活动也会处于最佳状态。试想在一个开阔的花园空间内,人穿梭于多量的植物环绕间却能产生良好的、平静的心理状态。这一室内外不同的数据结果有助于室内景观空间下进行绿饰设计时应该考虑的一个封闭性或半封闭性,考虑其与室外空间的不同特点,掌握一个适度设置植物量的准则。

当室内空间极为有限,易使人产生压迫感和紧张感,通过适度的绿饰设计能够有效地改善小体量空间对人产生的心理负面影响。通过上述对于空间内绿量极度多和极度少的比对,对于通过绿饰设计来缓解较小空间内的消极心理影响具有一定的启示作用。空间体量较小时,仍使植物绿量达到本文实验所研究的阅览室空间的0.8%,会使空间产生拥挤感和植物的累赘感。所以,充分利用植物的布局设计,使之减少到空间体量的0~0.4%时也能够产生一定的舒缓作用,在此空间下应该充分利用重点装饰与边角点缀。重点装饰是形成视觉焦点的一种布置方式,通常利用植物的色、形来吸引人们的视线,起到对于空间画龙点睛的作用。边角点缀即为充分地利用起小空间内的剩余空间,如桌边、墙角、窗台等空间摆设绿饰,通过零散的布置达到一个整体空间上绿量的积累,使整个空间丰富而生动。以上两种设计原则均可结合绿量的多少,以实际的空间功能、体量作为考量标准,营造出一个多层次、多功能、多感受的绿饰空间环境。

3.2　色彩种类对脑电波的影响

当实验所模拟的100 m² 阅览室空间达到0.8%绿量时,选择改变环境内植物色彩的搭配种类,由1种色彩逐渐递增至7种,并告知受试者观察哪一张图片内的环境最有助于形成平静,舒缓的心理状态。测试结果表明(见图5),受试者对于当下环境内色彩的种类有着明显的偏好。当100 m² 的阅览室内有2至3种颜色的植物时,受试者脑电波显示出的峰值数最高,即他对于该空间表现出更为平缓的心理状态。

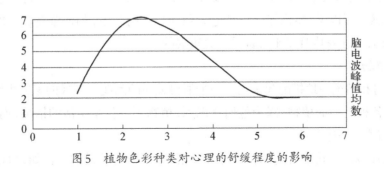

图5　植物色彩种类对心理的舒缓程度的影响

因此，单一的植物色彩布置或是多于3种的色彩布置都不利于使受试者产生平缓的情绪。那么，在为特定空间布置植物的时候，就很有必要将植物的色彩种类考虑进去，颜色过于单一或者过多都将产生消极的心理影响。

4 室内空间的景观植物配置

4.1 适应心理需要的植物配置

1）着眼空间特征

对于学习空间内的绿饰布局，依据其空间特点可以采用边缘布置和点缀布置的方法。首先，在维持室内空间一个适度量的前提下完善室内绿化景观，是最大限度发挥植物的装饰作用的基础。由于学习空间内剩余空间有限，充分利用各种角落空间、墙面空间进行平面和立面的多种布局方式，有利于在有限的室内空间下产生多样化的植物设计模式。如果尝试在沿墙位置多摆放一些落地盆栽，这样既不影响师生行走，又起到装饰空间的作用。如于2010年投入使用的浦东图书馆，作为一座现代化的新型图书馆，其馆内的绿饰也采用了独具匠心的设计，尽管图书馆总建筑面积60 885 m²，拥有阅览座位约3 000个，但它的室内绿饰部分却充分利用了剩余空间，营造出一个植物量恰如其分的绿色环境，在不经意间，合理地利用了绿饰部分，使其感染整个阅览区域空间。浦东图书馆的成功充分说明了一点，对于室内空间的绿饰设计来说，要懂得去利用空间的高度和广度，如角落、拐角等细节注重这些细节并加以点缀，可以起到"画龙点睛"的作用。

其实，充分利用空间这个意识不只是针对室内的景观设计领域，这个空间意识是一个建筑学上的理念，在进行室内绿饰设计的时候，如果能将这一点运用进去，会增加整个室内空间的立体感，使其更加饱满。因此，在阶梯、图书馆入口，或者是馆内的廊柱等位置适量地摆放植物加以点缀，都有助于营造一个安静、舒缓却又生机盎然的学习环境。

由此可见，一个空间内摆放的植物数量并非多多益善，而是要关注细节、恰到好处。实际空间内，绿色景观的布置与摆放除了产生植物种类变化的直接影响，其植物的量的变化范围也间接地对空间内人的感官、心理、情绪起到了重要的作用。前文中的数据显示，在积极影响区间的范围内，受试者对所观察到的图书馆空间表现出一个最为舒适的心理状态。这一结果可以将其应用到许多拥有工作或者学习用途的景观空间，在商务办公楼、公共图书馆、医院和科研办公实验场所等一类需要为人们提供舒缓平静空间的地方。例如，许多医院都很注重病房环境，会在病房放置一些绿色植物盆栽，这是考虑到前来医院的病人们或者病人亲属们往往带有一些紧张和焦虑的情绪，而适量适度的绿饰点缀能够起到缓和他们心情的作用。

诚然，室内绿化设计有许多好处，但是，在一个有限的室内环境下必须去考虑关于适量的问题。大部分室内环境的绿饰只是室内空间的辅助点缀物，是调节室内氛围的一种手段，过多的绿化陈设会占用室内空间，使得空间内其余功能无法充分发挥其作用。此外，滥用绿化还将使室内环境变得"俗气"，给人以堆砌之感。所以说，室内绿化设计毫无疑问是一门艺术，如何维持适当的绿饰量，如何利用室内空间进行布局，对于室内环境来说都是至关重要的。

2）适度配置植物

不同的植物如何和谐统一地搭配起来也是一个值得关注的问题。现代的家庭生活中，越来越多的人选择在家中摆放各种类型的植物，因为他们意识到，植物不仅仅是生活的情趣，而且能够为本来普通的房间增添一分生气、一抹美丽。

同样，对于图书馆来说，选取合适的植物并加以搭配，是颇为关键的。比如，可以在墙角、入口等选用龙血树或散尾葵等植物。龙血树和万年青以及雏菊能够减缓计算机等电子设备所散发的化学辐射等有害物质,对于长期在图书馆中使用笔记本电脑的师生来说非常适用;在窗台上可选用金边虎皮兰、合果芋、紫鸭跖草、绿萝、花叶芋等;在桌上放置体量相对较小的文竹、秋海棠、冷水花,仙人掌、宝石花等起到吸收辐射的作用又能起到遮挡作用。 此外,一些竹芋科的多年生常绿草本观叶植物如红背竹芋、斑叶竹等适合作为落地盆栽进行平面装饰,百合科的吊兰等植物则适合以作为立面装饰在墙面和窗台位置点缀空间。例如春芋、合果芋、水塔花、吊住梅、文竹、蓬莱松、酒瓶兰、富贵竹、朱蕉等一些可以放置数月之久,植株生长不会受太大影响;在较阴暗的房间中也可以观赏的植物也是十分适宜的种类。在了解植物的特性之后,合理地将不同植物搭配起来,对于人们的生理和心理上的健康都是有益的。

4.2　适应色彩心理需要的植物配置方式

1）重视色彩心理特征

植物的色彩种类与植物绿量一样,应当把握一个与空间体量相匹配的原则,绝非多多益善。过多的植物色彩会使空间显得杂乱无章,无法形成一个统一的风格。更不利于空间中的人心绪安宁。然而,若空间内只有单一的一种色彩植物也会使空间显得单调呆板。所以在植物配置上应当将绿量原则同色彩原则两相结合才能事半功倍。以本实验为例的学习空间应选用以蓝、绿、黄3种颜色为主基调的植物,黄色能够提起警觉,有利于集中注意力,增加逻辑思维能力和记忆力;绿色有利于缓解视觉疲劳,起到镇静的作用,对心理压抑者有益,植物的绿色对疲劳和带有消极的情绪都具有克服作用;同时,蓝色能够降低脉搏和血压、平稳呼吸、使人感到平心静气等作用。因此,学习空间内可选用如金边虎尾兰、迷你龟背竹、冷水花、四季海棠等植物。通过植物色彩对人的舒缓作用表可以发现,在实验所设定的100 m²的学习空间内,摆放2~3种植物时,同学感觉最为舒适。

2）选择植物色彩

花的形态多样而且色彩艳丽,那么,选用恰当的花对于阅览室空间的装饰更能起到积极的心理影响。国外的研究学者发现,月季、菊花以及康乃馨中较为不多见的蓝色花品种摆放在室内进行装饰,能够使在其中的人们更好地集中精力。蓝色的花能有效地提升室内空间的美感,同时使人感觉平静,能提高读者的阅读质量、启发读者的创造性思维、调动读者的积极思维的情绪、激发读者强烈的求知欲望和探索欲望。除了冷色调以外,黄色的花具有自然清新的特点,也可以使人拥有愉快心情。不同颜色的树冠都具有使人平静的效应,但绿色树冠最能让人感到平静和放松。同时与绿色相关的事物(无论是室内植物还是照片)都给人一种祥和、幸福、安静的感觉。所以,在塑造室内绿饰环境时,应当结合将色彩美、艺术美、体量美相结合,以恢复平静、缓解疲劳、释放压力为目的的同时满足视觉上的色彩搭配的需求。在学习空间中即可以对角线对称或是以门为对称的形式布置色彩富有变化的植物摆设,在视觉上形成整齐简洁的效果,在心理上产生放松舒缓的影响。

由此揭示,在一个有限的室内空间下,选择与空间大小相匹配的植物色彩搭配数量与人的心理状态有着密切的联系。尤其是在供人学习工作的环境内,色彩繁杂的植物布置可能会引起分散注意力的效果,而单一种类的植物色彩布置可能会感到单调甚至精神紧张。所以根据景观空间的不同用途,选择不同的植物色彩搭配有助于对空间环境内的人调节心理状态,营造良好的活动氛围。不同的植物色彩在不同空间中会产生相应的情绪作用,例如红色和橙色能够使人感到活跃、热烈、温暖和明快,而蓝色以及绿色易于使人产生平静、凉爽、休闲平缓的感觉。可见,当阅览室空间选用蓝绿为主色调的植物种类并保持其绿量的适度,这样的设计前提有助于室内师生更快进入工作和学习的状态并提高效率。

4.3　植物配置在室内安静空间中的实际应用

由实验数据归纳综合所得的绿饰设计原则可以应用于许多与图书馆阅览室具有相似功能的室内安静空间,对诸多场所的室内绿化布置都具有启示作用。

1）医院大厅绿饰设计的建议

医院大厅是一个人流量较为密集而又迫切需要舒缓氛围的场所。实验中的绿饰分设于阅览室的4个角落与沿墙位置相对于另一组平行比对实验中将绿饰摆设于阅览室中央(摆设于景观空间中央的绿饰可以起到人群的疏散分流的作用)以及摆设于四面墙体上,悬挂或是其他位置,更能使人感到舒适和谐。医院大厅的空间特点与阅览室空间具有相似之处。根据其类似的特点,可以在设计医院大厅绿饰景观时,考虑采用整个大厅空间8%左右体量的室内景观植物在入口处、转角处以及收费处人流需要分流的区域进行绿饰点缀。以往,医院大厅的这一绿饰设计往往被忽视,人们会认为医院只是一个纯粹看病治疗的机构,无须在大厅的布置和设计上下功夫,其实不然,医院的大厅如果不用适量的绿饰加以点缀,很容易给踏入医院大厅的病患及其家属以死气沉沉的感觉,医院的确需要安静的气氛,但不是死板和肃穆,在大厅进行绿饰点缀不仅有助于在视觉上产生一个缓和的心理引导作用,而且也起到了对于该空间下医患家属的心理减压效应。

此外,医院不妨在人流密集等需要对人群采取疏导、分流的区域摆设适量的落地盆栽,起到引导的作用,使人群在空间内移动时更为井然有序。在色彩选择上,医院可以选择以绿色、白色为主的花叶植物如风信子、海棠、铁树等植物,原因在于,它们与医院白色的主基调相呼应的同时,这样的色彩组合能直观地从视觉上起到缓和气氛的作用。

2）商务办公室绿饰设计的建议

商务办公室是一个和图书馆阅览室空间功能相类似的室内环境,室内绿化的布局形式有点式、线式、面式以及体式4种基本的布局形式。依据商务办公室的功能,可以在遵循绿量适度的原则的前提下采用点式布局形式,在空间较为宽阔的商务办公室中央或一侧设置以体量较大的一处绿饰,在视觉上形成集中的效果,避免在相对密集的办公空间产生四处堆砌绿饰的零散感,不但可以突出现代化办公室的空间感,而且使整个公司更加简洁美观。

在体量上,仍要把握适度的设计原则,即考虑办公空间的体量大小以及裁定植物绿饰的体量大小。考虑到办公室空间需要营造的是一个使人潜心凝神工作的状态,而且公司员工的工作压力往往比较大,所以,叶面积等过于密集的植物不适合该空间,可以采用空间占据体量较大但是绿色密集程度相对较低并且不易于使人产生兴奋的植物,如在中式设计风格的室内环境,可选用梅、兰、竹、菊等传统的中国植物元素"岁寒三友"作为室内点缀,寓意内敛而高雅,使空间氛围增添一份文人的闲情雅致。以此类植物为主的办公空间在色彩上以绿色为主,可以选用2~3个种类的植物,形成色阶上的差别,同样在搭配出不同色彩的样式、减压降噪的同时,为办公室增添一份生气。

5　结论

将植物的绿量与色彩种类搭配有机地结合起来,以满足阅览室空间内人的心理需求,是植物装饰所能达到的功能的又一体现。然而仅仅满足这两个单一的原则,无法全方位地为每一个不同特色的图书馆阅览室营造出最佳的绿化环境。解决这一局限性需要设计师在设计的同时考虑及遵循各种其他植物的配置原则,在满足绿量和色彩原则的同时,还要做到因地制宜,如空间所在地理环境和植物的生长适应条件、植物的多样性变化、空间的装修风格、空间的空间体量、植物造价、人群的喜好等各方面的因素。例如,学习空间的室内空间色彩通常以暖白色调为主,比较稳定、柔和、淡雅,所以在植物种类的选择上也应与之风格相呼应，创建一个温馨明快并符合视觉心理学、视觉生理学和美学等原则的阅览室空间，正确处理主体与背景之间统一与变化的关系，要求绿饰与阅览室空间形成在变化中蕴含统一、在统一中求变化的视觉效果。总之，只有全面地考量空间的各自特质，具体条件具体分析，才能设计出一个完善、合适、合理的绿色学习空间。

多肉植物在商务办公环境中降辐射及增湿作用的研究

吴云帆　滕　玥

（上海商学院旅游与食品学院，上海201400）

摘要： 本文以多肉植物为研究对象，在模拟办公环境中检测笔记本电脑的辐射量，并通过对比实验对不同多肉植物（仙人掌、万重山、仙人球）的降辐射效益进行深入研究，实验发现多肉植物降辐射并不是因为其本身具有吸收辐射的能力，而是其枝叶的遮挡导致辐射降低。同时也做了改善室内空气湿度的相关实验，将多肉植物增湿效益与其他植物进行比较，发现多肉植物的增湿效果优于其他植物。进一步结合室内绿化设计提出合理的景观规划方案，以求在如今这个辐射大环境中找到保护人类身体健康不受侵害最适宜的绿化景观设计。

关键词： 多肉植物；办公环境；辐射；湿度

科技蓬勃发展给我们的生活带来了翻天覆地的变化，计算机已成为家庭、办公必不可少的一部分。人们使用计算机的频率也逐年攀升，然而那些看不见摸不着的电磁辐射也随之而来。人体生命活动包含一系列的生物电活动，这些生物电对环境的电磁波非常敏感。研究表明，长期低强度的电磁辐射可对人体的生理系统以及肌体免疫功能等造成多方面的、复杂性的损害，当损害积累到一定程度时，人体就会出现头疼、头晕、失眠多梦、烦躁激动、食欲减退等症状。电磁辐射在无声地侵害着我们的身体健康，如何有效地防范电磁辐射是当今的热门话题。此外，大多数办公空间空气流通较差，长期通过空调来更换室内空气，各种因素交织在一起导致办公环境微气流循环系统的不平衡。如若室内环境较干燥，将会带来很多不可预知的麻烦，造成不便的同时对人体健康也有所伤害。

研究表明，如果蒸腾作用旺盛的植物占室内空间的5%~10%，就可使冬天房间的湿度增加20%~30%，不同的植物增湿效果亦不同，多肉植物叶片含水丰富，其增湿效益是否也同样出众有待实验证明。通过资料分析发现仙人掌类多肉植物也是当前最流行的抗辐射绿植。鉴于此，本文以多肉植物为例，对多肉植物的增湿、降辐射效益进行对比研究，探究能否利用多肉植物在增湿的同时降低办公环境的电磁辐射，并提出相关景观对策，以营造舒适健康的办公环境。

1　办公空间电磁辐射的研究

1.1　电磁辐射

1）电磁辐射的概念

电磁辐射又称电子烟雾，是由空间共同移送的电能量和磁能量所组成，而该能量是由电荷移动所产生的。电磁辐射的来源有多种，人体内外均布满由天然和人造辐射源所发出的电能量和磁能量，而闪电便是天然辐射源的例子之一。人造辐射源则包括计算机、微波炉、收音机、电视广播发射机等电子设备。

2）电磁辐射的危害

电磁辐射危害人体的机理主要是热效应、非热效应和积累效应等。人体内70%以上是水,水分子受到电磁波辐射后相互摩擦,引起机体升温,从而影响到身体其他器官的正常工作。人体的器官和组织都存在微弱的电磁场,它们是稳定和有序的,一旦受到外界电磁波的干扰,处于平衡状态的微弱电磁场即遭到破坏,人体正常循环机能会遭受破坏。热效应和非热效应作用于人体后,对人体的伤害尚未来得及自我修复之前再次受到电磁波辐射的话,其伤害程度就会发生累积,久而久之会成为永久性病态或危及生命。

3）计算机的电磁辐射

计算机电磁辐射的来源主要包括CRT显示器、机箱、键盘以及音箱等。虽然显示器的屏幕都是含铅玻璃制成的,能够遮挡一定的辐射,但显示器的两侧和后部都没有屏蔽。当它们在工作时,内部的高频电子栓、偏转线圈、变压器以及周边电路都会产生诸如电离辐射（低能X射线）、非电离辐射（低频、高频辐射）、静电电场、光辐射（紫外线、红外线和可见光等）等多种射线及电磁波。此外,主机机箱的主板、CPU、显卡、声卡等设备工作时也会产生辐射。据《深圳商报》报道长期接触电脑辐射会危害人体健康（见图1）。1993年7月World Vision 杂志上指明电磁波能使人的免疫力降低,抗癌细胞的白细胞数量减少。美国在IEEE Spectrum 1995年第10期早已刊登60 Hz磁感应强度不得超过0.2 μT,否则将对人体产生危害。目前,瑞典已正式承认强度在0.2 μT以上的低频磁场对人体有害。

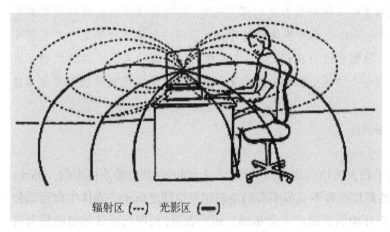

辐射区 (---) 光影区 (——)

图1　电脑辐射传播模拟图

4）电磁辐射的传播及衰减方式

电磁波频率低时,主要借由有形的导电体才能传递,原因是在低频的电磁振荡中,磁电之间的相互变化比较缓慢,其能量几乎全部返回原电路而没有能量辐射出去。电磁波频率高时既可以在自由空间内传递,也可以束缚在有形的导电体内传递。在自由空间内传递的原因是在高频率的电振荡中,磁电互变甚快,能量不可能全部返回原振荡电路,于是电能、磁能随着电场与磁场的周期变化以电磁波的形式向空间传播出去,不需要介质也能向外传递能量,这就是一种辐射,也是造成对人体辐射伤害的主要来源。

电磁波的磁场、电场及其行进方向三者互相垂直。振幅沿传播方向的垂直方向作周期性交变,根据电场强度公式（真空中）$E=kQ/r^2$可看出电场强度（E）与距离（r）的平方成反比。电磁波的波长越长其衰减越少,也越容易绕过障碍物继续传播,且当通过不同介质时,会发生折射、反射、绕射、散射及吸收等。利用这个特性,可以假设植物摆放在电脑与人之间可以将电磁辐射反射或折射,从而降低人体接收的辐射量,且根据摆放的植物不同,降辐射效果亦随之变化。

电磁辐射对人体造成的伤害与距离成反比,距离拉大十倍,受到的辐射就是原来的百分之一,距离拉大一百倍,受到的辐射就是万分之一。因此,尽量与辐射源保持距离,是减少辐射伤害最简便直接的方法。由于办公人员长期接触电脑,并且与电脑屏幕、主机等部件的距离都不超过1 m,仅仅通过距离来降低辐射、减少伤害是不可行的。因此,能否通过室内绿化来改变目前的状况是本文研究的重点。

5）植物抗电磁辐射的研究

不少杂志网站都纷纷发文章或帖子大力推荐使用绿植（特别是仙人掌类植物）来抵抗辐射。多肉植物能抗电脑辐射的说法最早来自20世纪80年代瑞士沙尔多纳地球生物学研究所的一项研究。科研人员找来一群经常头疼和疲劳的白领，在他们办公桌上的显示器旁摆放一盆仙人掌，两年后发现，这些人的头疼和易疲劳症状消失。然而该项实验并没有明确指出仙人掌有降辐射的作用。目前国内外对植物降辐射的作用效果存在歧义，研究其效果的人甚少。电磁辐射环绕在我们的身边，时时刻刻影响着我们的身体，植物绿化减轻身体负担的事实也有据可依，因此，如何生态有效地降低电磁辐射对我们的影响与伤害，该采用那种绿植，该如何摆放才能起到降低辐射的作用等都是当前亟待解决的问题。

1.2　办公环境中计算机辐射的测定

1）测定仪器与方法

于上海市徐汇区中山西路商学院六楼宿舍内（房间面积20 m²、南北朝向），模拟小型办公空间（8台笔记本同时工作，每台笔记本均运行1~2个软件）。使用TES1390（高斯计）来多次检测笔记本不同部位的辐射量，以确定辐射源位置，取多次测量的平均值。高斯计与监测点距离均为10 cm。

2）测定结果与分析

图2的测试结果显示笔记本电源适配器最大，其次就是键盘（因键盘下方是笔记本的核心区，CPU集成电路高效运作，因此辐射较大）。电磁辐射分两个级别，工频段辐射、射频电磁波，工频段的单位为μT。根据国家颁布的《环境电磁波卫生标准》，低于0.1 μT是绝对安全范围，0.1~0.4 μT是属于二级标准范围，辐射在0.4 μT以上属于较强辐射，为危险值，对人体有一定危害。因此笔记本键盘上方及电源适配器所产生的辐射高于绝对安全范围，需采取一定的措施来降低人体所接受的辐射量。

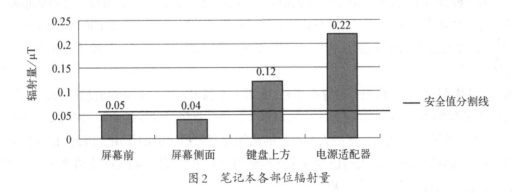

图2　笔记本各部位辐射量

1.3　办公环境中多肉植物降辐射效益的测定

1）测定仪器与方法

于模拟小型办公空间内，将3种多肉植物（米邦塔仙人掌、玉翁、量天尺）及纸片仙人掌（按照仙人掌的形状所剪裁的纸片）分别摆放在笔记本前，如图3、图4所示。并将两台辐射检测仪分别置于位置①与位置②，检测辐射量。

2）测定结果与分析

辐射衰减度越高说明该植物（或物体）降辐射效率高，由图5可看出3种植物中，玉翁的降辐射效

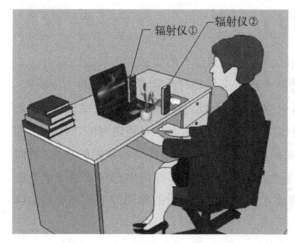
图3 （仙人掌）实验方案模拟

图4 （仙人球）实验方案模拟

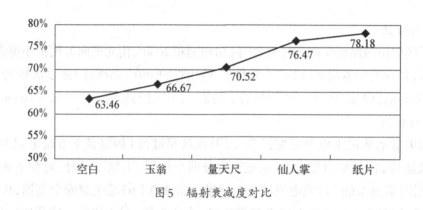
图5 辐射衰减度对比

率最低，仙人掌的降辐射作用最高，但纸片的降辐射效率却高于所有的植物，由此可见植物降辐射并不是因为其本身有吸收辐射的效用，而是枝叶的遮挡导致辐射折射或反射，从而有效降低人体所接收的辐射量。在3种植物中，仙人掌的茎叶面积最大，因此其遮挡辐射作用最明显。并由此推断出类似仙人掌的大叶片植物降辐射效果亦相对明显。虽然纸片抵挡辐射的效果要高于植物，但是从美观方面考虑，纸片遮挡不符合大众审美要求。因此，鉴于仙人掌特殊的茎叶形态，它较适合作为遮挡辐射的景观绿化选项。

目前，人们对植物降辐射认识普遍存在偏差，商贩更是利用人们对电脑辐射恐惧的心理夸大其词，声称多肉植物能够吸收电脑辐射。通过实验发现多肉植物吸收辐射仅仅是商贩的噱头，并不存在吸收辐射的功效，然而茎叶面积如仙人掌般大的植物的确能起到遮挡辐射的作用。因此，根据辐射源的位置相应的摆放仙人掌等茎叶面积大的植物有明显的降辐射效用，由此推断大叶片植物均有遮挡辐射的作用，如蟹爪莲、玉吊钟等多肉多浆植物。

2 办公空间空气湿度的研究

2.1 空气湿度

1）室内空间空气湿度舒适范围

世界卫生组织规定"室内湿度要全年保持在40%~70%之间"，人生活在相对湿度为45%~65%的环境中是最舒适的。有调查结果显示，当相对湿度为20%~30%时，80%以上的居民感到空气干燥；而相对湿度在30%~55%时，约40%的居民感到空气干燥。

试验表明,当湿度过小时,蒸发加快,干燥的空气易夺走人体的水分,使人皮肤干裂,口腔、鼻腔黏膜受到刺激,出现口渴、干咳、声嘶、喉痛等症状,极易诱发咽炎、气管炎、肺炎等病症。现代医学还证实,空气过于干燥或潮湿,都有利于一些细菌和病菌的繁殖和传播。科学家测定,当空气湿度高于65%或低于38%时,病菌繁殖滋生最快;当相对湿度在45%~55%时,病菌的死亡率较高。长期在空气干燥的室内,人体可能累积静电,一旦触碰用电产品和设备,特别是工作场所的精密设备,很容易烧坏设备,带来负面影响。

2）室内空气增湿对策及研究现状

室内环境是一个独立的微型空气循环体系,为了改善干燥的室内空气,可对空气进行加湿。如向地面洒水、放置水盆、空气加湿器、喷雾等方法实现空气保湿。同时也可养些金鱼或是水生花草,既可供观赏又能增加空气湿度。

然而当今市面上畅销的空气加湿器也存在着一定的弊端,人们享受着湿润空气的同时,室内的各种细菌也在这样的环境中生长繁殖,并容易导致"加湿器肺炎"等疾病。飘浮在空气中以及散落在灰尘里、物品上的各种微生物,一旦温度、湿度适宜时,它们就会快速地生长、繁殖,抵抗力相对较弱的老人、儿童等人群吸入细菌后容易感染。因此在选择增湿方法时应该慎重考虑。

植物的叶片,特别是粗糙多毛的或有油脂性物质分泌的叶片,对空气中漂浮物质具有较强的吸附、滞留功能,是天然的除尘器。据《青年报》报道,室内植物不仅是"空气净化器"、"氧气发生器",还是"温湿度调节器"。上海植物园科研中心工程师冷寒冰在报告中,对室内植物对人体身心健康的影响作了介绍。"植物通过蒸腾作用根部吸收水分,其中有1%用来维持自己的生命,其余99%都通过叶片蒸腾作用释放到空气中。"冷寒冰指出该过程产生了良好的降温增湿作用。不同的花卉摆放在室内,具有不同的功效。如仙人掌科、景天科的一些多肉类植物夜间可以吸收二氧化碳;丁香、茉莉、玫瑰、紫罗兰、薄荷可以使人放松,精神愉快。综上,利用植物自身的蒸腾作用来增湿既环保又健康,是十分值得考虑的增湿方法。

2.2 办公空间空气湿度的测定

1）测定仪器与方法

测定地点为上海商学院中山西路校区办公室,南北朝向,面积约 16 m^2,层数 10,天气晴朗。使用电子温湿度计测定办公空间内固定地点的湿度情况,并记录下一天的变化值。

2）测定结果与分析

从图6中可以看出,办公室内相对湿度在1天的时间里变化情况为先升后降。早晨的空气湿度均低于45%,直至中午空气湿度有所上升,而到了晚上6点室内空气湿度则呈现下降趋势。人生活在相对湿度为45%~65%的环境中是最舒适的,因此该办公空间空气湿度仍有待改善。

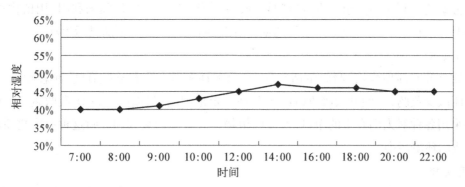

图6　冬季办公室空间相对湿度变化

2.3　办公环境中多肉植物增湿效益的测定

1）测定仪器与方法

测定地点位于上海商学院中山西路校611寝室,使用的仪器有电子温湿度计仪器(sport star)、密闭容器(自制密闭容器为台柱状,体积10.9 dm³,顶部透明,光线可透入,便于观察仪器指数变化)以及植株大小相近的绿植(绿萝、万重山、马拉巴栗)。将3种不同植物放在密闭容器中,观察温湿度仪上的湿度变化并记录下来,直到空气湿度达到饱和。

2）测定结果与分析

图7为植物增湿效率图,随着时间的推移,密闭容器中的湿度逐渐增加,植物的增湿速率减慢。通过数据图表发现多肉植物万重山最快达到湿度饱和点,在放入密闭容器14个小时后湿度达到饱和,而放置绿萝的密闭容器在18小时后湿度才达到饱和,马拉巴栗在20小时后达到饱和。不难看出,多肉植物万重山的增湿效率与其他两种植物相比尤为突出。

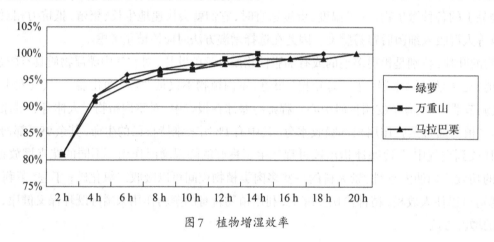

图7　植物增湿效率

3　多肉植物在办公环境中的景观设计

3.1　多肉植物在办公空间的功能分析

1）空间塑造

一般来说,现代室内绿化装饰有点、线、面3种布局方法。点状布置是独立的或成组设置盆栽植物,点的植物装饰性较强,或是有特殊的装饰效果,成为室内引人注目的景观点。根据办公室的面积大小不同,装饰的手法也应有区别。多肉植物适合以点状分布形式点缀窗台、墙角以及办公用具等空间。现代办公室趋向大空间,宽大开敞,室内用大量的植物替代了艺术品陈设,使室内更具有生机。在开敞式办公室还可利用多肉植物进行空间划分,分隔成不同大小的房间来利用,用植物划分空间显得自然,空间易形成相互渗透、视觉流通的感觉,比用隔断或屏风显得更加灵活生动。

2）生态效益

多肉植物茎叶有滞留尘埃、吸收生活废气、释放和补充对人体有益的氧气、减轻噪声等作用。其气孔白天关闭减少蒸腾,夜间开放吸收CO_2,而且在一定范围内,气温越低,CO_2吸收越多。同时,现代建筑装饰多采用各种对人们有害的涂料,而多肉植物具有较强的吸收和吸附这种有害物质的能力,可减轻人为造成的环境污染。

3）观赏美化

全世界共有多肉植物一万余种,在植物分类上隶属几十个科。常见栽培的多肉植物包括仙人掌科、番杏科、大戟科、景天科、百合科、萝藦科、龙舌兰科、夹竹桃科、马齿苋科等。多肉植物大多外形迷你，让它们成为不少白领的心头爱。不同的多肉搭配在一起效果各异，深得人心。根据多肉的形态特点将其组合搭配栽植已成为当下最流行的盆景之一。此外，独立栽培的多肉也能成为一道风景，配以合适的花盆更是一件不可多得的艺术品。对于一些景天科多肉植物在不同的温度下亦能展现不同的色彩，低温叶尖泛红，随着温度升高逐渐转绿，这种颜色的变化又为小小的多肉盆栽增加一丝魅力。在湿度和昼夜温差都相对较大时，百合科的玉露叶片顶端的"窗"会呈现出水灵透亮的状态，观赏价值极高。办公环境相对平淡枯燥，植物的绿色将在很大程度上缓解这种硬质氛围，多肉植物品种繁多，颜色各异，不同颜色的多肉植物搭配在一起能让办公桌变得活泼有趣，不再呆板单调。

3.2 多肉植物的室内景观设计建议

1）办公环境绿化植物筛选条件

相比其他科属的植物，多肉植物耐旱耐瘠薄，在日常养护过程中可以有效地节水节肥，病虫害少，且多肉植物喜欢凉爽的半阴环境，适合在室内栽植。同时，多肉植物适合粗放的管理模式，因此其能适应忙碌的办公空间环境。结合实验结果，为了减少办公空间工作人员所接收的辐射，改善办公环境空气质量，本文提出以下几点筛选建议：

（1）选择大小适宜的多肉植物摆放在电脑与人之间（太大会遮挡视线、太小则没有什么遮挡辐射的效果），建议的植物高度为8~15 cm，不高于视平线。

（2）在众多多肉植物当中仙人掌等茎叶面积较大，其遮挡效果明显，因此在选择植物时应优先考虑植物的叶面积，看其是否能起到遮挡作用。在降辐射景观设计时应优先考虑茎叶面积较大的植物。

2）适合改善办公环境的多肉植物

结合筛选条件所选出的多肉植物如表1所示，其中仙人掌的茎叶面积大，在一定的空间范围内所能阻挡的辐射也相应最多，因此为了阻挡办公环境中的电磁辐射，该类植物应该是首选。

表1 适合办公环境的多肉植物

序 号	名 称	科 属	茎叶形态大小
1	仙人掌	仙人掌科	上部分枝宽倒卵形、倒卵状椭圆形或近圆形，长10~35 cm，宽7.5~20 cm
2	蟹爪莲	仙人掌科	长圆形或直卵形，长3~6 cm，宽1.5~2.5 cm
3	玉吊钟	景天科	肉质叶扁平，卵形至长圆，玉吊钟形，长2.5~4 cm，宽2~3 cm
4	芦荟	百合科	肥厚多汁，条状披针形，粉绿色，长15~35 cm，基部宽4~5 cm

4 结论

通过多次实验发现植物降辐射并不是因为其本身有吸收辐射的效用，而是枝叶的遮挡导致辐射降低。并且发现由于仙人掌茎叶面积大，遮挡辐射的效果最明显。实验指出万重山的增湿效果与其他品种植物相比更加明显，因此在室内适当的位置摆放多肉植物不仅可以有效遮挡一定的电磁辐射，还能增加室内空气湿度，改善空气质量，保护工作人员身心健康。综上所述，多肉植物降辐射及增湿作用大、效果好，可为人类所用。不少网站杂志仍然在给群众传达错误不科学的信息——仙人掌有吸收辐射的功效。其实不然，仙人掌茎叶宽大，能有效遮挡一部分正面而来的辐射，而仅仅将其摆放在电脑左右侧是没有降辐射效果的。因此要正确摆放多肉植物，才能真正地起到降低辐射保护身体健康的作用。

不同品种吊兰和芦荟对调节室内小气候的影响

龚丽倩　张建华

（上海商学院旅游与食品学院，上海201400）

摘要： 现代人越来越看重室内装饰的重要性，许多人选择用花草来装饰室内，已达到美观和室内气候调节的双重作用。吊兰和芦荟是常见的室内景观植物。本文通过实验研究了数个不同种类的吊兰和芦荟对二氧化碳的吸收量、吸收与释放的时间段以及对室内温湿度的调节功能发现，吊兰与芦荟不仅具有装饰美化室内以及吸收室内有毒有害气体的功效，同时还具有对室内小气候的调节能力。证明吊兰与芦荟是非常适合在室内摆放的景观植物。

关键词： 室内绿饰装饰；室内空气质量；植物配置

1 引言

随着城市化的进程越来越快，乡村城镇化、加之人口不断增长，城市的居住向高处发展也就成了一种常态，在钢筋水泥建筑的围绕下，人类远离了自然、远离了绿色。与此同时，由于如今的生活条件飞速改善，人们对居住的要求已经摆脱实用阶段，进入享受阶段。生活在城镇的居民，由于工作与生活的需要，他们的时间绝大多数是在室内度过的，换而言之，室内实际上就是人们一直接触的生活、工作环境，是每个人都应当重视的空间。种花养草除了具有装饰室内环境美化视觉等功能并怡情养性外，还应具有室内小气候的调节和对人体健康的功能。

近年来对于"运用景观植物改善都市人的生活环境质量"这一大课题的研究愈发热门。观赏植物对室内空气的净化能力、保健作用以及其装饰应用都是人们热衷研究的对象。李淑云，金晓玲，洪文艺研究指出直接保健作用是指植物通过触觉、嗅觉、视觉、味觉等身体器官直接对人体健康起到保健作用和通过改善室内环境从而对人体健康起到间接保健作用；吴丹丹、周云龙提出植物美化了居室的同时还可净化居室的空气污染，植物具有阻滞作用、吸收作用、贮藏作用、转化作用（降解作用）；余亚白、陈源、赖呈纯、谢鸿根从其研究结果得出观赏植物对甲醛的吸收与根部和栽培基质关系更密切；吴仁烨、黄德冰、郭梨锦、林丽、黄建民、邓传远研究了植物对于负离子的释放，得出大部分植物在自然状态下产生的负离子浓度都表现出白天时段高于夜晚时段。植物在不同时段产生的负离子浓度值除个别植物变化幅度较大外，大部分植物在全天的浓度值都较为平稳的结论；胡红波研究发现不同植物对甲醛的吸收能力不同，净化效果存在差异：在24小时内试验的50种植物中，迷迭香单位叶面积净化甲醛量最多，黄金葛、绿萝净化率最大；同时植物会使植物测试舱内的湿负荷增加；郭秀珠、黄品湖、王月英、王进国、曾爱平通过实验发现吊兰、虎尾兰、君子兰和橡皮树4种植物中，虎尾兰吸收室内有毒有害气体的效果最佳，而橡皮树的效果最差；白雁斌、刘兴荣通过在装修1年的室内进行吊兰吸收甲醛的对照研究的实验证明室内摆放吊兰可以改善室内甲醛的污染；皮东恒、徐仲均、王京刚、童华则研究得出吊兰对甲醛具有长期的净化作用，且净化速率白天大于晚上。白天净化速率为01 24~1 188 mg/h，夜间净化速率为01 06~1 129 mg/h。在吊兰耐受范围内，通过提高入口气体甲醛浓度或流量增加甲醛负荷，均可增加吊兰对甲醛的净化速率；铁军、白海艳、赵芳芳提出芦荟的产业化发展趋势。但大部分研究都处于植物对于室内有毒、有害气体的吸收及释放负离子这一方面，很少有植物调节室内小气候的研究报道。

吊兰与芦荟几乎是家家户户都乐意种植的植物之一，因为其不仅形态各异、种类丰富、四季常青，在浇灌培养方面相对一般植物来说更省时省心。最初，吊兰多数出现在居家的书柜上，以显示居家主人的追求与品行，而芦荟更是家庭主妇用以美容的用品。而如今随着人们对于室内生活质量的要求越来越高,室内小气候也为越多人所关注。但目前对于芦荟和吊兰的大多数研究停留在其美容保健以及对有毒有害气体的吸收这一方面,而对于室内温湿度的调节和二氧化碳的吸收这一对于室内生活质量影响很大的方面的研究则几乎没有。因此,研究芦荟与吊兰对调节室内小气候作用十分必要。

2　实验与方法

1）实验材料

选取在奉贤南桥花鸟市场购买的4盆盆栽植物:金钟吊兰、元江芦荟、皂质芦荟、青叶吊兰。

2）实验方法

时间:2013.12.15~2013.12.17

方法:采用4 mm的玻璃制成100 cm×100 cm×100 cm的无盖有机玻璃容器,未测量时用厚木板封住底部开口。将以上4盆大小相近的实验素材放入容器内。

实验设置3次重复,1个对照。对照内容为室外即时空气中的二氧化碳浓度以及温湿度。实验玻璃室每次放置纺织物的中心均与玻璃室的中心重叠,每隔一小时通过BY 12007255高精度温湿度计和二氧化碳分析仪读取数据。以上4个密封玻璃箱同时进行实验,测前先测定室内原有数据作为对照。全部实验完成后,量取每盆植物的叶片数量,计算单位面积内的二氧化碳吸收度以及温湿度调节量。

3　结果与分析

3.1　容器内二氧化碳量的日变化

2013年12月15日至2013年12月17日,每天从早上8点开始,每隔1小时通过测试密闭容器内的二氧化碳含量(见图1~图3)。

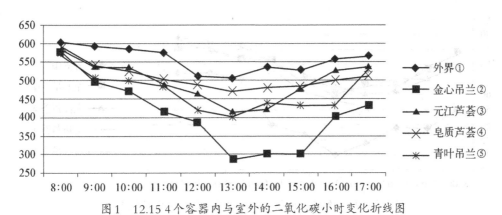

图1　12.15 4个容器内与室外的二氧化碳小时变化折线图

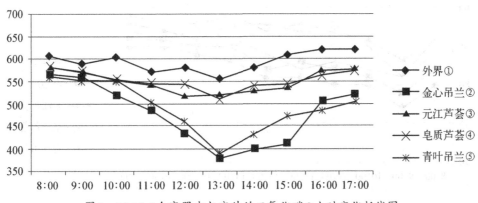

图2　12.16 4个容器内与室外的二氧化碳9小时变化折线图

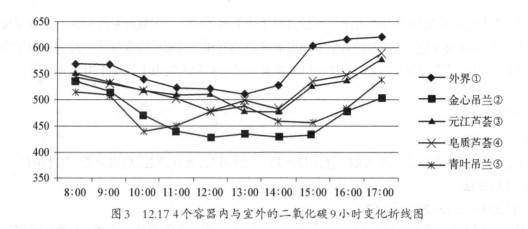

图3　12.17 4个容器内与室外的二氧化碳9小时变化折线图

　　由图1~图3可见，两种芦荟与两种吊兰从早至晚九小时内吸收二氧化碳的变化趋势大致相似，4种植物白天时段吸收二氧化碳的量要明显高于傍晚时段，这说明，大部分植物在白天时段中吸收二氧化碳量较大，而到了傍晚，夕阳西下，则光合作用减少，吸收二氧化碳的量也降低。此外，12月15日天气情况良好，全天都是晴天，加强了植物的光合作用，因此这一天4种植物对于二氧化碳的吸收力度最大；而后两天都是阴雨天，相对而言4种植物对于二氧化碳的吸收量减小。

　　由图1~图3还可以发现，四种植物吸收二氧化碳的峰值大致都在9时至13时这个时段中，典型代表是金心吊兰，其峰值一般处于12时或13时。而容器内的二氧化碳值明显要低于室外二氧化碳值。

3.2　容器内4种植物对于湿度的调节变化

　　2013年12月15日至2013年12月17日，每天从早上八点开始，每隔一小时通过BY 12007255高精度温湿度计测试密闭容器内的湿度（见图4~图6）。结果表明，4种植物从早上到傍晚9个小时内

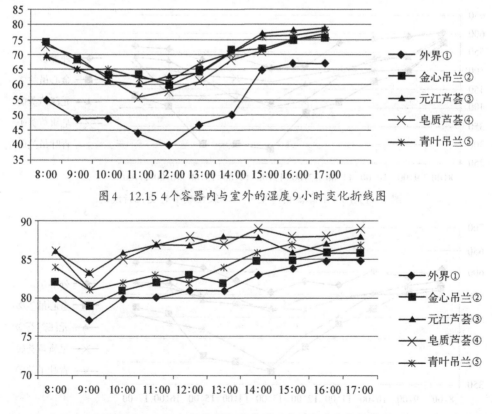

图4　12.15 4个容器内与室外的湿度9小时变化折线图

图5　12.16 4个容器内与室外的湿度9小时变化折线图

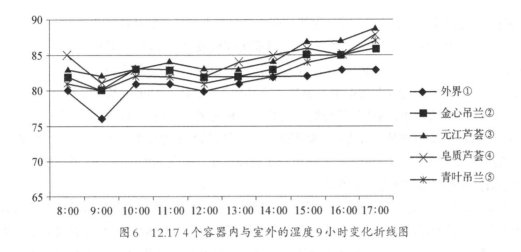

图6 12.17 4个容器内与室外的湿度9小时变化折线图

吸收二氧化碳的变化趋势同样大略相似,基本是自白天至傍晚递增。在晴天（12.15日）阳光灿烂时,4种植物整体释放的湿度要大幅度高于室外的湿度,而在阴雨天时,4个容器内的湿度也要明显高于外界湿度,说明在阴雨天时,4种植物也具有对温湿度的调节能力。4种植物吸收二氧化碳的峰值大致都在14时至16时这个时段中。

3.3 吊兰与芦荟的绿量分析

由图7、图8可见,取3天内每个容器中植物吸收二氧化碳的平均值,与每个容器中的湿度的平均值,经计算求得以下结论,每平方厘米金心吊兰对于二氧化碳的吸收量是2.35×10^{-2} ppm,每平方厘米青叶吊兰对于二氧化碳的吸收量是1.86×10^{-2} ppm,每克元江芦荟对于二氧化碳的吸收量是2.32×10^{-1} ppm,每克皂质芦荟对于二氧化碳的吸收量是1.96×10^{-1} ppm。而每平方厘米金心吊兰释放的湿度是2.35×10^{-3},每平方厘米青叶吊兰释放的湿度是1.72×10^{-3},每克元江芦荟释放的湿度是5.45×10^{-2},每克皂质芦荟释放的湿度是3.11×10^{-2}。从3天的实验数据可以直观地看出,吊兰与芦荟对室内气候的调节能力与其自身的生理特性以及室外天气状况密不可分。4种植物中,两种吊兰对于

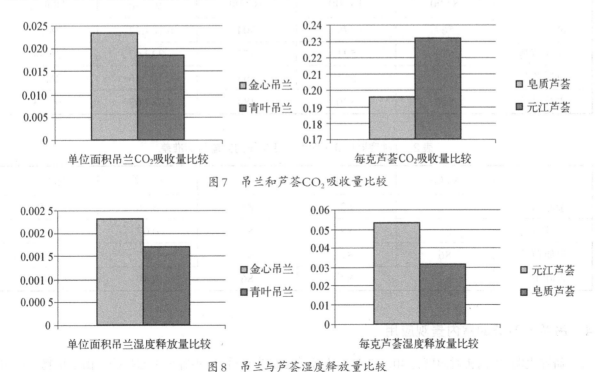

图7 吊兰和芦荟CO_2吸收量比较

图8 吊兰与芦荟湿度释放量比较

二氧化碳的吸收力度更大,尤以金心吊兰为甚。这一定程度上归结于其叶片数量茂盛,且较芦荟叶片更长,自然下垂,这使得整株伸展面积也更大,所以能更好地吸收二氧化碳,释放氧气。同时,两种芦荟二氧化碳吸收量日变化较为平稳,而金心吊兰对于二氧化碳的吸收量最大值与最小值相差最大,约为1.2倍,而其中元江芦荟释放湿度的最大值要高于其他3种植物,为89%,其次是皂质芦荟,最大值是88%。可见在4种植物中,两种芦荟释放湿度的力度相对更强一些。而芦荟本身为肉质多浆类植物,储水量丰富,蒸腾作用相对于吊兰来说要更强,对于湿度的调节力度也更大。由此可见,在日常生活中可以通过增加绿量或选取叶片数较多的吊兰来提高对于二氧化碳的吸收力度或是选取较大较苗壮的芦荟来增强对室内温湿度的调节效果。

从上述实验结果可以进一步证明,研究常态下吊兰与芦荟对于室内的小气候环境的调节能力具有重要的现实意义。然而目前对于这两类植物在室内气候调节的应用的研究还很少,在这方面的研究也不够系统、全面。应当深入地对于这一问题进行反复、广泛地研究,运用这些普通人都熟知也能够接受的植物来提高室内空气质量。

此外,夜晚时间段的数据表明,尽管傍晚时两类植物对于室内气候的调节能力因为缺少光合作用而下降,但是在夜间这几种植物释放二氧化碳的量极少,甚至仍然在吸收二氧化碳,所以,哪怕在夜间,这两类植物也是摆放在室内空间的合适选择。

3.4 吊兰与芦荟的方差分析

表1和表2的方差分析表明,芦荟在白天时段到傍晚时段对于二氧化碳的吸收量与对湿度的调节量相对而言较为平稳、平均,波动不大,而两种吊兰则起伏较大,其中金心吊兰的波动最大,在不同时间段内对于室内气候的调节量大不相同。然而,在对于室内湿度的调节上,4种植物的调节能力虽然各有差异,但总体的趋势是大致相同的。

表1 4种容器内9小时二氧化碳变化量的方差与标准差

	8:00	13:00	16:00	方差	标准差
金心吊兰	567	379	504	6 104.22	78.13
元江芦荟	579	521	577	722.67	26.88
皂质芦荟	581	511	563	707.56	26.59
青叶吊兰	560	390	484	4 834.67	69.53

表2 4种容器内9小时湿度变化量的方差与标准差

	8:00	13:00	16:00	方差	标准差
金心吊兰	82	82	86	3.56	1.89
元江芦荟	86	88	87	0.67	0.81
皂质芦荟	86	87	88	0.67	0.81
青叶吊兰	84	84	86	0.89	0.94

4 吊兰与芦荟的室内景观应用

研究表明,室内相对湿度为40%~70%时人体感觉最为舒适,也不容易引起疾病。由于植物是运用通过根部吸收水分,将其中的1%用来维持营养与生长,其余99%都通过蒸腾作用释放到空气中这样的方式来对室内湿度进行调节的。那么,人们可以在干燥的冬季选用蒸腾作用十分旺盛的芦荟,仅占据一小部分室内空间,就能使得房间内的湿度增加其所占据空间的2~3倍;同时,在盛夏和初秋,使室内温度降低1~3℃。

"有名园而无佳卉,犹金屋之鲜丽人"。将植物以个体和群体的不同形式组合,运用其变幻无穷的色彩和诗画般的风韵,来形成不同的室内环境气氛。吊兰与芦荟无疑是室内景观应用与配置的绝佳选择。

4.1 配置种类的选择

芦荟为人们所熟悉,容易给人以亲切感。在选购装饰室内空间时可以选择一些奇特的较为大型的芦荟,例如库拉索芦荟,然后其中间或周围再穿插种植一些较小型的品种,比如皂质芦荟或千代田锦,若是考虑到家庭药用或美容价值的话,还可以选择中国芦荟。这样,在居家设计和布置上不但能够使空间通透,同时,增加布置的种类也可以更具美观,错落有致的效果。

而吊兰枝叶匍匐蔓生,置于吊盆中种植,悬挂在光照少的阳台角落或室内、门厅都非常具有生气和韵味。吊兰的外形十分特殊,其叶片天然垂落下来,就是一道独具特色的悬挂式风景线,有强烈的立体美感。若置于窗口,其叶片随着微风摆动,好像天女散花,极富雅趣。此外,若嫌悬挂式种植不够便利,也可以在室内用水培的方式养吊兰,这样既可观叶,又能赏根,一举两得。即将吊兰培育在玻璃或其他透明的器皿中,清澈的水波配以绿色或如金心吊兰这类中间有一道金色细痕的种类,赏心悦目,更具有观赏的意趣。

4.2 配置形式的选择

室内用的植物品种不应多,要突显出重点。在较大的房间里,如客厅餐厅灯,要分清主次,不能杂乱无章,盲目跟风购买植物,要配合室内装修的色调和家具的木质、风格以及颜色来选取植物。设计布置时要考虑整体效果,如:颜色较深的墙面和家具应用亮色的植物来点缀,如清翠欲滴的青叶吊兰。另外还要注意人们的视线角度,室外透光与植物的搭配效果,精致的观花、观叶植物要选择房间中最好的角落来放置。当然,在布置室内植物景观时,最好照顾到室内的各个角落,使每个角落都具绿色,同时也能够让室内的气候条件相对平均。在布置时,需要将几种颜色高矮花期都不甚相同的芦荟或吊兰错落搭配,来布置成高低有致的景观带,可以选址在窗口的小花坛中,或是阳台的栽培角落和墙面,或是室内一隅。

一般室内的客厅植物景观应以美观大方为主,所以视客厅的大小与采光情况来选择。例如选择一盆银边吊兰或牡丹吊兰这类叶片颜色讨喜又大气的吊兰,放在客厅的花架上,成对布置;或是进门的玄关上,通透空间。既能调节室内气候,又契合客厅的作用。而对于卧室来说,应当考虑房主的生活习惯以及个人的爱好。然后根据房间的大小朝向来布置植物,一般情况下,$10 \, m^2$左右的房间,适合搭配两盆中小型的吊兰。朝向不好,自然光较弱的房间,种植耐阴的芦荟就更为适宜。居室内可以采取常见的点式摆放,即将盆中的植物放在桌面、茶几、柜角、窗台及墙角等地方。在室内悬挂的吊兰,更要注意不影响日常的活动以及空中的尺度。也可以结合室内装饰设计,可在墙壁上设置局部凸出墙体或凹进的墙洞,放置叶片茂盛、垂落的吊兰,如吊兰或金心吊兰。此外,夜间卧室内就不适宜摆放过多的植物,可以仅放置一盆木立芦荟或中国芦荟,或是金边吊兰这类小型的植物。

文化内容是植物景观配置的"意",所以,在种植环境较好、较大的阳台上,可以选择组合盆景这一形式,也就是片式摆放。即根据植物的品种、形态大小、色彩不同的植物来组合不同的形式。譬如挑选观赏价值高、形态奇特、株型较小的同一品种颜色的芦荟,如珍珠芦荟,按一定的简单或复杂的几何状造型来整齐排列,也可于其中夹杂几株颜色不同、花特别美丽的芦荟,如不夜城芦荟,形成整齐但不单一的植物景观。或者选择色彩、叶形或体量不同的吊兰种类进行组合,如紫吊兰或花吊兰。这样的组合盆景景观效果和谐又赋有变化。当然,还应考虑整个阳台的整体效果,营造高低有致、颜色各异、变化丰富的植物景观。还可以选用一至两盆较为特别、优雅的吊兰,如口红吊兰或金鱼吊兰,与阳台上的天然置石或者仿生摆件甚至乌龟盆相组合,有古朴的趣味,意境也十分深远。

4.3 配置方式的选择

随着种植技术的普及,越来越多的人家开始在阳台上尝试垂直绿化,即选择一面合适的墙体,在墙上设置垂直的种植槽来培育植物。研究表明,像珍珠芦荟、吊兰这一类较易养活的植物就适合在晒台墙面或复式屋顶上垂直种植。可以在种植前设计好种植槽的格式形态,种植的芦荟或吊兰应当互相交错,不在同一条垂直线,在中心设置一两株别的植物,如小花月季等,增添整体的色彩和效果,也可设计成一个整体的图案(见图9、图10)。

图9 垂直绿饰墙面(一)　　　　　　　　　　图10 垂直绿饰墙面(二)

将室内的装修设计与植物景观结合,来创造能使人赏心悦目、远离城市喧嚣的室内生态空间,给压力愈发繁重的城市居民带来视觉上的享受,品味室内植物景观文化,同时改善室内的空气质量与气候,使人们即便在城市中也能感受到大自然的清新风情。

两种吊兰的环境作用及在商业空间中的应用

苏惠雯　张建华

(上海商学院旅游与食品学院,上海201400)

摘要: 商业空间内环境的优劣不仅对经济效益有一定的影响,而且对消费者身心影响也是多方面的。传统意义上的商业空间内由于其自身的种种因素,空气质量往往令人担忧。因此,商业空间环境的景观化和生态化就成为商业空间环境改善的重要课题和有效方式。

本文通过控制变量法实验测定研究了金心吊兰和青叶吊兰其在吸收二氧化碳、释放氧气、调节温度、调节湿度这三方面的情况，得出了吊兰在吸收二氧化碳和增加湿度方面成效显著。证明吊兰具备能够有效改善空间气候的能力。并据此提出了吊兰在商业空间中的配置及应用方式，为其在商业空间植物配置方面的推广应用提供参考。

关键词：金心吊兰；青叶吊兰；二氧化碳；温度；湿度；配置；应用

1 前言

随着现代化进程的推进，商业空间已经逐步成为城市居民主要的休闲场所之一。商业空间由于人流量较大致使空气中二氧化碳含量增大而含氧量减少；密闭及半封闭的室内商场、高楼耸立的室外商业街都存在着空气不流通问题；商业空间也因经常更换店铺而进行的装修活动等，使得商业空间的环境质量问题也变得日益严峻，因此，探究有效的缓解或改善室内环境的方法成为热点。

众所周知，在商业空间中配置绿饰植物对人的身心健康与增强空间舒适感有很大的作用。绿色植物可以吸收、分解空气中的化学物质（尤其是对人体有害的物质），释放氧气，调节空气中碳氧平衡，改善空气质量，并带来良好的环境，愉悦消费者心情，改善购物的心理。然而，现存的商业空间绿化覆盖率较低，而且所植的绿饰植物品种单一；乔木、灌木、草本、球根花卉等植物没有有机结合在一起，形成生态性的植物小群落。绿化的放置位置和统筹布局都比较零散，没有专业绿饰设计人员的合理设计，缺乏系统性的商业绿化概念和管理等都成为解决商业空间环境问题的关键所在。研究资料表明，到目前为止，商业空间中的绿饰设计围绕两大方向：一是而关于商业空间的绿化陈设设计，即关于盆栽、花箱、花池、花坛等造型形式的应用分析和艺术性绿化设计原理结合商业空间实际情况的应用，张晓芬等在《上海商业空间绿饰设计现状分析》中分析了现在商业空间的诟病。二是关于商业空间中绿化的立体空间应用问题，尤其注重垂直绿化应用的可能性和发展，屋顶绿化的利用和设计研究这两个方向，徐振华在《屋顶绿化对PM2.5的影响》一文中描述了屋顶绿化具有显著降尘和吸尘作用。但很少有关于某类植物配置形式和改善环境效果的报道。商业空间内部绿饰植物一般使用喜阴植物，主要以天南星科植物为主，如滴水观音、红掌、白鹤芋、绿萝、龟背竹。其次为常绿喜阴植物，如吊兰、巴西木、散尾葵、万年青等植物。还有满足时令和节日活动需求的植物品种，如一品红、橘树等。

吊兰作为其中的一种常用绿饰植物，对改善商业空间环境具有一定的价值。据白雁斌等提出吊兰具有吸收和降解有毒害化学物质甲醛的可能性。林丽仙的科学实验性论文以吊兰能有效吸收空气中的甲醛作为理论依据进行定性、定量的分析，逆向研究得出甲醛对吊兰等植物内部化学物质的影响，适当浓度的甲醛处理，促进Pn，Tr，Gs，Ci提高，直接提升净光合速率。赖玉珊将红豆杉、美人蕉、八角金盘、茉莉4种植物进行对比（由吸收甲醛的功效值展开），得出在一定条件下，红豆杉整个植株对甲醛的吸收率最高，达到76.98%的结论。王刚和庄晓红的吊兰吸收甲醛的研究中得出吊兰吸收有害物质的去除率高达72%。此外，王绍云等人比较系统地分析了石吊兰素及其应用，认为石吊兰素有抗结核菌、抗炎、降压、清除自由基、抗肿瘤的药理作用及其临床应用等。但未见有关吊兰改善商业环境效果和配置形式的报道。因此，针对吊兰吸收二氧化碳速率以及对空气温湿度的影响进行研究，并探索吊兰对空气成分的影响作用以及吊兰在商业空间中的配置应用就十分必要。

2 材料与方法

1）实验材料

选取株高 15~50 cm 的金心吊兰、青叶吊兰。

2）实验方法

通过控制变量法进行实验，首先保证周围环境的统一性和容器的密闭性，其次保证容器内各种气体的初始含量相等以及容器气体体积恒定，还要控制在同一时间点用仪器测定数值变化（虽然环境条件并非恒定，但主要是对比参照实验，客观条件相对相等）。

在温室大棚内放置两个定制的 60 cm × 60 cm × 80 cm 规格的密闭玻璃容器——"玻璃房"。用 BY12007255 型号高精度电子温湿度计测试"玻璃房"里面的温度、湿度，用台湾燃太出产的 ZG106A–M 型号二氧化碳分析仪测试容器内的二氧化碳含量以及室外温湿度和二氧化碳量，并记录数据。在 2 个"玻璃房"里面分别放置金心吊兰、青叶吊兰两个品种的吊兰。

分别在 8：00~9：00, 9：00~10：00, 10：00~11：00, 11：00~12：00, 12：00~13：00, 13：00~14：00, 14：00~15：00, 15：00~16：00, 16：00~17：00, 17：00~18：00 10 个时段内每个时段的准点再次用高精度电子温湿度计、二氧化碳分析仪两种仪器测试"玻璃房"里面空气的温湿度、二氧化碳含量，测定点为"玻璃房"中央开口测试处，并且记录。在第 2 天、第 3 天重复上述步骤进行测试和数据记录。

测试完成后，用剪刀剪取吊兰的地上部分，用量尺量出 2 组吊兰的叶片宽度和长度及植物株高、估算出其叶面积，最终统计出总叶片面积。

3 结果与分析

实验地点为上海市奉贤区上海商学院校内大棚；实验时间为 2013 年 12 月 14~16 日，为期 3 天，3 天天气情况各不相同，第 1 天为晴天，第 2 天为雨，第 3 天雨转阴。

3.1 吊兰吸收二氧化碳的功效值

研究表明（见图 1~图 3），吊兰在 8：00~17：00 的测试时间内可以有效吸收空气中的二氧化碳。在 8：00~9：00 时金心吊兰吸收的二氧化碳量最少，差值为 23~36 ppm；在 14：00~15：00 时金心吊兰吸收的二氧化碳量最多，差值为 170~228 ppm。第一天，在 13：00 时青叶吊兰吸收的二氧化碳量最多，多吸收 104 ppm；在 17：00 时吸收最少，只有 11 ppm。后两天最小差值都出现在 8：00 时，为 36~38 ppm；最大差值出现在 14：00~15：00 时，为 137~181 ppm。

由此推断，早晚吊兰吸收二氧化碳的速度较慢；午后吊兰吸收二氧化碳的速度较快。这是由于冬

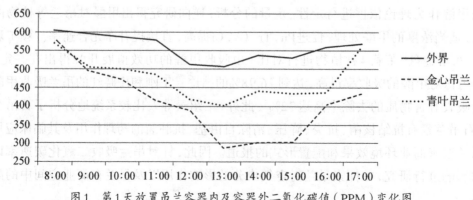

图 1　第 1 天放置吊兰容器内及容器外二氧化碳值（PPM）变化图

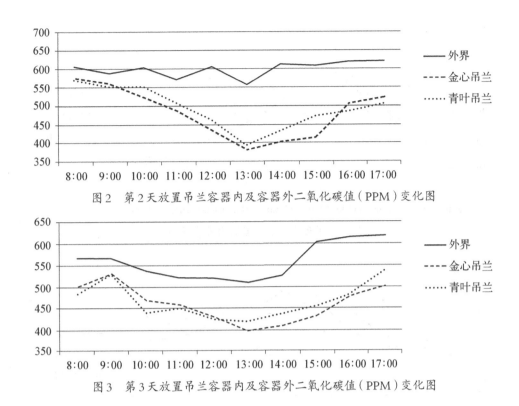

图2　第2天放置吊兰容器内及容器外二氧化碳值（PPM）变化图

图3　第3天放置吊兰容器内及容器外二氧化碳值（PPM）变化图

天植物光合作用没有达到光饱和点，所以植物的光合作用与外界的光照条件有关，太阳光越强烈，光合作用的速率越快。

经过进一步计算得出金心吊兰与青叶吊兰吸收二氧化碳的3天最大差值比值分别为2.19，1.18，1.24。金心吊兰吸收二氧化碳量比青叶吊兰多的原因：一是金心吊兰的叶片数（59）比青叶吊兰叶片数（52）多，二是金心吊兰的总叶面积（4 249.77 cm²）大于青叶吊兰的总叶面积（3 495.7 cm²）。

从单位面积同化效率来看，金心吊兰吸收二氧化碳能力大于青叶吊兰（见图4），每平方厘米金心吊兰每小时可以吸收约2.35×10^{-2} ppm CO_2，而青叶吊兰每平方厘米每小时可以吸收约1.86×10^{-2} ppm CO_2。

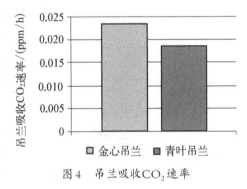

图4　吊兰吸收CO_2速率

3.2　吊兰对空气温度变化的影响

实验测试时间为12月中旬，属于冬天，测试地点又在大棚，第1天晴天的情况下，大棚由于空气不流通，构造易于蓄热量等原因，致使当时测试环境在中午温暖如春，总体温差较大；而第2天与第3天下雨的条件下，温度变化相对较为平缓。

纵观3张温度变化图（见图5~图7），可知放置金心吊兰和青叶吊兰的容器内的温度与外界大棚内的温度走势几乎相同，玻璃房内外的温差较小，温差最大为2.1℃。因此，实验数据表明吊兰对环境温度的影响十分微弱。

3.3　吊兰对空气湿度的变化影响

从图8~图10中可以看出，由于植物叶片的蒸腾作用，吊兰可以有效增加空气湿度。晴天金心吊兰在14：00时出现了最大增湿量21%，增湿量最少也有13%；青叶吊兰在9：00时和12：00时出现了

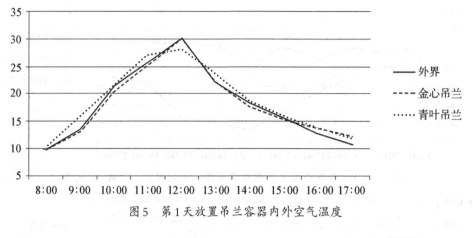

图5 第1天放置吊兰容器内外空气温度

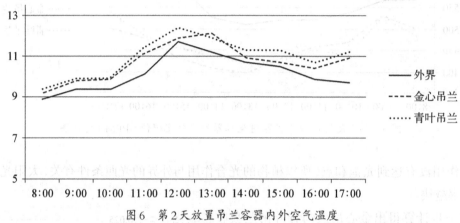

图6 第2天放置吊兰容器内外空气温度

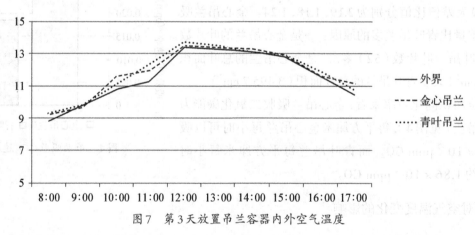

图7 第3天放置吊兰容器内外空气温度

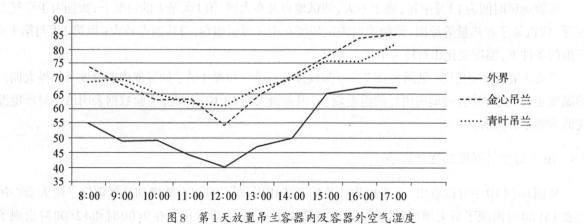

图8 第1天放置吊兰容器内及容器外空气湿度

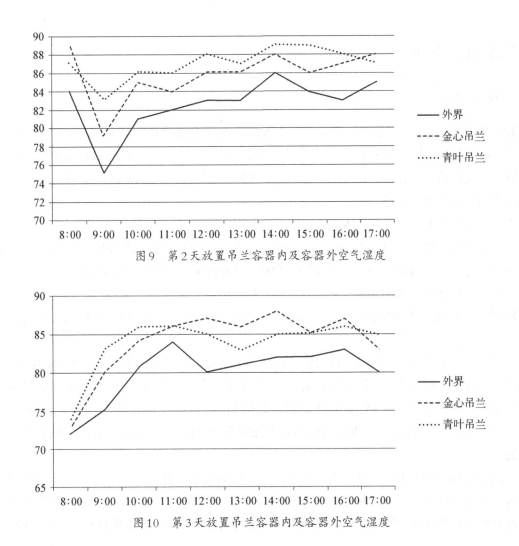

图9 第2天放置吊兰容器内及容器外空气湿度

图10 第3天放置吊兰容器内及容器外空气湿度

最大增湿量21%,最小增湿量9%。两个雨天金心吊兰的增湿量在1%~5%之间;青叶吊兰的增湿量在2%~8%,日增湿量变化幅度小,玻璃房内湿度微高于室外湿度。

第1天为晴天,空气湿度范围是40%~67%,第2、第3天下雨,空气湿度大于70%。因此,吊兰增湿效率是晴天大于雨天,晴天从早到晚的增湿量变化幅度较大,雨天从早到晚的增湿量变化情况较为平缓。

依据试验数据,进一步计算得出每平方厘米金心吊兰(59片)每小时增加1.72×10^{-3}%湿度;每平方厘米青叶吊兰(52片)每小时可以吸收约增加2.34×10^{-3}%湿度,图11清晰地反映出青叶吊兰的增湿能力大于金心吊兰。

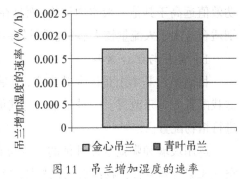

图11 吊兰增加湿度的速率

3.4 小结

综上所述,吊兰对空气温度的影响变化小于3℃,影响甚微。而在吸收CO_2和增减湿度方面,每平方厘米金心吊兰(59片)每小时可以吸收约2.35×10^{-2} ppm CO_2,增加1.72×10^{-3}%湿度;每平方厘米青叶吊兰(52片)每小时可以吸收约1.86×10^{-2} ppm CO_2,增加2.34×10^{-3}%湿度。可得出以下结论:金心吊兰的吸收二氧化碳能力大于青叶吊兰,而青叶吊兰增加湿度的能力大于金心吊兰。

4 吊兰的配置与应用

4.1 吊兰配置的意义

实验表明吊兰在吸收二氧化碳,释放氧气以及调节湿度方面功效较为显著,在调节温度方面,吊兰降低室温能力较弱;在调节湿度方面,青叶吊兰增湿速率大于金心吊兰;在吸收二氧化碳方面,金心吊兰吸收二氧化碳的能力比青叶吊兰高。因此,在调节空间气候时,将不同品种的吊兰与其他植物因地制宜地搭配配置会效果更好。

金心吊兰和青叶吊兰配置的具体意义如下:

（1）科学验证人体在350~450 ppm二氧化碳环境中感觉如同一般室外环境;在350~1 000 ppm二氧化碳环境中感觉空气清新,呼吸顺畅;而在1 000~2 000 ppm二氧化碳环境中感觉空气浑浊,并开始觉得昏昏欲睡;在2 000~5 000 ppm二氧化碳环境中甚至感觉头痛、嗜睡、呆滞、注意力无法集中、心跳加速、轻度恶心;在大于5 000 ppm二氧化碳环境中可能导致严重缺氧,造成永久性脑损伤、昏迷,甚至死亡。

通过适量放置金心吊兰盆栽可以保持商业空间内二氧化碳含量在小于1 000 ppm范围内,消费者会感觉空气清新,呼吸舒畅,环境放松舒适。每分钟一个正常人体呼出二氧化碳在320~400 ml之间,若能在1 m² 内放置1盆35 cm株高正常生长的吊兰,可以让该环境的二氧化碳含量保持在600 ppm以下,甚至在植物吸收二氧化碳的高峰期控制在350 ppm以下,达到满足一般人所需二氧化碳浓度的环境。

（2）商业空间内基本上常年开空调,导致空气干燥,而湿度过低人会觉得鼻腔干燥、容易上火、容易出鼻血。而鼻腔过干会影响黏膜分泌、血管壁薄,影响人体健康。在商业空间内适量放置一些青叶吊兰可以有效增加其室内空气湿度,平衡湿度不致过低,同时也让空气湿度保持在一个恒定的范围。

4.2 配置方式

吊兰植物品种繁多,有金心吊兰、银边吊兰、青叶吊兰、宽叶吊兰、石吊兰等,吊兰本身吸收甲醛的功效值远高于其他一般室内植物,而且在吸碳放氧和控制湿度等调节环境小气候方面也卓有成效,特别适合应用于人流量较大、环境质量较差的商业空间中。

1）盆栽与组合盆栽

目前吊兰基本上是以盆栽为主,但是略显单调、缺乏美观性,为此通过容器的艺术造型以及两种盆栽配置方式来改善。一种是吊兰与其他植物的混合搭配,组成微型植物群落;另一种是只运用吊兰进行植物配置。

运用玻璃和陶瓷容器种植的吊兰与其他植物搭配形成组合盆栽。一般吊兰可以与绿萝、常春藤、空气凤梨等攀缘性植物结合成以悬挂式盆栽为主的室内绿墙作为一种布置形式,可以充分利用室内立体空间,增加绿叶面积,并通过栽种吊兰等植物来调节改善小环境气候,如图12所示,在一个方格中放置用白色瓷器栽植的吊兰植物,相邻一格陈列商品,在上下错落的位置放置另一种植物,将植物和商品一起组合摆放,并在墙体顶部悬挂吊兰盆栽;在花箱内配置植物时,作为低矮植物的一个层次（花箱通常设置3个空间层次的植物）,将二十几株吊兰盆栽放置在花箱中。

单用吊兰配置的方式也是多种多样的,一种较简单的方式是在特殊的容器中种植吊兰,植株基本没有造型变化要求,即利用所植容器的形状、颜色、材质等变化来丰富绿饰植物的布置形式,如图13所示,在三四个大小不一的球形玻璃容器中用水培和土培两种方式养植,一般可置于1.2~1.5 m

图12　吊兰配置方式（一）　　　　　　　　图13　吊兰配置方式（二）

高度柜台的顶部以及橱窗陈列架上，且用水滴形和球形玻璃容器的土培吊兰阶梯式悬挂在店铺顶端，形成呼应，增加空间灵动性、丰富空间层次感、增添店铺温馨感；另一种配置方式是使用同一品种吊兰群植形式，这种方式看似呆板，但可无规则地放置在商业空间的一处墙角，利用植物的统一性联系小空间之间的关系，构成一幅断断续续的图案，如用一定数量的金心吊兰盆栽镶嵌在波浪形的壁槽内，形成律动的小景观；还有一种是通过不同品种的吊兰构成的组合盆栽。可以将细叶与宽叶相结合（金心吊兰和宽叶吊兰）、多色叶与常绿组合（银心吊兰和青叶吊兰）、色差渐变（淡黄、浅绿、草绿、深绿），用同一元素变体的形式，即可满足商业空间的元素的同一性，也可丰富商业空间基元的变化性。

2）花台

现代商业空间逐渐引入商业绿饰理念，新兴的商业空间，在大型百货商场底楼或是商业街宽阔的走道中央设置组合花台，一般将植物花台与（木质）座椅巧妙地结合在一起，形似如图14所示，一方面助于增加绿量和景观小品，功能方面，作为缓冲过渡区域；另一方面可供消费者休憩、放松心情。

将吊兰和苏铁、舍金榕、红掌、天竺葵、一串红、一品红等观赏植物组合，群植于花台中，错落有致地形成小空间造景层次，且这些低矮的草本植物不会阻挡消费者的正常视线，造成心理上的压抑感。吊兰与其他观赏植物组合，有助于促进彼此之间吸收二氧化碳、释放氧气的能力，也互补吸收一些特定有害气体的功能。譬如金心吊兰与红掌结合，形成深绿、草绿、淡黄、明黄、大红的5色对比和渐变的艺术色彩效果。与此同时，金心吊兰易于吸收甲醛、二氧化硫等气体，而红掌易于吸收苯等挥发性有毒气体，相互组合搭配能吸收的有毒气体种类和含量也增多，甚至可以产生量级叠加效果，使商业空间环境空气更为纯净。

图14　花台

3）花池

近年商业空间推崇运用木栅栏、石块等材质围合成几何形的绿饰设计方式，将自然与人工造景形式相结合，因此，花池造景形式得以广泛应用，这也成为吊兰应用的新发展方向和看点，即引入新的造景形式配置常见的植物品种。

图15　花池

吊兰更适合配置于石质的花池，如图15所示，在花池内底层种植银边吊兰，中层种植万年青，高层种植小灌木，将吊兰的茎叶之软与花池的石材之硬进行对比，更能衬托吊兰的淡雅与娇柔。

同时，传统单一的盆栽配置方式无法体现吊兰的文化寓意，花池的应用赋予吊兰新活力和生机，将中国传统典故中无奈而又给人希望的花语之意淋漓尽致地展现出来，用象征自然的造景形式配置吊兰，彰显出其低调雅然的品性。

4.3　放置点

1）商铺陈列架

悬挂式吊兰盆栽挂在陈列架顶部，让吊兰的茎叶朝下生长，垂挂下来，似帘幕般使架子若隐若现，增添几分美感；非悬挂式吊兰盆栽一般置于橱窗和中等高度的柜台和桌子上。

如图16所示，将吊兰盆栽悬挂在陈列架一侧上方金属钩上，吊兰顶部的匍匐茎和簇生叶，沿花盆向外下垂，随风舞动，形似仙鹤，且架子的部分掩映在绿色之中，平添几分温馨之感。

2）景墙顶部种植槽

与悬挂式吊兰盆栽类似，利用吊兰茎叶弯曲、向下的特性种植在景墙顶部的种植槽内，让吊兰的茎叶自然形成绿色小帘幕。

如图17所示，景墙顶部种植青叶吊兰，嵌壁式盆栽内种植天南星科植物，在顶部设置苏铁盆栽和小花池种植低矮的常绿草本或小灌木植物。

利用吊兰形态的特性，并与其他攀援植物组合成小景墙，是未来商业空间内室内景墙的发展前景。

3）扶梯口花台

扶梯口人流量较大，且国内商业空间内没有吸烟区，大多吸烟消费者会在扶梯口附近吸烟，影响商场空气质量，将吊兰种植于扶梯口花台，易于改善这一现象带来的问题。充分利用扶梯口附近狭小

图16　吊兰盆栽

图17　景墙设计

的空间设置花台,搭配种植金心吊兰与宽叶吊兰,就艺术性而言,一是形成叶色的渐变对比;二是形成了细叶与粗叶的对比;三是同属不同品种之间的同异性造成的对比映衬效果。

上述在扶梯口种植吊兰的方式在艺术性和功能性上都能得到权衡。

5　讨论

（1）利用吊兰等观赏植物布置商业空间时,将目前以盆栽为主的配置形式多样化、多元化,甚至组合成植物绿墙,会遇到技术难关,而排水、铺管等滴管技术在我国尚未成型,成本代价过高,这些都是限制国内商业空间绿饰植物运用的发展瓶颈。

商业经济效益一方面顾及成本,多数商家以中短期投资方式进行盈利,另一方面商家也同样希望维持长久的营运,消费心理学研究提出重视人群身心健康的理念。因此,商业空间绿饰植物应用具有发展前景,能带来潜在的经济效应,而这是短时间内无法直接体现的。

（2）商业空间作为城市市民主要的休闲场所,其空间的环境质量直接影响到消费者和商业空间内部工作人员的身心健康,同时也会间接影响到消费者愉悦性和经济效应。商业空间内气体流通性较差,二氧化碳含量较高;室内常年开空调,空气湿度较低,适量配置植物利于调节商业空间内的环境质量。实验测出吊兰在吸收二氧化碳、释放氧气方面的效能显著,青叶吊兰增加空气湿度的能力相对较强,而吊兰同时也是吸收甲醛强手。吊兰本身种植条件宽泛,生命力也极其顽强,以盆栽的形式放置在商业空间中,小巧且便于移动与定期更换,适合应用于商业空间。

在新兴的商业空间中,植物已较之以前布置的覆盖率高,但远低于一个理想环境的标准。而随着人民生活水平的提高和文化素养的提升,未来的商业空间会利用更为丰富多样的植物来装饰商业空间,本文意在为推广商业空间内植物应用尽一份绵薄之力。在满足改善商业空间环境的情况下,也同时达到审美需求,赋予商业空间以新生机,让健康与美学相结合,这将成为未来商业空间发展的方向。

花境设计中植物的色彩搭配方法

顾　群　张建华

（上海商学院旅游与食品学院,中国上海 201400）

摘要: 随着社会的进步和发展,花境设计已成为景观界的一种时尚。比较过去采用单一品种的花卉种植方式,花境自然式的植物群落形式,既展现出植物个体的自然美,又表现出植物自由组合的群落美,符合当今人们的审美情趣。论文通过对上海市三大公园的实地调研与探访,总结出花境植物在色彩搭配方面的一般规律,分析其中的优与劣,并从单色、双色和多色3个角度提出了花境设计中植物色彩搭配的具体方法。

关键字: 花境;色彩搭配;对比色;互补色;冷暖色

"花境"一词起源于欧洲,自从20世纪70年代后期,花境文化传播来到中国后,上海作为试用点,首先进行了这方面的尝试,虽取得了一定的成果,但关于花镜植物在色彩应用方面的研究理论甚少。在日益崇尚生态理念的今天,单一的植物种植模式已不能满足人们的审美标准,追求景观中植物色彩多样化的趋势日益明显。基于此,系统性研究与分析现有花境中的植物,尤其是这些植物在色彩搭配方面的基本规律,并从单色、双色和多色3方面阐述花境植物的色彩搭配方法就具有一定的现实意义。

1 花境植物色彩搭配现状

花境是模拟自然界中林地边缘地带多种野生花卉交错生长的状态,运用艺术手法设计的一种花卉应用形式。在花境设计中,通过对植物色彩的不同搭配,可以营造出不一样的环境氛围,这些是花丛、花坛等一些传统意义上的植物种植模式所不能媲美的。在花境植物色彩的呈现方面,3个公园都将不同颜色的植物进行组合,进而营造出一条条多彩的植物景观带,且这些景观带均包含"绿、黄、紫"3种颜色。不同的植物点缀在花境中,一方面丰富了各个公园中花境的植物量,另一方面也展现出一种蓬勃的生机,于无形中传递出一股正能量。本文选取了分别位于上海郊区、城郊接合部和市中心的古华公园、莘庄公园和徐家汇公园作为研究对象(见图1)。

1)古华公园花境植物色彩搭配

古华公园坐落于上海市奉贤区,是一座仿古园林的大型综合性公园,园内花木品种繁多、五彩缤纷,春夏秋冬季相分明,置身其中,一场视觉的饕餮盛宴娓娓道来。纵观古华公园内的花境设计,麦冬作为主要植物与大吴风草、三色堇和矮牵牛相互搭配,形成一种"绿+黄+紫+白+蓝紫"的色彩体系。

就单个公园而言,古华公园选用常绿的麦冬作为花境的主体植物,虽然能在一定程度上保持花境的整体色彩,且朵朵淡紫色的小花点缀在其中也易营造出一种清新的氛围,但丛生的麦冬很难与大吴风草、三色堇和矮牵牛融为一体,反而易给人带去一种生硬的堆砌感,不利于表现出花境的完整性与包容性。

就色彩而言,矮牵牛蓝紫色与白色的花朵则分别代表着冷色调与中间色调,而大吴风草黄色的花和三色堇紫黄相间的花朵均代表着暖色调,这些暖色很好地柔化了矮牵牛和麦冬的冷色调。与此同时,中间色调白色的加入也使得色彩在冷暖之间的过渡显得更加自然。但古华公园中所选的花境植物在高度上趋向于统一,没有打造出层次感,因此即便花境的色彩十分丰富但也易使人产生视觉上的

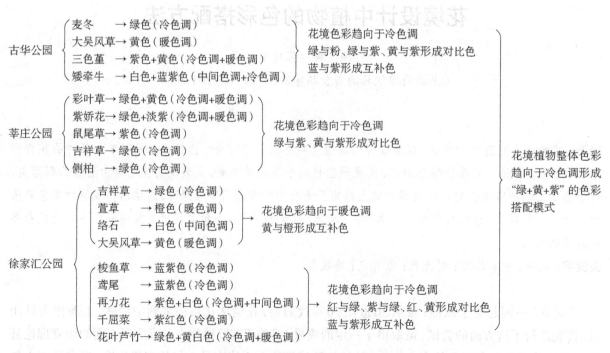

图1 上海市3座公园花境植物色彩搭配分析

疲劳感。

2）莘庄公园花境植物色彩搭配

莘庄公园位于上海市闵行区，它的前身为杨家花园，后经多次扩建形成一座以"梅"为主题的公园。每逢早春二月，乍暖还寒之时，满园春梅怒放枝头，白雪洒落枝头，幽香萦绕，别有一番韵味。莘庄公园选择彩叶草和紫娇花作为花境的主要植物，相比于古华公园中的麦冬，花境的基调色彩显得更加丰富——彩叶草的绿与黄+紫娇花的绿与淡紫。绿作为冷色调与暖色调的黄、淡紫相互补充，在给人带去色彩变化的同时也给人带去美感。除此以外，同色系的鼠尾草也与基调植物紫娇花形成一种呼应。而侧柏的加入，一方面能够为整个花境带去一种经久的绿色，另一方面也能够丰富花境中植物的整体叶形，进而给人一种新鲜感。作为一座以"梅"为主题的公园，在花境植物的配置方面，莘庄公园以彩叶草和紫娇花为主，搭配鼠尾草、吉祥草和侧柏，形成一种"绿+黄+紫"的色彩体系。

然而，吉祥草的绿虽然能够糅合花境中的暖色调，但它也会在一定意义上破坏花境的整体性。丛生的吉祥草与论文前面所提及的麦冬类似，很难与其他花镜植物融为一体，易给人带去片段感。

3）徐家汇公园花境植物色彩搭配

徐家汇公园坐落于上海市徐汇区，公园的设计以生态理论为指导，茂密的大乔木、各类花灌木和地被植物构成绿地的主要元素。公园整体的风格在融合衡山路殖民地时期花园别墅元素的同时，也凸显出徐汇区作为繁华商业区的城市背景。

在花境植物的设计方面，徐家汇公园以吉祥草为主，辅之萱草、络石和大吴风草，形成一种"绿+橙+白+黄"的色彩体系。除此以外，徐家汇公园十分注重打造临水抑或是亲水的花境景观，在水生植物的选择方面，以梭鱼草为主，搭配鸢尾、再力花、千屈菜和花叶芦竹，形成一种"绿+紫+黄+白"的色彩体系。

徐家汇公园陆地花境的主要植物吉祥草与麦冬类似，此类植物虽然常绿，但很难与其他植物融为一体，给人一种生疏感。但橙色的萱草和黄色的大吴风草的加入却在无形中削减了这种生疏感。橙色和黄色作为暖色调，易给人带去一种温暖感，进而降低了作为冷色调的绿给人带去的那种冰冷之感。与此同时，络石的花朵呈白色。白色作为一种中间色调，在冷暖色彩的衔接上能起到一定的过渡作用。公园的水生花境选择蓝紫色的梭鱼草作为主体植物，搭配同色系的鸢尾、千屈菜和再力花。蓝紫色作为一种冷色调，与花叶芦竹黄白色条纹所呈现出的暖色调与中间色调既易形成一种对比又易形成一种融合。

不过就色彩多样化的角度而言，徐家汇公园水生花境所呈现出的颜色变化过于单一，可以适当加入一些其他色系的水生植物，如呈黄色的黄菖蒲、具有艳丽色彩的美人蕉等，进而来丰富水生花境的整体色彩。

2 花境植物色彩搭配规律与方法

2.1 花境植物色彩搭配规律——绿+黄+紫

通过对上海市3座公园的实地考察分析发现，花境植物在色彩搭配方面通常呈现出"绿+黄+紫"的经典模式。绿色作为冷色调与暖色调的黄色形成对比与融合。而在色彩学分类中，淡紫为暖色调，深紫为冷色调，而单纯的紫则为中间色调。"绿+黄+淡紫"的色彩组合偏向于暖色调，易给人以一种亲近之感；"绿+黄+深紫"的色彩组合偏向于冷色调，易创造出一种优雅之感；而"绿+黄+紫（单纯的紫）"的色彩组合则给人以一种和谐、舒畅之感。

2.2 花境植物色彩搭配方法

花境因其布置的位置、植物材料选择、观赏角度、不同的生长环境,可以有多种分类方法。本论文将根据花境中植物花色的复杂程度,给出花境植物色彩搭配的具体方法。

1）单色花境

单色花境,指用同一色系的花卉植物品种布置花境。单色花境在色彩的变化上趋向于单一,因此在选择同一色系的植物时,应选择具有明暗变化的植物进行组合,最终的视觉效果应接近于空间构成中的渐变,进而去弱化单色花境给人带去的视觉疲劳之感。

在色彩方面,单色花境常常呈现出白色和蓝紫色。白色作为中间色调,不易让人产生疲惫之感。细茎针茅、绵毛水苏、矮牵牛和络石是打造白色花境的主要材料。这些植物既可以单独进行花境的布置,将其修剪成不同的株型、大小来强调单一种类植物的变化,也可以将其进行自由组合,细茎针茅银白色的花序柔软下垂、绵毛水苏柔软的叶片、矮牵牛漏斗状的花朵和络石娇羞的小花,足以打造出一处变化丰富的单色花境景观。

蓝紫色作为一种冷色调,时常给人带去一种平静之感。常用于打造蓝紫色花境的植物有鼠尾草、蓝雪花、欧亚活血丹和绣球花。成片种植单一品种的蓝紫色花卉,易营造出浪漫的氛围,让人不由自主地滋生出一种对美的渴望与羡慕。若将这些同为蓝紫色系的植物进行组合种植,每种植物在色彩、高度和形状上存在的差异又易凸显出蓝紫色之间的变化,在丰富层次感的同时更易给人以一种自然、生态之感。

除了白色和蓝紫色外,单色花境还可以选择不同冷暖色调的植物进行打造,例如同属暖色调的红色、橙色和黄色,代表植物分别有一串红和美女樱、萱草和美人蕉、大吴风草和金盏菊。同属冷色调的绿色、蓝色和紫色。绿色的代表植物有吉祥草和麦冬。（吉祥草和麦冬在单色花境中因不需与其他植物相组合,所以成为单色花境中绿色的代表颜色。）

2）双色花境

双色花境,指花境在色彩上主要是由两种颜色组成。双色花境给人的感受通常为轮廓明确、色彩鲜明。本论文将从对比色和互补色两个角度来阐述双色花境搭配的具体方法。

百度百科上将在24色相环上相距120°~180°之间的两种颜色,称为对比色;将在色相环中每一个颜色对面（180°对角）的颜色,称为互补色。比较这两组概念,发现对比色与互补色之间存在一种数学上所提及的包含与被包含的关系,即互补色一定是对比色,但对比色不一定为互补色。

（1）对比色搭配法。

在色彩学中,有3组对比强烈的颜色,分别为红与绿、黄与紫和蓝与橙。每组色彩中的两种颜色既对立又统一,在完美诠释各自色彩的同时又易营造出艺术的氛围。

"红花配绿叶"这句经典俗语便是对红与绿作为对比色的最好印证。玫红色的红花酢浆草、红色的石竹、鲜红色的虞美人、粉红色的美女樱等植物则是红与绿的典型代表植物。不管是单株植物还是将它们进行自由组合,这些植物均能完美演绎出红与绿所传达出的经典之美。

黄与紫,与红与绿类似,均是一种暖色调与冷色调的对比。黄色的代表植物有大吴风草、金盏菊、黄菖蒲和彩叶草;紫色的代表植物有紫娇花、薰衣草、紫罗兰和马鞭草。黄色的温暖结合紫色的优雅,无论怎样搭配,都会使人赏心悦目。且黄颜色的植物相对比紫颜色的植物低矮,将两者结合后,在营造出色彩上和谐感的同时也易烘托出花境丰富的层次感,创造出一种美的情趣。

相比于前面两组对比色,蓝与橙的组合并不多见。蓝色的代表植物有风信子、桔梗和亚麻;橙色的代表植物有萱草、美人蕉和孔雀草。蓝色通常与紫色联系在一起,形成一种蓝紫色,因此在室外纯蓝色的植物比较少见。在之前所提及的3种呈蓝色的植物中,除了风信子和亚麻可以在少数植物园内见到外,桔梗由于不适合在上海栽种,因此常以干花的形式出现在人们的日常生活中,进而削减了此种颜色花境的数量。笔者相信蓝与橙的搭配将会成为今后花境设计的一大亮点。

除了上述3组典型的颜色之外,从对比色角度营造双色花境时还可以选择黄色+蓝色、紫色+绿色、红色+青色等在24色相环上相距120°~180°之间的两种颜色。

(2)互补色搭配法。

在色彩学中,同样有3组典型的具有互补关系的颜色,分别为红与绿、蓝与紫和黄与橙。由于互补色包含于对比色,所以红与绿这组互补色与前述一致。

蓝与紫作为两种冷色调,通过互补,易营造出一种宁静、深邃之感。蓝色的代表植物有风信子和桔梗,紫色的代表植物有紫娇花和薰衣草。由于纯蓝植物稀少,因此在选择花境植物的时候,通常选取蓝紫色于一体的植物——鼠尾草和绣球花。由此可见,蓝与紫的组合也隶属于单色花境的搭配范畴。这些植物并没有单纯地将蓝色与紫色进行组合,而是将其融合在一起,形成一种自然的过渡,为喧嚣的城市带去一股清新之风。

相比于蓝与紫的冷,黄与橙作为两种暖色调,则给人一种炽热之感。黄色的代表植物有金盏菊和大吴风草,橙色的代表植物有萱草和美人蕉。将黄与橙这两种颜色进行组合,能够减弱其单独种植于花境中的单薄之感。且橙色由红与黄调和而成,花朵本身会残留红的痕迹,此痕迹既可以成为黄与橙之间的过渡,也可以作为两者之间的衔接,创造出一种"虽由人作、宛自天开"的双色花境景观。

除了上述3组互补色外,还可以选择黄色+橘红色、紫色+蓝色等在色相环中每一个颜色+对面(180°对角)的颜色来营造包含互补色的双色花境景观。

3)多色花境

与单色与双色花境相比,多色花境在色彩上具有丰富的变化,是花境中最常见的类型。因此,在设计时应注意色彩之间的搭配,不能因为花境植物品种繁多而给人一种杂乱之感。本论文将从冷暖色调角度来阐述多色花境搭配的具体方法。

色调指的是一幅画中画面色彩的总体倾向,是大的色彩效果。色调通常包括色相、明度、冷暖、纯度4个方面,但就花境植物色彩的搭配而言,色调中的冷暖最具指导意义。

冷色调通常包括绿色、蓝色和蓝紫色,暖色调包括红色、黄色和橙色。而灰色、白色和黑色则属于介于冷暖色调之间的中间色调。论文前面所提及的"绿+黄+紫"的花境植物色彩搭配规律,作为多色花境的一种,实则偏向于冷色调,易给人一种宁静之感,契合花境景观的主题——使人由内而外地感受到花境的美与幽静。与此同时,当今快节奏的生活方式也促使多色花境在色彩的搭配方面趋向于冷色调。"绿+蓝紫+黄"、"绿+蓝紫+红+紫"、"绿+蓝紫+黄+紫+红"的色彩组合则非常适用于公园、绿地。虽然花境的总体色彩偏向于冷色调,但暖色调的加入却让人于幽静中感受到一丝温暖,渐而使花境散发出的幽静之香越发醇香。绿色的代表植物有苔草和佛甲草,蓝紫色的代表植物有鼠尾草、绣球花和欧亚活血丹,黄色的代表植物有大吴风草、金盏菊和五色梅,红色的代表植物有石竹、虞美人和美女樱,紫色的代表植物有紫罗兰、薰衣草和紫娇花。随机组合这几种不同颜色的植物,便可以打造出偏冷色调系的花境景观,营造出不同的意境美(见图2)。

整体呈暖色调的多色花境(见图3)虽在数量上输于冷色调,但其所传达出的温暖、阳光之感却是冷色调花境所不能媲美的。在搭配暖色调花境的色彩时,可以选择"绿+红+黄"、"绿+红+黄+橙"、"绿+红+黄+橙+紫"、"绿+红+黄+橙+紫+粉"这4种组合形式。绿色、红色、黄色和紫色的代表植物在阐述冷

图2 整体呈冷色调的多色花境　　　　　　　图3 整体呈暖色调的多色花境

色调花境时已一一列出，橙色的代表植物有萱草、百日草和孔雀草，粉色的代表植物有凤仙花和芍药。将其进行自由组合后，易传递出一股正能量。

　　介于冷暖色之间的中间色调多色花境，虽是冷暖色之间的一种过渡，但由于其缺少主题感与新鲜感，因此在公园、绿地中这种形式的花境并不多见。由此可见，多色花境色彩的设计重点应偏向于冷色调，辅之以暖色调。

基于大数据时代的商业空间景观文化性构建

程竹清

（上海商学院旅游与食品学院，上海201400）

　　基础设施的巨大飞跃，数据储存技术、网络技术的迅猛发展，为大数据时代的到来提供了物质基础。在经济增速放缓与网络购物爆发式增长的两面夹击下，传统零售业明显不景气。一些传统商铺甚至成为顾客只看不买的"试衣间"。在互联网服务和云计算技术的大背景下，数据思维的变革颠覆了传统商业格局，比起线下购物人们更愿意花较少的时间在线上从众多货物中选取自己最为满意的商品，便捷、快速、时尚等字眼冲击着商业现有经营模式。资料表明，2013年全国百家重点大型零售企业零售额同比增长8.9%，增速较上年放缓1.9个百分点，连续两年下滑，为2005年以来最低。销售最为火爆的是金银珠宝，而食品零售额、化妆品、日用品销售增速均不及去年同期。商业空间景观模式也遇到了前所未有的压力，商业景观如何迎合大数据时代并站稳脚跟是当前商家企业亟待解决的重大课题。

　　牟宗三先生说过，文化是一个民族的"胞胎"，"胞胎"可以护育我们整个民族。毛泽东在《新民主主义论》中明确指出："一定的文化（当作观念形态的文化）是一定社会的政治和经济的反映，又给予伟大影响和作用于一定社会的政治和经济。"就商业空间而言，如何引导拥挤的人群，吸引更多的消费者驻足观看、体验和购物，是这个时代给出的新课题。创造一个具有过渡性、安全性、娱乐性、生态性、文化性、交往性的城市公共商业空间，无疑是行之有效的解决方式。而"文化性"，作为对商业企业、商品乃至整个城市内涵的诠释，如何在有限的空间中表现其应有的文化特征，创造新型的文化体验活动，值得思考与重视。

1　商业空间文化性现状及存在的问题

　　1）缺乏作为城市文化载体的作用

　　老子在《道德经》中说"埏埴以为器，当其无有器之用。凿户牖以为室，当其无有室之用。是故有之以为利，无之以为用"。空间的概念是非常宽泛的。商业空间对于一个城市的居民来说是最直接感触的空间之一。而过分追求商业性和商用价值，忽略其文化意义，将导致各种文化内涵的缺失。如天子大酒店（见图1），采用福禄寿三星的外形，曾获吉尼斯最佳项目奖。但是，三河市园林生态、宜居宜游的城市定位并未得到任何体现，而三河市悠久的三河（洳河、鲍丘河、泃河三水）文化似乎也不是3个略显直白的雕塑所能概括的。

图1　河北燕郊北京天子大酒店

优秀的文化应当流芳百世,而在大数据时代的商业空间,以城市本土文化为卖点的手法更是胜人一筹,商业与文化的结合可谓一举多得。如韩国三清洞谷穗黄了餐厅。韩国相较于中国,文化遗产略显单薄。但韩国人本着对传统的尊重,将文化与商业相结合。山清、水秀、心宁静是为三清的由来,位于三清洞的谷穗黄了的定位十分契合当地的文化氛围。韩国宫廷料理,将美食与传统歌舞结合,在伽倻琴的动人旋律中,品味健康清淡的韩定食,别有风味。淡黄的主色调,从室内陈设到餐饮服务,甚至盛菜的黄铜器皿,都透着浓浓的三清洞味道。韩国年轻情侣的父母正式见面一定会吃宫廷料理,使得这一文化得以很好的传承。作为美食大国的中国,是否也可借鉴呢?

2)缺失自我精神的寄托

商业区各类建筑与设计风格繁多,而设计中过于注重商业的氛围,不注意和挖掘文化的内涵。过多的广告招牌、喧嚣的环境、类同的商业模式、无个性的店面等,无不透露出文化内涵的匮乏和逐利的炒作。一个城市的商业街是这个城市的历史缩影之一,反映的是地域特色、历史文化和居民的生活习惯。如上海徐家汇作为上海著名的商业中心,拥有港汇、东方商厦等世界名牌汇聚的购物中心。但没有一处反应徐家汇的历史,耶稣会传教、土山湾文化、上海第一座天文台及博物馆等,这些真正富含文化积淀的东西,淹没在滚滚商业气息中。风光背后的徐家汇,变得千人一面,失去了他应有的面貌。

3)文化理解直白浮躁,本土文化挖掘浅显

过分追求外国文化而忽视中国。原封不动地抄袭外国作品,缺乏对其内涵的思索。中国是文化大国,祖先留下的文化遗产应得到很好的传承。风格是每个民族、每个地区、每个国家长期积累而得到的文化形式。可以引用借鉴,而不是照搬全收。如松江泰晤士小镇(见图2),抄袭奥地利的哈尔施塔特,费尽心思地建成之后,除了激起奥地利当地居民的愤怒,入住率极低,实际上已从居民区变为婚纱摄影基地。欧式风格的确是一种潮流,但是潮流需要消化吸收。日本园林吸取中国园林之长处,与日本文化融合,而产生了以枯山水为代表的日式园林,甚至跻身成为东方园林的重要分支。日本人靠的是学习,而不是抄袭。

图2　松江泰晤士小镇

2 商业空间文化化的对策

2.1 原则

维克托在《大数据时代》一书中说："'大数据'越来越成为一个带有文化基因和营销理念的词汇,又同时反映出科技领域中正在发展的趋势,这种趋势为理解这个世界和作出决策的新方法开启了一扇大门。""决策行为将日益基于数据和分析来做出,而并非基于经验和直觉"。传统的文化在某些方面受到孤立,但不会完全被爆炸的信息量完全取代。商业空间提供的体验性文化服务是在网络中无法体验到的。所以商业空间文化性的景观设计完全有足够的动力继续下去。商业空间不仅要拥有充足的商品,还要创造出一种适宜的购物环境,满足顾客的多方面要求,使顾客享受到最完美的服务。因此,尊重文化、尊重古迹、尊重自然的原则;商业与设计融合、品牌理念与文化设计结合的原则和"最短时间内最大信息量"的原则就成为商业空间文化化的三大原则。

尊重文化、尊重古迹、尊重自然,这3方面概括起来是尊重人类的本源。尊重文化,就是尊重这个民族,尊重我们的祖先,因为文化是中华民族5 000多年历史留下最完整,最宝贵的遗产。尊重古迹,古迹是抽象的文化具体为实物的一种方式,修旧如旧,不大刀阔斧地改建旧建筑,反而能营造出恍若隔世的历史感。尊重自然,调整空间结构、节约资源,人有亲近自然的本能,钢筋水泥构建的大数据时代需要自然的融合,尊重自然是看似简单实则最难做到的。

商业与设计融合、品牌理念与文化设计结合的原则。设计是非常重要的商业工具,设计的最大意义在于提升商业的价值,设计师必须了解商业的项目背景,了解其市场定位,了解其受众、原理,在整个商业链的位置,才能从质地、质量与品味上着手,追求个性与唯美,达到经典,做出提升商业空间的品质内涵的设计。以淑女屋为例(见图3),品牌理念"永远的美好",实体店白色基调,欧式细节,营造出梦幻氛围,完成了少女童话般的公主梦。

图3 淑女屋实体

"直觉"审美效应强调的是瞬间观照,是在以往经验、理智的前提下,对事物本质内容的直观把握。"最短时间内最大信息量",考验的是现代商业展示设计,应给人以鲜明感受和深刻印象。除了出于审美需求,也为了节省人力、物力、财力、精力与时间。现代商业展示应具有容易记忆、有视觉冲击力、能够打动人等特点,以最大限度地达到其传达品牌理念、招徕顾客、与顾客沟通的基本功能。

2.2 手法

1)传统色彩的应用

色彩对商业空间氛围的营造至关重要。在中国,红色为喜庆,白色为悲伤。在西方,红色为邪恶,白色为纯洁。对色彩的不同理解,也造就了在商业空间中不同的应用。红色,是鲜血与火焰的颜色,象征激情、热闹、冲动、火热。红色为前进色,尚红是中国人的传统,象征着热忱、奋进的民族性

图4 某餐厅门面

格。红色在民间是一切美好的代名词,它有着千变万化的表现手法,在民间服饰、民间美术等方面占据重要位置。中国红是中华文明的底色。红色大俗而大雅,即质朴而又充满热烈的生活气息。如中国风的餐厅,确定一个色彩的基调,大量运用红色、黄色,点缀以黑色、白色,既喜庆,又体现了中国人的文化内涵。图4中红色拱门体现强烈的中国元素,天花板上的伞虽有现代气息,但色彩也是传统的中国红。中国餐厅的商业定位一目了然。中国红与黄色的搭配在室内设计中非常具有代表性。图4中的餐厅的黄色调主要来自灯光,为整个氛围增添了几许奢华气息。中国红给人的第一印象往往是红旗袍、红盖头,实际上红色内涵非常深厚宽泛,现在的中国风往往是中国元素的闪现,还没有形成统一的风格。中国红反映了中国人内心深处的某种心理需求,完全可以作为一种对文化理解后的情感流露。

2)传统建筑美学的借鉴

建筑是历史的积淀,反映了一个时代的文化特征与时代特征。建筑作为商业空间的外观,必须在最短时间内夺人眼球,并传递出自己的品牌特色。借鉴传统建筑美学,也是从一个角度窥探文化宝藏。

中国传统建筑中"天时、地利、人和"、"天人合一"的传统思想,恰与现代人"回归自然"的思想相吻合。也是"尊重自然"的侧面体现。商业空间设计中,首先应注重传统建筑的结构美,传统建筑结构是技术与艺术的统一,它细节的装饰美、多种视角取景的诗意美无不使人流连忘返。其次,传统建筑装饰中的云纹、鱼纹、汉字等传统图形的借鉴和利用,也可使消费者领悟商业空间的文化意境,也可体现商业空间对品牌文化的把握。第三,注意借鉴中国建筑美学的灵魂——风水学说。"地之美者,则神灵安,子孙昌盛,若培植其根而树叶茂"。风水是科学与迷信的综合,取其精华、去其糟粕,风水的美学理论可成为商业空间设计的灵感来源。

3)传统空间组织观念的兼容

东西方对景观空间的不同认识与创造,反映出不同的传统文化与思想方法。文化性未必只存在于具体的、表象的事物,空间组织观念这种隐形的、较为抽象的东西,也是文化性的一种体现。空间的划分是商业空间设计的一部分,须营造出一种适宜的购物环境,给顾客以更全面舒适的购物体验。空间节奏的调整、室内空间的运用、不同的空间划分会产生不同的风格与气质,在明确商业空间的商业属性的基础上,要特别注意借鉴古人对空间的理解。

众所周知,受佛教、禅宗的影响,中国式的空间分割是通透的。空间组合灵活多变,空间界限模糊不定,室内外空间相互渗透。大小空间的对比也时常有之。中国人把对自然的感悟与崇拜融入空间,借鉴自然,因地制宜的运用自然地形、材料,体现了鲜明的地域特色和极强的生态精神。中国式的手法是含蓄的。中国人追求意境美,意境之美体现在4个方面:天人合一、空灵通透、居中为尊和借物喻志。中国式的空间追求如诗如画,星星点点的植物,弯曲的小桥,精致的石块,看似信手拈来,实则深思熟虑。虽然自然随性,但是结构均衡,在纵向的主轴上辅以横轴线,形成中国式独有的对环境和空间的理解。如zebra酒吧(见图5),它以数码空间为灵感,在流畅的线条中寻找快乐。斑马的条纹,勾勒出一个空灵通透的未来世界。集音乐、美食、美酒、咖啡等为一体的视、听、味全方位服务定位,以前卫而不夸张的黑白对比以及灰的色彩调和、不规则的流线型天花板和相互渗透的各个空间勾勒出年轻

图5　zebra酒吧

人的活力与想象,充满了设计师对文化的独到见解。

4)传统宗教信仰的融合

宗教是一种精神食粮,是上升到灵魂层面的文化。儒、道、佛3种文化构成了中国传统文化的基本体系,提到中国传统文化,就不可能不涉及宗教文化。宗教元素的应用跨越了世俗化,进入信仰的高度,往往能迎合对文化和品位有所追求的消费者。敦煌的壁画、河图洛书、太极八卦等都可以成为体现商业空间特性、特点的设计源泉。

3　结语

历史在不断地前进和变化中,有些变化甚至超出了我们的想象。大数据时代的商业空间,因传统消费模式的改变而面临变革。但是,文化及对传统文化内涵的理解和诠释是商业空间设计中不变的主题,探讨文化与美、文化与空间、文化与品牌、文化与服务理念、文化与消费者的关系,是商业空间文化性追求的永恒主题。

浅谈上海商业区景观文化性的构建

粟　忻　姜　芸　张建华

(上海商学院旅游与食品学院,201400)

1843年开埠以前上海从属于江南文化,并渊源于长江流域江浙的古吴越文化。上海被迫开埠后,帝国主义列强纷纷侵入上海,他们在上海竞相设立租界,建造了大量的房屋建筑和设施,外滩的万国建筑群便是其中的代表。在接下来的一个多世纪里,大量的外来文化涌入上海。对上海人而言,无论在物质上或是精神上都产生了翻天覆地的变化。而此时应运而生的"海派"文化传承了吴越文化的亲水性特征以及其敏感和细腻。对其他文化体现出一种宽容的姿态,善于接受新鲜文化因子,形成海派文化多元性的特点(见图1)。由于拥有优越的地理位置和特殊的历史文化,上海形成的不同于中国其他地域本土文化,是以"海派"文化为主干的各类外来文化的合集。在这些文化的影响下形成了不同形态的商业景观和业态,独具特色的人文景观已经逐渐成为商业发展过程中的一大新亮点。

电子商务迅猛发展,使得具主导地位的传统店铺面临日益严峻挑战,而独具特色的文化背景可以

图1　开埠初期上海外滩的"万国建筑"

给消费者更为直观、深刻的消费体验,因此,研究商业景观的文化性构建无疑对传统商业的新发展具有一定的意义。

1　上海商业文化景观的现状及存在问题

1.1　建筑景观的文化主题不明显

　　1)建筑外观文化元素的缺失

　　建筑作为人类文化的一个重要组成部分,是反映人们审美观念、社会艺术思潮、建筑技术进步、地方历史文化精髓的承载体。而建筑的外观则能给人最直观的文化视觉冲击感。当今商业建筑外观在追求现代化、多元化的同时却容易忽视了建筑主题文化的营造,缺失了主题文化元素的建筑则易造成建筑造型、风格、主题定位不明显等问题,直接影响消费者对商业区的直观判断,从而影响到商业活动的进行。

　　2)建筑室内格调的设计与建筑外观缺少协调性

　　"建筑与室内是共存的。这如同容器的壳和它形成的内空一样,舍其一便都不存在。无壳不成'器',无其'空'而失其'用'。""从某方面讲,建筑存在的环境,也是室内设计的环境依据。"可见建筑室内设计的格调与建筑外观的关系十分紧密。当今大多数商业区在室内设计和建筑外观的协调性方面有所欠缺,老商业区存在的问题尤为突出。例如在一些充满异国情调的欧式建筑里却售卖着中国传统的手工小商品。这不仅无法体现出中国传统商品文化的特色,并且容易使消费者形成心理落差,影响消费兴致。

　　3)新建筑与历史建筑的碰撞

　　"很长一段时间内,中国城市历史环境保护与城市新发展的冲突中,牺牲的往往是前者。旧城的破坏已成为20世纪中国城市建设中最令人心痛的城市行为。"在城市新发展与旧建筑的碰撞中牺牲的不仅仅是旧建筑本身,更大的损失是历史文化的流失。这类问题也往往出现在旧城改造的商业区中。上海市外滩到人民广场之间是优秀近代建筑风格的保护区,这里不仅保留了优秀的近代建筑,而且还保留了上海近代商业文化的风貌。然而,这些优秀的近代建筑环境正被近来不断涌现的杂乱新建筑所破坏。

1.2 景观小品对文化主题的营造作用没有得到强调

1）室内景观小品的运用不当

"景观小品作为城市的'细部'是承载着城市的文化底蕴和居民生活的精神层面,是展现城市的性格和独特的魅力。"正是这些细部景观往往能够提升消费者对消费环境的满意度。因此,室内景观小品的设计是对商业文化景观的一个重要补充。然而,当今大多数商业区在处理室内景观上往往忽视了其对文化主题的营造作用。多数商业区的室内景观小品的设计呈现杂、乱、差等特点。即没有形成一个鲜明的文化主题,小品景观之间的相互协调性差,景观的品质也较为低下。

2）室外景观小品对文化营造的作用不重视

商业建筑的室外景观作为连接室外大环境和室内小环境的重要过渡,其作用也不可小觑。而当今商业建筑的室外景观则大多过于敷衍和草率。其往往表现为既没有与建筑的外环境形成整体一致性,也没有起到与建筑内环境起到相呼应的效果。

1.3 产品文化特征形式过于陈旧

1）产品设计中文化缺失

商业产品作为商业活动的对象不仅作为价值交换而存在,而且承载着深刻的文化与内涵。在产品设计发展过程中,产品设计的方法,程序等日趋完善,很多产品有着趋于标准化程式的危险,这些因素使得产品在设计风格上日趋一致。产品设计上的雷同,缺乏各种文化个性。

2）产品材料的文化性被削弱

材料是人类进行一切生产、生活的物质基础,没有材料人类就没有创作的介质,人类一切创造活动必须依赖于一定的介质。同样,材料对于产品文化的表达作用不可小觑。当今市面上的众多商品都标榜着"高科技材料"而大做文章。纳米纤维素、石墨烯、生物塑料等新型高科技材料已经越来越被大众所接受。在制造商沉迷于新型材料热的同时,由于材料的趋同性使得产品的文化特色正严重地被削弱。传统材料和工艺正被迫悄无声息地逐渐淡出商品市场。

2 构建商业区文化景观的对策

2.1 建筑景观

建筑与文化的关系犹如人物素描与模特的关系,建筑是一个城市的一幅肖像、一面镜子。是一种凝固的城市文化。文化的渗透与滋养使得建筑在不同时空里焕发着无限生机与活力。建筑是一个城市历史文化的真实写照,是传承文明的宝贵财富。"在我们城市经济面临转型和重构的大背景下,旧城的更新成了一个重要议题。相对于城市其他区域,旧城的居住区承载了城市各个历史时期的发展痕迹,集中地体现出城市特色以及文化、空间方面的多样性特征,是吸引公众和经济决策者注意力最鲜明的城市景观"(阮仪三 陈飞,2008)。因此,老建筑景观的充分利用是构建商业文化景观的宝贵资源。

1）历史文化建筑及其特征的保护

历史建筑与老街道历经历史的冲刷与洗礼,因此使其散发着独特的文化韵味,保留历史建筑的文化特征即是延续了历史文化景观。历史建筑文化特征的保护包括街巷体系系统的保护、建筑理念的保护、艺术风格的保护等。在保护过程中尽可能保留原建筑的外貌,如外墙形态、材质、肌理、色彩等,从而保留历史文化街区的独特韵味。注重维持原有建筑的空间尺度,对保留的历史建筑进行必要的维护、修缮、结构加固等措施,对重建的历史建筑,外立面尽可能予以保留,取得原有的建筑风格和街区景观效果。

以淮海路历史文化街区保护为例。淮海路似一条长龙,横卧在上海市中心区,东起人民路,西迄凯旋路,蜿蜒十余里。春夏浓荫蔽道,四时鲜花吐艳,店肆栉比多名品珍品,道路宽阔以整洁著称(见图2)。道路两侧及邻近街弄,经典建筑、名人故居、革命遗迹星罗棋布。浓郁的欧洲风情,是淮海路地区一个重要特点。近代上海各大区域中,法租界的欧洲文化特点最为显著。这些充满欧式风情的建筑,错落有致地分布在东起重庆路、西迄华山路的淮海路两侧,马斯南路(今思南路)一带,有30幢法式花园洋房,百余幢西班牙式花园洋房。梧桐掩映、霓虹闪烁、欧语莺啼、琴音抑扬、人行其间,如在欧洲。优越的区位,特殊的道路,独有的传统,丰富的底蕴,使得淮海路地区在上海特色独具,卓尔不凡。

图2　田子坊将石库门建筑特色与现代商业艺术相结合

2) 建筑与文化的融合

建筑与文化的关系犹如唇齿相依。建筑缺少文化的内涵好比一个没有灵魂的躯壳,就会显得空洞、死寂;同样,文化离开了建筑就不能得到很好的体现。田子坊将建筑与文化做了完美的结合。石库门诞生于19世纪中叶,脱胎于传统四合院但占地面积较小、后发展为由天井、客堂、厢房、亭子间、晒台等组成的住宅,数幢或数十幢连成一排,被称为"连体的江南民居"。石库门是上海特有的历史建筑,是上海风情的典型代表。田子坊内有大片的石库门建筑,而且有上海少见的"面对面"石库门(泰康路248弄24~42号)。不仅如此,田子坊内还有一定数量的居民生活其中(民意调查显示,有14.61%的居民选择继续居住在田子坊),这样就为田子坊带来了原汁原味的石库门生活形态。在城市化迅猛发展的今天,在市中心能够有这样一片"上海的记忆",可谓弥足珍贵。田子坊现已汇集了10多个国家和地区的160多家视觉创意公司。一个个充满了浓厚艺术气息的工作室、展厅、画廊让老弄堂散发着时尚的光芒。风格各异的创意小店与蜿蜒的小巷自然的融合,别有风情。餐厅田子坊带着浓重的"海派文化"正走向历史街区的复兴。在田子坊的建筑改造过程中设计师们基本保留了街区内空间格局,在保持原有建筑结构、建筑风貌的基础上进行了适度更新。这也就保留了弄堂文化。

3）建筑内里的协调整合

对于保留的历史建筑,一方面保留其建筑外观的历史文化特征,另一方面对建筑内部的设施也要进行创新再设计。例如运用新型建筑材料、用以适应新赋予其中的使用功能、在历史街区营造出别具一格的商业气氛。例如田子坊建筑的室内设计,突出了石库门里弄建筑中西合璧、中国传统建筑语汇和现代空间设计理念有机结合的特色,将新的使用功能融合于环境氛围之中(见图3)。

4）"因旧呈新"

在基于满足城市服务需要的新建的文化景观在不影响重点历史建筑保护的前提下,要打破传统思维定式,创新设计符合文脉的景观设计,大胆采取现代主义、甚至后现代主义的思潮,将新建景观设计与原有历史建筑进行对比,将新、旧建筑风格有机融合促进商业景观文化性的构建。

2.2　景观小品设计

景观小品代表着城市文明建设的一个缩影,它体现了一个城市的风貌和景观特色,它增强了城市本身的内在吸引力和创造力。因此。景观小品文化主题性的强调是对商业文景观一个重要补充。

景观小品的文化主题的打造可以从植物、文化雕塑等文化小品的设计与运用入手。植物可采用乡土树种,突出地方文化特色;植物造型的塑造可以通过修剪文化造型突出文化特色;文化小品的运用方面可充分发掘运用传统文化景观小品,并加以创意设计,创造出具有时代性的传统文化小品。以美罗城五番街景观小品设计为例。五番街从2008年开始策划,整条街的设计邀请了日本著名商业地产设计师北井先生担纲,营造了开放式的街景氛围,建筑内部景观的细节处理也日系味十足(见图4)。街道铺设石子路,两边随处可以看到充满日式风情的绿化和造景,还有极富创意的可供休憩的桌椅。最令人拍案叫绝的是五番街在空间死角设计上的别出心裁。电梯口与商铺之间的空间由于具有不完整和不规则性,因此往往是景观设计的死角,而五番街的设计师在保持了景观整体性的前提下变劣势为优势,将日本的石灯笼、洗手钵、木篱、景石等元素搭配盆景植物进行组合,营造了一处处别具日式情调的小景,从而将这些空间死角打造成为吸睛景观的同时又不失时机地凸显了商业景观的文化主题。

图3　田子坊内别具风情的一角　　　　图4　五番街内日式景观小品

2.3 产品文化形式的创新

1）传统文化元素在产品设计中的运用

生产产品的最终目的是为了将它卖出去，在买方市场的今天产品的文化内涵决定产品的市场前景。有位资深的经济学家说过，"产品的一半是文化"，"文化也是商品"。把文化元素应用到产品设计之中，能增加产品的文化价值，满足消费者对文化的需要。传统文化与产品设计的结合可通过将传统文化元素例如传统图腾、传统材质、传统造型、传统色彩搭配等通过艺术的手法加工再创造引入产品设计当中。如田子坊内有一家叫"巾城"的围巾店铺（见图5）。当今市面上的围巾在印花造型上大同小异，然而"巾城"里却有近千种不同款的围巾。这些围巾有根据古典名著印染的也有根据名画印染的。店铺里充满着浓郁的中国味儿：丝绒质地手工刺绣的江南女子丝巾挂在墙上犹如一幅绝美的油画；精致的窗花格绸缎丝巾与老上海鸟笼图案相搭配好似一幅惬意的窗格之景；手绘通透的仕女图，让人穿越到梦魂萦绕的唐朝……

2）传统材料的创新运用

"简单的产品设计材料有许多值得我们探索的方面，一些基本的传统材料，如木头、金属、纸、塑料、玻璃、陶瓷等，都蕴藏着巨大的使用可能性，当我们尝试用一种非常规的思维角度或者非传统的方式使用这些材料的时候，会有出乎意料的结果。"如"兴穆手工"是田子坊几个年轻人抱着对音乐与艺术的热爱共同创立的小店。巧用牛皮纸和麻绳，以中国传统的水墨画、剪纸、年画等为取材背景制作的画册，本子的装订也采用最朴素的线订方式（见图6）。"兴穆"本子运用的是司空见惯的牛皮纸，却唤起了80后小时候的回忆，独特的装订符合80后的时代品味，材料的运用和年龄段的有机结合展现出低调而又时尚的气息。

图5　田子坊"巾城"的传统韵味　　　　图6　"兴穆手工"内充满怀旧气息的手工艺品

3 小结

在电子商务冲击下的传统商业业态发展的出路在开发、挖掘地域文化特色，以形成地理位置差异所致的地域文化符号的多样性，从而形成商业发展的竞争优势。从以上案例可分析：文化景观元素的引入能给目前暗淡的零售商业市场带来新的发展契机。商业景观的文化性是实体商业店铺所具有的电子商务无法与之媲美的优势。通过对商业区景观文化性的构建，营造文化体验式商业区无疑是今后实体商业店铺发展的新出路之一。

中国传统元素在现代商业空间应用的探析

胡芷嫣　张建华

（上海商学院旅游与食品学院，上海201400）

摘要： 随着商业转型和体验性商业的兴起，使得文化的提升成为现代商业空间营造的重要一环。传统文化始终是影响消费者行为最广泛的因素，本文通过对淮海路、南京路、徐家汇三大商业区的风格类型、设施类型以及体验性环境的调研。提出了现代商业空间中利用传统哲学理念，创新传统布局形式、形成中国特色体验性商业空间的策略。

关键词： 传统元素；商业空间；应用

近年来，中国电子商务作为一种新兴的商业模式，以前所未有的规模和速度在发展。调查显示从2008年至2012年，中国网络零售交易额一路攀升，尤其在2012年12月底，同比增长64.7%，创下历年之最。电子商务和网上购物的发展不断冲击着传统零售业，给其带来了巨大的挑战。实体商业不得不转型，开始强调"大零售"概念，加速去零售化。对于消费者，早已不再是单纯的购物需求，更注重精神层面的满足，体验式消费逐渐成为一种新趋势。体验式商业逐渐成了能与电子商务和网上购物抗衡的新型商业模式。随着商业转型后体验性的增加，逐渐注重消费者的参与、体验和感受，对空间和环境的要求也越来越高。对于中国消费者来说，五千年的中国传统文化已深深地刻入国人的思想中，是影响中国消费者行为最为广泛、深刻的因素。因此，商业景观中中国元素的应用无疑将成为打造体验式现代商业空间、形成中国特色商业空间的重要元素。

1 现代商业空间现状

通过对淮海路、南京路、徐家汇三大商业区的空间风格、设施类型和体验性环境营造方式进行调研，可以了解到现代商业空间的现状。

1）空间风格

空间风格对于现代商业的重要性，就如同人们每日的穿着一样，适合和与众不同是最重要的。随着西方文化的传入以及面对现代年轻人的喜爱，商业空间风格主要以现代风格为主，三大商业区现代风格的比例分别占87.1%，81.51%，60%。应该说现代风格所强调的空间功能性和设计感，正是现代商业空间需要的。但相对而言，传统的中式古典风格在现代商业空间的设计选择中相对缺乏。

2）设施类型

三大商业区的设施类型繁多，主要以用户体验设施为主，分别占93.55%，88.89%，89%，可见现代商业空间已经逐渐把重心放在用户体验上，着重打造体验性商业，这是电子商务和网上购物的发展使实体商业不得不进行转型的结果。体验式商业空间主要以休闲娱乐为主，购物功能为辅，但从数据来看娱乐设施所占的比例还是偏低的，更多的是休憩设施和便民设施的应用。

3）体验环境营造方式

体验性商业环境的营造方式主要由广告、植物、音乐和灯光构成，广告能够将产品信息简单明了地展示给消费者，植物的作用能增加空间的自然感，音乐给消费者带来了听觉上的享受，而灯光就增加了视觉上的体验感。相对而言，植物的应用比例最高，特别是徐家汇商业空间达到80%。可见自然景观在现代商业空间的重要性。中国传统思想中一直把"天人合一"思想置于首位，强调人与自然的重要性,所以在体验性商业空间中,自然与空间的融合是必不可少的,甚至是至关重要的。再配上舒缓的音乐、恰到好处的灯光等,来增加消费者的感官享受。

2　中国传统文化在现代体验性商业空间的应用问题

中国传统文化在体验性商业空间中的应用无疑对设计的文化理念、环境观念、时代感、时效性、功能性、艺术性等方面都具有一定的意义。调研发现对于样本的现代体验性商业景观空间而言,从文化、时代、功能等多角度考虑仍发现存在许多不足之处。

1）文化招牌易打,体验感难觅

随着体验式成为新的商业趋势,很多商业空间都极力放大体验性这一点。而大多数情况都是仅仅打着文化招牌,实际上顾客在消费过程中参与感有限,体验功能不足,这样就难以与电子商务与网上购物拉开实质性差距。真正营造体验性的环境、商场情景不仅仅是通过引进艺术展、招进咖啡店等,最重要的是对环境和气氛的考虑,将传统文化真正融入体验性商业中,从而让消费者参与进来,进而吸引消费者消费。

2）商业气息颇高,文化性偏低

各地古镇是现代商业景观空间形式之一,更是人们了解各地传统文化,体验各地传统生活的首选。但古镇的旅游业开发最终目的不是为了带来巨大的经济效益,成为当地经济的增长点,而是希望将古镇当地的自然景观、人文景观展现出来,让世人知道了解。如今成了商业发展为主要模式从而影响文化继承发展,使古镇风貌日趋千篇一律,旅游设施充斥,无特色旅游商品的泛滥以及满是人人皆商的浓重商业气息。客栈、酒吧成为众多古镇人们的商业发展首选,其次是服装饰品、手工艺品等,越来越多的古镇变成了毫无特色的统一形式,商业化发展不知不觉中侵蚀着古镇的自然环境和人文氛围。

3）拆除重建常见,历史感难现

从1953年北京大规模拆除牌楼、牌坊、城墙、城门等古建筑,到2013年广州金陵台、妙高台民国建筑在"缓拆令"下仍未幸存。可见当年林徽因说的那句"等你们有朝一日认识到文物的价值,却只能悔之晚矣,造假古董罢!"仍没有引起人们的重视,没有让人们意识到拆除重建政策拆除的不仅仅是建筑,更是不可复制的传统文化遗产。拆除重建政策使得现代商业空间缺少了历史底蕴和文化内涵,拆除重建后的现代商业空间也难以得到人们对文化的认可。

4）全盘西化成风,特色性少见

除了风格变化,高楼大厦逐渐代替中式建筑,快餐店、西餐厅越来越多,西方节日的气氛高于中国传统节日,对于西方文化的接受能力越来越快。西方的思想确实在很多方面值得我们借鉴,在有些方面走全盘西化的道路是正确的,不过在现代商业景观空间中同样采取全盘西化的思想,在对西方文化的接受中逐渐抛弃自己的传统文化,缺少自己的文化特色是不可取的,会让人感觉缺乏文化韵味和民族根基。传统文化才是消费者始终认可的,因此形成具有中国传统文化特色的现代体验性商业空间,在商业景观中中国元素的应用是必要的。

5）机械照搬较多,融入性较少

照搬中国传统文化体主要体现在将中国传统元素生硬地放在空间中,缺少对传统文化与现代商业空间相互融合的考虑,显得有些格格不入。比如在现代商业空间中营造了一片中国传统的园林山水形式,两者缺少联系,显然这种想要达到文化传承的目的达到了,但给人的感觉是一种死的艺术。今天我们弘扬中国的传统文化,并不是照搬中国的传统文化,更多的是将传统文化中的"精髓"提取,在现代商业景观空间中表达出来。

3 中国传统文化在现代体验性商业空间中的应用对策

我国历史悠久,几千年的积累使各类传统元素拥有了近五千年文明古国深厚的文化底蕴,传统文化对现代商业空间的发展也影响巨大且深远。而随着科技的发展、时代的进步,现代商业景观空间不能仅仅把商业化置于首位,还应结合"商品特点",积极吸收传统文化元素,打造富有中国特色的商业景观空间,从而吸引消费者。而打造中国特色商业景观空间最重要的就是在不断传承中国传统文化基础上予以创新。传统建筑在现代商业空间中的保留,体现中国多样化的地理环境和多民族的人文环境;布局形式在商业空间中的应用,营造了具有中国特色商业景观空间的效果;哲学理念在商业空间设计中的应用,迎合了目前我国构建和谐社会的明确目标。

3.1 传统样式的应用

空间布局决定了建筑空间环境营造呈现出来的效果,是空间表达的关键因素。不同民族、不同地域、不同气候都是影响空间布局的因素,中国传统空间布局形式同样能够营造出中国特色商业景观。如别具一格的宽窄巷子商业空间。

1)院落式的组群布局——成都院落式

院落组群的布局形式已经有3 000多年的历史,是我国传统建筑中的典型构成模式。院落组群的布局模式能够创造出空间层次丰富的变化,深远不尽,层层展开。院落组群的布局模式可以自然通风、采光、冷暖聚气。

成都宽窄巷子是成都遗留下来的较成规模的清朝古街道,宽窄巷子通过延续街巷空间,成为其保持原有历史文脉的物质保证(见图1、图2)。将中国传统布局形式——院落式的组群布局运用到现代商业景观空间中,以"成都生活精神"为线索,在保护老成都原建筑风貌的基础上,形成汇聚生活体验、文化体验、餐饮体验、娱乐体验等多体验性的院落式中国特色商业景观空间。宽窄巷子对于当地居民而言是一个充满回忆的地方,而对于游客而言就是一个了解当地历史信息与历史印记的地方,行走在宽窄巷子里除了体验现代商业的繁荣,更能看到少城人们的生活态度,让消费者体验真正的当地文化。

历史文化保护街区与现代商业空间成功结合形成院落式中国特色商业景观空间,将传统布局形式应用到现代商业空间中。在保留古建筑的同时,将原生活精神、历史印记融入空间,实现现代与传统完美的结合。

图1 成都宽窄巷子鸟瞰图

图2 成都宽窄巷子——窄巷子

2）轴线式的空间艺术——北京王府井街区式

中外建筑都讲究对称美,尽管中国地域辽阔,南北文化差异大,但在中国古建筑群体布局中轴线对称的布局形式被广泛使用。轴线式的空间艺术既统一又富变化,使流线清晰,功能分区明确。

北京王府井大街(见图3),是以金鱼胡同西口的十字路口为中心,朝东是宾馆饭店一条街,向西是小吃休闲一条街,面南是繁华商业步行街,往北是娱乐文化一条街,形成了"金十字"的构架。采用了传统的轴线对称布局形式,通过从并保留了一些文化遗址,点缀在现代商业空间中,充满传统文化气息。另外一些北京老字号如同升和、盛锡福、瑞蚨祥、全聚德(见图4)、承古斋等商铺仍存在于王府井中,见证了王府井的发展,同样具有历史意义。

形成街区式中国特色商业景观空间,主要通过从城市文脉出发设计的建筑轴线,重视新老建筑的延续,将传统元素、传统文化以点缀的方式植根于周围环境中,引起对历史传统的无限联想。

图3　北京王府井鸟瞰图　　　　　图4　北京王府井全聚德

3.2　哲学理念的应用

道家生态伦理观坚持万物平等、善待万物、慈心于物的原则,处处体现着人本主义的色彩。道家生态伦理与现代商业空间的理念不谋而合,将这一哲学理念应用到现代商业空间中,不仅能够体现深厚的文化底蕴,还对促进我国构建和谐社会的发展有现实意义。

1）"道法自然"思想——上海新天地情景式

老子曰:"人法地,地法天,天法道,道法自然,"强调要遵守自然规律。让我们意识到:改造一个事物的效果是有限的,需要做的不是消除缺失,而是将其优点合理利用,尽量避免这些缺失,放大有益的部分。这一思想同样适用于现代商业空间,将传统文化与现代商业结合,把传统文化中的精髓保留在现代商业空间中,实现真正的体验性商业。

上海新天地是国内情景商业的代表,集历史、文化、购物、休闲为一体。以上海近代建筑石库门建筑旧区为基础,将石库门原来的居住功能赋予商业经营功能,如引进实现传统文化与现代商业的结合。保留石库门建筑群的一砖一瓦,但在建筑内部按照现代都市人的生活方式量身设计,如招商引进了星巴克(见图5)、形成酒吧一条街等,为历史文物石库门注入了新的生命力。将海派文化与现代商业相互融合,成为一个新的整体,使新天地成为上海的地标之一、成为领略上海历史文化和现代生活的最佳场所。

不同地域都有着不同的传统文化,如上海的海派文化,北京的胡同文化等,在保留、修缮旧址,保存历史细节的同时,对体验性商业进行设计规划,依据道法自然思想,将传统文化与现代商业结合形

图5 上海新天地星巴克

图6 上海枫泾古镇农民画村

成情景式中国特色体验性商业空间。

2）"天人合一"思想——上海枫泾古镇式

"天人合一"即"天人皆物，人效法天，天人调谐"。传统文化中"天人合一"的思想，强调的是人与自然的统一，建筑与自然的有机结合，提倡生态整体和谐观。北京明清宫紫禁城就是借助其周围气象万千的自然景色，烘托出紫禁城的宏伟壮丽。而在现代商业景观空间设计中，自然景观也已成为不可缺少的元素。

枫泾古镇地处上海市金山区，典型的江南水乡古镇，是上海地区现存规模较大、保存完好的水乡古镇（见图6）。成片规划是枫泾古镇发展的成功之处，将北镇规划成以看景点为主，而南镇则以现代商业餐饮住宿为主。"不仅保护，还要传承当地文化。"一直是枫泾古镇的发展原则。在保留原建筑的同时，着重开发其他古镇没有的景观元素，将注意力放在当地人文景观，如程十发故居、丁聪漫画馆、人民公社、明清消防局等景观上，通过保留历史文化遗迹，打造文化名人品牌。另外农民画是枫泾特有的文化特色，做强这一特色成了古镇的最大传统文化特色，据最新数据统计，因为农民画发展枫泾镇游客2013年同比增长16%，且外地散客数量已远超上海本地。另外保留古镇风貌的重要组成部分——街巷空间，胡同小巷的曲折连续营造出古镇一种幽深宁静之感，极富生活气息，独具生活魅力。可见对于传统文化的继承及发展不仅能够实现一定的经济增长，成为带动商业发展的重要手段，还能使游客体验当地文化特色。

形成古镇式中国特色商业景观空间，在将"天人合一"的思想，应用到保留古建筑、历史文化遗迹，形成当地特色旅游业中，同时需要实现的是文化发展带动商业发展而不能本末倒置。

4 讨论

随着时代发展，中国传统文化如何实现现代化，这是一个历史意义重大的问题。一是传统样式的现代感化，传统样式的陈旧感显然与现代商业空间所需的现代感格格不入，只有取传统样式中的形意神，再运用现代的时尚元素和造型手法恰当地创新，才能创造出具有中华民族文化内涵和文化价值的特色样式。二是传统理念的时代化，优秀的传统理念更要与时代精神相结合，利用好传统文化理念，发掘其中的时代价值，传统文化不仅是文化传承的重要对象，更对现代商业空间的设计有着重要的借鉴价值。我们需要做的是重新审视传统，在反思传统的过程中延续传统，将传统理念与时代观念调和，形成符合时代的新理念。要使体验性商业空间有创新，就要有独一无二的特点，拥有属于自己的灵魂，这是传统文化走向现代化的必由之路。

浅析景观性媒介文化传播的缺失与重建

贾 茸[1,2] 张建华[1]

（1. 上海商学院旅游与食品学院，上海 201400；2. 云南农业大学园林园艺学院，昆明 650201）

摘要：工业化、城市化的快速发展，使得城市无限制蔓延，自然景观大面积消失，人对环境的需求和依赖程度进一步加强，这要求人们从不同的角度研究景观设计，完善景观体系。本文着重应用跨学科研究方法，从传播学的角度研究景观设计，把景观设计活动当作是一个完整的传播活动。分析了景观设计过程中的各传播要素和景观与文化之间的相互关系；论述了景观作为一种传播媒介在传达信息、表达意义的过程中，文化传播功能缺失的表现、原因及其危害；提出了运用传播学的理论和方法解决景观设计中问题的方法和从传播行为中的传播者、传播内容、传播渠道、受众、传播效果5个方面着手建构景观性媒介文化传播的主要途径。期望给景观设计一些有益的启示，促进景观的健康发展。

关键词：景观设计；传播学；景观性媒介；文化传播；缺失；重构

随着工业化、城市化的快速发展，城市无限制地扩展蔓延，自然景观大面积消失，快节奏生活不断刺激人们脆弱的神经。同时，人们有了一定的经济条件和精神追求，对环境的需求与依赖程度进一步加强。在这样的背景下，重新审视当今居住生活的城市，从不同的角度思考和认识景观设计，创新景观设计理论体系，营造优美的景观，以满足不同人群不同层次的需要。当前，已有学者将传播学引入景观设计，探讨传播学与景观设计之间的关系，并运用传播学要素指导景观设计的相关环节，完善景观设计的体系。本文着眼于景观与文化的关系，运用传播学理论与方法，分析和解决景观建设中存在的文化传播"外化"现象，提升景观的文化内涵，使景观可持续发展，更好地为使用者服务。

1 景观（景观性媒介）的文化传播原理

1.1 景观与文化

景观最初是反映某一地理区域的综合地形特征。随着景观理论的发展，景观综合了自然地理、人文社会、环境艺术、审美情趣以及心理感受等多方面内容，成为综合作用的阶段性产物。

"文化包括人类物质生产和精神生产的能力、物质和精神的全部产品。狭义的文化则指精神生产能力和精神产品，包括一切意识形态，有时专指教育、科学、文学、艺术、卫生、体育等方面的知识和设施以及世界观、政治思想、道德等与意识形态相关联的方面。"

在人类文明发展过程中，不管是半自然的农村景观，还是全人工化的城市景观，都不同程度体现了地域和时代的文化，反映了人们在自然环境影响下对生产、生活方式的选择，也反映了人类对精神、伦理及价值的取向。因此，景观深深打上了人类活动的烙印，它不再是一个单纯的物质生产活动，而是特定文化在景观活动的内在性表现。如今，在视觉层面，各个景观不再局限于满足受众观光游览的一般性需求，正试图形成富有持久吸引力的视觉形象。同时在体验经济的新时代，为了实现高享受带来的利润区，景观建设更加注重文化体验性设计，满足受众健康高雅的精神追求，以引发受众重复性消费的动机，转化为"故地重游"的行为，形成忠实的顾客群。

1.2 传播学与景观设计

传播是人类通过符号和媒介交流信息以期发生相应变化的活动。传播行为是普遍存在的,是人类的基本活动。传播学奠基人之一,美国耶鲁大学教授哈罗德·拉斯韦尔博士提出了著名的5W学说,所有的传播行为都可以提出以下5个问题:① 谁传播?② 传播什么?③ 通过什么渠道传播?④ 向谁传播?⑤ 传播的效果怎么样?即传播者通过传播媒介向受众传达信息并形成某种效果。

从传播学的角度来研究景观设计,景观设计也是一个完整的传播活动(见图1)。设计师将投资商、制造者、使用者的理念或构思进行处理,进行景观设计,经过设计并建成的景观成为传播的媒介,向受众传达信息、表达意义。受众又对景观作出反应,从而反馈信息给设计师,设计师针对反馈意见,改进和完善景观设计,满足人们的需求。

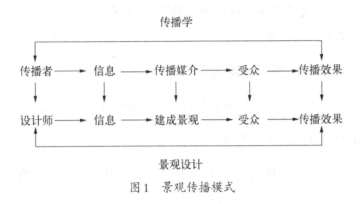

图1 景观传播模式

1.3 景观性媒介与文化传播

人类传播在本质上是信息的交流与沟通。而信息是一种抽象物,它必须以符号为物质载体才能成为一种具体可感的交流内容。负载信息的符号或符号序列又必须依赖一定的物质实体或具体途径才能进入传播领域。从传播学的角度看,景观设计是一种传播设计,景观就是一种传播媒介。景观性媒介即在景观设计的传播设计过程中,设计并建成的景观是一种图像符号,是负载、传递信息的实体,是情感诉求的运载工具。与其他传播媒介相比(见表1),景观性媒介以其直观性、体验性、自由性等优点,对社会起潜移默化、直接有力的影响。

表1 各类传播媒介的差异比较

传播媒介	空 间	感 官	信息到达率	信息传播方式	信息持久性	信息内容受限性
报纸杂志	二维	视觉	选择性	传递信息	受潮受损	政治机构 商业集团
电视电脑	三维	视觉、听觉	选择性	传递信息	储存媒介损坏、淘汰受损	政治机构 商业集团
景 观	三维	视觉、听觉、嗅觉	强制性	传递信息体验式	长	政治文化

在景观传递信息、表达意义的过程中,设计师与受众之间符号的共享是信息传播得以完成的关键。因此,符号必须具有广泛的可读性、可识别性。但在实际的传播过程中,由于传播要素间的差异(见图2),受众在解读或获取景观传达信息的过程中,与设计者所要表达的信息之间产生了一定的偏差。为

图2 传播要素间差异

了保持传播过程中信息的一致性,景观设计师在对设计内容进行处理时,要充分理解和分析受众的解读模式,立足于对该地区自然环境、历史、宗教、信念、风俗习惯、生活方式等的了解,深入挖掘文化内涵,汲取文化的营养,提取出受众能够解读的典型符号,景观才能被接受。因而,文化是景观的灵魂,景观具有表达文化、传播文化的功用。

2 景观性媒介文化传播失范及其主要原因

景观性媒介文化传播是指景观性媒介在景观设计的传播设计过程中具有传播文化的作用。

2.1 景观性媒介文化传播缺失的主要表现

在中国城市化快速发展中,现代景观设计日新月异,景观性媒介文化传播效果的功用并不明显。其实质是在设计景观过程中的视觉问题——没有以文化为基点。现在以文化为基点的视角,仍然没有在景观设计过程中被高度重视。视角的"外化现象",依然明显,具体体现在以下5个方面:

1)商业的外化

在城市大动土方的今天,为追求最大限度的商业效益,传统景观逐渐消失,文化古迹遭到破坏,遗失了很多历史的痕迹。某些商业街道不管是外在的建筑形式、环境设施,还是内在的品位,都没有体现地域文化特征,只是一味地以吸引人们的眼球、创造经济价值为目的。如丽江大研古镇沿着青色石板路两边安静整洁的民宅已经不复存在,取而代之的是鳞次栉比、游人如织的商铺和酒吧,青砖老瓦淹没在喧闹的叫卖声和游客的喧嚣中(见图3、图4)。

2)形式的外化

景观内容重复,形式俗套,追求过度宏大的气派或用材的豪华考究,不是清一色的复古园林建筑

图3 丽江民宅 　　　　　　　　　图4 丽江商铺

群,就是"洋味"十足的欧美景观杵在一堆钢筋水泥之中,大同化面貌蔓延。如城市广场的基本模式是轴线对称,过分强调平面构图,水池、雕塑、花坛等位于中间或两侧,景观元素、形式雷同,平淡乏味。

3)技术的外化

在工业文明行进过程中,技术使得自然与人的关系发生了改变。现代技术挑战自然,超越自然,出现了各种各样的新事物。但过度应用新材料,追求奇特的表现,使得城市景观设计过度,环境生态系统受损。

4)审丑的外化

审丑是审美疲劳的产物,或者是审美的表现形式之一。一些丑陋、恶俗、惊悚景观日渐兴起,使受众面临着深深的文化危机和信仰迷惑。现代丑学奠基人罗森克兰兹曾说:"吸引丑是为了美丽而不是为了丑。"受众中虽然也不乏庸俗者,但景观所面对的是大众,如果从审丑这种视觉出发,景观终将失去更多的受众。

5)功利的外化

为某种狭隘利益而去规划、设计景观。一些政府一味追求恢宏气派,忽视自身情况,兴起模仿名建筑热,广东化州市合江镇政府大楼仿故宫修建,安徽阜阳市颍泉区政府大楼仿美国白宫修建。一些设计师缺乏工作经验,对材料、构造、尺度把握不到位,或者为收取设计费、吃回扣等,抄设计、加工细节、夸大优点、缩小缺点。

2.2 景观性媒介文化传播缺失的主要危害

1)景观接触焦虑

景观为人们提供的是简化、变形或者扭曲的世界,与真实的世界有一定差距,正如地球仪并不是地球。由于景观无处不在,人们在不知不觉之中,习惯于接受和理解景观性媒介传达的信息,并将其作为了解世界的窗口和自身行为的参照体系。但信息的泛滥与过剩,使得人们在面对客观的信息时,失去了选择的能力,缺乏了对自我需要的清醒认识以及对信息的批判性审视,自我发展活动受到了钳制,日渐处于被支配的地位,沦为"信息动物"。随之而来的是景观接触焦虑症,常常表现为精神紧张、莫名其妙的压抑、注意力分散、思维混乱、判断力弱化。许多受众日复一日被迫陷于不舒适的景观环境中难以自拔,被吞噬了大量的精力,剥夺了他们参与更有利于发展自我的活动机会。

2)城市形象受损

城市景观设计体现一个城市的经济水平、社会文化及精神风貌,代表着城市的形象。城市景观通过物化的形象提升出精神的内涵,给人更多的地域文化或未来的指引。例如,上海外滩作为城市的外轮廓,已经成为上海市形象的象征,体现着一种时代的进步、经济的高速发展、意识形态领域的开放以及国家的富强。因此,景观视觉的外化现象使得城市丧失了其独特的魅力,湮没在历史发展的进程中。

3)文化传播功能弱化

景观趋同化和非理性化迎合了百万人肤浅的情感,渐渐失去其本身传达信息、表达意义的作用,其中文化传播的功能更是消失殆尽。此外,资本支配者为了追求利润的最大化,对劣质景观设计的纵容,更加剧了文化传播功能的弱化,使得国家、地区失去了长远发展的资本。

2.3 景观性媒介文化传播缺失的原因分析

景观性媒介文化传播失范有多方面的原因,主要有以下5个方面:

1)商业的过度开发

奢华、繁杂、排场的景观正成为一些景观提高到达率的杀手锏。一方面,非理性的景观规划进入公共领域,让受众无法对其作出合理的解释。另一方面,资本经营者参与景观设计活动,在经济利益与社会利益发生冲突时,选择经济利益,历经沧桑遗留的珍贵文化景观不可逆转地被破坏。如在20世纪50年代的北京城市建设规划下,作为全世界独一无二的古城帝都标志的老城墙被拆除,其理由是城墙本身的防御功能丧失及对新城市建设带来的交通压力。景观在某种意义上成为经济霸权的产物,资本者对景观的资本化运营正在严重影响受众的人生观和价值观。

2）景观网络的割裂

当代对文化景观的保护和研究,在空间上局限于城市化进程剧烈的地区;在时间上局限于历史久远的景观。没有意识到在当前的景观变革下,文化景观的保护和挖掘,不应狭义地以对建筑、遗址的保护取代对传统地域文化景观的整体性保护,而应以小场地和建筑空间内部的保护为主。其次,景观的创新也与经济发展的节节攀升不匹配,与原有的地域文化特色景观不协调,严重破坏了景观区域的连续性和有机性。此外,外来文化的强势入侵,更是加剧挤压本土文明生存空间,公众文化认同感日渐消失。

3）对生态功能的忽视

技术的过度运用使得一个看起来像是美丽的景观很可能是一个受到污染的景观,而一个看上去"杂乱无章"的自然景观,则可能是一个更大的"秩序化结构"的一部分。当今部分人为的干扰力量超过了环境的承载力,损害了环境自我恢复的"再生设计",违背了自然发展的规律,破坏了环境的持续性,使得人们的生存面临着潜在的威胁。

4）对信息繁复的厌烦

不断扩张的信息带来巨大的经济与社会效益,但信息并不是越多越有益。受众对景观的依赖不仅满足其信息消费,还能清晰地了解社会中其他人的个性、理念、价值观。为了吸引眼球、引起震荡,部分人出于恶搞、猎奇、炫耀、或哗众取宠目的,刻意营造、渲染一些丑陋、粗俗的景观。在这里,景观不再只是视觉美的审美客体,还有意无意地创造了一种非理性的消费文化,设计师和受众的生活习惯、思考方式、洞察力等都开始发生改变。

5）利己主义的蔓延

当今城市是玩世不恭、傲慢冷漠态度的滋生地,温情和信任的缺失导致拜金主义、极端个人主义,还夹杂着人们错综复杂的矛盾。许多人把个人利益看作高于一切的生活态度和行为准则,从极端自私的个人目的出发,不择手段地追逐名利、地位。官员为政绩,盲目建设大规模景观;设计师为设计费,迎合开发商癖好;施工队为节省成本,偷工减料;受众为省时省力贪便宜,肆意踩踏、破坏景观。

3　景观性媒介文化传播的建构途径

面对景观性媒介文化传播失范的危机,从传播行为中的传播者、传播内容、传播渠道、受众、传播效果5个方面考虑,作为建构景观性媒介文化传播的主要途径。

3.1　传播者自律

景观设计师或其他有权决定景观形式的人,希望受众留意景观,了解其内容,做出他们期待的行为,或创造价值,或者达到改变受众的态度或信念的目的。但由于设计师的生活经历、艺术修养和个性特征的不同,在处理构思、驾驭素材及表现手法等方面各不同,各具特色,其个人的思想和价值也会通过对景观的设计传播给受众。为了保证景观传达的信息是健康的、积极的,设计师应尽量坚持以人为本的景观设计行为,体现人文关怀与社会文明进步,这就应该重视传播者自律。传播者自律需要重视道德的力量,强调自我监督、自我控制、自我检查与自我调整。如在收集基地文化背景资料时,设计师需要保证有良好的品位、不渲染夸大、不停留在细枝末节、积极探索其文化的深层含义,考虑公众利益与道德责任。通过传播者自律,设计师正确认识自身的社会使命,以职业道德规范约束自己的行为。

3.2　传播绿色生态文化

景观设计传播生态是实现受众——景观——文化——社会4者整体协调、稳定有序发展的一种理念。景观设计传播生态平衡实际上是传播要素——传播者、受众、景观、信息之间的优化组合。任何一个要素产生畸变,将影响整个传播生态的平衡。绿色生态文化传播,即尽可能较少信息污染、信息伤害,表明传播者的责任意识,体现景观性媒介传播文化的责任,提升受众获取健康信息的权利。坚持以平衡为主旨的绿色生态文化传播导向,运用传播学原理分析、解决景观设计中存在的问题,强调景观各要素整体功能的发挥,充分发挥景观与社会、文化的有机联系,避免景观混乱以及形式、技巧的过分应用对人身心健康和社会的精神文明产生破坏。

3.3　景观媒介市场化

媒介必须面对市场,把产品和服务作为商品在市场上销售出去。要达到这个目的,就必须满足消费者的需求,提供广泛接受的产品和服务。因此,要满足景观媒介市场化。景观设计立足于城市整体的发展,考虑环境现状,观察学习原有区域的特点,思考人与时间、空间之间的关系,尽力在城市记忆和痕迹的基础上开发商业形态,采用灵活的选择,深入到城市生长的脉络中,符合现代生活行为和心理需求的使用功能,同时提供兼具独创力和成本效益的设计方案,在美化城市环境、提升城市形象的同时,实现相应的经济回报。

3.4　受众积极意义的再创造

霍尔的编码/解码理论解析了公众对传媒霸权的解码能动性。在他看来,受众(文化消费者)完全有可能发挥他的解码主动性功能,促使文化产品转化为他所愿意接受的形态。受众有意识识别信息,将不良信息解读成符合传播生态需要的信息,在文化重建的过程中,发挥重要的意义。当前景观商品化趋势日趋明显,景观性媒介优先考虑经济利益。但景观不是单纯在经济层面上流通,更主要的是在文化层面上流通。景观设计传播意义的产生过程是受众解读景观作品的过程。在这一过程中,意义的产生不是由景观单独阐释,必须有受众的参与,由受众与景观共同建构。受众利用景观提供的资源在消费中生产出一定的意义,受众接收信息具有一定的选择性、创造性。因此,解决文化传播办法,不仅要从传播者自身来寻找解决,还要对受众进行考虑。研究受众参与传播过程的结构与模式,培养受众积极健康的信息消费需求。

3.5　多方参与和景观评价

一个健康发展的传播活动,一定要有一个均衡的传授关系作为基础,景观设计活动也要遵循这一传授规律的约束。景观设计师和其他有权确定景观形式的传播者逐渐意识到,景观是为受传者服务的,受传者也在一定程度上也决定着景观的形式、城市的风貌,对景观的成功建设也承担着责任,这就必然要求在景观设计过程中有公众的参与,而不仅仅是在投标完成后,让市民在已有的投标方案中进行选择投票。

在当今这个信息传播途径多样化的时代,在提出景观的规划概念后,把握住景观的设计要点,利用网络、电视等大众传媒,将设计方案进行多轮公示和全程跟踪报道,及时收集受众的意见,反馈给设计师和制造者,对设计方案进行多轮修改,形成开发商、设计师、工程师、公众4方良好互动,使设计日臻完善,也使得项目完成后景观的使用率和受欢迎程度大大提高。

此外,通过评估,景观设计师抛弃个人偏见,将事实与意见分开,设计出合理优越的景观,推动高雅景观文化的普及和一个优秀的景观文化传播反馈、监督机制的形成,从而增进公众对景观的了解,获得公众的支持,满足现代人的生理需求与心理需求,建设美丽中国。

4 结语

从传播学角度观察、分析景观设计,探讨景观性媒介与文化传播的关系,追求受众和景观之间和谐、密切的关系,符合当代社会发展对景观设计的要求。总的来讲,运用传播学原理对于完善景观设计体系,推进景观性媒介文化传播具有一定的指导意义。

随着社会日益开放,景观性媒介文化传播的重要性将会更加凸显,其研究需求也会逐步增加,这些都会促使景观性媒介文化传播研究更好、更快地发展。

下篇 调研报告

景观性、体验性、展示性调研报告
——上海徐家汇、淮海路、南京路三大商业区

瞿智萱

（上海商学院旅游与食品学院，上海 201400）

1 调研概况

调研时间：2013 年 5 月 1 日~2013 年 10 月 1 日

调研地点：上海徐家汇、淮海路、南京路

调研内容：商业空间景观性、体验性、展示性

调研人员：课题组

调研过程：

（1）针对上海典型 3 大商业区景观性、体验性、展示性方面进行实地调查。

（2）拍摄获得相关电子素材。

（3）发放调查问卷，收集资料，进行系统整理归纳。

（4）根据调查问卷及随机采访分析现状，以小组形式撰写调研报告，提出问题并给予建议。

调研目的：

在商业化生活方式普遍、城市经济发展大背景下，选取上海徐家汇、淮海路、南京路 3 大代表性商业区为调研对象，通过商业空间景观性、体验性、展示性 3 方面现状分析得出问题改善及优化建议，旨在为城市商业空间建设提供参考理论，以此促进商业竞争能力、带动商业经济发展。

2 基本情况

3 大商业区的基本情况如表 1 所示。

表 1 3 大商业区基本情况简介表

	徐 家 汇	淮 海 路	南 京 路
地理位置	东起宛平路，西迄宜山路，北起广元路，南迄零陵路，占地面积 1.2 km²	东起西藏南路，西迄华山路，全长约 5 500 m，是仅次于南京东路的上海第二条最繁华的商业街	东起外滩、西迄延安西路，横跨静安、黄浦两区，全长 5.5 km，以西藏中路为界分为东西两段
类型定位	奢侈品、中高档服饰、娱乐餐饮业、数码电子产品	高档流行商品、品牌服饰、休闲餐饮、电脑广场、人文景观	各地的名、特、优、新产品，进口名牌商品及奢侈品、老字号特色商品
商业性质	集购物、娱乐、办公、商贸、休闲、住宿、餐饮、培训教育为一体的综合性商业区域，徐家汇商城是上海最大的地下商圈	围绕"高雅时尚、芳容繁华"的定位，演绎海派商业文化风情，打造"百年经典"、"活力创新"、"高雅精美"、"时尚互动"4 个特色路段	上海市最著名商业街，也是最负盛名的旅游景点之一，中国十大最美的步行街之一，被誉为"中华第一街"

（续表）

	徐 家 汇	淮 海 路	南 京 路
主要商家	港汇恒隆广场、太平洋百货、汇金百货、汇联商厦、太平洋数码广场、百脑汇	力宝广场、金钟广场、香港广场、上海广场、巴黎春天、百盛、大上海时代广场	第一百货、市百一店、新世界、梅龙镇广场、恒隆广场、中信泰富广场、百联世贸商城
实地景象			

3 问题及对策

3.1 商业区景观性

3.1.1 景观生态性

遵循生态平衡及可持续发展原则,利用室内观叶、观花植物并贯彻生态学理论,从而构建高效低耗、循环转换的生态型室内商业空间,营造室内绿化装饰艺术效果同时提供新鲜怡人、激发活力的高品质空气,改善室内消费环境,满足人体生理、心理需求。

1）现状

植物是生态景观的载体,植物的种类、体量、配置、色彩、形式等是打造生态景观的直接因素。针对这些因素,对徐家汇、淮海路、南京路3大商业区部分商店进行抽查,具体情况如表2所示。

表2　3大商业区生态景观植物元素现状表

植物种类	① 仿真植物花卉；② 室内观叶植物；③ 当季时令花卉；④ 耐阴蕨类；⑤ 攀援植物
面积体量	① 大面积；② 中等面积；③ 小面积
配置形式	① 孤植；② 群植；③ 对植；④ 垂直绿化；⑤ 盆栽
色彩搭配	① 互补色搭配；② 同色系搭配；③ 对比色搭配；④ 同颜色不同色调搭配

在调查商店中,60%商店缺乏植物配置,余下40%商店近八成为减少植物养护成本均采用仿真植物花卉,并没有真正做到生态景观的营造。在植物生态景观中,植物体量配置方面,大面积植物常以当季时令地被花卉、绿篱、花钵形式出现在商场外部公共空间;中等面积植物常以大型盆栽形式出现在商场内部公共空间;小面积植物常以单个盆栽形式出现在商场中商店内部营业区域。 植物搭配方面,由于空间使用面积的限制,植物并不能大面积呈组团形式搭配,仅以盆栽、花钵形式进行局部点缀,导致景观的细碎感,无法产生画面联系感。植物色彩搭配方面,以绿色为主要观赏色,部分景观亦搭配红色、粉色等相对色或紫色、蓝色等同类色。

2）问题及对策

（1）问题：① 植物使用种类传统,缺乏创新度；② 植物种植面积体量小,缺乏整体感；③ 植物配置局限在花钵、盆栽,缺乏新鲜感；④ 植物色彩变化感少,缺少丰富度。

（2）对策：① 引进植物新品种,加大管理维护技能,拓宽种植范围;② 充分利用墙面、屋顶等室内室外未使用空间,进行墙体绿化、垂挂绿化等空间绿化布置,打造垂直绿化建设;③ 将花钵外形奇异化(如人偶化、形状化等)、盆栽位置百变化(如橱窗、墙体等)、种植形式丰富化(如垂直绿化、大型花坛等);④ 增加植物种植面积及植物选材,挑选不同色彩植物;同一色系,利用纯度因素产生视觉差异。

3.1.2 景观人文性

1）现状

徐家汇是一个让人了解上海历史、当代和未来的地方。徐家汇的人文景观主要体现在建筑方面,消费者可在有限空间面积内发现大批不同年代、不同风格的建筑。如光启公园内古代的徐光启墓,1847—1949年期间的徐家汇圣依纳爵主教座堂、徐家汇藏书楼圣衣院(上海电影制片厂)、拯亡会圣母院大修道院(徐汇区政府)、徐汇中学南洋公学(上海交通大学)、上海市第四中学,1990年后建造的东方商厦、港汇广场、美罗城、汇联商厦等。

淮海路是上海最美丽、最摩登、最有腔调和情调的一条商业街。温馨优雅的商业氛围、华贵雍容的商店品牌、与时俱进的发展步伐和海纳百川的包容胸怀使淮海路具有浓厚的人文气息。淮海路沿路还有“中共一大会址”、“共青团中央旧址”、“中山故居”、“宋庆龄故居”等历史景观,由于150年前属于上海法租界,笔直的街道、西式风格的建筑、路边的法国梧桐使淮海路充满欧洲风情。

南京路是上海开埠后最早建立的商业街,也是1949年前亚太地区最繁华的商业街。被誉为中华商业第一街的南京路素有“十里南京路,一个步行街”的称号,新老品牌共存包容、相互渗透吸收是南京路的人文现象。如宝大祥、老介福、恒源祥、张小泉、老凤祥等老字号商店及商城及雅戈尔、契尔氏、路易威登等国际品牌在商厦群内荟萃、各地名、特、优、新产品及进口民牌商品、奢侈品产生卓越的品牌效应。

2）问题及对策

（1）旧城商业区问题及对策。

问题一：外界连通性。

上海旧城改造的商业区普遍与外界连通性较低,导致消费人流短时间内不能有效疏散。如田子坊虽有纵横街道,但街道过于狭窄常因大批量人流造成拥堵现象,导致商业运作效率降低。

对策：在保留原有老街道风貌基础上解决疏散人流问题。如在房屋间架设天桥或充分利用第二层闲置空间。

问题二：空间主题性。

旧城改造商业区往往是各商业形式聚集处,常汇集多种元素文化,但商业区缺乏统一文化主题。如田子坊聚集餐饮、服装、创意手工店等商业空间,商店均具有鲜明特色,从单独个体看商业设计是成功案例,但统一整体看却显得协调性有待改善。

对策：在保留商店个体特色前提下进行主题文化强化暗示。如通过系列化公共设施,根据各商店自身特色加入,进行过渡化调整,可凸显主题文化,同时避免千篇一律审美疲劳,展现灵活多元文化。

（2）现代商业区问题与对策。

问题一：商业街商铺“百慕大”。

以淮海路商业区为例,近两年来卡地亚、蒂凡尼、蔻驰、路易·威登、杰尼亚等国际一线品牌陆续开业,但芭比旗舰店、Me&City旗舰店、第一百货、二百永新、万得城等诸多品牌也连续撤离或关店。“奢侈品增多,亲民度减少”是中老年消费群体对商业区现状的感慨。

对策：调整商业构成结构,针对消费水平层次丰富商品多样性,以满足不同消费群体购物需求。

问题二：生态方面的人文关怀度低。

随着上海城市化的迅速发展，城市用地不断扩展，导致诸多商业区缺少种植面积、减少绿化自然覆盖率。商业区交通压力及过大客流量是繁荣消费行为背后的隐藏问题。

对策：加大城市交通、环境优化投入力度。加强商业区文化吸引力及环境影响力，合理高效处理交通问题、植被问题。

3.1.3 景观感官色彩性

人对一个环境的感知很大部分取决于五感中的视觉要素，而色彩是刺激视觉神经最敏感的信息符号，比结构造型更具冲击力，如进入商店，消费者首先注意的是商店内装饰及商品本身色彩，其次再关注商品形态。商业空间中符合大众审美标准的色彩景观在调动消费者情绪心理的同时，更作为一种装饰艺术，烘托商业空间或个性、或温馨的消费氛围。

针对如何让色彩景观的文化底蕴及美学信息在高品质消费环境中发挥最大作用的问题，在上海徐家汇、淮海路、南京路3大商业区内随机抽取39家服装鞋业类、6家食品餐饮类、5家化妆品类、10家电子钟表类、1家玩具类商店，采用"整体—局部—细部"的研究思路，依循色彩景观"主色—辅色—点缀色"背景研究顺序，参考法国著名设计师、色彩学家让·菲利普·朗克洛的色彩景观研究方法对61家涵盖"衣、食、住、行、玩"5方面的商店色彩景观进行特点分析与总结。

1）主色调色彩景观

在色彩理论体系中，将画面的70%面积作为一个衡量指标，故当某种色相面积占到画面的70%时，就将该色彩称为画面主色调。商业空间中墙体、地面所占视觉面积最大，调查得出主色调色彩采用如白色的高明度、低纯度色系，旨在起到衬托商铺作用，而如黑色的低明度、低纯度色系旨在起到对比效果。

（1）墙体。

商业空间中墙体主色调以灰色系运用较为普遍，白色调次之。由于商业空间的主体是商品，故背景色彩的设计初衷旨在突出商品色彩，从而使消费者更易捕捉商品亮点，带动消费行为的产生。在灰—白主色调前提下根据商品本身特征搭配不同辅色，色彩间的协调搭配可缓解单一色系给人造成的视觉疲劳，从而使商业空间更具色彩变化。总体而言，3大商业区商业空间色彩类型较为统一，具有一定的连续性和协调性，柔和舒缓商业空间的同时形成自身变化特点。

（2）地面。

相对墙体而言，地面色调较为丰富且明度相对较低，以免造成头重脚轻的视觉感受。可选用暖色调烘托气氛，营造温馨、安全的心理感受。采用暖色调时多为单一色相，以统一空间环境整体感；采用黑、白色调时多搭配辅色，以形成对比视觉反差，丰富视觉体验。色彩的运用可针对性地烘托商店内商品，迎合特定消费群体，营造个性化消费氛围。如采用黑白色对比手法体现个性化商品，可迎合消费者追求现代风格元素的心理；采用黄色等暖色调色彩营造温暖、安静的消费环境，可迎合女性消费者追求温馨、舒适的心理。

2）辅色调色彩景观

辅色调常与主色调共同构建商业空间色彩景观，其存在意义为更好衬托主色调，达到视觉平衡效果。灯光是商业空间不可或缺的装饰实用元素，光源更是夜间照明聚焦色彩。展柜作为商品展示的媒介，是商品的第一层包装，可强调商品本身固有色彩。故将灯光、展柜列为辅色调对象。

（1）灯光。

照明是灯光的基本功能，商业空间通过合理的光源布局可强调消费者夜间视觉感受，增加生理安全感。对3大商业区的随机商店调查可知照明灯光以白色为主，黄色次之。黄、白两种色调可分别营造宁静、活跃的氛围,符合商业空间进行商业活动和消费交流的需要,其点缀色调较少采用。

（2）展柜。

商品展示区除展示商品作用外,更起到吸引消费者注意力的作用,将消费者对展柜的注意转移到展示商品本身,这种"抛砖引玉"的销售手法被广泛运用。如调研过程中,奢侈品（金银首饰、珠宝、名表等）展示专区,其商品展柜都不约而同采用高明度色彩搭配,与有色金属的光泽搭配能有效突出奢华时尚气息、提升商品品牌等级,但色彩明度不宜过高,否则会掩盖商品自身亮点,适得其反。展柜的色彩选择主要依托主营商品及商店定位,色彩搭配的风格主要取决于商业空间风格的定位。

3）点缀色调色彩景观

点缀色相对主色调、辅色调面积较小,但在整理色彩中往往起到画龙点睛的作用。如和谐的主色和辅色搭配,可使人产生视觉舒适感,但点缀色的增加运用更让人眼前一亮。上海徐家汇、淮海路、南京路3大商业空间中点缀色主要以标志牌、植物、图案、灯光、装饰小品等元素为载体,运用色相对比、冷暖对比、明暗对比等手法突出色彩,达到增强空间色彩的效果。

（1）植物。

植物不仅对商业环境的色彩进行补充,更可提升环境空气质量。在室内植物的运用可吸附有毒有害气体,达到净化空气的功效,同时植物本身的色彩有助于缓解视觉疲劳,让人保持饱满活跃的精神状态。由此可见,植物在商业空间营造中具有重大的生态及色彩必要性。然而,在调查过程中植物运用量较小,植物色彩也仅以绿色小型盆栽为主,缺乏色彩丰富性。

（2）墙体图案、LOGO。

墙体图案及LOGO色彩可作为点缀色丰富背景景观。如南京路swath商店墙面主要以白色为主,为避免单调感,在白色基础上增加一系列灰白色图案,局部区域甚至运用少量暖色调红色增加视觉冲击力,营造强烈时代感。据抽样统计,商业空间图案及LOGO以黑白色为主,因这两种色彩与其他色彩较易进行组合搭配,且两者的搭配也能产生强烈对比。

（3）局部灯光。

平均分布的泛光源作为辅色调可起到照明作用,然而光的散射往往无法突出视觉重点,此时局部灯光可突出局部细节,如服装色彩在高明度光线顶灯的渲染下,其明度与周围环境色明度产生较大反差,从而达到视觉吸引作用。局部灯光以高明度暖色调光线为主。

（4）装饰小品。

装饰小品可增加商业空间趣味性及装饰性,其色彩也可使空间丰富多样化,能更好突出商品本身。小品的设置有助于提升商业空间品味内涵,可更好地向消费者传递商品文化,从而树立品牌形象,赋予消费者更多消费体验。但在调查过程中,小品色彩装饰运用率较低,色彩变化感较少。

4）色彩问题及解决对策

色彩问题及解决对策如表3所示。

表3　商品色彩问题及解决对策对照表

色调类型	对　象	问　题	解　决　对　策
主色调	整体	商业空间缺乏整体文化主色调	规划过程中结合自身文化背景确定商业空间主色调
	墙体	墙体装饰运用较少,垂直绿化有很大提升空间	适当加大墙体景观装饰力度,可考虑与植物结合的垂直绿化

（续表）

色调类型	对　象	问　题	解 决 对 策
主色调	地面	地面铺装较为单一,缺乏色彩及图案变化	对铺装创新设计,进行色彩组合搭配或图案构造设计
辅色调	灯光	少部分商店过多使用灯光效果,造成一定光污染	注意灯光使用量及冷暖灯源的运用,避免过量、过度
	展柜	趣味性不足,无法吸引消费者	对展柜色彩及造型改造,增加趣味性,衬托商品本身魅力
点缀色调	植物	绿色植物为主,忽略植物本身色彩多样性	适当增加植物使用量,注重植物色彩及造型选择和文化寓意
	装饰小品	运用率较低、色彩变化感少	借助小品展现文化内涵

3.2　商业区体验性

3.2.1　互动性体验

近年来,电子商务发展迅猛,中国网络零售交易额从2008年的1 281亿一路攀升至2012年的13 205亿,在2012年12月底同比增长64.7%,达到历年之最。而传统零售业实体店销售额则呈大幅度下滑趋势。电子商务的方便快捷、低廉价格等优势给消费者带来消费快感的同时也对实体商店造成危机压力。在此背景下,保证商业空间的景观性(如生态景观、人文景观、色彩景观等)可满足消费者视觉需求,进而可满足消费者生理及心理需求。互动体验的参与过程是商家向消费者传递信息的一种有效途径,能更好帮助消费者了解商品使用方法及使用价值,从而引导消费者购买最合适的商品,最终带动商业经济发展。

1)现状

为了解商业区互动体验的实际情况,针对3大商业区的商店互动体验方面进行现场调查,具体数据如下:

徐家汇商业街以百货商厦、购物中心为主要商店类型,繁多的商品及齐全的种类是商店类型的一大特色。在随机抽查的商店中有40%百货商厦、40%购物中心及20%数码电子商店,商店整体景观大都和谐统一,没有突兀夸张景观,缺少个性特色同时却多了一份亲民感与时尚感。

淮海路商业街被公认为上海最摩登、最有情调的"购物天堂",商店类型较丰富,包含12.9%百货商厦、6.45%食品餐饮店、3.23%数码电子商店、70.97%服饰店及6.45%化妆品店。由于以进口品牌居多,淮海路与其他同品牌店面相比更时尚、更具特色,其互动体验也更完善、服务接待也更到位。

南京路商业街与徐家汇、淮海路相比,由于聚集诸多传统老字号店面及多样风格建筑,其商业景观更具老上海味道,文化内涵的体现有利于人与人的交流沟通;其中也不乏装潢时尚前卫的新品牌店面,在传承历史同时创新吸收。11.11%百货商厦、15.56%食品餐饮店、6.67%数码电子店、62.22%服饰店及4.44%其他类型店面,丰富全面的商店类型、历史创新的文化底蕴吸引各年龄层次消费者前来消费。

2)结果分析

(1)产品特色。

产品是互动体验的核心,亦是企业文化的体现。调查发现,部分知名品牌具有优秀成熟的企业文化,通过营造专卖店店面景观氛围,达到放大产品特色、创新产品展示的目的;部分普通品牌根据产品种类集聚出售,以多品种、多选择取胜。这两种产品特色均有助于促进人与人的交流,而在互动体验方面前者体验服务更为周到,后者由于产品较大众化往往弱化体验环节。

（2）灯光。

在商业空间中,白黄灯光满足照明使用功能。在众多品牌的商店内,由于商品风格类型不同,为避免颜色混乱性,多选择明亮简洁的灯光,较少部分专卖店如欧式古典风格的服装店为迎合自身商业景观风格会选择较为昏暗的黄光,旨在营造特殊氛围,提供消费者专业体验环境,促进与商家的交流。但值得一提的是,过量的昏暗灯光会产生压抑感,过量的明亮光线则又引起烦躁情绪,因此光线亮度强弱的把握十分重要。

（3）音乐。

动感的音乐可愉悦神经,舒缓的音乐可放松身心,营造优质的听觉氛围如同视觉景观一样可带动互动体验。而在调查过程中,42.46%商店没有背景音乐,57.54%商店有背景音乐普遍存在两种极端现象（① 虽播放音乐但音量较小等同没有；② 音量较大给人嘈杂感觉）。轻松舒缓的音乐可增加消费者消费购物的好心情,有助于更好地交流体验,店内音乐与公共广播促销音乐须合理安排,交替出现才能更好为互动体验创造前提。

（4）主色调。

72.95%实体店如百货商店、购物中心等汇聚商品种类较多的商业空间其主色调以中色调（黑白灰）为主。12.38%为暖色调、14.47%为冷色调,冷暖色调的选择主要根据商品种类而定,如都市丽人（女士用品专卖店）以粉色为主,旨在衬托产品。不论何种色调,主色调必须干净简洁、吸引眼球,黑白灰中色调不能一味展现缺乏色彩变化、冷暖色调不能亮度纯度太高无法衬托商品本身。

（5）植物。

中低档商店以仿真花或绿色观叶植物点缀,高档品牌店多以兰花在大面积植物内进行细节点缀,植物的运用不仅营造生态景观,更作为装饰景观优化服务氛围、调节消费者消费心情,从而完善交流体验服务。在大型百货及购物中心,电梯口、转角处多安置成群绿叶盆栽植物,而老式商店则大多不摆放植物,不利于体验环境的营造。

（6）广告。

广告是促进交流的重要方式,在大型百货及购物中心,大面积商业空间以试听广告为主,在特定商店中广告形式更为丰富。其中,人物肖像广告大多为明星代言,文字设计广告往往只存在于有较深企业文化的商店（如NIKE的"JUST DO IT"、张小泉剪刀的"唯有真情剪不断"等）,图片广告则非常普遍,任何促销活动均可使用。

（7）设施。

娱乐设施所占比例少且形式单一,如童装店外摇摇车、高档商店内成人娱乐设施；休憩设施根据商店档次存在较大差别,如以座椅为例材料选择从木质座椅到软质沙发；体验设施较为普遍,如一般的试衣间,但好的体验空间更为宽敞且配备专业人员指导；便民设施在大型百货及和购物中心居多,指示牌等基本设施常见,但取款机、充值机等特殊设施较少配备。

（8）风格。

大多商店以简约风格为主,过多数量的简约商店风格无法吸引消费者,不利于互动交流,少部分商店根据商品特色另辟蹊径营造如欧式、中式、古典等特殊风格往往能给人眼前一亮的视觉冲击,从而营造别具一格的体验环境。

3.2.2　使用性体验

商品近距离的使用体验能让消费者进一步了解商品本身,增加商品信任感及兴趣感,从而刺激消费欲望。然而据调查发现，大部分商家往往忽视商品使用性体验的重要性，从而导致商品销售量低、退货现象多等麻烦。如何增加商品使用性体验力度、以何种方式增加商品使用性已成为新商品进入消费市场、提高商品销售业绩是待解决的问题之一。抽取徐家汇、淮海路、南京路3大商业区部分商店，使用性体验现状及问题记录如表4所示。

表4　3大商业区使用性体验情况表

现状问题	（1）商品严重缺乏使用性展示、出现机器闲置现象；展示人员缺乏推销热情	（2）商品展示表现形式单一，仅局限于视觉性橱窗摆设，缺乏其他感官参与	（3）商品体验环境不佳：布置过于简陋、缺乏私密性导致消费者失去体验欲望
实际案例	闲置的冷门咖啡机	单一的香水橱窗摆设	透明化的家居体验环境
现状问题	（4）体验环境装修过于庄重奢华，中低端消费者望而却步	（5）体验设备较少，致使商品缺乏使用机会、消费者失去体验机会	（6）体验仅提供模型商品，无法真正感受新产品性能及功能
实际案例	奢华的奢侈品体验馆	过少的音像商品设备	仿真的数码模型机

针对购买率较低的商品，增加商品使用性往往与商品展示方式有关。首先，可通过多方面手段从单一橱窗陈列展示到多变的视觉、听觉、嗅觉综合性感官体验，如服装可利用T台、灯光及音乐来展开室内T台走秀，用视觉冲击力与听觉感受力完美展现品牌特点；又如香水类商店可开设用户体验区，分发香纸，使消费者更深层次了解商品特性。其次，应针对不同定位的消费群体开设体验区，如中低端普通商店不应多设置高端商品、高端奢侈品体验店可适当平民化，尽可能扩大销售范围，减少消费层次落差。最后，将体验区域明确化、人性化、专业化，如手机等数码产品应多提供真机、多安排销售人员做好相关指导工作及商品演示。

3.2.3　体验式餐厅

消费是一种生活体验，是一种文化理念，体验型商业空间是一种开放式或互动式综合空间，旨在通过对商业空间建筑外形、空间形态、设施造型、色彩质地等方面设计强调消费过程的立体感官享受与心理体验，从而催生消费者消费或再消费行为。

1）体验式餐厅现状。

体验式营销模式通常确定主题核心，并结合商店业态属性及特质，通过空间处理手法增加商业空间体验意义。就餐厅这一特定商店对象而言，美食街、中式咖啡馆等为常见主题餐厅类型，主题式商业空间布局从一个或多个主题出发，其设计要素均围绕主题展开。消费者可从整体空间至细节道具进行全面至局部的体验感受。与一般餐厅相比，主题餐厅往往针对特定消费群体，在提供食物商品外可另外提供如装饰小品、音乐灯光等附加元素。

据不完全统计，徐家汇、淮海路、南京路三大商业区餐厅总数分别为1 500家、1 800家、1 200家，其中主题餐厅所占比例分别仅为0.86%，0.89%，0.75%。由数据可知，主题餐厅在餐饮店为特殊商业空间，其主题性体验并未得到商家重视。

为更全面了解现有主题餐厅现状，从食物、配置、服务三方面着手进行多家餐厅平行比较，并做好相关记录（见表5）。

表5　主题餐厅观察明细表

观察类型	观察内容明细
食物方面	① 菜谱、菜名；② 菜色；③ 菜系、口味；④ 分量；⑤ 食物餐具装饰；⑥ 碗筷等用餐工具
配置方面	① 墙面；② 窗饰；③ 吊灯；④ 灯具；⑤ 地面铺装；⑥ 桌子；⑦ 桌面摆设
服务方面	① 服务前台；② 服务员衣着；③ 服务员胸牌及配饰

首先，主题餐厅相比普通餐厅其餐厅氛围、环境及食物三者有整体联系感，在细节装饰方面大都做到与主题相呼应；其次，主题餐厅依照主题定位人群，其表现手法、文化含义在细节表达上存在差异；最后，餐厅内食物、服务、造型、色彩等环节围绕主题营造氛围，可刺激特定消费群体购物欲望。

2）体验式餐厅建议

根据调查发现，主题餐厅类型可分为娱乐体验型、教育体验型、逃避现实体验型、审美体验型4种。针对主题餐厅在餐饮行业所占比例少、文化内涵浅等现象，现分别介绍4种类型的特征及含义，为未来主题餐厅提供建设性参考提议。

（1）娱乐体验型。

娱乐体验型主题餐厅主要集中于年轻消费群体，餐厅内部装潢及装饰物仅做到仿形层面，主题定位停留在某一文化名词上。主题定位直接决定消费群体的年龄层次及消费行为结构。如泰康路田子坊内"泰迪之家"主题餐厅，餐厅内部利用泰迪公仔布偶、泰迪熊手绘墙、泰迪照片等装饰在氛围上营造"家"的温馨，呼应"泰迪"主题。食物方面，主要以食物外形呼应主题，如熊掌形蛋糕甜点、熊脸形咖啡图案等；配置方面，菜谱的外形特意做成小熊的形状，墙面绘有泰迪画等；服务方面，服务员围裙上印有泰迪图案，可有一处单独缝制泰迪公仔的体验区。

（2）教育体验型。

教育体验型餐厅主要将某一社会活动或行为寓教于乐，在餐饮过程之余获得知识的收获。如浦东新区金桥高尔夫主题餐厅除满足基本用餐功能同时，洗浴间、专业指导教练则体现更为重要的实用教育层面。需指出的是，教育体验型餐厅食物及配置方面与主题缺乏密切联系。

（3）逃避现实体验型。

逃避现实体验型主题餐厅的空间氛围与现实社会环境存在极大差异，旨在让消费者进入餐厅后产生与世隔绝的奇特感官及心理感受。可将该类型餐厅分为逃避空间现实、逃避时间现实2大主题。

逃避空间现实的主题餐厅以南京路"风波庄"为例。餐厅以武侠为主题,食物方面,菜名以武侠招式命名,如大力丸(肉丸)、黯然销魂饭(饭)、神龙摆尾(鱼)等;配置方面,每个座位对应一个江湖门派,桌椅为木方桌椅、餐具为插在木质筒的竹筷、小品为墙角的大型酒缸、墙面为编织竹条、背景音乐为武侠电影或电视剧中名曲等;服务方面,衣着为短袖官服、服务员被称为小二、消费者被称为大侠或女侠。

逃避时间现实的主题餐厅以虹口区昆山路"希望小学堂"为例。餐饮位于小巷子内,装修风格为20世纪80年代风。食物方面,餐桌为课桌形式、餐具为搪瓷杯、铁皮饭盒、小热水瓶等具有20世纪80年代印记的载体,菜名夹杂拼音,菜单以考卷形式出现,不同菜式对应不同考试题型;配置方面,餐厅牌匾写着"做了不起的80后",门外树上还挂着用粉笔写好菜名的小黑板,餐厅内部墙面张贴各式奖状并提供一块大黑板供消费者涂写;服务方面,服务员身穿20世纪80年代中学校服,配有大队长标志和红领巾。

(4)审美体验型。

审美体验型主题餐厅是体验式餐厅营销模式中最易采用、最常采用的类型。此类主题餐厅相比前3种消费群体而言,其受众范围更为广泛,但也存在文化主题不集中、不突出,设计风格无创意等问题。如南京路商业区内的上海当代艺术馆Moca on the Park是一处艺术与设计浓厚结合的主题餐厅。落地玻璃将外部人民公园的植物及高楼大厦引入视线范围,属于后现代设计风格;室内布局空旷、墙面绘制大幅涂鸦、四周布置新奇艺术摆设、波浪形沙发与极富趣味性的豌豆矮桌,属于现代式简约美风格;餐厅内外均具有极高的观赏价值和审美情趣,细节布局处理及整体环境营造呼应"艺术"主题,但在菜色、菜式等食物方面还有待艺术提升。

3.3 商业区展示性

3.3.1 使用性展示

商品使用性的展示作为一种直观的推销方式,对商家而言可有效吸引消费者眼球、增加购买欲望,从而获得良好口碑及可观利润,对消费者而言可通过商品的外形与特征介绍更易了解商品使用价值,从而进行理性消费判断。

1)三大商业区使用性展示现状

以徐家汇、淮海路、南京路为调查对象进行实地使用性展示调查,得知使用性展示形式大多以橱窗、模特、宣传电子展板3种模式体现。具体现状结果及数据如表6~表8所示。

表6 徐家汇商业区使用性展示现状表

名　称	橱窗展示	宣传展板	模特展示	备　注	橱窗色调	橱窗风格	模特个数	搭配元素
港汇广场	√	√	√	中庭宣传	明亮	时尚大方	多	灯光
东方商厦		√		大型电子宣传板				
第六百货	√		√				多	
汇金百货			√				多	明亮灯光
美罗城			√				多	
太平洋数码				提供产品试用				

表7　淮海路商业区使用性展示现状表

名　称	橱窗展示	宣传展板	模特展示	备　注	橱窗色调	橱窗风格	模特个数	搭配元素
NIKE	√	√	√		明亮跳跃	运动	3+	足球等运动器材
Adidas	√		√		明亮跳跃	运动	3+	
ZARA	√		√		冷色调	简单时尚	3+	灯光
CASIO				模型展示			3+	
朗格	√				金属色系	简单大方		
bread n butter	√		√		暖色调	简单青春	4	
crocs	√	√			暖色调	沙滩清新		模特试穿照片展示
巴黎婚纱	√		√		暖黄色	温馨梦幻	2	灯光,叮当,麋鹿
欧米茄	√				金属色系	简单大方		
Sony	√	√			白色	明亮		帘布

表8　南京路商业区使用性展示现状表

主色调	橱窗展示	宣传展板	模特展示	备　注	橱窗色调	橱窗风格	模特个数	搭配元素
百联世茂国际		√						
亨达利	√				冷色调	简洁		
茂昌眼镜	√				灰色系	简单		装饰灯
老凤祥	√							
培罗蒙	√						2	企业文化展示
华美大药房				免费试用				
第一食品百货		√			暖色调	明亮奢华		灯光、饰品
上海故事	√		√		暖色调	老上海风格	4	灯光、产品
中大鳄鱼	√		√			单调	4	
第一药房	√	√						企业文化展示
班尼路	√			音乐	明亮	动漫、活力	3+	
李宁	√		√		暖色调	运动、动感	3+	
Lily	√		√		冷色系	简洁典雅	3+	灯光
Nike	√		√		冷色系	运动、动感	3+	运动产品
张小泉	√				灰色系	古典		产品放大
王开摄影	√		√				3+	
Apple Store	√	√			灰色系	简洁时尚		产品展示

主色调	橱窗展示	宣传展板	模特展示	备　注	橱窗色调	橱窗风格	模特个数	搭配元素
Forever 21	√	√	√	音乐	金属色系	时尚	3+	
美特斯邦威	√	√	√		冷色系	时尚	3+	
波司登	√		√		黑色系	简单	3+	
宝大祥	√		√		彩色系	卡通	3+	儿童设施、卡通形象
新雅粤菜馆					金属色系	简洁大气		灯光

2）三大商业区使用性展示问题及对策

（1）问题。

● 商家仅把模特作为服装展示的工具，缺少服装与模特之间的联系；模特展示千篇一律，缺乏生动性。

● 橱窗展示仅做到商品陈列摆放，缺乏品牌特色与当季主题色彩；橱窗展示单调枯燥，缺乏主题性。

● 其他搭配元素的摆放造成商品陪衬目的的喧宾夺主；搭配元素与重点商品地位主次颠倒，缺乏主体性。

● 商品展示形式无系统规划，无法区分重点商品及一般商品；陈列商品等级不明，缺乏联系性。

（2）对策。

● 利用多种形象模特进行组合展示，如站立、坐卧姿势的模特可使商业空间丰富生动化。

● 宣传展示板内容可与动态人物展板相结合，将静态信息与动态展板结合，增加趣味性。

● 橱窗摆设须根据商品本身定位确定主题设计，并围绕主题进行产品及搭配元素的组合。

● 借助其他元素，如灯光、LOGO、植物等营造商业空间主题氛围，增加风格变化性。

3.3.2　功能性展示

1）三大商业区功能性展示现状

在三大商业区功能性展示调查中，将商店类型分为服饰店、化妆品店、休闲运动店、食品店4类，将功能类型分为人文功能、社交功能、生态功能、休闲功能4类，具体调查数据及现状如表9所示。

表9　三大商业区功能性展示现状表

商品品牌	商品属性	人文功能	社交功能	生态功能	休闲功能	展示方式
Gooyen	服饰	试穿、休息椅、更衣室	一对多			柜台、模特
COMBI	服饰	试穿、休息椅	一对多			模特、海报
CASABLANK	服饰	试穿、休息椅、更衣室	一对多			柜台、模特
YEEHOO	服饰	试穿、休息椅	一对多			模特、海报
李宁	服装鞋	试穿、休息椅	一对多			模特、海报
耐克	服装鞋	试穿、休息椅	一对多			模特、海报

（续表）

商品品牌	商品属性	人文功能	社交功能	生态功能	休闲功能	展示方式
美特斯邦威	服装鞋	试穿、休息椅	一对多			模特、海报
VISCAP	服装鞋	试穿、休息椅、更衣室	一对多			模特、海报
SECCN	服饰	试穿、休息椅、更衣室	一对多			多媒体、海报
ZARA	服装鞋	试穿、休息椅、更衣室	一对多			海报
powerland	箱包	试用	一对多			海报、实物
RABEANCO	箱包	试用	一对多			海报、实物
OMEGA	手表	试戴	一对一			海报、多媒体
Swatch	手表	试戴	一对一			海报
Love it	鞋	试穿、休息椅	一对多			海报
FANCL	护肤品	试用、休息椅	一对一	不损害肌肤		多媒体、海报
INNSFREE	护肤品	试用、休息椅	一对一	植物萃取		多媒体、海报
GIO	男士香水	试用	一对一	植物萃取、不损害肌肤		多媒体、海报
屈臣氏	卫生化妆食品	试用、休息椅	一对多	植物萃取、不损害肌肤		海报、实物试用
JIMMY CHW	香水	试用、休息椅	一对一	植物萃取、不损害肌肤		多媒体、海报
CHANEL	香水	试用、休息椅	一对一	植物萃取、不损害肌肤		多媒体、海报
苹果旗舰店	数码产品	试用体验			娱乐	实物体验、多媒体
汤姆熊欢乐世界	游戏				娱乐	视频教程
SPORTS	运动器材	现场体验	一对多		运动	实物
SOLE	跑步机	亲身体验	一对一		运动	多媒体、海报
泰康食品	食物、特产		多对多	健康卫生		图片、实物
第一食品	食物、特产、国际商品	试吃	多对多	健康卫生、营养		实物
三阳食品	食物、特产	试吃	多对多	健康卫生、营养		实物
邵万生	各地特产		多对多	健康卫生		实物
真老大房食品公司	食品、饮料、烟草		多对多	健康卫生		实物

　　首先，服饰店大多提供试衣间、休息座椅等使用性设备，体现商家人文关怀；社交功能方面，部分商店由于销售人员数量较少，在大批量消费者情况下无法做到一对一指导沟通，导致消费者无法专业

全面了解商品本身;生态功能方面,品牌服饰的企业文化多选用较生态性面料;休闲方面,大部分商家仅做到橱窗、模特、宣传册展示,如服饰海报、图册等,少部分品牌商家运用现代宣传手法吸引消费者,如采用多媒体方式将商铺概念通过T台真人实地展示。

其次,化妆品店大多设置现场试用环节,消费者可直接体验商品效果;社交功能方面,九成商店达到一对一服务,销售人员通过交流沟通可根据消费者需求推荐合适商品;生态功能方面,商品本身采用植物萃取精华,展柜采用密度板烤高光漆、钢琴漆等环保素材;休闲功能方面,以海报、电子展示板、图册等形式提供商品详细信息及功能介绍。

再次,休闲运动店以消费者体验为主,商店提供足够多数量的商品样品及专业指导销售人员体现人文功能;销售人员提供指导同时消费者之间也可交流使用心得,在社交过程中全方位了解商品;运动本身为了强身健体,是一种生态的生活方式;休闲功能方面,多以商品实体及宣传手册为主。

最后,食品店大致分为糖果类、干果类、糕点类、海产类、熟食类、烟酒类等类型,每种类型商店大都提供部分商品试吃环节,消费者可通过品尝直观了解食品味道,达到人文及社交目的;在橱窗方面,部分商店将商铺组合搭配,增加美观性同时又增加食品趣味性。

2)问题及对策

(1)问题:

①服装类型大同小异,各家商店服装展示形式如出一辙,缺乏个性化展示亮点。

②化妆品商品本身品牌理念有相似之处,缺乏品牌个性或品牌效应。

③食品店试吃商品种类不多,试吃数量有限,食品分类上缺乏统一摆放规律。

(2)对策:

①通过饰品、小品等其他搭配元素与服装相结合,在视觉展示同时可适当增加听觉、嗅觉等感官体验。

②化妆品店找出商品主打概念,推荐指导时应突出介绍商品亮点功效。

③食品店提供试吃及商品简介同时,可利用电子宣传屏幕展示商品制作过程,增加消费者兴趣及试吃欲望。

3.3.3 搭配性展示

1)现状

针对徐家汇、淮海路、南京路三大商业区进行商店类型分析,得知商店类型大致分为服饰、化妆品、手机、其他(如餐饮、休闲体育等)4种类型,商店类型抽样数据如表10所示。

表10 三大商业区商店类型比例表

徐家汇	美罗城	天钥桥路	汇金百货		总 计	比 例
服饰	4	1	283		288	53.23%
化妆品	9	1	4		14	2.59%
手机	6	2	0		8	1.48%
其他	36	40	155		231	42.70%
淮海路	淮海中路	巴黎春天	东方商厦	Panda商城	总 计	比 例
服饰	41	45	48	45	179	45.54%
化妆品	9	7	20	0	36	9.00%
手机	1	0	7	0	8	2.00%
其他	53	35	40	42	170	43.26%

（续表）

南京路					总　计	比　例
服饰	187				187	59.93%
化妆品	10				10	3.20%
手机	11				11	3.00%
其他	104				104	33.30%

　　三大商业区服装、化妆品、手机商店业态类型以百货商场、购物中心为主，以零售店、专卖店为辅（见表11）。商场内各商店分工明确，数码类、餐饮类、娱乐类商店与服饰类丰富商场业态，商品聚集分层分块展示，有利于商品宣传与信息共享。

表11　三大商业区商店业态类型及搭配主体

商店分类	店　名	百货商场	零售店	购物中心	专卖店	生　态	色　彩	线　条
服饰	百丽				√		√	
	H&M				√			√
	marks & spencer		√				√	√
	La chapelle		√			√	√	
	St john	√					√	√
	mionirosa			√			√	√
	吉祥斋		√			√	√	
	世界百货	√					√	
	巴黎春天淮海店	√				√	√	√
	云裳裙装		√			√	√	√
化妆品	丝芙兰Sephora	√				√		√
	LVMH		√				√	
	LAMER 海蓝之谜	√				√	√	√
	雅琳娜			√			√	√
	梵诗				√	√		
	时代佳人		√			√	√	
	法国娇兰		√				√	
	纪梵希	√				√	√	√
	蝶翠诗				√	√	√	√
	谢馥香				√	√	√	√
手机	协亨手机连锁		√			√		
	迪信通手机店			√			√	
	Apple Store		√				√	√
	冠芝霖手机连锁				√	√		√

（续表）

商店分类	店　名	百货商场	零售店	购物中心	专卖店	生　态	色　彩	线　条
手机	手机世界		√			√		√
	国美电器手机店			√		√		
	三星手机专卖店（徐汇店）				√		√	√
	三星手机专卖店（淮海路店）				√		√	√
	铭链手机连锁			√			√	√
	索尼旗舰店		√			√	√	√

　　调查的服装商店其橱窗展示平均面积为8 m²，货柜中心展示区域平均面积为2.5 m²，展示区高度在0.8~2.5 m范围内。搭配元素中以绿植为主，塑料、金属等材质为辅。室内环境色大致分为黑、白、黄三色，主要涉及墙面、地板、灯光色彩。其他元素色彩搭配与环境色相当，变化不大。

　　化妆品、手机商店商品须借助展柜展示，其中桌式展柜高度约为1.4 m，立式展柜高度约为1.8~2.5 m，矮展台高度分为10，20，25 cm，高展台在40~90 cm范围内。搭配元素较为丰富，涵盖塑料、大理石、木板、金属、绿植等材质。化妆品以橙色系、绿色系、紫色系、黑色系为主，手机店以橙色系、绿色系为主。

　　2）问题及对策

　　（1）问题：

　　① 搭配展示商品主题不协调。如在珠宝专卖店内搭配HELLO KITTY专柜，珠宝的精致奢华与玩具的可爱俏皮给消费者不统一的主题感受。

　　② 搭配商品类型单调。如翡翠珠宝店内多个翡翠展柜的搭配类型与摆放相似，展示缺乏新意与新鲜感。

　　③ 搭配辅助元素过于丰富，喧宾夺主。如女士鞋店内搭配过多手提包专柜，商店销售类型不明确。

　　④ 搭配展示区缺乏人文关怀。如部分服装店内缺乏座椅等休憩设备，店内试衣间及镜子设备数量有限。

　　（2）对策：

　　① 注重视觉沟通性。

　　商店装饰风格必须与商铺内容定位一致，可适当搭配其他元素，如植物、灯光、小品等突出商品特点，营造商业氛围。如便利商店的风格不是奢华，而是亲切、简洁、明快；高档次专卖店的装饰及摆饰须根据特定性消费者消费心理确定。

　　② 加强情感人文性。

　　消费者是商业过程的选择者，在保障商品质量同时提供优质周到的服务，从情感角度首先征服消费者，从而引导其进入商店选购商品是增加销售业绩的有效措施。如在"亚细亚"购物区内开设"宝宝娱乐圈"、"男士休息厅"专门场地，前者专职人员免费照顾消费者所带儿童，后者为女士陪同者们提供休憩空间。休憩座椅、饮料茶点等细节处理可增加消费者情感好感度。在商店搭配上，从消费者角度着手，分析消费群体价值取向、消费需求从而提供人性化服务可愉悦消费者购物心情，带动消费。

③ 强调整体色彩性。

色彩是视觉感受的重要方面，色彩的合理运用可使商品整体化。如一个墙面，其色彩不宜过于复杂丰富；又如同色系服装的归类摆放造成消费者视觉负担。色彩的明度、纯度及组合搭配如红白蓝经典搭配的呼应摆放，蓝黄、红绿等互补色搭配能吸引消费者注意力。也可运用对称、交叉等陈列手法营造多功能、现代化、综合性的多维色彩搭配空间。

4 总结

现如今，消费者的消费行为追求个性化、精品化、体验化、生态化需求。相比电子网络商店的便捷、直观，传统实体店必须做到景观化、体验化、展示化发展，从而将商业空间通过生态景观、人文景观、色彩景观体现商家情感关怀，通过互动体验、使用体验、主题体验进行商店感官体验，通过使用展示、功能展示、搭配展示突出商品实用价值，以此增加商业区竞争力，带动商业区经济发展。

企业门面上的文化展示调研报告
——以南京路步行街为例

戴嘉旻　肖　婷

（上海商学院旅游与食品学院，上海 201400）

南京路步行街至今已有100多年的历史，是城市历史的沉淀。上海所经历的每一个时期都能在南京路步行街上找到其缩影。虽有百年的历史，但是南京路步行街不像田子坊，完全保留了上海石库门的风格形式，而是以上海海纳百川的海派文化作为整条商业街的文化，并且受到了现代风格的影响，逐步成为上海最繁华的商业街之一。但是在吸收外来文化的同时无法避免地将糟粕一并纳入其中，或者形成与商业街文化不符的景观现象。

通过对丁南京路步行街两侧商铺的调查，得出以下数据结果。在调查的61家商铺中，百货类商铺有10家，占商铺总额的16.4%；食品类商铺有9家，占商铺总额的14.8%；服饰类商铺有17家，占商铺总额的27.9%；银楼类商铺有7家，占商铺总额的11.5%；药房类商铺有3家，占商铺总额的4.9%；其他类商铺占了24.5%。建筑风格上大致分为古典建筑，占3.3%，老上海式建筑占21.3%，现代建筑占47.5%，欧式建筑占27.9%。从中可以看出南京路步行街作为上海的老街还是在很大程度上受到现代科技以及欧洲建筑的影响，形成了如今灯火璀璨的南京路步行街。

1 南京路步行街沿街企业的招牌

南京路步行街历经上海的变迁，从民国时期的灯红酒绿到如今的灯火璀璨，灯光是一个永恒不变的话题，而其中的霓虹灯也随着南京路步行街文化的改变发生变化，有改进的方面也有不足之处。作为霓虹灯的载体，商铺的招牌从风格形式到色彩分布存在着统一性，也有其特殊性。

南京路步行街沿街的61家商铺中选择电脑打印字体的商铺有27家，占全部商铺的44.3%。其中百货类商铺有9家，占百货类商铺总额的90%，占选择电脑打印字体商铺的33.3%；食品类商铺有4家，占食品类商铺总额的44.4%，占选择电脑打印字体商铺的14.8%；服饰类商铺有8家，占服饰类商铺总额的47.1%，占选择电脑打印字体商铺的29.6%；银楼类以及药房类商铺都没有选择电脑打印字体形式的招牌。从中可以得出，百货商场作为综合性的购物场所在招牌字体的选择上不适宜选择太过艺术性、特殊性的字体，电脑打印的字体虽然过于呆板但在百货商场这一特定业态商铺中反而更加能够体现商场的高端、大气（见图1）。相对而言，食品类以及服饰类的商铺需要着重突出企业文化与理念，选择电脑打印的字体则过于平凡不够突出。

选择书法字体的商铺有18家，占全部商铺的29.5%。其中百货类商铺有1家，占百货类商铺总额的10%，占选择书法字体商铺的5.6%；食品类商铺有5家，占食品类商铺总额的55.6%，占选择书法字体商铺的27.8%；服饰类商铺有1家，占服饰类商铺总额的5.9%，占选择书法字体商铺的5.6%；银楼类商铺有6家，占银楼类商铺总额的85.7%，占选择书法字体商铺的33.4%；药房类商铺有3家占药房类商铺总额的100%，占选择书法字体商铺的16.7%。其中选择名人书法的有2家，占选择书法字体商铺的11.1%，分别是食品类商铺——沈大成以及药房类商铺——上海第一医药商店。南京路步行街作为一条百年老街，其固有的深厚文化底蕴还是潜移默化地影响商业街上的不同业态商铺。所以在每种业态中，都有一定比例的商铺在招牌字体的选择上选择了书法字体。其中最具代表性的是银楼类商铺以及药房类商铺（见图2），最重要的原因则在于这些商铺和南京路步行街一样都拥有悠久的历史，都是上海市著名的百年老店。所以，选择书法字体的商铺可以通过文化底蕴深厚的招牌来提升企业的历史感，从而得到消费者的信赖。

图1 百货商场招牌　　　　　　　　　　　图2 药店招牌

选择艺术字体的商铺有6家，占全部商铺的9.8%。其中服饰类商铺有3家，占服饰类商铺总额的17.6%，占选择艺术字体商铺的50%；银楼类商铺有1家，占银楼类商铺总额的14.3%，占选择艺术字体商铺的16.7%；百货类商铺以及食品类商铺都没有选择艺术字体形式的招牌。艺术字体的招牌容易吸引眼球并且体现了商铺的时代感与艺术性，极易受到年轻消费群体的关注，所以受到服饰类商铺以及创新型银楼类商铺的青睐，吸引眼球的同时也提升企业的艺术性。

此外，南京路步行街作为一条统一的商业街，在招牌字体方面容许了商铺的个性化与特殊化，但也要追求其统一性，所以在招牌形状与材质方面均统一采取了长方形与金属材质，只有部分商铺考虑其整体建筑风格的影响在制作方面仿木质形式，起到整体协调的目的。如上海第一医药商店、蔡同德堂、朵云轩（见图3）。

综上所述，商业街上的企业在招牌字体方面可以刻意地突显企业特有的文化与理念。如：百货类商铺的招牌字体应该选择电脑打印；食品类、银楼类以及药房类商铺的招牌字体应该选择书法字体；服饰类商铺的招牌字体应该选择艺术字体。但是坐落于商业街的企业也不能忘了整体的文化内涵与

图3　仿木质招牌

形象,在特殊性中寻求统一性。离开整条街文化的企业是不协调的,不协调的企业就宛如一座身处汪洋大海的孤岛,是没有市场与未来的。

2　南京路步行街沿街企业的霓虹灯

改革开放以来,霓虹灯一直是南京路步行街的重要标志(见图4)。无论是上海人还是来上海观光旅游的游客,一说到霓虹灯都会想到南京路步行街,都会在茶余饭后从南京路步行街的西面漫步至东面,不为逛街购物只是想单纯地欣赏沿街绚烂的霓虹夜景。霓虹灯也从最初商铺为了在夜晚招揽消费者逐步演变成了如今沿街的重要景观。南京路步行街沿街商铺对于霓虹灯色彩的选择与搭配以及霓虹灯变换形式的选择也各有不同。

61家店铺中在夜晚会亮起霓虹灯吸引消费者的商铺有37家,占全部商铺的60.7%。其中百货类商铺有7家,占百货类商铺总额的70%;食品类商铺有6家,占食品类商铺总额的66.7%;服饰类商铺有9家,占服饰类商铺总额的52.9%;银楼类商铺有3家,占银楼类商铺总额的42.9%;药房类商铺有3家,占药房类商铺总额的100%。在霓虹灯色彩的选择上企业分别选择了红、黄、蓝、白、绿、粉色、棕色和彩色。

选择红色霓虹灯为主色调的商铺有9家,占亮起霓虹灯店铺的24.3%。其中百货类商铺有1家,占百货类商铺总额的10%,占亮起霓虹灯店铺的2.7%,占选择红色霓虹灯为主色调商铺的11.1%;食品

图4　南京路上的霓虹灯

类商铺有4家,占食品类商铺总额的44.4%,占亮起霓虹灯店铺的10.8%,占选择红色霓虹灯为主色调商铺的44.4%;服饰类商铺有1家,占服饰类商铺总额的5.9%,占亮起霓虹灯店铺的2.7%,占选择红色霓虹灯为主色调商铺的11.1%;银楼类商铺有1家,占银楼类商铺总额的14.3%,占亮起霓虹灯店铺的2.7%,占选择红色霓虹灯为主色调商铺的11.1%;药房类商铺没有选择红色霓虹灯作为主色调。红色象征热情、性感、权威、自信,是个能量充沛的色彩,不过有时候会给人血腥、暴力、忌妒、控制的印象,容易造成心理压力。所以在选择红色霓虹灯为主色调的商铺中食品类商铺占44.4%,因为食品类商铺需要营造一派红火、紧凑的氛围并且需要一定程度上给予消费者一定的压力从而引发消费者的购买欲。所以其他非食品类商铺对于红色霓虹灯需要谨慎选择,避免因为过度心理压力而削弱消费者的休闲性,从而降低消费欲望。

选择黄色霓虹灯为主色调的商铺有5家店铺,占亮起霓虹灯店铺的13.5%。其中食品类商铺有1家,占食品类商铺总额的11.1%,占亮起霓虹灯店铺的2.7%,占选择黄色霓虹灯为主色调商铺的20%;银楼类商铺有1家,占银楼类商铺总额的14.3%,占亮起霓虹灯店铺的2.7%,占选择黄色霓虹灯为主色调商铺的20%;药房类商铺有1家,占药房类商铺总额的33.3%,占亮起霓虹灯店铺的2.7%,占选择黄色霓虹灯为主色调商铺的20%;百货类以及服饰类商铺都没有选择黄色霓虹灯作为主色调。黄色是明度极高的颜色,能刺激大脑中与焦虑有关的区域,具有警告的效果,所以雨具、雨衣多半是黄色的。艳黄色象征信心、聪明、希望;淡黄色显得天真、浪漫、娇嫩。另外,受到中国传统思想的影响,作为炎黄子孙,黄色是中国人最熟悉也最能接受的颜色,象征尊贵豪华。选择黄色霓虹灯为主色调的行为可谓是中规中矩,也是企业选择霓虹灯过程中最安全的选择。

选择蓝色霓虹灯为主色调的商铺有5家店铺,占亮起霓虹灯店铺的13.5%。其中服饰类商铺有2家,占服饰类商铺总额的11.8%,占亮起霓虹灯店铺的5.4%,占选择蓝色霓虹灯为主色调商铺的40%;药房类商铺有2家,占药房类商铺总额的66.7%,占亮起霓虹灯店铺的5.4%,占选择蓝色霓虹灯为主色调商铺的40%;百货类、食品类以及银楼类商铺都没有选择蓝色霓虹灯作为主色调。蓝色是灵性、知性兼具的色彩,在色彩心理学的测试中发现几乎没有人对蓝色反感。明亮的天空蓝,象征希望、理想、独立;暗沉的蓝,意味着诚实、信赖与权威。正蓝、宝蓝在热情中带着坚定与智能;淡蓝、粉蓝可以让自己、也让对方完全放松。所以,蓝色霓虹灯也是企业在霓虹灯选择上最保险的选择,但是也因其普遍性而失去了企业自身的独特性,在芸芸众商铺中难以夺人眼球,吸引消费者。

选择白色霓虹灯为主色调的商铺有12家,占亮起霓虹灯店铺的32.4%。其中百货类商铺有4家,占百货类商铺总额的40%,占亮起霓虹灯店铺的10.8%,占选择白色霓虹灯为主色调商铺的33.3%;食品类商铺有1家,占食品类商铺总额的11.1%,占亮起霓虹灯店铺的2.7%,占选择白色霓虹灯为主色调商铺的8.3%;服饰类商铺有5家,占服饰类商铺总额的29.4%,占亮起霓虹灯店铺的13.5%,占选择白色霓虹灯为主色调商铺的41.7%;银楼类以及药房类商铺都没有选择白色霓虹灯作为主色调。白色象征纯洁、神圣、善良、信任与开放;但白色面积太大,会给人疏离、梦幻的感觉。另外,白色霓虹灯在夜晚十分明显,与黑色的夜幕产生强烈对比,容易使人产生刺眼与反感。所以在面积较小的服饰类商铺广泛使用,小面积的白色霓虹灯不但不会产生太过强烈的对比光,反而营造梦幻的氛围,迎合了消费者对于服饰的向往与追求,很大程度上满足消费者的心理,促进消费欲望。对于大型商铺应该避免大面积白色霓虹灯的使用。

此外,霓虹灯除了色彩的组合搭配之外还讲究动态与静态的搭配展示。南京路步行街沿街57家商铺中选择静态霓虹灯的商铺有18家,占夜晚会亮起霓虹灯商铺的48.6%。动态霓虹灯的变换形式有背景流水形(占动态霓虹灯的47.4%)、背景闪烁形(占动态霓虹灯的5.3%)、背景灯光随机变换形

（占动态霓虹灯的21.1%）、边框流水形（占动态霓虹灯的5.3%）、边框随机变换形（占动态霓虹灯的5.3%）、字幕形（占动态霓虹灯的10.5%）。动态霓虹灯比静态在夜晚更能吸引消费者的目光。

综上所述，三原色——红、黄、蓝中黄色以及蓝色都是企业在选择霓虹灯时最保险、最安全、最值得的选择。虽然在吸引消费者的目的上无法与其他选择艳丽色彩作为霓虹灯的商铺比较，但是不会引起消费者的反感。另外，白色霓虹灯也是商铺吸引消费者的较好选择，但在使用面积与比例上的选择尤为重要，不能大面积使用，会引起消费者的反感，降低企业形象。在霓虹灯动态与静态的选择上建议企业选择动态的霓虹灯，在夜晚可以更加活泼、生动以及吸引眼球。在动态霓虹灯的变化形式上创新是必要的，不能墨守成规，拘泥于原有保守的变化形式。有创新才能有亮点、有新鲜感，才能吸引消费者，创造企业财富。

3　南京路步行街沿街企业的橱窗

橱窗是企业反映自身企业文化、企业商品、企业理念最直观的一种表达方式。好的橱窗的设计，可以吸引游客驻足观看，增加进店的几率。而毫无特色的橱窗则会适得其反，少有人问津。

通过对于南京路步行街两侧商铺的调查，按照一定的商业业态进行归类总结我们得出以下数据。在61家商铺中，10家百货公司都有自己的橱窗。其中5家橱窗的颜色为透明，另有4家是以白色为主的橱窗。在橱窗展示形式方面有6家选择了商品陈列的方式，另有两家选用理念展示形式。例如东方商厦，他的橱窗主要以绿色为背景，用垂吊的塑料模特自由翱翔加之以不同颜色的彩带，来体现出他们的一个动字——朝气蓬勃、心随礼动。在10家中有6家选择在橱窗中张贴各专柜的海报，以此来吸引顾客。而且顾客可以凭借这些海报，来判断这个百货公司内所销售商品的档次范围。在橱窗景观元素方面，10家百货都有自己的景观元素，其中有6家是用到了景观灯，在不同的专柜橱窗内设有与之搭配的颜色灯光。例如在一些珠宝店的橱窗内，大多数用金黄色灯光打在橱窗上，而在一些眼镜店则是在橱窗内打上白色灯光，以此达到简洁、清爽的作用。除此以外在一些专柜橱窗中还有以线条、丝带、幕帘、涂鸦等做的景观效果。在分析了百货的人流量后发现，恒基名人购物中心最高为65人/min，第二的是东方商厦59人/min，第三的是第一百货商店58人/min，而与之东方商厦对面的百联世贸国际广场只有30人/min。所以我们排除了因为是一头一尾而使这几家百货公司人流量剧增。在研究了恒基名人购物中心后我们发现，他虽然没有橱窗的景观，甚至没有海报，但是在外部完全可以看见其内景，配之以黄色、暖色灯光使人们在视觉上就给人一种高档的感觉。虽然在其中不一定消费但也感觉做了一回名人。纵观整个街的历史文化，东方商厦与第一百货所有的历史的沉积比百联多，而且它的产品定位是中低档商品，所以人流量会比百联多。

在整条步行街中一共有7座银楼，老凤祥的4座银楼都没有橱窗设计，另外2家橱窗的颜色为金色，加黑色底架，配上白色灯光。还有一家新兴的周大福珠宝店，它的橱窗主要以白色为主，打造一个干净纯洁的感觉。在橱窗展示形式上，3家都用了商品的陈列，其中一家还运用到了海报的宣传。在统计了这几家珠宝的人流量后发现，老庙黄金的人流量最高为24人/min，第二是周大福为8人/min。于是我们从景观元素上发现老庙黄金，它的橱窗设计很独特。因为其历史悠久是中国的老字号，所以在橱窗中加入了漏窗这一中国古典园林元素。在用现代的金色网格作为背景，用亮丽的白色灯光打在陈列的商品上，既给人一种古典感，又给人一种现代华丽之感，可谓是低调的奢华。而周大福的橱窗里运用到了纱窗，玩偶来表达它的企业理念是时尚、纯净、浪漫。

在9家食品商店中，只有2家设有橱窗。一家色彩为透明，另一家是电子灯牌。它的展示形式为海报、电子屏幕以及内景展示。在统计了9家食品商店后发现，第一食品商店所占人流量最多为113人/min，真老大房食品公司50人/min，而最少的是哈根达斯仅有2人/min。不过哈根达斯属于高档性消费，且店内位子有限，故不可能有过高的人流量。我们认为第一食品商店人流量最高是因为3个原因。第一，食品商店历史悠久早在上海沦为租界的时候就已经建立，已经有了一定的品牌影响力。第二，商店内物种齐全、规模最大，适应各种人群挑选购物。第三在经过翻新后，其店内景观结合了中国传统元素，用一幅幅生动的中国画作为灯罩，引人眼球。对于食品商店普遍没有橱窗，作敞开式造型。我们认为是为了满足大量的游客，不易拥挤在小小的门里，且可以更加有效地利用空间，能直观地感受到食物。但是因此带来的问题是，食品商店与商店之间区别不大，无法表达自己企业的理念文化，无法培养忠诚的顾客。

在17家服饰中，只有两家无橱窗展示。有10家商店采用的是透明颜色，5家是根据自己的企业理念所搭配的颜色。在橱窗展示形式上，有5家选择了商品陈列，2家选择了商品陈列加理念展示，另有3家选择了商品陈列加海报的形式。在景观元素上，有11家选择了用模特展示的形式，有9家有景观灯（其中6家是以白色灯光为主，另3家是以金色灯光为主），3家用了海报展板形式。通过统计人流量发现，Bershka的人流量最多，为60人/min，主要的原因是当天测人流量时店内正好有请国外DJ来打碟做宣传，引发游人驻足欣赏。第二的是班尼路41人/min。在一楼的班尼路橱窗中以柔和的暖色灯光以及怀揣梦想的海报来打造第一层的运动之风；在二楼以各种动漫人物形象为展板，搭配动感的线条彩灯以及白色灯光来打造青春活力之风；在三楼用青年偶像，搭配金色灯光来打造时尚偶像之风。

在3家药店中有两家是有橱窗展示（一家只有商品陈列，另一家是既有商品陈列又有理念展示）。一家橱窗为透明色，另一家为白色。其中只有一家有景观元素（就是蔡同德堂）。蔡同德堂从整个建筑风格讲是仿中国古典建筑风格。从橱窗中用象征长寿的乌龟，珍惜品种的穿山甲动物模型以及千年灵芝来表达出蔡同德堂历史悠久且店内商品都是珍贵的。从人流量上看出第一，医药商店排名第一，有5人/min。其原因是因为第一医药商店历史悠久，已经做出了品牌影响力，且店内药品一应俱全，规模较大，能满足不同病人需要。

在最后一类15家其他类中，只有2家无橱窗展示。有11家是透明颜色，另有两家是红色为主。在橱窗展示形式方面有12家选了商品陈列，2家理念展示，3家海报，还有1家以知名品牌做展灯。在景观元素方面，有10家运用了景观灯，其中5家是以白色灯光为主，5家是以金色灯光为主。有12家有其独特的景观元素。例如朵云轩，它主要是艺术品的欣赏，购买。所以在橱窗的设计中加入了文房四宝、珍贵藏品。又例如在张小泉刀剪总店的橱窗中，用塑料模型加鲜艳亮丽的红色海报，凸显出其百年经典的新奉献。在统计了所有人流量后得出，张小泉刀剪总店人流量最大，为22人/min，其次是pearl city工艺品，再然后是亨达利钟表店。所以在如今消费水平不断提高的今天，人们越来越从基本的衣食住行转变为休闲，欣赏的新生活方式，品牌影响力不容忽视。

商业街色彩景观性的调研报告

吕　凯　张智翔　葛文婷　瞿智萱

（上海商学院旅游与食品学院，上海201400）

（1）调研内容：商业空间中的色彩景观性。

（2）调研目的：随着城市经济的发展，商业化生活方式的产生，商业空间对于城市来说显得越来越重要。面对越来越激烈的竞争,商家该怎样增强自己的竞争能力? 如何使消费者产生对自家商品的购买欲望? 本调研报告是针对上海市南京路商业区、淮海路商业区、徐家汇商业区的购物环境的色彩景观性进行调查,同时对现存的问题进行改善和优化,以此对城市商业空间中的色彩景观性建设提供理论参考。

（3）调研对象：上海市南京路商业区、淮海路商业区、徐家汇商业区。

（4）调研方式：实地调研采访拍摄、抽样调查。

（5）调研思路：

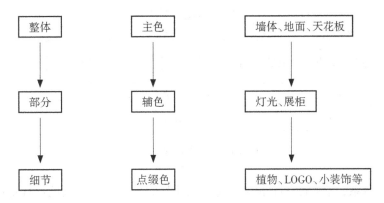

（6）调研时间：2013年5月1日~10月1日。

研究表明,90%的外界信息是通过人眼接收从而传递给大脑的,一个环境对于人的影响很大一部分取决于人的视觉感官。色彩是刺激人视觉神经最敏感的视觉信息符号,它比结构造型更具冲击力。比如进入商店,人们首先注意到的便是纷繁的商品色彩,其次再是关注某一商品的形态。因此在环境中,色彩景观是一个不可忽略的因子。对于色彩景观的研究,我国目前还处于初级阶段,国内在色彩景观领域观念和研究水平上的滞后,使得城市色彩景观的形成基本上处于自主、随机的状态。在景观设计中,人们往往关注的是对景观空间的规划和设计,而对色彩的景观性有所忽略。事实上,如何让色彩景观在其所承载的重要历史、文化和美学信息等人文环境的保护和发展以及高品质人居环境建设中发挥作用,是我们应该关注的。

以下以徐家汇、淮海路、南京路三个商业圈为对象,展开关于其色彩景观性的调研。为了对该三大商业圈有一个整体的把握,因此本小组从了解三个商业圈的业态组成入手（见图1）,这便于调研任务更具有方向性和针对性地展开。

该三大商业圈主要的业态是服装和鞋类,对应"衣"、"食"、"住"、"行""玩"5方面中的"衣"。该商业圈的色彩景观主要是以服装、鞋类环境为主,以餐饮及其他零售业为辅的商业空间色彩景观构架。本小组主要采用从整体—局部—细部的研究思想,分别对应色彩景观的主色—辅色—点缀色,对应的具体实物为主要背景（墙体、天花板、地面）—次要背景（灯光、柜台）—点缀背景（植物、涂鸦、小装饰物）,参考法国著名的设计师和色彩学家让·菲利普·朗克洛的色彩景观研究方法对该商业圈的色彩景观特点进行分析与概括。

1　商业空间的主色调色彩特征

在色彩体系理论中,以画面的70%面积作为一个衡量指标。当某种色相面积占到画面的70%时,就将该颜色称为画面的主色调。商业空间中以墙体、地面和天花板所占视觉面积最大,故选择墙体、地面和天花板作为对象,研究商业空间主色调的使用情况。总体而言被调查商业空间的背景色彩多采

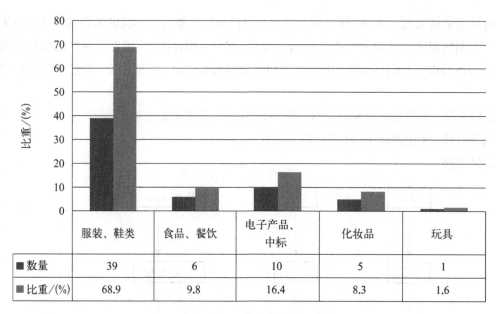

	服装、鞋类	食品、餐饮	电子产品、中标	化妆品	玩具
■数量	39	6	10	5	1
■比重/(%)	68.9	9.8	16.4	8.3	1.6

图1 业态比重

用高明度、低纯度的色系,这样的设计主要起到衬托商品的作用。采用黑色这样低明度、低纯度的色彩主要是为了起到对比的效果。

1.1 墙体

该商业圈商业空间墙体主色以灰色系色彩运用较为普遍,白色调次之。由于商业空间中主体为商品,背景色彩设计以突出商品色彩为目的,使消费者更容易捕捉到商品的亮点,以促进消费行为的产生。景观中色彩与色彩之间的相互搭配与协调可以缓解单一色系给人造成的枯燥乏味的视觉疲劳,在灰-白主色系下根据不同的商品搭配不同的辅色,可以使个体商业空间更具变化(见表1)。总体来看,三条商业街商业空间的背景色彩色系类型较为统一,具有一定的连续性和协调性,使整体商业空间较为柔和舒缓,同时又各具变化,形成自身的特点(见图2)。

表1 三条商业街所采样本实体店墙体铺装色彩使用情况表

主 色 调	辅 色	使用量/家	比重/(%)
灰	白	43	70.5
白	黑	10	16.5
	棕	6	9.8
	粉	1	1.6
透明	无	1	1.6
总 计		61	100

1.2 地面

相对墙体而言,地面所使用的色调较为丰富,同时明度相对较低,避免产生头重脚轻的视觉感受。同时此处也采用暖色调烘托气氛,营造理想的氛围,给消费者温馨、安全的心理感受。采用暖色系色彩时多为单一色相,以构建环境的整体感。采用黑、白色调时多使用辅色,形成黑白对比等视觉反差,

图2 背景色彩

丰富视觉体验(见表2)。整体上各个体商业空间使用不同的色彩搭配来营造符合商品特性的消费环境,如采用黑白色对比的手法来体现商品的富含现代化元素,这就迎合了消费群体中追求现代化风格的心理;当使用如黄色的暖色调色彩时,购物环境会给人一种温暖、安静的感觉,这就迎合了女性消费者或追求温馨、舒适的心理(见图3)。

表2 三条商业街所采样本实体店地面铺装色彩使用情况表

主 色 调	辅 色	使用量/家	比重/(%)
白	粉	1	1.6
	黑	2	3.2
	无	33	54.2
黑	白	1	1.6
	无	8	13.1
棕	无	7	11.5
黄	无	9	14.8
总 计	/	61	100

图3 地面色彩

2 商业空间的辅色调色彩特征

　　辅助色是为了辅助和衬托主色而存在的,灯光色彩是很好的辅助色。现在商品的展示都尽量避免了那种为达到展示商品的目的而单纯展示商品的传统推销模式,而是通常依附展柜来展示商品,因此展柜的色彩也成了商品色彩的辅助色。徐家汇、淮海路、南京路商业街商业空间中灯光和展柜多采用低纯度高明度的色彩,重在突出主色调,强调商品的色彩。

2.1 灯光

　　灯光是商业空间室内设计中不容忽视的重要元素,照明是灯光的基本功能,商业空间通过合理的灯源布局达到均匀照明的目的,给顾客清晰的视觉感受,增强人的安全感,放松心情。在所调查样本实体店中用于均匀照明的灯光主色调以白色最多,黄色次之,这两种色调分别可以营造出活跃和宁静的气氛,符合商业空间进行商业活动和商业交流的需要,其点缀色调采用较少(见表3)。

表3　三条商业街所采样本实体店灯光色彩使用情况表

主色调	类别	点缀色调	使用量	比重/(%)
白色	有点缀色系	蓝色	2	3.3
		黄色	5	8.2
	无点缀色系	无	39	63.9
黄色	有点缀色系	白色	2	3.3
	无点缀色系	无	13	21.3
总　计			61	100

2.2 展柜

　　商品展示区不仅仅只是起到对商品的展示作用,更大的作用是吸引顾客的注意力,让顾客从对展柜的注意进而转移到对商品本身的注意上,这种"抛砖引玉"的方法现在越来越广为流行。因此展柜的色彩及其造型设计尤为重要。例如:在调研中,奢侈品(金银首饰,珠宝,名表等)的展柜专区,其产品展柜都不约而同地采用高明度色彩搭配,使展柜具有明亮、灿烂、夺目的美感,与有色金属光泽的高级感搭配,有效地突出奢华感和时尚气息,但是,使用的色彩明度过高反而会掩盖商品的亮点,适得其反;又如主营淑女装的商业空间多用暖色调色彩搭配体现温馨、柔和的婉约风格。从以上不同的商家用不同的色彩环境来衬托各自所主营的商品,可以发现色彩搭配的风格主要取决于商家的产品定位。

3 商业空间的点缀色调色彩特征

　　点缀色是为了点缀主色和辅助色而出现的,点缀色虽然面积较小,但在整体色彩的搭配上通常起着画龙点睛的作用。正如服装的色彩搭配:良好的主色和辅助色的搭配,可以让人看起来觉得舒服。而运用好点缀色,则可以让人眼前一亮。同样,在商业空间中,点缀色的运用也是为了达到这样的效果。徐家汇、淮海路、南京路商业街商业空间中点缀色主要以标志牌、植物、图案、灯光、小装饰品等元素为载体,运用色相对比、冷暖对比、明暗对比等手法从而突出色彩,达到增强空间的色彩效果。

3.1　植物

植物的运用,不仅是对购物环境的色彩进行补充,更可以提升环境的质量。植物对于室内有毒有害物质具有吸附作用,能够净化空气,同时植物本身的色彩有助于缓解人的视觉疲劳,让人保持清新、活跃的精神状态。在商业环境的营造中,植物的运用具有很大的必要性。然而在徐家汇、淮海路、南京路三条商业街的购物环境中,植物的运用量较少,植物的色彩变化单一,基本上都是以使用绿色的小型盆栽为主。

3.2　墙体图案、LOGO

墙体图案、LOGO的色彩作为一种点缀色可以丰富背景的景观性。如南京路的swath商店的墙面铺装,主要以白色色调为主,为了避免单调,在白色的基础上加上了一系列的灰白色图案,甚至运用了少量的暖色调红色给予视觉冲击,给人一种强烈的时代感(见图4)。总体而言,样本空间的图案、LOGO中运用最多色调为白色和黑色(见表4)。在众多色彩中,这两种颜色是最容易和其他色彩进行组合搭配的,同时黑白搭配也能够产生强烈的对比。

表4　三条商业街所采样本实体店墙体图案、LOGO色彩使用情况表

	色　调	使用量/次	比重/(%)
LOGO	红	4	8.9
	白	20	44.5
	黑	12	26.7
	蓝	2	4.4
	灰	4	8.9
	棕	1	2.2
	黄	2	4.4
	总　　计	45	100
墙体图案	黑	3	33.3
	绿	1	11.1
	黄	2	22.3
	红	1	11.1
	蓝	1	11.1
	灰	1	11.1
	总　　计	9	100
	色彩搭配类型:单—黑色 　　　　　　单—绿色 　　　　　　单—黄色 　　　　　　黑——黄 　　　　　　黑——红——灰——蓝		

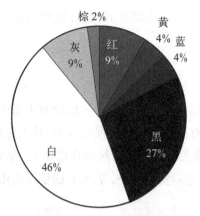

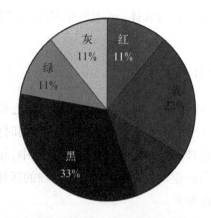

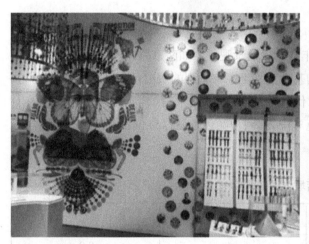

图4 墙体图案、色彩

3.3 局部灯光

局部灯光在颜色纷杂的商场中,可以突出局部细节。当人步入空间开阔的商场内时,平均分布的灯光其实只起到照明的作用,光的散射让人失去了视觉的重点。这时候一抹高明度的光线就是最大的吸引点。服装本身的颜色加之顶灯的渲染,使明度与周围环境色的明度产生了很大的反差,这就达到了视觉吸引的目的。

3.4 室内小品、装饰

室内小品、装饰的结构可以增强空间的立体感,其丰富的色彩可以使空间更富多样化。小品、装饰的设置有助于提升商业空间的品位和内涵,更好地向外界传递出别具特色的商品文化,从而有助于品牌形象的树立,并且给予顾客在消费过程中更多的体验感受。但在样本商业空间中色彩多样化的小品、装饰运用率较低(见表5)。

表5 三条商业街所采样本实体店小品、装饰色彩使用情况表

/		色 调	使 用 量	比重/（%）
搭配形式	单色	红	1	1.6
		棕	1	1.6

（续表）

/		色　调	使 用 量	比重/（%）
搭配形式	复色	黑	1	1.6
		红、蓝、白	1	1.6
		红、黑	1	1.6
运用率	/		5	8

4　总结

1）问题

（1）缺乏整体商业街的文化主色调（整体）。

（2）垂直装饰可以节约空间，但是整体来看，三个商圈对墙体的装饰运用得少（墙体）。

（3）地面的铺装较为单一，缺乏新鲜感（地面）。

（4）天花板色彩皆一，缺乏变化（天花板）。

（5）少部分商店过多地使用灯光效果，造成光污染（灯光）。

（6）整体来看，展柜的趣味性仍不足，致使吸引力不足（展柜）。

（7）植物运用少，并且基本使用绿色植物，忽略了植物本身色彩多样性的特点（装饰）。

（8）小品、装饰运用率较低（装饰）。

2）建议

（1）颜色也是理念与文化的载体，商业街在统一规划的过程中应结合自身文化环境来选择商业街主色调，以突出商业街的历史传承性。

（2）适当、合理地加大对墙面的景观化力度。

（3）对地面的铺装进行创新设计，改变一成不变的老套做法，可对色彩进行组合搭配或进行图案构造。

（4）可在天花板上进行色彩组合，给顾客带来视觉全新体验。

（5）注意灯光的使用量以及色彩冷暖调的运用，避免画蛇添足。

（6）关注对展柜的色彩和造型打造，增强趣味性，为商品增添魅力，但切忌喧宾夺主。

（7）在不阻碍人流量的情况下，适当增加植物的使用量，注意对植物色彩与造型的选择和处理，增添购物环境的生态性与品质性。

（8）赋予装饰、小品以企业的文化内涵，使其服务于品牌的树立与推广。

商场顾客休息区的设计调研报告

唐　瑶

（上海商学院旅游与食品学院，上海201400）

中国经济快速增长，消费者需求也飞速提升，在短短的几十年内，各种业态层出不穷。曾经辉煌一时的百货商场伴随市场竞争的加剧经营步履维艰。如何留住消费者的脚步，让百货商场在市场竞争中立于不败之地成了现代百货商场继续探索和解决的问题。

相关资料表明,购物环境的优劣已成了商场超市制胜的重要筹码。商场的竞争不再是商品质量或是价格,甚至不再是商品品牌或品牌组合的竞争,而是服务水平或者是服务价值链的竞争。因此,消费者对商场会有很多要求。商场要取得和保持长期的竞争优势,必须设法满足消费者的要求。反过来,满足消费者的过程其实也是商厦探寻竞争优势的过程。而设置足够的、舒适的休息区让消费者在消费过程中享受到更好的消费环境是现代商场提高竞争优势不容忽视的问题。

从消费者的角度来看,在如今高度竞争紧张的环境下生存,人们都想在工作之余放松自我,单纯的物质消费已经无法满足现代人的需要,越来越多的人更加倾向于购物的同时,可以得到身心方面的满足和放松,并获取到对自己有用的信息。因此,只有在购物空间中合理利用公共空间,根据消费者的身心需求设置休息区域,给予消费者休闲放松的舒适环境,才能达到更好的消费目的。合理规划设计商业购物空间,提供舒适的购物环境对促进消费和更好地消费具有十分重要的作用,对商家和消费者都是共赢的。

从商家的角度来看,在数以千计销售相同商品的商家中仅仅依靠商品来吸引消费者的经营方式已经无法在现今的竞争市场中占有一席之地,为了淡化商品品牌上千店一面的影响,让商场在众多竞争者中脱颖而出,在商业购物空间中合理规划设计丰富多彩、充满生气、舒适宜人的公共场所,具有极其重要的意义。制造停留是为了留住消费者,赢得更多的利益,所以,设置休息区是必要的,在休息区巧妙地植入更多的消费信息以促进再次消费的可能性,是创造更多利润的设计手段。

因此,本文以商业购物空间中的室内公共休息区的设计作为研究对象,通过对上海南京路主要商业购物空间中消费者对休息区的需求以及商业购物空间中室内公共休息区的设计现状进行分析,并尝试研究出一种商业购物空间中休息区的设置与设计方法。

根据《商店购物环境与营销设施的要求》,商超企业应按照要求,设立顾客休息区或场所,其面积相当于营业面积的1%~1.4%(不含超市);也可在各楼层分别设立相应数量的休息座椅,提供必要的服务设施。顾客休息区、休息座椅等场所及设施,应有专人进行清洁维护。

同时,针对"你是否希望商场设置足够的休息椅"这一问题,随机采访了一些市民,其中接近70%的市民表示逛街逛累的时候很希望能在就近的休息椅上休息一会儿,然后才有精力继续逛;而30%表示愿意到附近快餐店边吃东西边休息。可见,市民们对商业购物空间中的休息区确实有着很大的需求。为了进一步了解,针对经常在上海南京路的商场进行购物的居民做了一次调查问卷。

您在购物过程中会不会因为疲倦想要坐下来休息?

选 项	小计/人	比 例
每次都会	14	46.7%
时常	16	53.3%
从不	0	0%
本次有效填写人数	30	

您对南京东路商场的休息区是否满意?

选 项	小计/人	比 例
满意	4	13.3%
不满意	26	26.7%
本次填写有效人数	30	

您觉得商场休息区存在哪些问题?(可多选)

选 项	小计/人	比 例
位置太少	28	93.3%
环境不佳	25	83.3%
设置隐蔽,找不到	20	66.7%
椅子设施不够舒适	25	83.3%
其他	10	33.3%
本次填写有效人数	30	

从以上数据可以看出,人们都渴望商场设置有相对足够的、舒适的顾客休息区。

但是就上海南京路各大商场的走访调查情况来看,休息区的情况难以令顾客满意,以下便是在走访过程中几个有代表性的商场中的休息区存在的问题。

1)未设置

在走访百联世贸国际广场时发现,这里的客流量虽较大,但当时商场内并没有设置顾客休息区。经工作人员介绍,因为商场大,而又没有设计有休息区,所以经常有一些提着大袋小袋的疲惫的顾客选择在商场某些拐角处直接把购物袋搁地上然后站着歇脚。

2)休息区面积不足

与琳琅满目的商品柜台相比,商场内能让顾客坐下歇歇脚的休息椅却少得可怜,令购物族们很是苦恼。在走访东方商厦、上海市第一百货商店、新世界时发现这些商场都是只有其中的某一层卖场会设有休息区,而且基本上都是在过道边上简简单单摆上几个长椅或皮椅(见图1),相对于拥有几万平方米的商铺面积的商场,加起来不足 10 m² 的休息区实在远远满足不了顾客的需求。

3)休息区设置得太隐蔽

走访时发现有些商场是设置了休息区,但是位置却比较"隐蔽"。在几千平方米的商场里如果不是耐心寻找还真难以发现,本来就拖着疲惫身体的顾客还得四处搜寻一番才能找到。在走访的各大商场里,洗手间、电梯等设施的指示牌都清楚可见,但唯独缺少了休息区的指示牌。甚至在走访新世界时发现休息区居然设置在卫生间门口(见图2),但因为没有指示牌引导,所以顾客如果不是去洗手间,还是不容易找到的。

图1 只是简单地摆了几个长椅

图2 把顾客休息区设置在卫生间门口

4）环境不佳

正如我们看见的把休息区设置在卫生间门口一样，大部分商场并没有关心到休息区环境的舒适性。例如在走访新世界时，在四楼发现一处相对封闭沉闷的小空间中摆了两排简单的椅子（见图3）。我特意走过去坐了坐，呆呆望着椅子对面的墙壁，感觉就像是面壁思过一般的压抑。问了附近营业员，平时在此处休息区休息的顾客多不多。她回答说，一般不会很多，偶尔三三两两的。确实，如果不是迫不得已，人们该不会喜欢在这样沉闷压抑的地方坐下来。

图3　休息区沉闷而冷清

从上述的问题中可以看出：商家们并没有深刻认识到设置顾客休息区的必要性或重要性，他们在对商场进行规划设计时自然便也忽视了对顾客休息区的设计。

我们知道，在零售学中，店铺经营成果的计算公式为

店铺销售额=客流量×停留率×购买率×购买件数×商品单价

顾客购买单价=流动线长×停留率×购买率×购买件数×商品单价

所以聪明的商家都知道延长顾客逗留的时间，留住顾客很大程度上其实就是留住了商机。可以延长顾客停留的时间的因素有很多，而恢复体力，使其精神上愉悦最直接、最有效的方法便是在商场设计舒适美好的休息区形成顾客身体心理的一个"加油站"，让其有更多的精力和更愉悦的心情继续在商场中挑选心仪的商品。同时它还能是宣传区。通过观察，80%的顾客是抱着休闲的心态走进休息区的，在这种情况下，如果在休息区设置有电视对商场的新品信息、优惠信息等进行宣传，或在休息区贴有宣传报或是放有商品的宣传单使顾客在休息之余也能得到有效的信息，从而促进销售。由此可见，商场的休息区作用不容忽视，所以在休息区的设计上不该掉以轻心。

那么我们该怎样对休息区进行设计才能充分发挥它的作用呢？

在走访时，我们发现，有些商场虽然象征性地摆上一些椅子，但往往都摆在比较笔直狭窄的过道两侧。而在景观设计中，我们知道，在设计座椅时，我们往往尽量避免将座椅设计于相对狭长笔直的过道两侧。因为从心理学的角度出发，我们发现，供人行走的走廊过道，如果中间有一地面突然拓宽，人们行走的脚步在拓宽的地方自然会有所放慢或停留，因为比较宽敞开阔的空间在一定程度上给人以身心的放松。在视觉上这个拓宽的空间会给人以停留的意向。而如果在笔直的过道两侧行走的人就会有障碍物的感觉，在这样的位置的椅子上休息也会有被人观赏的紧张感，自然是没人愿意去坐的。因此，商场里的休息空间应尽量选择相对隐蔽，与走廊相邻的独立空间，尽量不要占据过道空间。实在条件不允许，也最好在地面颜色、材质、边界轮廓上做不同的处理，在视觉上把休息空间与过道空间区分开来，用结构、形式和色彩的不同去契合人们的心理。

同时可以为休息区设置相应的指示牌方便顾客找到，因为既然设置了休息区就应使之物尽其用；我们知道很多人特别是女性把逛商场当成是一种放学后或者下班后的娱乐，这类人群上班或学习的忙碌和压力需要有地方去释放，因此休息区应该充分考虑到它的舒适和休闲娱乐性。这时休息座椅的材质应尽量选择温度与皮肤接近、触感舒适的材料，避免金属材料的使用；根据人们的从众心理，我们还可以在商业空间中，单独划分出一块公共域设置为休息区；最后，站在商家的角度，可以在休息区放置有指导购物性质的设施和物品，如购物指南、宣传类多媒体等刺激消费者的购物欲。

全方位体现人性化是现代商场的一个必要条件，一切以顾客满意为中心是企业扩销的重要策略。在商场中设置舒适的顾客休息区却能在细微之处充分体现这一重要思想。反映出了商家处处为顾客考虑与服务的诚意，只有如此，才能赢得顾客的信赖，更好地走上商业的成功之道。

商业空间中的视觉张力调研报告

陈 越 顾 群 张逸飞

（上海商学院旅游与食品学院，上海201400）

调研时间：2013年9月。

调研地点：上海淮海路。

调研目的：通过观察与思考，总结出商业空间中视觉张力的具体表现形式。

进入21世纪后，信息技术的发展有了质的飞跃，人们能从多种渠道接收信息、传递信息。在这其中，网络作为一个新媒介越发受到人们的重视。人们利用网络发邮件、购物、聊天等。然而，在信息化社会的大背景下，商业这个行业却不得不面临营运额减少、行业景气度下滑等一系列的困境。究其原因，最主要的是人们的消费观念发生了改变，越来越多的人喜欢网上购物这种新型的消费方式，便捷的购物渠道让人们不愿意再去逛街消费。基于这种现状，我们展开调查并撰写此文，希望通过增强商业空间中的视觉张力来缓解这种状况。

1 视觉张力的概念

商业空间中的视觉张力，指的是商业空间中所具有的特有的感染力与视觉冲击力。在商业设计的创作中，视觉张力运用后产生的效果，将直接影响到顾客的满意程度和购买商品的欲望。可以说，商业空间中的视觉张力是整个商业的生命。

因此，视觉张力在商业性的设计创作中具有重要的意义，它能准确地传达出商品的信息。此外，在商业性艺术设计领域，视觉冲击力作为一种打破常规的力量，以视觉传达为目的，直接介入消费者的内心，带给人们一种心理体验。这种心理体验的特点是：改变、打破和推翻，体验的感受是：好奇、新鲜与独特，体验的结果更是吸引、震撼与记忆。

由此可见，在对商业空间进行设计时，应将加强商业空间的视觉张力作为重点。

2 视觉张力的组成要素

一件商业作品必须包含以下几种表现力，比如能捕捉消费者视线、让消费者惊异、留下深刻印象等，才能吸引消费者的注意。具有上述这些视觉表现力的作品，其视觉感染力和冲击力一定是十分突出的。虽然人的视觉感受有所差异，但没有视觉感染力及冲击力的作品是无法夺人眼球的，自然，也不能激起消费者的购买欲望。所以，这就要求商业设计师在创作作品时，有一双能够洞察事物本质的慧眼。

商业空间中视觉张力的表现应是不断追求创新的，并且具有不可重复性。这也就决定了创造性与突破性是视觉张力的重要组成元素。设计师在不断地创造出新作品时，将视觉张力尽可能展现得淋漓尽致，从而达到最为理想的视觉表现。

3 视觉张力的表现形式

通过表1不难发现,很多商店在展示自己的产品时,将立体的表现形式置于首位,配以绚丽的色彩,给人以一种视觉的冲击,继而以一种体验式的方式来推销自己的产品,力求在灯光的渲染下满足顾客各方面的需求。

表1 商业空间中视觉张力表现形式调查表

业态类型	表现对象	表现形式						表现理念	
		构成		色彩		文字		宣传	体验
		平面	立体	单一	多样	形式	内容		
体育用品店	运动服装				✓			✓	
	篮球	✓			✓				✓
	网球	✓			✓				✓
	天花板	✓		✓					✓
	雕塑与模型		✓		✓			✓	
	广告牌				✓	✓		✓	
	海报	✓			✓		✓		✓
	灯光		✓		✓				✓
	其他				✓			✓	
服装店	店面设计	✓			✓			✓	
	服装装饰	✓			✓			✓	
	货架布置	✓	✓				✓	✓	
	灯光	✓			✓				✓
	柜台设计	✓			✓		✓	✓	
	小物件装饰	✓			✓			✓	
	其他								
百货店	商品设置	✓	✓				✓	✓	
	货架设置	✓	✓				✓	✓	
	柜台设置	✓	✓					✓	
	小物件配置	✓			✓				✓
	其他								
珠宝首饰店	店面设计				✓	✓			✓
	墙壁设计				✓	✓			✓
	柜台设计	✓			✓			✓	
	灯光设计	✓			✓				✓
	物品摆放	✓			✓			✓	
	小物件配置	✓			✓			✓	
	其他	✓			✓	✓		✓	

在我们所调查的4种不同类型的店铺中,耐克旗舰店在表现视觉张力的形式上最为经典,最为吸引人。下面,以耐克旗舰店为例,总结商业空间中视觉张力的具体表现形式。

1)展示方式的夸张化

视觉张力的表现可以介入夸张性的艺术表现形式。众所周知,夸张可以想象,以现实生活为依据,对被描述的对象进行夸大处理,从而来加深扩大这些特质,最终把事物的本质更好地体现出来。

但耐克旗舰店在表现夸张的表现形式时,却是将平淡无奇的事物进行艺术化的处理,化平淡为神奇,把原物的形态、大小等特征,利用变形等方法求得神似,达到一种既超越实际又不脱离实际、既新异奇特又不违背情理的境界。

2)构成设计的多样化

构成的最终目的是美感。有意识地排列某种物品,为的就是寻求一种对于空间与环境统一性的特殊美感。

在所调查的耐克旗舰店中,它的多处室内装饰格局均采用了构成设计,其中既有平面的,也有立体的。如在网球运动专区,规则的玻璃展示柜中有序地摆放着同样大小的网球,构成矩形阵列,这便是设计中典型的重复构成。重复作为构成最基本的形式,来源于自然界万物周而复始地更迭。

网球摆放后形成的重复构成,给人以秩序感与整齐感,且其富有节奏感的视觉效果,能给顾客留下深刻的印象,使顾客刚走入这片区域就被网球展示台所吸引,这在潜移默化中介绍了该区域所展示的商品。

通过图1不难发现,在所有的构成形式中,立体构成最受耐克旗舰店的欢迎,它以一种直观的形式给人以一种视觉的冲击,给人留下深刻的印象。

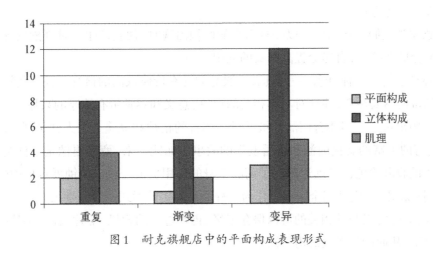

图1　耐克旗舰店中的平面构成表现形式

3)色彩运用的对比化

色彩可以营造出人们所需的一切感觉,它是一种高度主观、极为有力的传播途径。它不仅能够唤醒人们记忆中的某种感受,使人产生联想,还易让人们产生共鸣。总而言之,它对一些希望通过视觉来传达的信息具有举足轻重的作用。

在耐克旗舰店中,其装饰所用的色彩都十分讲究。就整体风格而言,给人一种绚丽多彩的感觉,使人仿佛置身于美妙的幻境中(见图2)。

为了给顾客带去一抹视觉的冲击,耐克旗舰店的天花板以黑色为主色调,并在其他的空间中,搭配不同的冷、暖色调,营造出一种活泼中蕴藏一抹静谧,安静中不失一种动感的氛围。

与之形成对比,灰色的墙壁、淡黄色的地面铺装和墨绿色的软座,通过降低色彩亮度来营造一

图2　耐克旗舰店一处的色彩搭配　　　　　　　图3　耐克旗舰店中的"申花"球服

种柔和、淡雅的购物环境,从而充分展现出商品的夺目色彩。

店内商品的色彩五彩缤纷,加上广告屏闪烁的蓝光和灯光散发的紫光使得内部空间光艳照人。购物者穿梭其中,犹如被蓬莱山的仙雾所环绕,而那璀璨的商品则如仙家珍宝,夺目引人。

由此可见,色彩作为"一般美感中最大众化的形式"正在社会生活中发挥其强大的视觉传播功能。在实际运用中,发挥色彩效果的关键,在于注重色彩的对比手法与调和手法运用,从而使色彩的效果得到最优化的利用。

4)文化融入的创意化

当一种创意超越人们以往的经验以一种新奇的面貌出现时,便会产生一种强烈的视觉吸引力,如此一来消费者便会欣然接受,自然会提高购买的欲望。

创意的核心在于创造一种概念,一种具有说服力的含有价值取向的概念。在现代社会,人们往往对于产品本身的价值不太在意,往往对与其相关的形象、意义和感觉带有浓厚的兴趣。

耐克旗舰店中出售的很多体育用品都被赋予了体育的精神和灵魂。引人驻足观赏的不再是商品本身,而是其具有的丰富的文化内涵和背后发生的故事。如此一来,商品更像是一件纪念品,对于其文化认同感产生的收藏价值已经远远超出了商品本身的实用价值。就以店铺展示柜中的一件"申花"足球运动服为例(见图3),它已完全脱离了作为一种商品出售的形式。商家别出心裁的以一个"专柜"来展示这件球衣,并辅之以与其相关的可以保存记忆、再现过去的相机、照片,让人不禁联想起"申花"俱乐部的种种故事,从而产生强烈的购买欲望。

5)艺术形式的深远化

英国著名的美学家、艺术理论家克莱夫贝尔提出:"艺术的本质在于'有意味的形式'。"而"有意味的形式"由两个不可分割的部分组成:一是意味,二是形式。这里的"意味"必须是"形式"的意味,而这里的"形式"必须是"有意味的形式"。所谓的"形式",就视觉艺术而言,是由线条和色彩以某种特定的方式排列组合起来的纯粹关系,他把通过形式组成的画面所可能有的现实生活的内容全部排除在外。所谓的"意味",则是这种纯形式背后表现或藏着的艺术家独特的审美情感。可以进一步把"意味"扩展为人类长期社会实践造成的内在心理结构与外在社会历史实践结合产生的人生体验和情感,艺术能激发观赏者审美情感是一种纯形式,是美的结构,也即"有意味的形式"。

走进耐克旗舰店中,视线一下子开阔了起来,设计者巧妙地将黑色元素与周围的灯光相结合,给人一种空间上的开阔感和物品的丰富感。此外,设计者还巧妙地将体育元素运用在店中的每一个角落——把一只只篮球结合在一起组成一个吊灯的形状挂在店中的天花板上，设计不但新颖独特，而且吸引消费者的眼球。与此同时，将NBA球星的每一组连续动作组合在一起设计成一组观赏造型，其中的每一根线条都暗含着体育精神的灵气，搭配上店内带有强烈节奏感的音乐，周围的气氛一下子活跃了起来，使消费者一进入该区域就有种想运动的冲动感。

这些普普通通的元素在设计者手中变成了一个个独特而极富有意境的作品，而这些作品恰恰也构成了这家店的灵魂。作为一种商业性的艺术形式，商业空间中事物设计的视觉设计表现同样也追求有意味的形式。黑格尔强调过："形式与内容是统一的。"形式不能与再现性和表现性要素分开。商业空间中事物设计的视觉表现正是在有主题内容框架限制的前提下进行的。

4 总结

如今，网络化的购物方式风靡的社会，固态的商业销售模式受到了严重的冲击。但是，视觉张力元素的介入可以在一定程度上改善这种现状，至少这种视觉的冲击、心灵的震撼是网络化社会所不能媲美的。

在此，由于一系列的原因，我们仅仅提供了5种有关视觉张力的表现形式，但是，我们相信，通过后续的调查，并结合相关资料的搜集，我们一定可以寻求出更多的表现形式，从而促进固态商业销售模式的发展。

上海主题体验餐厅的调查报告

郑惠珊　杨智敏

（上海商学院旅游与食品学院，上海 201400）

作为中国第一大城市，得天独厚的上海素有"美食天堂"、"购物乐园"之称。上海传统商业布局主要呈条状，城市由单核中心向多核心中心发展，因而市内重要商圈和商业街市的分布也是大致呈中心地向外放射性扩散。随着地铁交通线的遍布，目前市内已属成熟的商圈有9个，分别为：南京西路商圈、徐家汇商圈、淮海路商圈、陆家嘴商圈、南京东路商圈、虹桥商圈、五角场商圈、中山公园商圈、四川北路商圈。其中，国际化程度与高档品牌集聚度属南京西路最高，而经济增长最快的商圈当属昔日以文化中心著称的徐家汇，美名"东方香榭丽舍大街"的淮海路在现代化建筑林立、时尚名品荟萃之余，还隐约透露出情调、摩登和婀娜媚雅的"腔调"。

城市，是社会和经济发展的集中体现，其中又分为以居住、生产、行政、文化等功能为主的"城"和商业活动为主的"市"。法国社会学家鲍德里亚曾提出"消费社会"理论，即在社会财富空前丰富，生产、生活方式推陈出新的时代，由原来以生产为中心的社会转变为当今以消费为中心的社会，且区别于往日的"生产决定消费"，而是"消费决定和引导生产"。现今的消费成了一种文化，也是消费社会里的任何一人必有的日常生活方式。鲍德里亚认为，消费社会的重心从生产转移到消费，社会经济也随之从产品经济转变到服务型经济。供应与需求、消费与服务成为消费社会发展和进步模式中的重要关联词眼。对于人们来说已不仅仅只是在物质上，更多的是在心理和精神上。这也正在体现人与物、人与人之间的一种新行为关系，即消费者不再是简单被动地接受生产商提供的商品和服务，而是带着各层面心理需求主动参与消费过程，体验消费带来的感受。作为消费文化的主要特征之一的"消费是一种体验"，也是消费文化观念获得突破的重要表现。《哈佛商业评论》认为商业活动中，"体验就是企业以服务为舞台，以商品为道具，围绕着消费者创造出值得回忆的活动。"体验型商业空间旨在营造一类人性化的开放式空间和互动式的综合性空间，通过对空间环境的建筑外形、空间形态、设施造型、色彩质地等多方面的设计，重点强调消费者在消费过程中对消费环境产生的立体感官享受和心理体验，进而催化消费者消费或再消费的行为。

时下社会的娱乐化色彩越来越浓厚，社会景观化很大程度上反映的正是人的文化诉求和精神诉求，因而景观生活化也成为一股强势潮流，这也将意味着人与自然环境更顺和地契合和相适，反映了新型社会的"天人合一"观念。生活化景观是最大限度鼓动人以感官参与环境组成的一类，因而催生了各式各样的体验式商业空间。体验式营销模式通常预设一个主题，以此为核心，结合各商业业态属性、特质，通过多种空间处理手法对商业空间改头换面。就日常生活实例而言，美食街、中庭咖啡馆、主题餐厅等形态较为多见。"主题式"商业空间的营造布局大多是从一个或多个次主题出发，其中所有设计要素都是围绕设定的主题展开，这是一种整体式设计，消费者的体验对象可大可小，大到对主题空间的整体体验，小至主题道具的局部体验。

1 调研结果分析

1.1 调查对象在各大商圈的大致分布状况

对于"体验"的界定可大致分为两个主向，即心理层面和功能层面。心理层面重点着力于主观方面，是个体的个性化需求；功能层面则以产品和服务作为载体来提供体验。

主题餐厅是"主题式"商业空间应用最广的一类形态，通过一个或多个主题为吸引标志的饮食场所，以期消费者在身入其中的时候得以借助感官而感受"主题"情境。与一般的餐厅相比，主题餐厅往往是有特定的消费群体。不仅提供饮食商品，此外，主题文化也作为附加提供的一类商品。

根据对上海主要的九大商圈及其余地方的实地调研统计的结果显示，目前，上海各大商圈中餐厅场所里的主题餐厅所占比例仍是小数额，大致在0.68%左右。可见，在餐厅这一特殊的商业空间中，"主题式"的体验类型仍是个别存在。此外，在各餐厅的初期定位中，对于"主题式"的体验性并没有得到太多重视，使得主题餐厅在今天仍是一些"特例"存在。

此后，我们有针对性地调研已有的主题餐厅，并在调研过程中从以下几个方面深入观察和记录，并将多家主题餐厅进行相互比较。

（1）食物方面：菜谱形态、菜名、菜色、菜系/口味、主供菜的类别、分量、食物周边装饰、菜碟、碗筷杯勺。

（2）配置方面：墙面、窗饰、吊顶、灯具、地面铺砖、桌椅、桌上摆设。

（3）服务方面：服务台（前台形态）、服务员（衣着、配饰、胸牌）。

通过以上明细项目，首先对大部分普通餐厅和主题餐厅进行对比可得，主题餐厅较之普通餐厅更有餐厅环境、氛围、食物三者一体的整体感，在细节上也有所侧重，因而主题餐厅不仅是在环境、氛围、食物上对该"主题"予以呼应，在其他细节上也有所着力。

再而对部分主题餐厅进行有针对性的观察和汇总可得，主题餐厅依照其"主题"的定位人群、表现手法、文化内涵等的不同，也在细节表达上有所差异。因而会使得主题餐厅分化成类。

结合《体验经济》一书中对"体验"的四分类，我们认为主题餐厅也可依照此种方式划分为娱乐体验、教育体验、逃避现实体验、审美体验。

1.2　调查对象的分类

娱乐体验、教育体验、逃避现实体验、审美体验4者主要是从主题餐厅的"主题"内容进行划分。通过对已有记录的主题餐厅分类统计后可得图1所示结果。

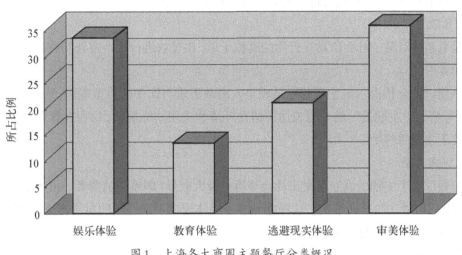

图1　上海各大商圈主题餐厅分类概况

1）娱乐体验

此类主题餐厅定位的消费受众人群主要集中在年轻人以及有青少年家庭成员的家庭,"另辟蹊径"的主题设定是一大突出特点,而对于文化内涵的渗透和被感悟性能并不明显。消费者主要还是停留在对一些耳熟能详的文化名词的辨识,因而此类主题餐厅主要从内部装潢和饰物的"仿形"以达到这一主题文化的宣传。对于不同年龄层段的消费受众熟知的文化载体的定位,直接导致此类娱乐体验为首的主题餐厅的主题差异。

（1）以青少年偏好为主要主题定位。

位于泰康路的田子坊内有一家美名颇远的"泰迪之家"。首先在整体氛围上,"泰迪之家"展现的正是"家"的温馨,木阁楼式样的餐厅外形与主题中的"泰迪"的古典又是另一方面上的重叠。并且在餐厅外,就可以看到被刻意架在铁栏杆上的泰迪公仔,这不仅是将主题直白地道明,也作吸引顾客之用。

"泰迪之家"的内部分三层,每层的用餐环境又有所不同,却始终不离主题"泰迪"。每层都有各种款式的泰迪公仔的群集展示以及泰迪熊的手绘故事、照片等装饰,但表现形式却随每层楼的环境风格而有不同。在入门第一层,大多是公仔的摆放,昏暗的灯光以及原木质感的墙面将整个楼层陷入"森林木屋"的环境氛围之中,而桌椅也大多是因地制宜地采用原木。二层主要表达欧式风格,因而在桌椅方面也选用的是近白色大理石桌和天鹅绒靠背的椅子。四周的摆设如相框等也是遵照着这一风格的。

从餐厅食物方面,主要是从食物的外形上呼应主题。譬如将蛋糕的外形做成熊掌的形态等。尽管在菜名和食物类别上并不出众,但其菜谱的外形和质感也都能感受到"泰迪"和"古典"的气息。

餐厅中服务员的围裙上大多都有印染泰迪,此外还有人在餐厅现场缝制泰迪公仔。以此从环境到食物再到服务员都极力营造浓郁的泰迪主题。

（2）以成年人为主要消费受众。

位于泰康路田子坊的便所欢乐主题餐厅已成为当下热议的新兴餐厅话题。尽管餐厅外景并没有和主题有很大关联,但在入口处却放置了仿真大小的马桶装饰。该餐厅主题的表现主要是在餐厅的配置上,最明显的就是桌椅的形态。椅子大多呈现马桶的形态,而餐桌则是在一钢化玻璃下清晰可见如盥洗盆的景象,十分夺人眼球。

此外,餐厅内将"便所"这一主题也遍布到了碗碟上,食物的盛装皿都是马桶或盥洗盆等洁浴用具形态。尽管菜色上并没有大的新意,但却从另一方式将主题与食物融合。

2)教育体验

教育体验着重于对某一社会活动或行为的寓教于乐,在餐饮进行之余有新的收获。此类主题餐厅的消费受众面并不广。

位于浦东新区的金桥高尔夫主题餐厅是成年人寓教于乐与饮食的典型案例,饮品取用设施、洗浴间、在场教练等将这一主题餐厅的主题表达停留在环境和实用功能层面,反而在饮食上和其他配置上并无太多相关于主题的感受。

3)逃避现实体验

此类主题餐厅对于主题的设立与现实社会环境有极大差异,即希望消费者一进入餐厅就能有与外界隔离,乃至于是相对立的感官感受。这种差异感主要体现在一定程度的对比之上,即主题餐厅的环境氛围与现实环境的时间差异或空间差异。

(1)逃避空间现实。

位于南京路商圈的风波庄是以武侠为主题的餐厅,首先在其餐厅外部景观营造上就有很强的夺目感,如武家的十八兵器的摆设、"人在江湖——身不由己"的对联、"金盆洗手"铜质水钵等。

餐厅内部配置方面也是极为贴切主题的。桌椅则如武侠小说中所说的木方桌椅,桌上的筷子也是放置在木质筒里,尤其是带有沧桑感的酒碗,破碗量小,因而可以感受到一口干杯的豪爽侠气之感。而墙边也大多摆放着大酒缸,墙面也多用竹条装饰,整体环境氛围的主题感极强。而背景音乐也一并采用武侠电影和电视剧中的名曲,由眼到耳的感受都能使消费者浸淫在江湖的风生浪起之中。每一个座位是一个门派,无须点菜即依照门派与人数做相应配菜,而菜名也都是武侠剧中的招式作名,如大力丸等。而服务员也都是身着短袖官服,仿真的环境、着装、菜名等将主题餐厅内的每一细节做到淋漓尽致。

(2)逃避时间现实。

位于淮海路商圈的Cha's餐厅可谓是20世纪70年代香港茶餐厅的复刻。装潢、摆设颇具复古感,从黑白电视机到菜单、菜肴的原汁原味的港式街坊感受,都在营造着亲切的港式茶餐厅的用餐氛围。尤其是港式茶点的提供,从食品供应方面和主题极力贴合。而广播中每时每刻都在粤语播报的新闻,更从听觉上将顾客拉入港式记忆。此外,艳俗的霓虹灯勾勒的LOGO、火车位卡座、厅中狭小方桌座椅、茶色塑杯、竖排繁体的液晶屏菜单,乃至于服务生的白衣黑裤,都是在最大限度上的复制回忆。

位于虹口区昆山路的希望小学堂的餐厅正如其名。设于小巷子里,装修风格是一目了然的20世纪八九十年代风格。餐厅外牌匾上红字书写的"做了不起的80后"首先就引人入胜,而门外树上还挂着粉笔书写菜名的小黑板。餐厅内,墙上张贴着各式各样的奖状,还有一块大黑板悬挂在墙以供消费者涂写;以课桌当餐桌,并且顾客只能两两并排坐;餐具则是以搪瓷杯、铁皮饭盒和小热水瓶等有时代感的载体作为连接回忆和所倡导的主题文化的脉络;菜单中的所有菜名都夹杂一个拼音,并且是以考卷的形式出现,不同的菜式分成不同的题型;菜式中也有诸如乳糖精之类儿时吃过的餐点;服务生身穿20世纪80年代小学时代的着装。以上种种主题表现元素,调动消费者的所有感官感受,一齐编织一个共同的主题氛围。于其中的人们或回忆或体验,都是在与现实生活环境迥异的环境空间内了解另一种文化。

4）审美体验

这一类型的体验方式是"体验式"商业营销模式中最易采用,也是最常采用的方式。"审美体验"为主功能的主题餐厅若不能恰到好处地设计,就很容易沦为寻常的餐厅,尽管可能菜谱有所区别。此类主题餐厅的消费受众较之前几种而言,更为广阔,但文化的主题集中性并不突出。

位于南京路商圈的上海当代艺术馆内的Moca on the Park是一个艺术与设计氛围浓厚的主题餐厅,原本的暖房用有机玻璃进行翻新,通过落地玻璃可以将外部的人民公园内的草木以及高楼大厦等景致一览无余,可谓是极具后现代的设计风格。室内环境幽静,布局非常空旷,墙面绘有大幅涂鸦,四周布置着各种新奇的艺术摆设,却丝毫没有杂乱感,波浪形的沙发以及豌豆型的矮桌极富趣味,整个空间有着现代化式的简约美,与一楼展厅风格同承一脉。包括卫生间印刻着各种流行词汇的瓷砖以及照着镜子的女孩雕塑都极富设计感。沾染了艺术气息,也兼具得天独厚的地理优势,不论内外都有极高的观赏价值和审美情趣,而此中相关于"艺术"的主题使得所有细节设计万变不离其宗。因而该主题餐厅主要还是从环境营造上呼应主题,在菜色、菜式等方面并没有不同。

2　小结

主题餐厅迎合了顾客日益变化的餐饮消费需求,以定制化、个性化、特色化的产品和服务来感染消费者。

作为主题餐厅,应该运用各种手段来凸显所表现的主题,建筑设计和内部装饰这方面是其中重要组成,因为消费者就是通过对餐厅的环境装饰来认识主题文化的。

主题体验型商业空间的营造表明了空间艺术的主题性不仅能促进商业繁荣,还能引导和改变人们的审美观念,最终达到提升文化品位的效果,再而创造新的精神财富,正是着力于让人们在充满丰富消费情趣的过程中得到精神的愉悦和升华。由此可见,主题既是此类体验型商业空间设计定位和设计内容表现的第一要素,更是一种文化诉求。这种文化诉求反向需要借助商业空间环境独特的设计来达到释放,也只有在挖掘主题文化底蕴的基础上进行合理、合势、合情、合景的主题体验空间设计,才能完成这种释放并营造出独特的空间效果。

近年来悄然兴起却成为一股潮流的主题餐厅就是典型的主题文化体验空间,每个主题餐厅都反映了社会上的某一类人群的文化诉求和情感需求。譬如有"知青"餐厅,动漫餐厅,"马桶餐厅"等。运用各种设计来凸显餐厅主题及文化,建筑内外空间设计及环境装饰是重要手段之一。消费者通过体验餐厅营造的空间环境来感受并认识其主题文化,对环境的体验不仅是一种特别的感官享受,又是一种文化认知和情感共鸣。主题式体验型商业空间环境的设计只有既注重造型也注重文化,才能保持人气不衰。

社会繁荣、购买力提高、消费观念更新,带给今日的消费者更多的精神诉求,商业空间环境必然随着这种变化而形式日益丰富,向更高层次发展。体验型商业空间环境的营造应该是多元的,且要深刻反映消费文化的内涵,其中"以人为本"的设计理念应是万变之宗。

未来商业社会上更多的实体店将仅仅只能成为展厅,这是网络商业强势发展的必然,消费者往往只是在实体商业空间中随意信步闲逛,不带购买目的,或者是带着网络市场商品的购买目的而在实体商业空间参照对比。对于实体商业空间不可谓是不严峻的挑战,直接因素不仅在于价格上的优惠,还有商品获得途径的便捷化等。然而作为"体验式"商业活动类别,网络市场却很难有压倒性的成功。"体验式"商业活动是购买对象直观感受为要求的高分水岭商业营销模式,而网络市场通过互联网完成的整条交换链式的属性直接导致其很难通过除视觉感受之外而进行对应商品的体验。这也正是实体商业空间绝处逢生的另一机遇。

大型商场中卫生间的现状调查报告

唐 瑶

（上海商学院旅游与食品学院，上海 201400）

1 调查目的

随着我国国民经济的迅速增长，人民生活水平不断提高，人们对商业空间的要求也越来越高，作为其中不可或缺的一部分，公共卫生间的环境提升也成了一种必然趋势。且国家相关规定中写明商业空间中应设置一类公共厕所，这说明商业空间中对卫生间的标准和要求高于其他公共厕所。这是因为商业空间中的公共卫生间会间接影响消费者的消费心理与行为，而很多商家都忽视了这一问题，使得商业空间的整体环境水平无法达到更高的层次。因此，本文对商业空间中的卫生间环境设计的现状进行了针对性的调查研究。

2 调查过程

我们以上海人流量最大的南京路、淮海路以及徐家汇商圈为调查对象。对其中商场内的公共卫生间进行了实地调查，包括观察、体验、记录、拍照、随机采访和资料查阅等调查手段，然后对所得数据进行整理与分析。

3 调查结果

以南京路商圈的商场为例，我们通过对其所得数据的整理与分析，总结出以下问题及改进方法。

3.1 基本数据调查

表1 卫生间基本情况

商场名称	每楼层卫生间数量	各卫生间面积/m²	各卫生间厕位数量
百联世贸国际广场	1	男：18 女：18	男：8 女：5
上海第一百货	1	男：16 女：30	男：5 女：5
东方商厦	1	男：48 女：48	男：8 女：6
上海第一食品	1	男：15 女：15	男：6 女：5
宝大祥青少年儿童购物中心	每2层1间	男：15 女：20	男：9 女：6
永安百货	1	男：20 女：35	男：8 女：7
上海置地广场	1	男：30 女：35	男：8 女：5
353广场	1	男：37 女：37	男：12 女：8
宏伊国际广场	1	男：20 女：20	男：6 女：3

由表1可以看出：大部分商场的卫生间数量平均为每层一个，都位于每层楼中较中心的位置，在指示牌引导下能在短时间内找到。所有商场卫生间的占地面积平均在 15~50 m²，大小参差不齐。

少部分商场存在一些问题，如：

（1）宝大祥青少年儿童购物中心，其卫生间数量为每两层一间，且位置位于两层楼的楼梯中，一方面不能满足消费者的人流量要求,另一方面位置不便于寻找,且宝大祥的主要消费群体为儿童及青少年,所以对便捷度的要求更高。

（2）永安百货,其每层楼的男女卫生间不在一处,且相隔较远,对于男女结伴而行逛商场的顾客存在很大的不便性,体现出人性化设计上的不足。

建议:商场在设计卫生间时,应考虑到人流量、消费群体、消费者的消费习惯及消费心理等多重因素,尽量使其更便捷、更人性化。

3.2 基本设施

表2 卫生间基本设施

商场名称	厕位类型	有无无障碍厕所	有无挂钩	有无呼救装置
百联世贸国际广场	男:小便池、坐式 女:坐式	有	男:无 女:有	无
上海第一百货	男:小便池、坐式 女:坐式、蹲式	有	男:无 女:有	无
东方商厦	男:小便池、坐式 女:坐式	有	男:无 女:有	无
上海第一食品	男:小便池、坐式 女:蹲式	有	男:无 女:有	无
宝大祥青少年儿童购物中心	男:小便池、坐式 女:蹲式	有	男:无 女:有	无
永安百货	男:小便池、蹲式 女:蹲式	有	男:无 女:有	无
上海置地广场	男:小便池、坐式 女:坐式	有	男:无 女:有	无
353广场	男:小便池、坐式 女:坐式	有	男:无 女:有	无
宏伊国际广场	男:小便池、坐式 女:蹲式	有	男:无 女:有	无

由表2可以看出,大部分卫生间的厕位类型比较单一,且由坐便式厕位居多。由于不同人群对厕位的需求不同,商场中的卫生间厕位应设置不同类型来应对不同需求。而且通过我们的调查发现,大部分消费者在商场中偏好于使用蹲式厕位,主要是出于卫生因素的考虑。其次,在大多数商场的卫生间中,女厕所都配有挂钩,而男厕所并没有挂钩等摆放物品的装置。且研究中的所有卫生间中都没有配备紧急呼救装置。

建议:在商场卫生间厕位的设置中,应采取多样化处理方式,且由蹲式为主。然而如若兼顾方便与卫生因素,可以采用具有特殊卫生措施的坐便式马桶(比如某些大型机场中的采用一次性座套的方式),且每间厕所中都应设有无障碍卫生间以满足残疾人等特殊人群的需要。如今商场购物中,男性提拿包袋者居多,所以,在男厕所中配置挂钩等装置是非常有必要的。另商业空间中人流的年龄、身体素质、心理素质参差不齐,难免有意外发生,因此在公共卫生间中应安装紧急呼救装置。

洗手台是消费者便后清洁双手的设施,在卫生间的设施设备中具有极其重要的作用。因此,洗手台的设计合理与否也是消费者对卫生间满意程度的重要因素。然而,在调查中的大部分卫生间中,洗手台都是单一的形式,没有为儿童、残疾人等特殊人群设置特殊尺寸类型。以宝大祥青少年儿童购物中心为例,此商场为儿童用品购物中心,因此人流中儿童占较大比例,然而卫生间的洗手台仍然是成人标准的设计,并无专为儿童设计的尺寸标准洗手台。此外,清洁用品的提供也并不充分,少部分商场中没有洗手液、烘干器或纸巾的提供。除此,通风换气、冷暖调控也有着不可忽视的地位。绝大部分的商场卫生间都有换气设备,但只有少部分具有冷暖气设备,使得卫生间与商场整体空间脱节,没有很好地融入其中的感觉。

建议:卫生间的卫生设施应充分体现人性化的特点,针对不同人群,应设置不同标准尺寸的洗手台,并提供洗手液、纸巾等基本清洁用品。空气是极其重要的环节,保持空气流通、保持环境温度适宜是舒适度的重要内容,因此,公共卫生间中因装有通风换气设备,并安装与商场一体的中央空调等来调节卫生间的环境温度。

另外,在商业空间中,大部分卫生间中没有更加体现人性化的特殊设施,如婴儿护理台、梳妆台等。这样使得有特殊需求的人群无法得到合适的空间来满足自己的需求。

建议:商业空间的卫生间中应根据消费人群来配备不同的人性化特殊设施,如,在母婴用品区的卫生间可配备婴儿护理台,在女装区的卫生间可配备梳妆台,在老年用品区的卫生间外可设置座椅供陪同等候的老年人休息等。

3.3 景观设计

考察了多家商场的公用卫生间后发现,商场普遍忽略了对卫生间的景观设计,即忽略了消费者在使用卫生间时的心理感受。超过半数的卫生间在走进去后都给人阴冷、脏臭、不舒适的感觉。和商场的富丽堂皇、豪华装修格格不入,仿佛卫生间是脱离商场存在的,这样会使消费者在使用卫生间时产生心理上的落差,一定程度上影响消费者购物的心情。所以,我们针对商场卫生间的景观设计进行了考察以及简单的分析,并提出了一些建议。

1)气味

气味往往是景观设计中最容易被忽略的一部分,虽然嗅觉没有视觉给人的直接感受来得明显和强烈,但在对环境的整体感觉上起着举足轻重的作用。而异味可能是所有公用卫生间的致命伤,这一点会在很大程度上使人在使用卫生间时心情变差,甚至对整体环境的印象都大打折扣,很多高档次的卫生间也无法避免这一问题。

在对多家商场的卫生间进行实地考察后发现,大部分商场对这一问题都采取了措施,例如使用檀香、蚊香或香氛等来覆盖异味,但效果都差强人意,甚至使卫生间整体气味更加混杂,加剧了使用者的不适感。为了使公用卫生间在整体上上升一个档次,改善或解决异味的问题是至关重要的。因此,对这一问题提出了一些建议:

(1)中和厕所异味:一是使用化学气体控制器。异味空气分子中有自己的分子结构和组合,这些物质的化学结构都非常活跃,可通过中和处理消除异味,而香精仅能用来覆盖气味,并不能改变和中和,甚至会带来更坏的结果,所以气味清洗剂的配方必须包含被批准的气味抵消素、以实现高水准的异味控制。二是使用臭氧或活性氧。臭氧可以中和异味混合物发生作用并消除异味,改善空气质量;可以在空气中产生清新的气味,臭氧机可以模仿大自然中雷暴之后产生的自然清新的电化空气以制造臭氧。这是一种安全并被证明可用的方法。

(2)尿味控制:尿是厕所里另一种异味的来源,这种异味可从厕所装置,如水管、地面和墙上散发出来。为有效改善这一问题,一是可使用天然的生物酵母,它能将有机肥料完全分解,优点是安全环保,大大减轻污染负担。可通过生物胶木自动冲洗清洗器产生,也包含在固体的生物酵母产品中,可以被应用在男小便池和抽水马桶上。二是可放置一些吸附性较强的物件,如包含活性炭的挂件或炭包。三是放一些清新的绿色植物(纯天然的方法),如吊兰、芦荟、仙人球等,效果不迅速,但适宜长期摆放。四是保持通风。

2)整体装潢及灯光效果

在考察后,总结出几点在整体装潢和灯光效果设计中应注意的问题:

(1)灯光在渲染空间气氛上起着决定性的作用,也是景观设计中至关重要的一部分。而大多公用卫生间的灯光都还停留在基本的照明作用,忽略了灯光对环境的影响。卫生间本身的属性就是阴冷的,所以设计中应当采取适当措施来中和这种感觉,而灯光的效果能直接起到作用。

所考察的商场卫生间中,半数的灯光都是白光,即冷光,其他的有黄光和淡黄光,即暖光。而白色灯光的卫生间较之黄光的卫生间,其阴冷的感觉更加明显,尤其是卫生间整体色调为冷色调的。

所以建议:整体装潢的主色调应和灯光相配合来渲染卫生间的环境(见表3)。

表3 卫生间主色调及灯光搭配效果

主 色 调	灯 光	整 体 感 觉
冷色调	冷光	阴冷、潮湿、紧张
冷色调	暖光	放松、舒适、优雅
暖色调	冷光	干净、舒适、高贵
暖色调	暖光	阴暗、昏沉

(2)主题的表达。在考察的多家商场中,其公用卫生间给人的第一感觉都比较单调,且没有特色。由此可见,商场在设计公用卫生间时忽略了个性和主题的表达。

卫生间就像其他景观一样,可以表现不同的主题和风格。可以是优雅的、高贵的、活泼的,甚至是摇滚的风格,而其表达的主题也可以因为商业空间属性和主要消费群体的不同而变化,一方面能和商场的整体氛围相融合,另一方面能让消费者在使用卫生间时有享受的感觉。比如,宝大祥青少年儿童购物中心,它的主要消费群体是青少年和儿童,那么它的卫生间设计完全可以以卡通为主题。卫生间主题的表达不光是提升整个商业空间的档次,更是一种投其所好,让消费者感受到人性化和被服务的感觉,从而达到影响消费心理和消费行为的效果。

3)植物的运用

在我们考察的多个商场中,在卫生间摆放植物的寥寥无几,南京路商圈中调查的9个商场中,仅东方商厦的卫生间中有植物。而植物在卫生间中的运用可以说是点睛之笔。它能直接地提升卫生间的档次。也能起到很多不同的作用:

(1)吸收有害气体,改善整体环境。可以选择的植物种类很多,如:兰科植物、仙人掌科、羊齿类、竹芋类等阴生植物。

(2)绿萝等一些叶大和喜水植物可使室内空气湿度坚持极佳状态。

(3)美观性。植物是最天然的装饰品。植物的颜色是卫生间内很好的点缀。可以盆栽或壁挂等形式将其设置在洗手台附近或卫生间出入口。

商业街无障碍道路交通设施调研报告

汪敏慧

(上海商学院旅游与食品学院,上海 201400)

1 商业街无障碍设施的必要性和意义

1)我国主要障碍人士数量及比例

随着人类文明的进步,人们越来越需要平等、安全、全面的无障碍生存环境,让残疾人和老年人能平等地参与社会生活。长期以来我国的公共环境建设都是按照普通人的人体尺度与行为特点为参照的，而那些有特殊需要的人在数量上又占了相当大的比例。2006年中国第二次全国残疾人抽样调查数据，残联推算我国残疾人总数为8 296万，占全国总人口数的6.34%。与1987年第一次全国残疾人抽样调查比较，我国残疾人口总量增加，残疾人比例上升，残疾类别结构变动。残联据此推算了2010年末我国残疾人总数为8 502万人。第六次全国人口普查主要数据公报显示，60岁及以上人口1.7亿占13.26%，比2000年人口普查上升2.93个百分点，其中65岁及以上人口1.1亿，占8.87%，比2000年人口普查上升1.91个百分点。中国社会科学院指出，2011年以后的30年里，中国人口老龄化将呈现加速发展态势，到2030年，中国65岁以上人口占比将超过日本，成为全球人口老龄化程度最高的国家。到2050年，社会进入深度老龄化阶段。

我国残疾人数量以及老龄化问题的日益加重，为了更好地方便障碍人群参与社会生活，公共空间的无障碍设施的建设是十分必要的。其中，无障碍道路交通是障碍人群走出家门参与社会生活的第一步，亦是至关重要的一步。

2）无障碍道路交通设施建设的意义

国务院前总理温家宝曾说过："无障碍环境建设是为老年人、残障人以及社会其他成员提供方便的重要措施，也是现代城市建设的一项不可缺少的内容，也是社会进步的标志。"建设无障碍道路交通设施，一是有利于构建社会主义和谐社会。党提出构建社会主义和谐社会的重大战略任务，要使全体人民共享经济繁荣的成果，障碍人群和普通公民一样有享受社会资源的权利。无障碍道路交通设施的建设有利于缓解障碍人群与普通人的差距，帮助障碍人士平等地享有社会资源、参与社会生活，有利于构建社会主义和谐社会。二是有利于实现经济又好又快发展。有人认为当前以经济建设为中心，无障碍设施似乎是不经济的事情。无障碍建设正是通过提供保障残疾人自由、平等发展的物质辅助条件，适宜的无障碍环境可以提高障碍人士的生活自理自立能力，为其参与社会就业创造了更大的可能性，有利于发展生产力、刺激消费、促进经济发展。三是有利于营造包容与理解的社会环境。传统落后观念常常对障碍人群存在误解与歧视，政府部门无障碍道路交通设施建设可以让更多的障碍人群走入社会，被社会大众所接受。呼吁其他公民伸出援助之手，给予障碍人群理解、尊重、关心，这有利于提高社会的凝聚力。

3）商业街的无障碍道路交通设施建设的必要性

商业街作为公共空间，是所有人都应参与的场所，同时人人都应该有"消费需求与新事物"了解的权力，而在商业空间进行无障碍的随意参观、消费、休闲并不是人人都可以参与的。为了使弱势群体可以重返主流社会，有意识的、平等公正地参与到社会大众的生活中，应在商业空间推行无障碍设施的设置，同时也促进了不便出行购物的人群积极融入公共空间中，也带动了经济产业的发展。

2 商业街无障碍设施的现状——以上海南京路为例

随着我国经济和社会的发展，我国无障碍环境的建设已经得到了国家和社会的关注与重视。我国已经颁布了相关的法律法规，大部分城市已经有了盲道和道路坡化处理，大大方便了障碍人士的出行。但是由于我国无障碍环境起步较晚以及普及率较低，尤其在中小城市及农村，所以我国的无障碍设施的发展总体较为缓慢。

上海是一个特大型城市，目前有残疾人约94.2万，约占上海人口总数的4%。上海60岁及以上人口占总人口的23.4%，65岁及以上老年人口占总人口的16.0%，预计2015年老年人占总人口的三成，老龄化水平位于全国第一。上海被正式列为首批创建全国无障碍设施建设示范城市之一。

上海南京路是世界上最著名、最繁华的商业街之一，也是上海开埠后最早建立的一条商业街，被誉为"中华商业第一街"，是与纽约的第五大街、巴黎的香榭丽舍大街、伦敦的牛津街、东京的银座齐名的世界超一流商业街。接下来我们通过调研来了解上海南京路无障碍道路交通设施的实际情况，看看能否符合世界超一流商业街的标准。

无障碍设施是指保障残疾人、老年人、孕妇、儿童等社会成员通行安全和使用便利，在建设工程中配套建设的服务设施。无障碍道路设施即为障碍人群在交通上提供方便的设施，商业街的无障碍道路设施主要包括缘石坡道、盲道、轮椅坡道、无障碍入口、无障碍升降机、无障碍升降台、扶手、停车位、人行横道音响信号、无障碍标志、盲文铭牌等。

南京路商业街的无障碍道路交通设施总体处于一个较优的状态，南京路商业街的无障碍道路交通设施主要有盲道、轮椅坡道、无障碍入口、无障碍升降梯、无障碍升降机、停车位、人行横道音响信号、无障碍标志、盲文铭牌等，种类丰富、涉及面广（见表1、表2）。整条街道外部空间回字形盲道覆盖，采用花岗岩的地砖，地砖的尺寸、设计符合盲道的要求规范，且盲道畅通，无占用情况。商业街的地下入口配备轮椅坡道以及无障碍升降台，升降台每月检修两次，且有专人值班负责帮助障碍人群的进入，地上入口有缘石坡道，方便肢体障碍者出行。人行横道线设有音响信号，方便视觉障碍者通过马路。建筑空间90%的商厦和大型商场有专门的坡道入口通道或是采用适宜肢体障碍人群进入的平地入口，70%配备专门的无障碍升降梯或是适合障碍人群通行的升降梯。建筑空间内的无障碍标志的指示牌也随处可见，障碍人群能够通过指示牌较好地寻找到无障碍出入口、无障碍升降梯、无障碍厕所等的所在地。

当然，南京路商业街的无障碍道路交通设施亦存在一些缺陷与不足，主要问题如下：

（1）在调研过程中笔者发现盲道的使用率较低，在盲道设计中存在一些不合理。比如盲道不能与建筑入口相连，只能简单满足外部空间行进；在人行横道线处盲道断开，而衔接位置存在偏差；小部分区域存在盲道断开以及随意铺设的现象，这些都给视觉障碍人群，尤其是全盲的人士的出行造成了极大的不便。

（2）建筑的无障碍坡道入口大多采用石质铺装以及金属扶手，宽度、坡度等符合国家无障碍设施标准。但在有些商场的坡道入口与一般道路无法衔接，障碍人群依旧无法独自进入建筑内部。比如轮椅坡道入口与旋转门连接，终点设置台阶，坡道入口与商场打开的门相碰，坡道入口的通道中设有门槛等，这些不合理、不科学现象都将无障碍通道变得形同虚设。

（3）南京路的商场建筑内大多有无障碍升降梯，尺寸上适合轮椅进入，大多注意到了调低按键位置，增设三面扶手。但是在有无障碍升降梯的9家商场中，有3家商场的无障碍升降梯无法正常使用，2家商场的无障碍升降梯被其他客流或是货运占用严重，这说明南京路建筑内的无障碍电梯的维护管理情况并不乐观。此外，升降梯在设计上还是存在一些不足，比如有的电梯内的按键偏高，按键上不设盲文，没有语音提示或是有语音提示但语种单一、音量较小。

（4）无障碍道路交通指示设施亦是非常重要的部分，大多商场都有无障碍指示牌或其他指示设施，但也存在一些不足。商业街建筑外部的无障碍指示牌位置不明显，建筑外部指示牌主要是无障碍通道的指示牌，但是大多隐藏在僻静处。南京路商业街建筑内指示设施有指示牌、商场地图、电子触控机等，但存在指示牌较少、设计不规范等现象，且几乎没有商场有盲文铭牌、盲文商场指南等。

表1　南京路步行街建筑内主要无障碍道路设施情况

序号	商场名称	无障碍升降梯（无障碍升降梯则考察普通升降梯情况）							普通升降梯情况	轮椅坡道入口			指示设施			
		首道	数量	梯厢尺寸情况	按键位置情况	盲文或触式按键	语音提示	扶手	使用情况	数量	尺寸情况	材质	使用情况	数量情况	图样规范	位置情况	主要类型
1	上海第一百货商店	无	2	合适	合适	有	无	单面扶手	正常	1	符合规定	石材地面、金属扶手	正常	较多	规范	明显	指示牌
2	东方商厦	无	1	合适	合适	有	有（中英文，音量偏小）	单面扶手	正常，与轮椅坡道相连	1	符合规定	石材地面、金属扶手	正常	密集	规范	明显	指示牌、商场指南
3	上海第一食品商店	无	0	空间小	合适	有	有	单面扶手	正常	2	符合规定	石材地面、金属扶手	正常	较多	规范	明显	指示牌
4	上海时装商店	无	1	合适	合适	有	有	单面扶手	正常	0	平地入口			较多	规范	明显	指示牌
5	上海第一药品商店	无	1	合适	外呼叫按键偏高	无	无	单面扶手	无法使用	1	符合规定	石材地面、金属扶手	正常	较少	规范	明显	指示牌
6	上海旅游品商厦	无	0	无升降梯						1	符合规定	石材地面、金属扶手	正常	较少	规范	明显	指示牌
7	华联商厦	无	2	合适	合适	无	有（音乐提示，楼层不明确）	单面扶手	普通客人占用严重	1	符合规定	石材地面、金属扶手	正常	较多	规范	明显	指示牌
8	恒基名人购物中心	无	2	合适	合适	无	有	无	货运占用	1	符合规定	石材地面、金属扶手	正常	较多	规范	明显	指示牌、商场指南

商场名称		盲道	无障碍升降梯（无障碍升降梯则考察普通升降梯情况）							轮椅坡道入口				指示设施			
	设施名称		数量	梯厢尺寸情况	按键位置情况	盲文或触式按键	语音提示	扶手	使用情况	数量	尺寸情况	材质	使用情况	数量情况	图样规范	位置情况	主要类型
9	宏伊国际广场	无	0	合适	合适	无	无	单面扶手	正常	1	符合规定	石材地面、金属扶手	与旋转门连接，无法进入	较多	规范	明显	指示牌
10	353广场	无	4	合适	合适	有	有	三面扶手	维修无法使用	1	符合规定	石材地面、金属扶手	车辆停放占用，终点设台阶	较多	规范	明显	指示牌、商场指南、电子触摸屏
11	上海置地广场	无	1	合适	合适	无	无	三面扶手	无法使用	0	平地入口，与之相连的是与地铁口共用的简陋坡道以及手推门			较多	规范	明显	指示牌
12	新世界休闲港湾	无	0	合适	合适	无	无	三面扶手	正常，升降梯通道有台阶	1	符合规定	石材地面、金属扶手	正常	较少	规范	明显	指示牌
13	永安百货	无	1	略小	内控制按键偏高	无	无	三面扶手	正常	0	平地入口			较多	规范	明显	指示牌、商场指南
14	大祥青少年儿童购物中心	无	0	无升降梯						0	台阶入口，障碍人难以进入			较少	规范	明显	指示牌
15	百联世茂国际广场	无	0	合适	合适	无	有（英文、普通话，音量小）	三面扶手	正常	1	符合规定	石材地面、无扶手	正常	较多	规范	明显	指示牌、商场指南、电子触摸屏

表2　南京路步行街外部空间主要无障碍道路设施情况

无障碍设施名称	数　量	位　　置	使　用　情　况
缘石坡道	1	西入口	正常（步行街地面铺装是一片式设计，存在高差处较少。）
轮椅坡道	1	西入口	坡度、宽度等符合规定，石质地面、金属扶手
升降台	1	西入口	有专人定期维修管理，但使用率极低
盲道	约2 500米	整条街覆盖	盲道分为提示盲道和行进盲道，花岗岩材质、铺装的大小、厚度等符合规范，铺设较为合理
人行横道音响	1	东入口	位置合适、音量合适
盲文铭牌	无		
盲文地图	无		
停车位	无		

（5）笔者随机通过访问室内室外多处停车场的管理人员，发现残疾人专用车位较少，商业街外部空间几乎没有，但是对残疾车的停靠没有限制，仅有极少部分商场的地下停车库设有个别残疾人车位。

3　国外商业街无障碍道路设施

走在国外街头，常常可以看到障碍人士独自出入商业街消费、娱乐、休闲，而在我国则较少看见，这绝对不是因为我国障碍人群少。我国商业街道路交通设施不完善，我国障碍人士出门较少，独自出门似乎更是无法完成。有些发达国家无障碍设施的建设起步较早，相对也较为完善，对我国的商业街无障碍设施的建设具有借鉴意义。

美国是世界上残疾人事业开展较早的国家，也是世界上第一个制订"无障碍标准"的国家。美国被称为"汽车轮子上的国家"，没有车几乎寸步难行。在美国，除盲人、弱智和高位截瘫等严重残疾外，残疾人持医生开具的证明同样能够申领驾照。无论在公共场所内还是马路边，都设有带有蓝色标记的残疾人专用车位，而且往往在出入最为便利、可以挡雨蔽日的位置。公共建筑门口的台阶有轮椅通道，入口处设有残疾人专用开门器，商场门口备有电动购物车供残疾人使用。

英国道路路口基本都进行了坡化，设置了提示盲道，无障碍电梯更宽、按键更低。

日本在一些公共设施中，尤其是商店，按建筑面积大小实现不同等级的无障碍设计。如面积大于1 500 m²的大中型商业建筑，规定要为残疾人、老年人提供专用停车场、厕所、电梯等设施。在商业建筑中，视觉障碍者可以使用触觉地图，沿着途中的导盲声体、触觉信号、地理标志、变化光源、图形以及特殊导向装置所指引的方向前进。

美国各地的公共场所都有专为残疾人开辟的无障碍通道，出入口都安装了位置比较低的启动开关，方便轮椅通行。大型超市里都有电动购物车，便于残疾人和老年人购物；电梯门的升降开关都有盲文；所有公共停车场，都有醒目的残疾人专用车位标记，车位面积一般比健全人车位大0.5~1倍，把出入距离最短、条件最方便的位置留给残疾人车辆停放。